U0149680

中华民族服饰文化
国际研讨会

2018

中华服饰文化
国际学术研讨会
论文集

上

主　编◎马胜杰　　副主编◎贾荣林　　总顾问◎孙　机

中国纺织出版社有限公司

内 容 提 要

本书为北京服装学院组织的2018中华服饰文化国际学术研讨会论文汇集上下两册中的上册。全书共汇集了国内外30篇研究成果，主要从"服装断代历史与服饰文物考古"方面重点对中华民族优秀传统服饰文化进行了研究梳理，对于研究中华优秀传统文化传承发展，加强文化遗产传承、保护和利用，广泛开展文化传播活动，大力发展文化产业，不断繁荣文艺创作有较强的指导意义。

本书适合高等院校服装专业师生、服饰文化研究人员及服饰文化爱好者阅读和学习。

图书在版编目（CIP）数据

2018 中华服饰文化国际学术研讨会论文集 . 上 / 马胜杰主编 . -- 北京：中国纺织出版社有限公司，2020.10
ISBN 978-7-5180-7413-6

Ⅰ . ① 2… Ⅱ . ①马… Ⅲ . ①服饰文化 － 中国 － 国际学术会议 － 文集 Ⅳ . ① TS941.742-53

中国版本图书馆 CIP 数据核字（2020）第 079314 号

策划编辑：谢婉津 郭慧娟 责任编辑：郭慧娟
责任校对：楼旭红 责任印制：王艳丽

中国纺织出版社有限公司出版发行
地址：北京市朝阳区百子湾东里 A407 号楼 邮政编码：100124
销售电话：010—67004422 传真：010—87155801
http://www.c-textilep.com
中国纺织出版社天猫旗舰店
官方微博 http://weibo.com/2119887771
北京华联印刷有限公司印刷 各地新华书店经销
2020 年 10 月第 1 版第 1 次印刷
开本：889×1194 1/16 印张：20
字数：377 千字 定价：198.00 元

目 录

01 朝代更替与华夏民族服饰文化心理变迁
——以元明、明清鼎革为例❶

陈宝良❷

摘　要　　头发衣冠虽是外在的一种形式，却关乎民族服饰的心理，甚至牵涉到民族的大义。无论是明人服饰生活中所存的蒙元遗俗，还是清初士大夫遗民的头发衣冠情结，无不证明元明、明清鼎革，这一看似简单的朝代更替，却能引发华夏民族服饰文化心理的变迁。透过"胡化"抑或"汉化"这一民族服饰文化的变迁事实，更可证实在华夏文化的发展史上，民族间的物质文化存在着一种"涵化"，亦即双向交融的倾向。

关键词　　元明、明清、朝代更替、华夏民族、服饰心理

　　头发衣冠虽是外在的一种形式，却关乎民族服饰的心理，甚至牵涉到民族的大义。明清易代之后的时势，顾炎武的反思及其观念带有浓厚的华夏文化认同感。他的"亡国""亡天下"之辨，堪称典型例证。在他的心目中，"易姓改号"仅仅是"亡国"而已；唯有"仁义充塞，而至于率兽食人，人将相食"，才称得上是"亡天下"。可见，所谓的"亡天下"，就是华夏民族文化的危亡。

　　这就导致顾炎武对史书记载中的"微词"格外关注，并刻意加以钩稽。如文天祥《指南录叙》中，"北"字原本都应作"卤"字；胡三省注《通鉴》，在谈及石敬瑭以山后十六州赂契丹之事时，仅云"自是之后，辽灭晋，金破宋"，其下阙文一行，原本应是"蒙古灭金取宋，一统天下"，却"讳之不书"。为何顾炎武如此看重"微词"下的微言大义，究其原因，还是由于他认定"易姓改物，制有华夏"。揆诸明清易代大势，其中的涵义不言而喻。这种华夏文化认同感，并非顾炎武一人所独有，而是清初遗民士大夫共同的民族文化心理。张履祥在梳理明末以来"风俗偷

---

❶ 本文系西南大学 2017 年度重大科研专项资金项目《宣讲制度与中国特色社会主义文化建设》（批准号：SWU1709726）和西南大学 2017 年度中央高校基本科研业务专项资金创新团队项目《中国传统文化与经济及社会变迁研究》（批准号：SWU1709112）的阶段性研究成果。
❷ 陈宝良，1963 年生，哲学博士，西南大学历史文化学院，教授、博士生导师。

薄""人心涣散"的历程时，其落脚点也是放在"夷狄纵横二三千里，长驱入京师，而无一人御之"上，可见其目的除了证明在风俗观上有"乱贼与贞良""仁义与不仁义"之别外，更应关注的是"中原与戎狄"之辨。

一、元明鼎革：蒙元遗俗与明人服饰

（一）"胡风"荡然无存？

蒙古族元世祖忽必烈起自内亚大陆的"朔漠"之后，经过多年的征战，终于得了天下，在华夏大地建立了一统的大元王朝。蒙古人入据中原之后，开始以"胡俗"改变中国原有的衣冠文物制度。这完全是一种蒙古化的衣冠服饰制度，诸如"辫发椎髻，深簪胡帽，衣服则为袴褶窄袖及辫线腰褶，妇女衣窄袖短衣，下服裙裳"，亦即孔子在《论语》中所深恶痛疾的"被发左衽"。如此"胡俗"，染化一久，无论士庶，显已恬不知怪，习以为常。蒙古族习俗流行天下，决非如同满族的强行推广"薙发"之令，而是出自"汉人的迎合主义"。尽管元朝实行过民族歧视的等级制度，但似乎并无颁发过有关汉服、蓄发的禁令。换言之，元朝官方并未实行过金朝式的强制服饰胡化的政令。

在清末辛亥前后的知识人眼里，明太祖可以称得上是"驱除鞑虏"的民族英雄典范。太祖建立大明王朝之后，即以汉、唐制度衣钵继承者自期。立国之后，明太祖所实施的政策措施，无不集聚于恢复汉、唐制度上。至洪武元年（1368年）十一月，下诏禁止辫发、胡髻、胡服、胡语，衣冠尽复唐代旧制，即"士民皆束发于顶，官则乌纱帽、圆领、束带、黑靴，士庶则服四带巾，杂色盘领衣，不得用黄玄"。

作为汉人建立的最后一个封建王朝，是否真的如明代史家所言，人伦已达臻"大明之世"，而且风行长达百有余年的"胡俗"，确已"悉复中国之旧"？其实，正如明人郎瑛的敏锐观察之言，"风俗溺人，难于变也"。蒙元遗俗，即使在"一洗其弊"之后，并无尽革，而是因袭难变。无论是已有的研究成果，还是重新梳理明朝人的日常生活，无不足证蒙元遗俗已经广泛渗透到明人日常生活之中，风俗确乎存在着因袭难变的一面。风俗因袭难变的现象，转而又可证明"国家"认同与"文化"认同并非存在着统一性，且各民族之间的物质与文化交流，存在着一种双向交融的倾向。

（二）明代服饰中的蒙元遗俗

明代日常服饰生活中的胡化现象，最为明显的例子就是对"左衽"的习以为常。这种现象自宋金对峙以来就已普遍存在，尤以在各色庙宇塑像中最为常见。据宋人周必大《二老堂诗话》记载，陈益担任出使金朝的属官，在路过滹沱的光武庙时，就见到庙中塑像尽是"左衽"。又据岳珂《桯史》，涟水的孔庙，孔子的塑像也是"左衽"。还有泗州的塔院，所设立的五百应真像，或塑或刻，全为"左衽"。这尽管是金人的遗制，然迄于明初而未尽除，屡次见于《实录》中的臣子上奏，诸如永乐八年（1410年）抚安山东给事中王铎之奏，宣德七年（1432年）河南彰德府林县训导杜本之奏，正统十三年（1448年）山西绛县训导张幹之奏，均得到明旨，要求将"左衽"改正，事实却是因仍未改。可见，自宋金对峙以后，再加之蒙元入主中原，服饰上的"左衽"逐渐被认同而不以为异，其影响已经及于庙宇像设。不仅如此，在明代的南方与北方，妇女服饰中无不以"左衽"为尚。据朝鲜人崔溥的记载，明代北方的妇女，自沧州以北，妇女衣服之衽，还是"或左或右"，并未统一为"右衽"。直至通州以后，才"皆右衽"。至于江南的妇女，所穿衣服"皆左衽"。这是一条极为重要的记载，至少说明即使在江南，妇女服饰的胡化现象也相当明显。

众所周知，在中原汉人的眼里，蒙古族的服饰，即所谓的"元服"，无疑属于胡服的典范。蒙元服饰的特点，大抵可以用"帽子系腰"加以概括。所谓帽子，就是在元代，无论官民，无不戴帽。帽子的制式，"其檐或圆，或前圆后方，或楼子"，基本属于兜鍪的遗制。与帽子相应者，则是发式，通常是将发编成辫子，或者将发打成纱罗椎，而庶民一概不用椎髻。所谓系腰，即"袄则线其腰"，就是上衣在腰间加一腰线，其中富贵华靡之服，用浑金线制成"纳失失"，或者在腰线上绣通神襕。因帽子系腰，上下一般皆可服，其结果则导致等威不辨。据田艺蘅的记载，明人所戴之帽或所穿之袄，很多还都保留着蒙古族的遗俗，这就是所谓的"帽则金其顶，袄则线其腰"。所谓的"帽则金其顶"，就是田艺蘅幼时在杭州见到过的小孩所戴的"双耳金线帽"；而"袄则线其腰"是说明朝人所穿之袄，在腰部有一道线，完全是蒙古族服饰的遗风。在明代，小孩周岁之时，脖子上就戴五色彩线绳，称为"百索"。明代的小孩还用色丝"辫发"，向后垂下。关于此种习俗，有两种解释：一种认为其中包含有"长命缕"的含义，是保佑小孩长命百岁之意；另一种则认为，此俗起于"夷俗"，如南朝时宋、齐人称北魏为"索虏"，就是因为他们"以索辫发"，而明朝小孩以五色彩丝系项，或以色丝辫发，也不过是"胡元旧习"。陈子龙的记载更是显示出，在明末的京城乃至北方地区，无论是贵人、士人，还是庶人、妇人，服饰均呈一种胡化的倾向，且被引为时尚。譬如京城贵人，为图方便，喜欢穿窄袖短衣，或者以纱縠竹箨为带。如此装扮，已与胡服相近。又北方的士人，大多喜好胡服。而庶人所制之帻，"低侧其檐，自掩眉目"，称为"不认亲"。至于妇人的辫发，也大多"缀以貂鼲之尾"。

假若说明初朱元璋建立大明帝国，恢复汉唐衣冠制度，是汉民族意识的一种反映，那么，弘治以后北方尤其是北京居民在服饰上崇尚"胡风"，显然已无民族意识的影子，不过是一种基于个人喜好之上的服饰审美趋向。据史料载，元人服饰盛行于明代并被明人广泛使用者，有"比甲"与"只孙"两种。比甲是由元世祖时皇后察必宏吉剌氏所创，其式样是前有裳无衽，后面之长倍于前面，也无衣领与衣袖，仅用两襻相缀。比甲这种服饰的出现，显然是为了便于弓马生活。明代北方妇女普遍崇尚比甲，将它当成日用的常服，而且稍有改进，织金刺绣，套在衫袄之外。只孙这种服装，《元史》又称"质孙"，也起源于元代。其名是蒙古语，若译成汉语，其意思是"一色服"。在元代时，凡是贵臣奉皇帝之诏，就穿只孙进宫，以示隆重。只孙在明代仍被穿用，但仅是军士常服，在明代皇帝的圣旨中，经常出现制造"只孙"件数的记载，显是明证。当时北京的百姓，每到冬天，男子一概用貂狐之皮，制成高顶卷檐的帽子，称为"胡帽"。妇女也用貂皮裁制成尖顶覆额的披肩，称为"昭君帽"。此风所及，以致北直隶各府及山东、山西、河南、陕西等地，也互相仿效。

在明代中原的服饰称谓上，有些显然也受到了蒙古族习俗的影响。据陶宗仪《南村辍耕录》记载，在元代，蒙古族人一般将妇女的礼服称为"袍"，而汉人则称"团衫"，南人则称"大衣"。但在明代，从北京一直到地方，一概称妇人的礼衣为"袍"。在海南琼山，关于服饰的一些称谓，同样保留着一些"胡语"的特点，如称"小帽"为"古逻"，称"系腰"为"答博"之类。可见蒙古族的习俗在汉人中也是沿袭已深。最为明显的例子，就是称长衫为"海青"。海青之称，在明代已成一种市语，并为大众所熟谙。如冯梦龙《山歌》卷六《咏物四句·海青》："结识私情像海青，因为贪裁吃郎着子身。要长要短凭郎改，外夫端正里夫村。"《三刻拍案惊奇》第十九回："走到门上，见一老一少女人走出来上轿。后边随着一个戴鬃方巾，（穿）大袖蓝纱海青的，是他本房冯外郎。"所谓海青，《六院汇选江湖方语》作如下解释："海青，乃长衫也。"郑明选《秕言》亦言："吴中称衣之广袖者为海青。"如此说来，似乎这一市语含有较为浓厚的吴方言色彩，其实，正如有的研究者的考证结果所显示，它的源头还是来自蒙古族的服饰。明陆嘘云《世事通考》下卷《衣冠类》："鞑靼衫衣有数样，曰海青、曰光腰、曰三弗齐之类。今吴人称布衫总谓之海青，盖始乎此。"

二、明清鼎革：清初遗民的衣冠头发情结及其心理

清兵入关以后，满洲铁骑所到之处，无不留下一张醒目的告示，此即"留发不留头，留袖不留手，留裙不留足。"这张看似简单的告示，却引发了汉人心理的极大波动。换言之，"留发"抑或"留头"？"留袖"抑或"留手"？"留裙"抑或"留足"？从表面上看，这是一道简单的选择题，其实，当清政府下江南并颁发薙发政令时，无疑已经触动了汉族大众已经相当脆弱的神经，并随之引起强力的反弹。

这道绝对化的选择题，对于深受儒家文化影响的汉民族大众而言，确乎已经触及到民族文化的精神底线，使他们面临两难的窘境。尽管在明清易代之前，已有女真人进入中原而建立的金朝及蒙古族人统一中国而建立的元朝，汉民族大众曾经有过辫发、胡服的历史，但随着明太祖朱元璋一统中原而建立大明王朝，一洗胡风，重新恢复了汉唐衣冠文物制度。这就是说，在汉民族历史上，尽管有"以夷变夏"的事实，但在民众的内心深处，终究还是怀抱"以夏变夷"的理想。所以，对于他们来说，诸如头、手、足之类，仅仅牵涉肉体的层面；而发、袖、裙之类，则关乎心灵的层面。进而言之，面对薙发之令，究竟是"丧身"，还是"丧心"？毫无疑问，很多人的选择则是宁可"丧身"。

头发抑或衣冠，是一种"文物"的象征。留发抑或薙发，主要牵涉以下两个问题：一是孝道之承继。俗曰：身体发肤，受之父母，不敢损伤。薙发，就等同于毁伤父母之遗体，这是一种大

不孝。二是夷夏之大防。若薙发，就是抛弃华夏文明之风，甘愿认同蛮夷之俗，这是一种不义。就此而论，以清初士大夫遗民群体为考察的主体，透过他们面对薙发政策的行为动向，进而深入到他们的内心世界，对其衣冠头发情结加以心理分析，则尤显必要。

（一）薙发抑或全发：清初遗民行为的艰难抉择

自清兵入关，进而定鼎中原，尤其是自薙发令下达之后，究竟是薙发，抑或全发？士大夫遗民确乎面临两难的抉择，进而引发内部分化。揆诸清初士大夫遗民的行为抉择，大抵分为全发与薙发两类。

1. 选择全发

就全发者来说，事实上又可细分为多种情形。正如清初著名思想家黄宗羲所言，自从薙发令下达之后，有些士人不忍受辱，为了保全自己的头发，毅然至死而不悔。于是，或"谢绝世事，托迹深山穷谷者"；或"活埋土室，不使闻于比屋者"。即使如此，但往往为人"告变"，最终不能保全头发。即使得以保全，但苟延蝣晷，亦与死者无异。

2. 选择薙发

就薙发者来说，其间亦可分为以下两类：一是奔走势利之人，在"易姓"之后，进而"易心"。二是尽管已经被逼薙发，但仍不愿易服，继续保持旧朝的衣冠服饰。

（二）清初遗民的衣冠头发情结及其矛盾心态

明清易代之后，士大夫遗民大多有着深厚的衣冠头发情结。对于遗民而言，衣冠头发既是旧朝的象征，更是民族文化的表征。就头发来说，正如张煌言所言，"华戎之分，莫不于发取辨焉"。可见，头发在遗民的心目中占有相当重要的位置。何以言此？张煌言有进一步的阐释。他认为，头发属于血气之余，对于人身而言，似乎犹如骈枝赘疣。然而人而无发，就称不上一个"全人"。人之为人，就是因为他们"戴发含齿"，从而得以与"羽化鳞介"的"异类"相别。换言之，断发，是一种"蛮俗"；祝发，可归于"胡教"；辫发，则更属于"夷风"。这是将"全发"或"薙发"之辨，上升到"华戎之分"的角度加以认知。

为此，我们不妨循着黄宗羲的思路，对清初士大夫遗民的衣冠头发情结背后蕴藏的心理特征加以具体的分析。尤其是那些已经"断发"之人，他们内心的矛盾心态，却是各有不同。大抵言之，可以析为以下三类。

一是主动断发，却内心倍感痛苦。如归庄有《断发》诗二首，记录了一个士大夫遗民薙发以后内心的痛苦感受。从诗中可知，按照世俗的人情，为了躲避祸患，不惮委曲求全。然一个人只要"得正"，所惧者就不再是"刑戮"。在归庄看来，人的生命掌握"在天"。就是不薙发，亦未必就不会遭受"荼毒"。即使懂得如此之理，但迫于亲朋的姑息之爱，归庄只得手持剪刀，将自己的头剪成"半秃"之样，最终从了"胡俗"。这对归庄而言，应该说是奇耻大辱。究其原因有二：一是发乃父母所生，一旦毁伤，就会带来"大辱"；二是薙发之举，更是"弃华而从夷"，从"华人"转而变为"夷人"，这种苟活，确乎生不如死。当然，归庄之所以隐忍偷生，在诗中亦可看出两点：一是身多牵累，虽不时有欲死之念，但只得中止；二是一种期待，即"坐待真人起"，他就可以仿效姚广孝之助朱棣成就千秋大业，立下百代功勋，最终一雪终身之耻。入清以后，尽管归庄被逼薙发，但恢复大明江山之志不衰，他在一首诗中就表达了这种志向："忽然废书起长叹，文士雕虫何足算！五年宗社生荆棘，万国苍生坐涂炭。愿提一剑荡中原，再造皇明如后汉。"此即典型证据。

二是薙发逃释，但依然对头发、头巾百般留恋。就头发而言，他们将剃下来的头发埋于地下，立下一座发冢，并专门撰文加以纪念。如屈大均著有《藏发冢铭》，周容著有《发冢铭》，就是典型例案。发冢的出现，无异于证明旧的生命已经逝去，但旧时的精神已经根植于内心，等待合适的时机以便重新发芽。

三是薙发而文过饰非，李雯即为典型例证。李雯其人，原本是明末几社的领袖，与夏允彝、陈子龙素敦交好。甲申北都之变，陈子龙、夏允彝等人无不倡义，唯有李雯"以陷虏变节"，且又为虎作伥，参佐戎幕。后世所传多尔衮《致史阁部书》，相传就是出自其笔。而史可法的复书，正好亦出自复社四公子之一的侯方域，其间词气正大，殊非便佞所及，读者亦可借此验证邪正之难诬。正是因为李雯曾有出入几社这段经历，出于为亲者讳的目的，夏允彝的儿子夏完淳的集子中，才对李雯绝少訾议。即使如此，李雯入清之后，又著《答发》一文，文辞谲诡，益复可鄙，由此足证文过饰非者所为，确乎无所不至。揆诸此文，李雯通过自己与"发神"的对话，为自己的薙发行为加以辩解。根据李雯自己编造的故事，当他薙发之际，有发神前来责问，自称是"亡国之遗族"，而李雯则为"新朝之膴仕"，直斥李雯往日以发"御穷"，而如今一朝被弃，是李雯"曼缨之可羡"所致，并打算向苍穹告诉。针对发神的责问，李雯尽管"涕泣掩面"，但还是百般辩白，直称人之有发，犹如草木之有枝叶，春生而秋谢，春非恩而秋非怨；又如鸟兽之有羽毛，夏稀而冬毡，冬非厚而夏非薄。李雯认为，清朝入主中原，已是"天子圣德日新，富有万方"，一旦稽古礼乐，创制显庸，而自己戴上鹿皮之冠，更是对头发的庇护，且可"照耀星弁之下，巍峨黼黻之上"。两者相较，头发可以自称"亡国之遗族"，而李雯却在"新朝之膴仕"的光环之下，夸称可以为头发带来更多的荣耀，显然已经将作为肉体层面的"头发"与作为精神层面的"名节"两分，更以赤裸裸的物质利益掩盖自己节义精神的沦丧。

三、民族文化"涵化"与华夏民族服饰文化心理变迁

（一）夷夏互动：民族间文化的双向交融

以儒家思想作为意识形态的中原汉族王朝，无不恪守"夷夏之防"的观念，而其终极目标则是"用夏变夷"，最终达臻天下大同。《春秋》一经虽严华夷之辨，然其中心主旨还是在于至德无

不覆载，即通过华夏的政教对四夷之人加以感化。否则，若是冰炭同器，不濡则燃，不但中国不宁，四夷也不能自安。然而撰诸历史的事实，并非完全如此，而是呈现出一种夷夏互动的态势。

1. 用夏变夷："汉化"的主观努力

用夏变夷，是传统中原知识分子的理想，其目的在于使"入主"或"寓居"中原大地的"夷狄"能一改旧习，做到彻头彻尾的"汉化"，进而达到"华夷一统"。这种观念显然广泛存在于明代的士大夫阶层中。如冯惟敏就著有散曲《劝色目人变俗》，用通俗的语言苦口婆心地劝导移居中原的色目人，既然已经在中原"看生见死"，就不如"随乡入乡"，弃置"梵经胡语"，打叠起"缠头左髻"，转而去读"孔圣之书"，改穿"靴帽罗襕"，甚至"更名换字"，行为一同"中国"。

追溯历史的源头，"用夏变夷"无疑是中原王朝统治者的主观理想，但确实也得到了四夷英明之主的响应，其中尤以北魏孝文帝与北齐神武帝最为典型，孝文帝有"用夏变夷之主"之誉，而神武帝业被称为"英雄有大略"。

入明之后，明朝廷借助于通婚与赐姓，进而将"用夏变夷"付诸实践。以通婚为例，明太祖第二个儿子秦王，就娶元太傅中书右丞相河南王扩廓帖木儿之女王氏为正妃。洪武二十八年（1395年），秦王死，王妃以死相殉，最终得与秦王合葬一处。至于秦王的次妃邓氏，尽管是大明功臣清河王邓愈的女儿，反而屈居王氏之下。又洪武十八年这一科的状元任亨泰，母亲为元代乌古伦公主，是色目人，妻子也是蒙古人，最后被朝廷赐予国姓朱氏。可见，明初之时，朝廷继承故元旧俗，尚与属国之女通婚。

至于西北一些边地，因为卫所的遍设，汉族与少数民族混居，华夏之俗对"夷俗"开始产生不小的影响，导致"夷虏"趋于汉化。如河西一带，原本风俗"混于夷虏"，"土屋居处，卤饮肉食，牧畜为业，弓马是尚，好善缘，轻施舍"。进入明朝之后，"更化维新，卫所行伍，率多华夏之民，赖雪消之水为灌溉，虽雨泽少降，而旱涝可免，勤力畎亩，好学尚礼。"所以，地虽属于边境，却"俗同内郡"。又如宁夏一带，在前代"夷俗"流行，入明之后，生活在宁夏一带的居民，既有仕宦之人，又有征调之人，甚至还有谪戍之人，大多来自五方，以故风俗杂错。然时日一久，无不诵习诗书，擅长词藻华翰，风俗"迥非前代夷俗之比矣"。还有宣府一带，女子多梳"达女"的发式，依然保持着蒙古族的特色，一般均为"垂发"，直至出嫁之时，才将前两鬓下垂的头发剪去其末，称为"廉耻"。然宣府一带的"俗夷"，即使还保留着原本蒙古族的待客之道，但多少在礼仪上开始出现汉化的倾向。尤其是那些已经部分汉化的"熟夷"，在居住上已经不再保留原先北狄、西戎的"帐房"，而是开始建固定的房屋，"以茅结之，或圆或方，而顶尖如保定近邑民间小房耳"。

再将视角转向西南地区。内地移民到了贵州以后，使贵州出现了"用夏变夷"的现象，内地汉人习俗开始影响到边地少数民族。如花仡佬族，有些人靠近城市居住，"衣服语言，颇易其习"；思南府，"蛮獠杂居，渐被华风"；朗溪司的峒人，"近来服饰，亦颇近于汉人"。至于从江西、四川、湖广来的商人、流徙罢役或逋逃之人，为人大多奸诈，到了贵州以后，"诱群酋而长其机智，而淳朴浸以散矣"。

2. 以夷变夏："胡化"的客观事实

通观中国历史上民族之间的关系史，中原华夏民族"胡化"现象的出现，大抵来自两条路径：一是北方少数民族入主中原，如北朝之鲜卑族，辽之契丹族，金之女真族，以及元之蒙古族，其结果则造成自上层士人以至下层百姓的大量"胡化"。二是因汉人王朝"徙戎"政策的鼓励，致使一些少数民族人士进入中原地区。尽管汉人王朝的目的在于借助此举而起到"用夏变夷"之效，其结果却反而造成了诸多"以夷变夏"的客观事实。

毫无疑问，"徙戎"举措的实施，其实是一把双刃剑。剑的一面，显然可以获得四夷"慕化"的美名，借助于四夷进入中原之后，"服改毡裘，语兼中夏，明习汉法，睹衣冠之仪"，逐渐消弭夷狄之性。然不可忽略的是，这把剑具有另外的一面，即这些移居中原的四夷之人，看似有愿意接受"向化"之诚，其实夷狄之俗终究一时难以改变，其结果仅仅是获得"向化"的虚名，有时反而成为边患之忧。

按照中国自古以来的传统观念，一向信奉"戎夏不杂"的训诫，认为"蛮貊无信，易动难安"，所以将其"斥居塞外，不迹中国"。当然，鉴于"帝德广被"，四夷假若愿意接受向化之诚，有时也可以前来朝谒，且"请纳梯山之礼"，但一旦朝贡完毕，则"归其父母之国，导以指南之车"。汉魏以后，一革此风，改而为"征求侍子，谕令解辫，使袭衣冠，筑室京师，不令归国"。此即所谓的"徙戎"。如据《汉书》记载，汉桓帝曾迁五部匈奴于汾晋；唐武则天统治时期，"外国多遣子入侍"。

明初平定天下，凡是蒙古人、色目人，若是散处诸州，大多更姓易名，杂处民间，时日一久，已经相忘相化，很难加以辨识。

明代大量归降蒙古人久处中原内地，再加之"胡俗夷性"的生命力又是如此之强，其结果必然导致"腥膻畿内"。说得直白一些，就是中原内地的汉人，势必会受到蒙古人的影响。众所周知，明代北直隶河间府以及山东东昌府之间，一直响马不绝，究其原因，就是"达军倡之"的缘故。

京畿地区如此，西北边地同样如此，当地汉人的生活习俗，也有一种"胡化"的倾向。如陕西以西当地汉人盖房子，大多采用一种"板屋"，即"屋咸以板，用石压之"。《小戎》曰："在其板屋。"可见，这是受到了西戎之俗的影响。又如明初迁徙到甘肃的南京移民的后代，生活习俗也开始逐渐"胡化"。甘肃在明代为九边之一，地处西北，靠近黄河的地方都是水田。明初之时，明太祖曾迁移南京之民到甘肃戍守。直至明末清初，这些移民的后代在语言上仍然不改，妇女的服饰也如吴地的宫髻，穿着长衫。但因在当地住时间久远，在习俗上不免潜移默化，受到当地民俗的影响，如穿着上就已经不用纨绮，而是保持一种俭朴，而且每家藏有弓矢，养有鹰犬，从事一些狩猎活动。这是江南移民融入边地社会的一种体现。

若将视角转向西南地区，汉人日常生活习俗受到西南少数民族的影响同样不可视而不见。譬如很多来自内地的移民在进入贵州以后，大多"见变于夷"。其意是说，内地移民一旦移居贵州，时日一久，不能不受到少数民族风俗的熏染。如安庄卫的卫人，因久戍边境，"习其风土之气性，颇强悍"；乌撒卫的卫人，因久处边地，"强悍凶狠"，显然也是风土所致。

（二）涵化：跳出"汉化"与"胡化"

通观华夏文化的变迁历程，实则是一部"汉化"与"胡化"交织在一起的历史。相比之下，受儒家"华夷之辨"观念的熏染，汉化在儒家士人群体中已经形成一种思维定式，且成为历代中原汉族王朝民族政策的观念指南，遂使汉化成为一种文化主流，一直处于颇为强势的位置。反观胡化，既有来自域内的胡化，如汉之匈奴，魏之鲜卑，唐之回纥，辽之契丹，金之女真，元之蒙古，及其这些民族对中原文化的影响，又有来自中亚乃至印度文化的输入，尤以佛教传入及其对中国文化的影响最为典型。诸如此类的胡化，虽已经潜移默化地渗透到汉族民众的日常生活与精神世界中，却始终处于一种劣势的位置，仅仅是一股潜流。

随华夏文化变迁而来的，则是华夏文化中心的区域性转移，即从关中、中原，逐渐到江南、岭南、湖广乃至西南的转移路线图。大抵在隋唐以前，汉族文化的中心是在黄河以北地区，此即历史上人们所夸称的"中国""中华"与"华夏"，而尚未开发的南方则被视为蛮夷之地。自"五胡乱华"之后，因北方不时受到塞外少数民族的入侵，并在相当长的时期内受到异族的统治，杂居通婚也就成为自然的现象，最终导致北方人对其他少数民族并无多少排斥的倾向。然自宋代南渡之后，最终形成经济与文化中心的南移历程，使南方成为华夏的经济与文化中心。相比之下，经济更为发达、文化更为先进的南方人，一直秉承"尊王攘夷"之说，国家与种族的观念反而显得更为强烈。即使如此，以"中州"一称为典范的中原，在中国人的心目中还是将其视为华夏文化的正脉所在。所以，即使到了元代，元朝的汉人还是将北方视为"中原雅音"的正宗，南方反而"不得其正"。

1. "汉化"：一种文化思维定式

在华夏文化的形塑过程中，"汉化"之说，已经成为一种文化思维定式，且有陷入"汉族中心论"的危险。

所谓汉化，按照魏特夫的解释，实为一种"吸收理论"（Absorption Theory），其意是说凡是入主中原的异族统治，终究难以逃脱一大定律，即被汉化，甚至被同化，征服者反而被征服。

诸如此类的汉化论，从华夏文化演变的历程来看，确实可以找到很多的例子作为这一说法的佐证。以域内的蒙古人、色目人为例，流寓于江南的蒙古人、色目人，大多已经被汉化，诸如学习汉族缙绅设立义田，自己置办庄园与别墅，并且还取一些汉式的庄名，妇女节烈观渐趋加强，收继婚受到讥刺，丧葬上采用汉式葬俗，以及蒙古人、色目人纷纷改取汉名。以来自域外的佛教为例，正如有的研究者所论，佛教刚传入中国之时，确有印度化的趋向，然自唐代以后，佛教最终还是被汉化，且这种汉化了的佛教，其中的形上学已经成为宋代理学合成物的重要组成部分。

但是，诸如此类的外来民族以及外来文化被汉族文化同化的事例，并不能推导出以下的结论，即在中国历史上，其他民族入主中原之后，最终都会被无往不胜、无坚不摧的汉族文化所同化，中华文化有着无穷的生命力。假若做出如此的历史解读乃至引申，其最大的问题在于视角的偏向，即是从汉族、汉文化的角度来考察不同民族与不同文化之间的融合。

2.“满化”：“新清史”的误区

为了纠正“汉化”论的缺陷，异军突起的“新清史”研究者，抛弃固有的“汉化”论的思维定式，进而倡导“满化”（“胡化”的一种），同样难以逃脱“满族中心论”的误区。

以欧立德、柯娇燕等为代表的“新清史”论者，不满于以往的汉化论，进而在清史研究中去寻求一种新的传统，即满族传统，指出满族并未汉化，反而可以说汉族被“满化”。“新清史”论者通过强调“满化”的倾向而质疑“中国”这一概念，其对“中国”乃至“华夏”的认识，同样存在着误区。正如一些评论者所言，“新清史”论者对“中国”的误读主要体现在以下两个方面：一则中国从来不是一个单一民族的国家，而是一个统一的多民族国家；二则对于清王朝而言，满族固然在某些方面与某些场合仍然保持着不同于汉族的本族文化认同，但不容置疑的是，清朝还是接受了“中国”的概念，满族也有“中国人”的意识。

3.“涵化”：华夏文化形塑历程的真实反映

通观中国历史上各民族文化交融的事实，采用“涵化”一说，更能体现华夏文化形塑过程的历史真实。

自崖山之后，无论是少数民族建立的元、清，还是号称恢复汉唐的明朝，确乎已经不同于宋朝的中华文化，而是多受胡化、满化的影响。既然不论是“汉化”说，还是“胡化”说，都不可避免地烙下一偏之颇的印记，那么，如何看待历史上华夏文化的民族融合？就此而论，采用“涵化”一说，显然更为符合历史的真实。李治安在阐述元代多元文化体系内的交流影响时，曾指出这种交流并不局限为文化的单向变动，而是蒙、汉、色目三种不同文化之间的相互“涵化”。他认为，所谓的“涵化”，就是涵容浸化、互动影响的意思，就是蒙、汉、色目三种不同文化相互影响。涵化（Acculturation）这一概念，又可作“泳化”，明朝人邓球就曾经编有《皇明泳化类编》一书，所持即是相同之义。涵有二意：一为包容，二为沉浸。泳本指水中潜行，后又转化为沉浸。可见，所谓的涵化、泳化，其实即指不同文化之间互相影响，互为包容，而后潜移默化地将他者的文化浸化于自己民族固有的文化中，进而形成一种全新的文化。对华夏文化的变迁，实当以“涵化”二字概括之，才可免于偏颇。

进而言之，假若按照何炳棣的说法，“汉化是一个持续不停的进程，任何关于汉化历史的语言学研究最后必须设想它的未来”，那么，化其言而用之，揆诸中国历史的事实，胡化同样是一个持续不停的进程。在华夏文化形塑过程中，汉化与胡化并非呈两条并行的线条而各自演进，而是在各自的演进过程中不时出现一些交集点。这种交集点，就是胡汉的融合，而后呈现出一个全新的“中华”与“中国”。

正如元末明初学者叶子奇所论，“夷狄”与“华夏”之间，因“风土”的差异，导致风俗有所不同。即使按照儒家的传统观念，对待民族文化之间的差异，还是应该秉持一种"至公"的原则。出于至公，就会"胡越一家"，古来圣贤视天下为一家、中国为一人，也是出于相同的道理。若是出于本民族的一己之私，从中分出一个亲疏之别来，那么就会陷于"肝胆楚越"的尴尬境地。可见，华夏与夷狄之间，民族虽有不同，文化并无优劣之别。早在春秋时期，孔子当周衰之后，已经有了"夷狄之有君，不如诸夏之无"的说法，且不免生出欲居九夷的念头。到了宋、元之际，当文天祥被俘而至燕京，在听到了蒙古人军中之歌《阿剌来》时，声音雄伟壮丽，浑然若出于瓮，更是叹为"黄钟之音"。至明末清初，顾炎武在亲身经历了九州风俗，且遍考前代史书之后，同样发出了"中国之不如外国者有之矣"的感叹。

四、对"崖山之后再无中华"说的新思考

是否真的"崖山之后再无中华"？其实，梳理此论的提出乃至演化不难发现，这一说法的出现，一方面反映了华夏文化日趋"胡化"的历史真实，另一方面却又是那些汉族士人阶层在面对"胡化"大势时内心所呈现出来的一种无奈之情，且从根本上反映出这些汉族士人内心深处的"汉族中心"意识，以及对华夏文化的认同感。

细究"崖山之后再无中华"一说的提出，当源自钱谦益《后秋兴》诗第十三首，诗云："海角崖山一线斜，从今也不属中华。更无鱼腹捐躯地，况有龙涎泛海槎。望断关河非汉帜，吹残日月是胡笳。嫦娥老大无归处，独倚银轮哭桂花。"钱谦益是一个颇为复杂的历史人物，他既是投降清朝的"贰臣"，却又在内心深处不乏汉族士人固有的"遗民"意识，甚至在暗地里投入反清复明的运动之中。

钱谦益的说法，显然受到了郑思肖、元好问、宋濂等人的影响。南宋遗民郑思肖，曾对元取代宋之后，华夏文化的沦丧深有感触，曾有言："今南人衣服、饮食、性情、举止、气象、言语、节奏，与之俱化，惟恐有一毫不相似。"又说："今人深中鞑毒，匝身浃髓，换骨革心，目而花暄，语而谵错。"在明清之际，因《心史》的重见天日，郑思肖一度成为明朝遗民的偶像。钱谦益之说，难免也是语出有因。元好问本人虽具有曾为"蛮族"的拓拔魏的皇室血统，但已深受华夏文化的熏陶，在内心深处同样不乏汉人的遗民意识。他所著《中州集》，其中"中州"二字，已经显露出了颇为强烈的华夏文化认同意识。他有感于在蒙古铁蹄下的悲惨命运，决心记录他原已覆灭的王朝所取得的文学成就，他所著的《中州集》等作品是重新构建金后期历史的重要史料。元好问多产的一生，大部分时间都致力于使许多优秀的汉族和女真文人不被人们所忘却。钱谦益编选《列朝诗集》，无疑就是对元好问所编《中州集》的模仿。天启初年，钱谦益四十来岁时，就有志于仿效元好问编《中州集》，编次有明一代的《列朝诗集》，中间一度作罢。自顺治三年（1646年）起，他又续撰《列朝诗集》，历三年而终于完成。由此可见，钱谦益人虽投降清朝，但尚不免有故国之思。宋濂曾有言："元有天下已久，宋之遗俗，变且尽矣。"生活在明清易代之际的钱谦益，

显然继承了宋濂的这一说法，进而形成"崖山之后再无中华"之论。得出这一结论的另外一个依据，即作为明清之际文坛领袖的钱谦益，对明初文臣第一人的宋濂，应该说心仪已久，甚至将宋濂为佛教撰写的文字，编次成《宋文宪公护法录》一书。

作为以恢复汉唐为宗旨的明朝，是否能够使华夏文化得以延续不替？令人失望的是，当时朝鲜使节的观察，更是加深了"崖山之后再无中华"这一观念。根据日本学者夫马进的研究，明代朝鲜使节眼中的"中华官员"，显然已经不是华夏文化的正宗。如许篈在《荷谷先生朝天记》中，曾说当时接待他们的明朝贪婪官员："此人惟知贪得，不顾廉耻之如何，名为中国，而其实无异于达子。"赵宪在《朝天日记》中，亦认同将明朝官员讥讽为"蛮子"，反而自认为"我等居于礼义之邦"。

至近世，前辈学者王国维、陈寅恪虽未明言"崖山之后再无中华"，但他们对有宋一代文化成就的颂扬，更是坐实了"崖山之后再无中华"的说法。王国维在《宋代之金石学》一文中提出："天水一朝，人智之活动，与文化之多方面，前之汉唐，后之元明，皆所不逮也。"陈寅恪亦有言："华夏民族之文化，历数千载之演进，造极于赵宋之世。"尤其是到了1964年，陈寅恪在属于临终遗言性质的《赠蒋秉南序》中，借助欧阳修"贬斥势利，尊崇气节"，进而得出"天水一朝之文化，竟为我民族遗留之瑰宝"的论断。

让我们再次回到蒙元遗俗与明朝人的日常生活之间的关系上来。明代虽号称恢复汉唐，但实则在日常生活中保留了诸多蒙元文化的因子。正如清初学者张履祥所言，明朝人凡事都要学晋朝人，但所学不过是"空谈无事事一节"而已。因为与晋朝人为人"洁净"相比，明朝人实在显得有点"污秽"。究其原因，则是因为时世不同：晋朝人尚保存着"东汉流风"，而明朝人大多因仍"胡元遗俗"。可见，时日一久，这种胡化风俗已经沉淀下来，慢慢渗透于汉族民间的日常生活而不自知。就此而论，"崖山之后再无中华"之说，仅仅说对了一半，即崖山之后的华夏文化，已经不再如同宋代以前的华夏文化，但并不证明崖山之后中华文化已经沦丧殆尽，而是变成了一种经历蒙、汉乃至满、汉融合之后的华夏文化。正如费孝通所言，"各个民族渊源、文化虽然是多样性的，但却是有着共同命运的共同体。"从根本上说，中华民族呈现出一种"多元一体"的格局。若是持此见解，"汉化"与"胡化"之争讼，自可消弭。

附记：为参加北京服装学院举办的"中华民族服饰文化国际讨论会"，故因袭旧说而另辟新的思考路径，匆匆草就此文。蒙《艺术与设计研究》不弃，拟将会议发言稿刊发，只得重加订正，详引史料不再出注，敬请谅解。若读者对相关问题感兴趣，不妨参看我已经刊发的两篇文章。一是《清初士大夫遗民的衣冠头发情结及其心理分析》，刊《安徽史学》，2013年第4期；二是《蒙元遗俗与明人日常生活——兼论民族间物质与精神文化的双向交融》，刊《安徽史学》，2016年第1期。此外，我又撰《顾炎武科举仕路考论——兼论遗民志节的多样性》一文，即将在《明清论丛》刊出，拟对相关问题尤其是顾炎武晚年衣冠问题作进一步的申述，对于想进而了解这一问题的读者不无参考价值。

02 清代服饰的等级特征述析

严 勇[1]

摘 要　　在中国封建等级社会，服饰的重要功用之一是标明身份等级。清代服饰体系分为帝位、爵位、官位三个系列，每个系列包括若干等级，制度森严。清代服饰等级的特征分别在质料、款式、颜色、纹样、饰物五个方面都有体现。

关键词　清代、服饰、等级、质料、款式、颜色、纹样、饰物

森严的等级制度是中国古代社会的一个基本特征，而服饰则是这种等级制度最直观、最强烈的外在反映。在中国古代，从上古的黄帝、尧、舜"垂衣裳而天下治"[2]开始，服装就不仅仅具有御寒蔽体的实用功能，还被赋予了浓厚的政治色彩和礼制意义。这如汉代班固所解释："圣人所以制衣服何？以为絺绤蔽形，表德劝善，别尊卑也。"[3]进入封建等级社会后，服饰更是成为一个人身份地位的如影随形的外在标志，即所谓"贵贱有级，服位有等。等级既设，各处其检，人循其度，擅退则让，上僭则诛。建法以习之，设官以牧之。是以天下见其服而知贵贱，望其章即知其势。"[4]其意在通过服饰这种在社会生活中形式最为外露直观、最易标明一个人身份地位的物质载体，来处处体现君臣官民及上下等级之间严格的尊卑贵贱关系，使人各遵其职，各安其位，以维护统治者专制集权的统治秩序。

清代也不例外，同历代封建王朝一样，清代统治者制定的服饰制度也处处体现着严格的等级内涵。而更胜于前朝的是，清代服饰制度的条律规章之庞杂浩繁和琐细详致超过了以往各个朝代。

清代的服饰制度不仅严格区分了统治者与被统治者之间的服饰等差，而且也严

---

❶ 严勇，故宫博物院研究员、宫廷部副主任。主要研究方向为清代宫廷服饰、中国古代织绣画艺术和明清织绣等。

❷《周易·系辞下》。

❸ 班固：《白虎通义》卷下《衣裳》，上海古籍出版社，1992年，第59页。另参见清陈立：《白虎通疏证》卷九《衣裳》，中华书局，1994年，第432页。

❹ 汉贾谊：《新书》卷一《服疑》，光绪元年浙江书局二十二子本，第19、20页。

格区分了统治者内部之间的服饰等差，它是清代各阶层人员必须遵守的服饰规范。清代服饰的等级之别十分显著，从高到低可分为三个大的等级：一是帝位级，包括皇帝及后妃；二是爵位级，包括皇子、亲王、郡王、贝勒、贝子、镇国公、辅国公、镇国将军、辅国将军、奉国将军、奉恩将军等皇亲贵族，以及公、侯、伯、子、男等民姓封爵者；三是官位级，包括一至九品的各级官员。而每个等级中又有上下若干等级，每一级人员相应所穿的服饰，都有严格的规定，各级官员都必须严格遵守服饰等级制度的规定，不得擅自僭越。

清代统治者通过这些服饰等级的规定与限制，确立了自帝王至士庶服饰的外观等差。由此形成上下有别、尊卑有序、贵贱有等的服饰体系，从而以达到所谓"辨等威，昭名秩"[1]的统治目的。这种带有深刻政治烙印的清代服饰，成为清代等级森严的社会生活的一个重要表征。

清代服饰的等级性的体现方式是多种多样的，主要是通过服饰的质料、款式、颜色、纹样和饰物五大重要组成元素来具体体现的。

一、清代服饰质料体现的等级性

清代宫廷服饰使用的质料追求丰富多样，珍贵奢华，大量使用产自江南的质量上乘的缎、绸、纱、绫、罗和缂丝等精美丝织品，以及产自满族发祥地东北高寒地区的貂皮、海龙皮、狐皮、银鼠皮、猞猁狲皮、水獭皮、鹿皮和狍皮等各类名贵皮料。这些服饰质料除具有柔滑舒适或轻便保暖等优良的实用性外，还以其品质高低和名贵程度等来体现穿用者身份地位的尊卑贵贱。

礼服中的冬朝冠，从皇帝、王公至九品文武官员均戴用，其檐以皮为之，以皮质的好坏来反映等级的高低，等级越高，皮质越好。皇帝冬朝冠的檐有薰貂皮和黑狐皮。皇子、亲王、亲王世子、郡王、贝勒、皇孙、贝子、固伦额驸、镇国公、和硕额驸、辅国公、民公、侯、伯、文武一品官、镇国将军、郡主额驸、子等的冬朝冠，其檐相同，均为薰貂、青狐两种。文武二品官、辅国将军、县主额驸、男及文三品的冬朝冠，其檐皆为薰貂、貂尾两种。武三品官，奉国将军，郡君额驸，文武四品，奉恩将军，县君额驸，文武五品官，乡君额驸，文武六、七品官和一、二、三等侍卫，文武八、九品官的冬朝冠，其檐皆以薰貂制成。[2]从这些规定可以看出，从皇帝至九品文武官员均可戴薰貂皮檐的冬朝冠，但皇帝还可戴皮质最为贵重的黑狐皮冬朝冠，其他任何人皆不得使用此种皮料，以下依等级高低可使用皮质略次的青狐和貂尾。

礼服中的冬朝服，皇帝冬朝服有两式，一式为披领及裳俱表以紫貂皮，袖端为薰貂皮；另一式为披领及袖均为石青片金加海龙皮缘。皇子、亲王、郡王、贝勒、贝子、固伦额驸、镇国公、

❶《钦定大清会典事例》卷三二八《礼部·冠服》："雍正七年谕，百官章服，皆有一定之制，所以辨等威，昭名秩也。"光绪二十五年原刻本影印，(中国台湾)新文丰出版公司印行，1976年，第9475页。
❷ 清朝封爵始自崇德年间，顺治年间加以充实，到乾隆年间形成完备的制度。乾隆十三年(1748年)钦定爵表，规定宗室爵位十四等：一、亲王，二、世子，三、郡王，四、长子，五、贝勒，六、贝子，七、镇国公，八、辅国公，九、不入八分镇国公，十、不入八分辅国公，十一、镇国将军，十二、辅国将军，十三、奉国将军，十四、奉恩将军。

辅国公、和硕额驸、公、侯、伯下至文武四品官、奉恩将军、县君额驸等人的冬朝服所饰皮料与皇帝相同。文武五品官、乡君额驸至文武六七品官等人的朝服没有冬夏之分，即冬、夏朝服的形制都一样，不能用皮料缘边，只能用片金缘，其中披领及袖用石青色妆花缎。文武八、九品官的朝服等级更低，披领及袖只能用青色倭缎。

礼服之一的端罩，是清代皇帝及王公贵族冬季套在朝袍、吉服袍外面穿的一种裘皮外褂。它的等级，主要的是通过端罩外表皮质的种类优次来区分，等级越高，皮质越好。按清代服饰典制规定，端罩的质料有黑狐皮、紫貂皮、青狐皮、貂皮、猞猁狲皮、红豹皮和黄狐皮七种。唯皇帝的端罩有黑狐皮和紫貂皮两种皮质，其余王公文武百官皆为一种。在冬季应穿端罩的时间里，皇帝从十一月朔至上元穿用黑狐皮端罩，其余时间穿用紫貂皮端罩。皇帝以下，皇太子用黑狐皮；皇子用紫貂皮；亲王、亲王世子、郡王、贝勒、贝子、固伦额驸用青狐皮；镇国公、辅国公、和硕额驸用紫貂皮；民公以下，文三品武二品以上及辅国将军、县主额驸等用貂皮；一等侍卫用猞猁狲皮间以豹皮；二等侍卫用红豹皮；三等侍卫及蓝翎侍卫用黄狐皮。除上述人员外，其余人均不得服用端罩。

在清初服饰制度逐渐完善并定制的过程中，从顺治帝到乾隆帝，对服饰质料的使用，都有严格的要求和规定。

顺治时，"顺治三年（1646年）覆准，庶民不得用绣缎等服，满洲家人不得用锦绣蟒缎、妆缎。……顺治九年（1652年）题准，闲散宗室服，用蟒缎、妆缎、倭缎、金花缎及各种花素缎。衣四开裾。……觉罗服，用金花缎、倭缎、各种花素缎。"❶在清代，皇帝的宗族按血缘的远近亲疏，分为宗室和觉罗，宗室是清太祖努尔哈赤父亲塔克世之直系子孙，觉罗为清太祖努尔哈赤父亲塔克世伯叔兄弟的旁系子孙。宗室的地位高于觉罗，因此，在衣料的使用上，宗室可使用更为高档的蟒缎、妆缎、貂皮和猞猁狲皮，而觉罗则不可。

康熙时，对各级官员及军民人等的使用服饰质料的规定十分细致。康熙元年(1662年)，"题准军民等不得用蟒缎、妆缎、金花缎、片金缎、倭缎、貂皮、猞猁狲、狐腋。……十一年（1672年）题准，五品以下官，朝衣、常服许用蟒缎、妆缎、倭缎为缘。举人、贡生、监生、生员不得用貂皮、猞猁狲、白豹皮、蟒缎、妆缎、金花缎。护军、领催、未入流笔帖式，准用青素缎、绸、绫、纺丝、绢、葛苎、梭布、狼、狐、貉、羊等皮。军民及听差人、书吏，准用绸、绫、纺丝、绵绸、茧绸、屯绢、葛苎、梭布、狼、狐、貉、羊等皮。冠用染骚鼠、狐、貉、沙狐皮。帽上圆月，准用片金，不得用狐腋、纱狐腋、缎、纱。……康熙二十六年（1687年）题准，凡官民等不得用暗花的四爪、四团、八团龙缎，照品级织造。……康熙四十七年（1708年）题准，宗室服，许用貂皮、猞猁狲。"❷

乾隆时，对服饰质料的使用也是十分重视。规定："郡王以下，均不得用织金彩色五爪龙衣服，

❶《钦定大清会典事例》卷三二六《礼部·冠服》,光绪二十五年原刻本影印,(中国台湾)新文丰出版公司印行,1976年,第9452页。
❷《钦定大清会典事例》卷三二八《礼部·冠服》,光绪二十五年原刻本影印,(中国台湾)新文丰出版公司印行,1976年,第9472页。

及五爪暗龙缎，若上赐者许用，仍去一爪。若王等赏所属织金彩色龙者，虽服过，仍去一爪。其余服物，不得使受赏者逾越品级。……五品官以下，不得用蟒缎、妆缎、貂皮、猞猁狲。八品官以下，不得用大花缎纱及白豹、天马等皮。……文四品以下，武三品以下，除有职掌大臣及一等侍卫外，不得用貂缘朝衣。" ❶

二、清代服饰款式体现的等级性

在服装的几大要素中，款式是一种相对较为稳定的要素，在设计成形后一般不易做较大变化。清代官员等级繁多，若以款式的多样变化来反映数量繁多的等级，不但在设计和制作上增加了难度，而且在外观上也显得杂乱而不统一协调。因此，款式在服装的几大要素中是最不适合用来反映等级高低的。

清代服饰款式的不同主要体现在男女服装的不同和同一个人不同类别的服装。在男女服装差异方面，皇帝朝袍与皇后朝袍在款式上的区别，主要是皇后朝袍有中接袖、在朝褂袭肩处加缘而皇帝朝袍无；皇帝龙袍与皇后龙袍的区别，主要是皇后龙袍有中接袖而皇帝龙袍无。在同一个人的不同类别服装方面，皇帝的服装有礼服、吉服、常服、行服和雨服等几大类，它们的款式截然不同。所以，清代服饰中，用款式来表现等级性在服装的几大要素中是最少的，仅有少量的几项。

在男服中，开裾数量的多少，反映了等级的高低，开裾多者等级高。男吉服袍，即圆领、马蹄袖、上衣下裳相连属的右衽窄袖紧身直身袍，凡宗室及其以上皆为前后左右四开裾，而宗室以下则为前后两开裾。

在女服中，同一个人的同一类服装的款式数量的多少，反映了等级的高低，款式数量越多者等级越高。女朝服，皇太后、皇后、皇贵妃、贵妃、妃、嫔及各位福晋、公主、夫人、郡主、县主、郡君、县君、乡君以下至三品命妇、奉国将军淑人的朝服，均有冬朝服和夏朝服，二者款式不同。其中皇太后以下至嫔的朝服又分为冬朝服三种，夏朝服二种；皇子福晋以下至奉国将军淑人的朝服，为冬朝服一种，夏朝服一种；四品命妇、奉恩将军淑人以下至七品命妇的朝服，其款式冬、夏都完全一样，而只是有单、夹、棉、皮的厚薄区分，即冬天厚夏天薄而已。吉服袍中，皇太后、皇后的吉服袍款式有三种，而皇贵妃以下的吉服袍款式只有一种。

三、清代服饰颜色体现的等级性

服装的颜色在中国古代服饰制度中是一个十分重要的组成元素。但它已不仅仅是一种单纯光照之下形成的自然色调感知，而更多的是一种赋予和承载了诸多思想意识和情感精神等人文内涵的色

---

❶《钦定大清会典事例》卷三二八《礼部·冠服》，光绪二十五年原刻本影印，（中国台湾）新文丰出版公司印行，1976 年，第 9469 ~ 9470 页。

调媒介。在中国古代传统文化中，色彩的象征意义远远超过了它的视觉形象所产生的审美意义。

在清代服饰中，等级最高的颜色是明黄色，只有皇帝、皇太后、皇后和皇贵妃才可享用，一般臣庶严禁使用。明黄色是凌驾于一切服色之上的神圣而不可侵犯的颜色。即使贵为皇太子，也不能在衣服上使用明黄色，只能在衣服的佩饰如朝带、吉服带及朝珠的绦带等细小不明显的部位使用明黄色。实际上，这种以黄色为尊贵的做法是中国古代传统文化色彩观的一种反映。

早在《周易》中，就有关于黄色为吉利之色的记载，如"黄裳，元吉"❶。《汉书》也说："黄色，中之色，君之服也。❷"

按我国传统的"五行"思想来解释，"五行"中的"金、木、水、火"分别代表"西、东、北、南"四方，"土"居中央，统率四方，而土色为黄。皇帝是中央集权的象征，把黄色用之于皇帝衣饰，则象征皇帝贵在有土，有土则有天下的至高无上的权威。因此，中国古代很多朝代都以黄色为贵，黄色是皇帝的御用色。

在清代男服的礼服中，按照典制规定，皇帝在大朝及元旦、冬至、万寿圣节等重大庆典活动中，御太和殿接受文武百官的朝贺时，穿明黄色朝服。此外，在地坛举行祭地仪式时，皇帝也穿明黄色朝服。除明黄色外，清代皇帝朝袍的颜色还有蓝、红和月白色。其中蓝色用于天坛祭天或祈谷求雨，红色用于日坛祭日，月白色用于月坛祭月。

皇帝之下的臣属，朝服的颜色则相对简单得多，皇太子朝服为杏黄色，仅次于明黄；皇子为金黄色；亲王、郡王的朝服为蓝及石青色，若蒙皇帝赏赐金黄色者，亦得以穿用；贝勒、贝子、固伦额驸、镇国公、辅国公、和硕额驸的朝服不许用金黄色，其余颜色随便用；公、侯、伯下至文武四品官、奉恩将军、县君额驸等人的朝服，用蓝及石青色；文武五品至九品，则只能用石青色一种颜色。

属于礼服的端罩，其等级的区分，除了前文所述通过外表皮质的种类来区分外，还以里子的不同颜色来区分。皇帝端罩用明黄色缎里；皇太子用杏黄色缎里；皇子用金黄色；亲王、亲王世子、郡王、贝勒、贝子、固伦额驸、镇国公、辅国公、和硕额驸用月白色；民公以下，文三品武二品以上用蓝缎；一等侍卫用月白色缎；二等侍卫用素红色缎；三等侍卫及蓝翎侍卫用月白色缎。

在男吉服中，皇帝龙袍色用明黄，皇太子龙袍用杏黄，皇子蟒袍用金黄，亲王以下至文武九品官的蟒袍用蓝色及石青色。由于清朝以黄色为贵，皇子可穿用金黄色蟒袍，诸王非恩准赏赐者不能服，赏赐金黄色蟒袍是皇帝的一种隆恩，得赐者极少，所以当朝之人无不以能穿金黄色蟒袍为殊荣。乾隆初，诸王蒙恩得赐金黄色蟒袍者过半，其后越发减少。到乾隆末期，只有定亲王和怡亲王二人蒙恩得赐金黄色蟒袍。嘉庆初年，荣恪郡王亦蒙恩得赐金黄色蟒袍。

在男雨服中，皇帝的雨冠为明黄色，皇子、亲王以下至文武三品官为红色，文武四至六品官

---

❶《周易·坤第二》。
❷《汉书》卷二十一《律历志》，中华书局，1962 年，第 959 页。

为红色加青色缘；文武七至九品官为青色加红色缘。皇帝的雨衣为明黄色，皇子、亲王以下至文武一品官为红色，文武二品官以下至普通军民为青色。

此外，用颜色来区分等级，还体现在服饰中的一些细小环节。如朝带、吉服带、行服带的颜色，皇帝和皇太子为明黄色；皇子、亲王用金黄色；宗室用黄色；觉罗用红色；其余的民公侯伯以下至文武品官用蓝色或石青色。又如穿贯朝珠的丝绦，皇帝用明黄色绦，皇太子用杏黄色绦、皇子、亲王和郡王用金黄色绦，贝勒以下至文五品、武四品以上有资格佩用朝珠者均用石青色绦。

在女服中，用颜色来区分等级也十分严格。皇太后、皇后和皇贵妃的朝袍、龙袍颜色用明黄色；皇太子妃用杏黄色；贵妃、妃用金黄色；嫔、皇子福晋、亲王福晋、固伦公主、和硕公主、郡王福晋、郡主、县主用香色；贝勒夫人、贝子夫人、镇国公夫人、辅国公夫人、民公侯伯子男夫人、镇国将军夫人、辅国将军夫人、郡君、县君、乡君、奉国将军淑人、奉恩将军恭人以下至七品命妇，除前述明黄色、杏黄色、金黄色、香色不可用外，可用蓝色及石青诸色。

女冬朝冠冠后皆有护领，并垂绦两条，垂的颜色代表着等级的高低。皇太后、皇后、皇贵妃垂明黄绦两条，末缀宝石。贵妃、妃、嫔垂金黄绦两条，末亦缀宝石。皇子福晋、亲王福晋、亲王世子福晋、郡王福晋、固伦公主、和硕公主、郡主垂金黄绦两条，末缀珊瑚。贝勒夫人、贝子夫人、镇国公夫人、辅国公夫人、县主、郡君、县君、乡君、民公夫人以下至七品命妇的冠后垂石青绦两条，绦末无缀饰。

此外，后妃及命妇穿着朝服时佩于前襟的彩帨，也以颜色来区分等级，如皇太后、皇后、皇贵妃至嫔的彩帨用绿色，绦为明黄色；贵妃、妃和嫔的彩帨用绿色，绦为金黄色；皇子福晋、亲王福晋、固伦公主以下至七品命妇的彩帨用月白色，绦为金黄色。七品命妇以下则不得佩彩帨。

四、清代服饰纹样体现的等级性

除了颜色，服饰上的纹样也是一种十分直观、一目了然的区分等级的重要标志。由于服饰的纹样有直观明了和易于改动等特性，在服饰五大组成要素中是最活跃最富于变化的一种要素。因此，在服饰上用纹样的不同变化来表现等级的高低是最容易做到的，因而也是最为常见的。

体现在皇帝服装上，最显著最高贵的花纹非龙纹莫属。龙纹是代表皇权至高无上、神圣不可僭越的专用花纹，为人君至尊的象征。中国古代历代帝王大都以装饰龙纹的服装为专用服装，虽然各代在形制和龙的图案方面不尽相同，但表达的始终是"普天之下，莫非王土，率土之滨，莫非王臣"的"真龙天子"的唯我独尊、至高无上的政治权威意义。

除龙纹外，清代皇帝的朝袍和龙袍还饰有十二章纹样。十二章纹样在清初顺治和康熙两朝皇帝的服装上未见使用，雍正时期出现尚不完备的十二章，乾隆时形成定制，此后直至清末遵行不悖。十二章在朝袍和龙袍的全身分布是：左肩为日，右肩为月，前身上有黼、黻，下有宗彝、藻，后身上有星辰、山、龙、华虫，下有火、粉米。十二章纹样取法自然界的自然现象、珍禽异兽和一些特殊字符，每一章皆寓有含义，据《尚书》及后人的注疏解释："日、月、星辰，取其临照也；山，取其镇也；龙，取其变也；华虫(雉鸡)取其文也；宗彝，取其孝也；粉米，取其养也；藻，取其洁也，火，取其明也；黼，若斧形，取其断也；黻，为两己相背，取其辨也。"❶概言之，十二章寓意着皇帝政治权威的至高无上和道德智慧的完美无缺。

清代皇帝礼服上装饰的龙纹，据乾隆二十九年（1764年）修成的乾隆朝《大清会典》和乾隆三十一年修成的《皇朝礼器图式》的定制，属于礼服的皇帝夏朝服及冬朝服中的第二式，全身所饰龙纹为：上衣的两肩、前胸和后背各饰正龙一条，腰帷饰行龙五条，下裳的衽饰正龙一条，前后身襞积团龙各九条，下摆正龙二条、行龙四条，披领行龙二条，袖端正龙各一条。对照北京故宫博物院所藏清代皇帝朝袍的实物来看，文献所记的只是露在衣服外表的花纹。实际上，在皇帝朝袍里襟的横向与襞积水平相对应的部位，还饰团龙一条，在里襟的下摆饰行龙一条。这样，皇帝朝服全身总共装饰了龙纹四十条，几乎布满全身，且正龙、行龙和团龙等各种姿势的龙一应俱全。清代皇帝的朝服作为礼服，是清代所有服装中等级最高的服装，所以装饰的龙纹数量最多。

皇帝之下，皇子、亲王、郡王的夏朝服及冬朝服中的第二式，所饰龙纹数量较皇帝少了许多，其中上衣的两肩、前胸和后背各饰正龙一条，腰帷行龙四条，裳行龙八条，披领行龙二条，袖端正龙各一条。贝勒、贝子、固伦额驸、镇国公、辅国公、和硕额驸、公、侯、伯下至文武四品官、奉恩将军、县君额驸等人的夏朝服及冬朝服中的第二式，所饰纹样数量与皇子相同，但通身均不得用龙纹，而是用四爪蟒纹。文武五品官、乡君额驸至文武六七品官等人的朝服则没有冬夏之分，即冬夏都一样，所饰纹样通身均为云纹，只在前胸后背的方形补子上饰行蟒各一条。文武八九品官及未入流官的朝服通身无蟒，仅饰云纹。

属于吉服的皇帝龙袍，龙纹装饰从清初至清末基本一致。除领口和袖口所饰龙纹外，全身共饰龙纹九条，分布位置是：前胸、后背及两肩各饰正龙一条，下摆前后升龙各二条，里襟升龙一条，其中里襟一条龙在穿着时被前襟遮掩而不显露在外。由于"九"在中国古代为阳数之最，是礼制等级中最高的一等，因此"九龙"也就成为皇帝的象征。此外，这九条龙在全身的分布十分巧妙，由于肩上的两条龙从前后身均可看到，故穿上龙袍后无论从正面还是从背面看都是五条。这样，龙袍全身实际装饰的龙纹总数为九条，而在前后身的任何一个方向只能看到五条龙，龙纹巧妙地暗含了"九、五"之数，完全符合《周易》中天子为"九五之尊"的说法❷，以此借指帝王之位或为帝王的代称。

皇帝以下的各级臣属，其吉服不能称作"龙袍"，而叫"蟒袍"。蟒袍上所饰纹样，皇子、亲王、郡王为五爪蟒九条；贝勒、贝子、固伦额驸下至文武三品官、奉国将军、郡君额驸、一等侍卫等人的蟒袍为四爪蟒九条，其中贝勒以下，民公以上曾蒙皇帝赐五爪蟒者可用五爪蟒；文武四

---

❶《书经》，上海古籍出版社，1991年，第18页。

❷ 九五，《周易》卦爻位名。九，指阳爻；五，指第五爻，即卦象自下而上第五位。《周易·乾》："九五，飞龙在天，利见大人。"孔颖达疏："言九五，阳气盛至于天，故云：'飞龙在天'，此自然之象，犹若圣人有龙德，飞腾而居天位。德备天下，为万物所瞻睹，故天下利见此居王位之大人。"《十三经注疏》，《周易正义》卷一，上海古籍出版社，1997年，第14页。

品官、奉恩将军、二等侍卫下至文武六品官等人的蟒袍为四爪蟒八条；文武七八九品官及未入流官的蟒袍为四爪蟒五条。

在清代，袍的外面往往要套穿褂，无论是礼服袍还是吉服袍均是如此。由于褂总是穿着于所有衣服的最外层，褂上的纹样在视觉上最直观明显，一目了然。因此，褂上装饰纹样的不同变化，最能显著地标明一个人的等级身份。清代最能反映和体现尊卑有序、等级森严的服饰等级制就是这种饰有不同等级纹样的褂式服装。

清代皇帝套穿于朝服或吉服之外的褂称作"衮服"，因为皇帝至尊而不以"褂"称之。它的装饰纹样为胸、背及两肩饰五爪正面金龙四团，左右肩及胸、背分别饰日、月、星辰和山四章。衮服中的"正龙""五爪""四团"和"章纹"代表了纹样的形状、数量等，在清代所有补服中，这是等级最高的纹样，不可逾越。皇帝以下的臣属，纹样依等级逐渐递减。

皇太子、皇子、亲王、亲王世子套穿于朝服或吉服之外的褂，不能称"衮服"，而叫"龙褂"。其中皇太子、皇子的龙褂饰五爪正面金龙四团，两肩及前胸后背各一团；亲王、亲王世子的龙褂，饰五爪金龙四团，其中前后为正龙，两肩为行龙。

郡王及其以下官员套穿于朝服、吉服之外的褂称作称"补服"或"补褂"。补服或在两肩，或在前胸和后背缝缀一块饰有蟒或飞禽走兽纹样的补子，以此作为区别等级地位高低的标志。清入关之初，于顺治九年（1652年）定诸王以下文武官员冠服制，对补服纹样做了一次较大的厘定，实际上是几乎全盘承袭了明朝的官服定制，仅个别纹样有所增删。

顺治时，武一、二品用狮子补，三品用虎补，四品用豹补。到康熙时，调整为一品用麒麟补，公、侯、伯、郡主额驸用四爪蟒补。乾隆时，清朝的补服制度最终定型，规定：郡王补服绣五爪行龙四团，两肩前后各一；贝勒，前后四爪正蟒各一团；贝子、固伦额驸，前后四爪行蟒各一团；镇国公、辅国公、和硕额驸、公、侯、伯，四爪正蟒方补，前后各一。文官一至九品的补子纹样分别是：一品仙鹤、二品锦鸡、三品孔雀、四品雁、五品白鹇、六品鹭鸶、七品鸂鶒、八品鹌鹑、九品练雀。武官一至九品的补子纹样分别是：一品麒麟、二品狮、三品豹、四品虎、五品熊、六品彪、七品八品犀牛、九品海马。❶

由此可以看出，从名称上，衮服、龙褂、补服，等级依次递减；从补子的形状上，圆形补子的等级高于方形补子；从纹样数量上，团纹越多，等级越高；从纹样内容上，正龙高于行龙，龙高于蟒，五爪蟒高于四爪蟒，蟒高于飞禽和走兽，飞禽和走兽又分别以其珍稀和凶猛程度从高到低排序。

这种补服制度必须严格按品级穿用，不得擅自混用，违者要受到惩处。乾隆四十五年乾隆帝召见二品官金简，见金简补服上锦鸡旁又绣一小狮子，问其原因。金简解释说："臣任都统(武二品)兼户部侍郎(文二品)，绣此以表兼综文武之尊荣。"但这种自作主张的做法，遭到了乾隆皇帝的

❶ 允禄,等:《皇朝礼器图式》卷四至卷五《冠服》,广陵书社,2004年,第133～208页。

严厉申斥，并下令：“从前穿补服，按所兼之大职穿用，若文职大即穿文职补服，武职大即穿武职补服，并无兼用之例。嗣后凡兼文武职分大臣等，再不可如此穿用。”❶

在女服中，也以纹样的尊贵程度、姿势及数量的多寡等体现等级的高低。女礼服中的朝褂中，皇太后、皇后、皇贵妃、贵妃、妃、嫔的朝褂有三式，其中第一式为前后身饰立龙各二，行龙各四；第二式为前后正龙各一，腰帷行龙四，下幅行龙八；第三式为前后立龙各二。皇子福晋、亲王福晋、固伦公主、和硕公主、郡王福晋、郡主、县主的朝褂只有一式，前身饰行龙四，后身饰行龙三。贝勒夫人、贝子夫人以下至乡君的朝褂，前身饰行蟒四，后身饰行蟒三。民公夫人、侯伯夫人以下至七品命妇的朝褂，前身饰行蟒二，后身饰行蟒一。

女礼服中的朝袍中，以夏朝袍为例，皇太后、皇后、皇贵妃、贵妃、妃、嫔的夏朝袍饰金龙九条，其中前后两肩正龙各一，襟行龙五（包括里襟一条）。皇子福晋、亲王福晋、固伦公主、和硕公主、郡王福晋、郡主、县主的夏朝袍饰金龙八条，其中前后正龙各一，两肩行龙各一，较上一等级，龙纹总数少一条，正龙数量少两条。贝勒夫人、贝子夫人、镇国公夫人、辅国公夫人、民公侯伯子男夫人、镇国将军夫人、辅国将军夫人、郡君下至三品命妇、奉国将军淑人的夏朝袍饰四爪蟒八条，较上一等级，纹样数量未减，但龙纹递减为蟒纹。四品命妇、奉恩将军恭人以下至七品命妇的夏朝袍饰行蟒四条，其中前后身各二条，较上一等级，蟒纹数量减少四条。

穿朝服时佩挂的彩帨，也以所饰纹样区分等第。皇太后、皇后、皇贵妃、贵妃、妃的彩帨饰“五谷丰登”纹；妃的彩帨饰“云芝瑞草”纹；嫔、皇子福晋、亲王福晋、固伦公主以下至七品命妇的彩帨则不饰花纹。

女吉服中的吉服褂，皇太后、皇后、皇贵妃、贵妃、妃的吉服褂有八团有水龙褂和八团无水龙褂两种，所饰龙纹均是八团，其中两肩前后正龙各一，襟行龙四；嫔的吉服褂只有一种，所饰纹样为两肩前后正龙各一，襟夔龙四；皇子福晋的吉服褂饰五爪正龙四团；亲王福晋、固伦公主、和硕公主、郡主的吉服褂也饰五爪龙四团，但前后为正龙，两肩为行龙；郡王福晋和县主的吉服褂饰五爪行龙四团；贝勒夫人和郡君的吉服褂为前后饰四爪正蟒各一；贝子夫人和县君的吉服褂为前后饰四爪行蟒各一；镇国公夫人、辅国公夫人、乡君以下至七品命妇的吉服褂为饰花卉八团。由于褂是穿在最外层的衣服，所饰纹样一目了然，因此与清代男褂一样，褂所体现的等级划分是最为烦琐而又细密的。

女吉服中的吉服袍，皇太后、皇后、皇贵妃、贵妃、妃、嫔的吉服袍称龙袍，有八团有水龙袍、八团无水龙袍和正行龙式龙袍三种款式，其中正行龙式龙袍饰金龙九条；皇子福晋、亲王福晋、固伦公主、和硕公主、郡王福晋、郡主、县主的吉服袍称蟒袍，只有一种款式，饰五爪蟒九条；贝勒夫人、贝子夫人、郡君以下至三品命妇、奉国将军淑人的蟒袍饰四爪蟒九条；四品命妇、奉恩将军恭人及五六品命妇的蟒袍饰四爪蟒八条；七品命妇的蟒袍饰四爪蟒五条。

---

❶《钦定大清会典事例》卷三二八《礼部·冠服》，光绪二十五年原刻本影印，（中国台湾）新文丰出版公司印行，1976年，第9479页。

此外，受有诰封的命妇，也各有补服，通常穿用于庆典朝会，所用纹样依其夫或子之品级而定。武职官员的妻、母不用兽纹补，也和文官家属一样，用禽纹补，意思是女子以淑雅为美，不必尚武。

五、清代服饰饰物体现的等级性

服装中的佩饰也能够较直观地表达人的政治身份和等级差别。清代宫廷服饰的饰物十分丰富，普遍佩用各种各样的珠宝，有黄金、珍珠、红宝石、蓝宝石、碧玺、青金石、绿松石、珊瑚、琥珀等。这些饰物一般是以其贵重程度、品质高低和数量多少等来体现从皇帝到普通官员的等级差别。

根据光绪《钦定大清会典事例》的定制，男冬朝冠中，由于冠檐均为皮质，所以在冬朝冠的前后不加饰物，而只在冠顶加饰物，以别尊卑贵贱。皇帝冬朝冠的冠顶为三层，贯东珠各一颗，皆承以金龙各四条，饰东珠如其数，最顶端衔大珍珠一颗。皇子、亲王的冠顶为金龙二层，饰东珠十颗，最顶端衔红宝石。郡王冬朝冠的形制与皇子相同，但所饰东珠减为八颗。贝勒冬朝冠的形制与皇子相同，所饰东珠减为七颗。贝子、固伦额驸的冬朝冠形制与皇子相同，所饰东珠减为六颗，另加戴三眼孔雀花翎。镇国公、和硕额驸冬朝冠的形制与皇子相同，所饰东珠减为五颗，另加戴双眼孔雀花翎。辅国公冬朝冠的形制与皇子相同，所饰东珠减为四颗，另加戴双眼孔雀花翎。民公冬朝冠的冠顶为镂花金座，中饰东珠四颗，最顶端衔红宝石。从侯以下至九品官，冬朝冠的形制均与民公相同，但冠顶所饰珠宝质地不同，依等级递减。侯的冬朝冠所饰东珠减为三颗。伯所饰东珠减为两颗。文武一品官、镇国将军、郡主额驸所饰东珠减为一颗。文武二品官、辅国将军、县主额驸冬朝冠的饰物不得用东珠，而是中饰小红宝石一颗，最顶端衔珊瑚。文武三品官、奉国将军、郡君额驸冬朝冠中饰小红宝石一颗，最顶端衔蓝宝石。文武四品官、奉恩将军、县君额驸冬朝冠中饰小蓝宝石一颗，最顶端衔青金石。文武五品官、乡君额驸冬朝冠中饰小蓝宝石一颗，最顶端衔水晶。文武六品官冬朝冠中饰小蓝宝石一颗，最顶端衔砗磲。文武七品官冬朝冠中饰小水晶一颗，最顶端衔素金。文武八品官冬朝冠最顶端衔阴文镂花金。文武九品官冬朝冠最顶端衔阳文镂花金。

简言之，男冬朝冠的冠顶饰物的等级高低依质地从高到低依次是：东珠、红宝石、珊瑚、蓝宝石、青金石、水晶、砗磲、素金、镂花金。同样都饰东珠者，则以东珠的数量多少来区分等级高低，从皇帝所饰十六颗，到皇子、亲王的十颗，郡王的八颗，贝勒的七颗，一直递减至文武一品官的一颗。

男夏朝冠，从皇帝至文武百官形制相同，皆织玉草或藤丝、竹丝为胎，表以罗，并缘石青片金边，冠表上皆缀朱纬，冠里皆以红色织片金绸或红色纱为衬。区别君臣地位尊卑的标志，则是夏朝冠冠顶和冠前后饰物质地和数量的不同。夏朝冠冠顶的饰物，从皇帝至文武百官，皆与各自的冬朝冠相同，这一点与冬朝冠一样，足可区别出等级高低。除此之外，从皇帝至等级较高官员的夏朝冠，还在冠的前后部位加饰饰物，更加大了识别等级高低的容易程度。皇帝的夏朝冠前缀金佛，上饰东珠十五，后缀舍林，上饰东珠七。皇子、亲王的夏朝冠前缀舍林，上饰东珠五，后缀金花，上饰东珠四。郡王的夏朝冠前缀舍林，上饰东珠四，后缀金花，上饰东珠三。贝勒的夏朝冠前缀舍林，上饰东珠三，后缀金花，上饰东珠二。贝子、固伦额驸的夏朝冠前缀舍林，上饰东珠二，后缀金花，上饰东珠一，另加戴三眼孔雀花翎。镇国公、和硕额驸、辅国公的夏朝冠前缀舍林，上饰东珠一，后缀金花，上饰绿松石一，另加戴双眼孔雀花翎。民公以下至九品官，其冬夏朝冠的前后均不加饰物。

男吉服冠，与男朝服冠一样，分为冬吉服冠和夏吉服冠两种。每个人所戴的冬吉服冠和夏吉服冠，除质地不同外，形制相同。而皇帝与文武百官的冬夏吉服冠，形制也无区别，仅以冠顶上金玉珠石等不同饰物来区别尊卑。皇帝的吉服冠，为满花金座，上衔大珍珠一颗。

皇子的吉服冠，顶为红绒结顶。亲王、郡王、贝勒顶用红宝石，曾赐红绒结顶者，亦得用之。贝子顶用红宝石，加戴三眼孔雀花翎。镇国公、辅国公入八分公者，顶用红宝石，未入八分公者用珊瑚，俱加戴双眼孔雀花翎。和硕额驸、民公、侯、伯、文武一品官、镇国将军、郡主额驸、子的吉服冠顶用珊瑚。文武二品官、辅国将军、县主额驸、男冬吉服冠顶用镂花珊瑚。文武三品官员、奉国将军、郡君额驸用蓝宝石。文武四品官员、县君额驸、奉恩将军用青金石。文武五品官、乡君额驸用水晶。文武六品官用砗磲。文武七品官用素金。文武八品官用镂花阴文金顶。文武九品官员用镂花阳文金顶。

清代皇帝及等级较高的官员，在穿朝服和吉服时要佩挂朝珠。朝珠的质料有翡翠、玛瑙、红宝石、蓝宝石、水晶、白玉、绿玉、青金石、珊瑚、绿松石、蜜珀、菩提、碧玺、伽南香、白檀等。朝珠的使用也有严格的等级规定。皇帝朝珠有五种，根据场合不同所用材质也不一样，朝会用东珠，祭天用青金石，祀地用蜜珀，朝日用珊瑚，夕月用绿松石。朝珠中以东珠最为珍贵，它质地匀圆莹白，光彩晶莹，远胜南方所产珍珠，且产自清代统治者的发祥地东北，理所当然地受到格外珍视，因此只有皇帝、皇太后和皇后才能佩戴。皇子以下，文五品、武四品以上官员的朝珠，除东珠不得使用外，其他材质的朝珠皆可用。

君臣的朝带，是穿朝服时所系的腰带。由于系带人的身份、地位各不相同，其所系的朝带除颜色外，带版及带版上所镶嵌的珠宝等饰物也不相同，以此区别等级高低。皇帝的朝带有二式。一式用于朝会典礼，朝带上有龙纹金圆版四块，饰红蓝宝石或绿松石，每块衔东珠五颗，周围珍珠二十颗。帉的中间有镂金圆结一个，其上镶饰珠宝金圆版，围珠三十颗。此外，挂环上还挂佩囊（即荷包）、燧（取火工具）、觿（解结工具）、刀、削等物。另一式用于祭祀，朝带上有龙纹金方版四块，其上所镶饰物根据祭祀场合不同而质地相异：祭天用青金石，祀地用黄玉，朝日用珊瑚，夕月用白玉。每块方版衔东珠五颗。除祭天时佩帉及佩囊上的绦带用纯青色外，其余如圆版朝带之制。帉的中间也有圆结一个，衔东珠四颗。挂环上的佩囊均为纯石青色，左边的挂环佩觿，右边的挂环佩削。

皇子以下至辅国公的朝带，带上均饰金衔玉方版四块，每版饰猫眼石一颗。不同之处即区别尊卑高低之处，除朝带的颜色外，是每块玉方版上所饰东珠数目的多寡。皇子、亲王的朝带每版饰东珠四颗；郡王、贝勒的朝带每版饰东珠两颗；贝子的朝带每版饰东珠一颗；镇国公、辅国公的朝带均不饰东珠。固伦额驸及民公、侯、伯、郡主额驸的朝带，带上均饰金衔玉圆版四块，区别在于圆版上所饰珠石数目的不同，其中固伦额驸、和硕额驸的朝带每版饰猫眼石一颗，东珠一颗；民公饰猫眼石一颗；侯饰绿松石一颗；伯饰红宝石一颗。文武一品及镇国将军、子的朝带均饰镂金衔玉方版四块，每版饰红宝石一颗。文武二品及辅国将军、县主额驸、男的朝带饰镂金圆版四块，每版饰红宝石一颗。文武三品及奉国将军、郡君额驸为饰镂花金圆版四块，版上不加任何装饰。文武四品及奉恩将军为饰银衔镂花金圆版四块。县君额驸和乡君额驸为饰鋄金方铁版四块。文武五品为饰银衔素金圆版四块。文武六品官为饰银衔玳瑁圆版四块。文武七品为饰素银圆版四块。文武八品为银衔明羊角圆版四块。文武九品及未入流官为银衔乌角圆版四块。

从这些规定可以看出，朝带上的带版依形状是方形等级高于圆形，依质地等级从高到低依次是金衔玉、镂金衔玉、镂金、镂花金、银衔镂花金、鋄金方铁、银衔素金、银衔玳瑁、素银、银衔明羊角、银衔乌角。带版上的饰物也依贵重程度区分等级，从高到低依次是东珠加猫眼石、猫眼石、绿松石、红宝石、无珠石，若同等贵重则以所用饰物数量的多少来加以区分。

女朝冠，是指从皇太后、皇后、妃嫔至王公福晋、公主及命妇所戴的朝冠。女朝冠之制，烦琐至极，远胜男朝冠。仅以皇太后和皇后所用朝冠为例：冠顶三层，每层贯东珠各一颗，承金凤各一只。每只金凤上饰东珠各三颗，珍珠各十七颗，其上衔大东珠一颗。在冠顶之下，朱纬之上，缀金凤七只，每只金凤上饰东珠九颗，猫睛石一颗，珍珠二十一颗。冠后有一金翟，其上饰猫睛石一颗，珍珠十六颗。翟尾垂珠，五行二就，即珠分五行，每行为两段；每行大珍珠一颗，共垂珍珠三百零二颗。中间有金衔青金石结一个，结上饰东珠、珍珠各六颗。末缀珊瑚。冠后皆垂明黄绦两条，末缀宝石。

皇太后和皇后以下，还有皇贵妃、贵妃、妃、嫔、皇子福晋、亲王福晋、固伦公主、亲王世子福晋、和硕公主、郡王福晋、郡主、贝勒夫人、县主、贝子夫人、郡君、镇国公夫人、县君、辅国公夫人、乡君、民公夫人、侯夫人、伯夫人、子夫人、男夫人、镇国将军夫人、辅国将军夫人、奉国将军淑人、奉恩将军恭人、一至七品命妇等诸多女眷。而每一等级的女眷都有相应的朝冠之制。与男朝冠一样，区分如此众多女眷的等级，主要也是以金玉珠石等饰物的贵重程度和数量的多少为辨识标准。

此外，女吉服冠和金约、领约、耳饰及朝珠等，也大都以其上所嵌的饰物来区分等级。其规定也十分烦琐，浩瀚庞杂，在此不一一赘述。

凡此种种，清代服饰的等级规定繁复至极，但清代统治者仍不厌其烦、不胜其详地制定出典制，令各级官民严加遵守，可见清代服饰制度之详尽完备和等级森严，为历代所不及。

03 云想衣裳
——龙与中华服饰

张志春❶

摘　要　　龙是中国服饰艺术的核心意象之一，并以不同的方式为各个阶层所共享；龙在图腾同体的服饰萌生与演进过程中起到了重要的作用；龙不仅以具象和抽象的图纹形式进入了服饰装饰，而且以更为深隐的线条和色彩形式，增益了中国服饰文化某种神秘与神圣的形式美感与韵味品格。

关键词　　龙、中国服饰文化、具像、抽象、形式

众所周知，龙是中华民族自古以来广义的图腾意象。闻一多先生在《伏羲考》一文中谈到这个问题："假如我们承认中国古代有过图腾主义的社会形式，当时图腾集团必然很多，多到不计其数。我们已说过，现在所谓龙便是因原始的龙（一种蛇）图腾兼并了许多旁的图腾，而形成的一种综合式的虚构的生物……古代几个主要的华夏和夷狄民族差不多都是龙图腾的团族。"今天的流行歌中我们也大声唱着自己是龙的传人。那么，在中国服饰艺术的平台上，是否有龙意象的多重显现呢？我想答案是肯定的。大致说来，所谓服饰，是人体与衣物融合的整体显现。当然，若铺展开来说，还会有更多的细部需要描述。事实上，龙意象不仅进入了中国服饰艺术领域，而且是融古通今，有着多向度全方位的积淀与渗透。谈到龙与服饰，可以从文身、具象图纹与款式、抽象图纹与色彩等层面来论述。

一、文身

首先，龙意象以文身的形式进入了服饰领域。换句话说，在服饰发生学的意义上，文身为龙则是图腾同体的直接显现。

早在20世纪之初，严复在翻译英国学者甄克思的《社会通诠》一书时，首次把

---

❶ 张志春，陕西师范大学，教授。1982 年 1 月毕业于陕西师范大学中文系，授文学学士。

"totem" 一词译成 "图腾"，成为中国学术界的通用译名。他在书中按语说："古书称闽为蛇神，盘瓠犬种，诸此类说，皆以宗法之意，推言图腾，而蛮夷之俗，实亦有笃信图腾为其先者，十口相传，不自知其为怪诞也。"首次提出中国古代也有着与澳大利亚土著、美洲印第安人等异域相通相似的图腾现象。严复以后，我国学者郭沫若、闻一多、吕振羽、黄文山、孙作云等从不同层面对图腾文化给予研究和译介。冷落了几十年后，20世纪80年代，我国这一文化领域的研究重又繁荣起来。

我们知道，高居于图腾位置的龙意象，在远古的先民心目中就是自己神秘的亲族，神圣的祖先。他们如痴如迷地拜倒于龙图腾之前，强烈的心理震慑和仰慕效应自然弥漫与渗透开来。基于俗信巫术的接触律效应，为了唤取超自然的力量来呵护自己，他们往往采取图腾同体的种种手段，将龙意象纹刻于自己的肌肤之上等。于是乎就自然而然地进入文身境地。可见这番作为，在当时的语境下，美饰似乎是第二位的，首当其冲的则是精神上有所依赖与凭仗，就是为了在精神上能依赖冥冥中的图腾或图腾化的祖先并获得被荫护的安全感。对于这一点，弗雷泽有着经典的表述："图腾氏族的成员，为使自身受到图腾的保护，就有同化自己于图腾的习惯，或穿着图腾动物的皮毛，或辫其毛发，割伤身体，使其类似图腾，或取切痕、黥纹、涂色的方法，描写图腾于身体之上。"❶

对图腾颇多关注与研究的闻一多也一再强调图腾的安全祈愿意识。他说，我们 "怀疑断发文身的目的，固然是避免祖宗本人误加伤害，同时恐怕也是给祖宗便于保护，以免被旁人伤害。"❷事实上，获得精神上的安全感，不只是图腾行为，也是缘此而起的服饰不可忽略的功能之一。倘若在社会交往中以图腾为辨识标记，自然会在同族同祖同宗的人群中唤起一种 "同是尊此图腾人，相逢何必曾相识" 的认同心理与亲和意识。人是群体生存的高级动物，皈依群体可获得惺惺相惜的灵魂上的交流与对谈。一群同祖同宗的先民，出于对生命的珍视，自然会关注奉为图腾的祖先，因为那是生命之源；也自会关注同祖同宗的兄弟姐妹，因为那是同根的枝叶。

不少文献就记录了这一独特的文身现象。如《淮南子·原道训》："九疑之南，陆事寡而水事众，于是民人被发文身，以象鳞虫。"如《后汉书·南蛮西南夷传》中描述哀牢夷："刻画其身，象龙文，衣皆着尾。"《淮南子·泰族训》还以人们常态的体验来质疑这一事象："剜肌肤，追皮革，被创流血，至难也，然越为之，以求荣也。"高诱注释解析了这种文身现象的深层心理需求："越人以箴刺皮为龙文，所以为荣也。"这种心态颇有意趣，虽说刺皮破肉在今天看来是痛苦不堪的事体，但尊龙的先民们却领之如饴，为什么呢？

是的，文身无疑是痛苦的，但承受者却痛苦并荣耀着，因为所刺的文饰 "为龙文"，是图腾崇拜的符号标记。这里的文身是图腾同体的神圣体现，是生命高峰体验的神圣时刻。那么扮饰得像鳞虫，深层动机是什么呢？高诱注说得透彻明白："文身，刻画其体，内墨其中，为蛟龙之状，以入水，蛇龙不害也，故曰以像鳞虫也。"《说宛·奉使》也道出个中原委："剪发文身，烂然成章，

❶ 岑家悟. 图腾艺术史 [M]. 上海：商务印书馆，1937：44.
❷ 闻一多. 从人首蛇身像谈到龙与图腾 [J]. 人文科学学报，1942(2).

以象龙子者，将避水神也。"如此一而再，再而三地拈出来给予强调，解释的口径又如此相似，可见早就是固定的认知模式了。文身而避蛟龙等水神之害，显然是祈愿图腾文身所能起到的保护作用，但这却不是具体可以操作的保护措施，而是呼唤或期待着超自然力笼罩的图腾行为。

再者，图腾人体装饰以其切、刺、染等伤皮动肉的痛楚感，会唤起文身者顽韧的意志力，使其在对痛苦的忍耐与超越中获得灵魂的洗礼。特别是，通过切痕、黥刺等手段造成与图腾同体的文身行为，能唤起神圣感和尊严意识。

既然以涂色、切痕、黥刺等方式，在人体上描写图腾的图形，或者描写图腾的某一部分以代其全体，或作象征性的描绘以代表图腾，那么文身中大量的龙意象，不就是人龙同体的形象么？这就让人联想到古代文献中大量类似的记载。如《山海经》中大量出现神祇的形象："龙身而人面""龙身而人首""人面蛇身"以及"必首阳之山，自首山至于丙山，凡九山，二百六十七里，其神皆龙身而人面"等，这几乎是统一的怪异而新奇的形象。这种半人半兽的形象如此普遍，以致后来者的解释也是这一思维的延伸。《山海经·大荒西经·郭璞注》："女娲，古神女而帝者，人面蛇身，一日中七十变。"不只女娲，我们的先祖伏羲也是人面蛇身。在这些神话人物以人体与鸟兽生硬怪异组接的形象里，我们可以在相当广阔的时空范围内来猜测，它们莫非就是远古图腾人体装饰文身或扮饰的汇聚与记录？不少学者对此作肯定的判断。或者原初是近乎荒诞虚拟的图腾形象，但在彼时彼地因其文身扮饰却成为服饰神圣的起源？是后来的服饰从款式到色彩、图案等得以模拟延展的动力和出发点？莫非服饰就产生于人们为了将自身扮饰为图腾物的实践过程中？这里提出假说，将从文身到外在添加物的扮饰看人体装饰或者服饰发生发展的重要阶段，是因为有着大量的历史文献材料可以作为佐证。

这种种文身不只是远古时期的图腾同体现象，就是到了后世的文明时代也比比皆是。不少文学作品有所记述，如《水浒传》所写的九纹龙史进就是。小说里面是这么描写史进给人的第一印象的："当日王进来后槽看马，只见空地上一个后生脱着，刺着一身青龙，银盘也似一个面皮，约有十八九岁。"小说借史进父亲的口吻更为详细地叙述道："老汉祖居在这华阴县界，前面便是少华山。这村便唤作史家村，村中总有三四百家都姓史。老汉的儿子从小不务农业，只爱刺枪使棒；母亲说他不得，一气死了。老汉只得随他性子，不知使了多少钱财投师父教他；又请高手匠人与他刺了这身花绣，肩胸膛，总有九条龙。"虽说《水浒传》是小说，但这一细节描写却不无现实意义。我们知道，小说可以虚构，但细节一般须得写实。从这一段描写便知以龙纹身在宋代，在广大的城乡仍有很大的影响与市场。

时至今日，西南各少数民族仍流行文身之俗。如德昂族在脚部、臂部或胸部刺以龙虎以及花草图纹等；基诺族男子一般在臀部刺龙虎以及日月星辰图纹；布依族男子于胸、女子于手臂手背刺上龙纹；佤族男子多于颈下、胳膊和腿上刺龙纹虎纹等；西双版纳的傣族男子在胸、腰、脊背、手臂和大腿处刺满了黑色或蓝色的花纹，其中的龙纹尤为壮观。

傣族文身还有龙的传说为其铺垫：从前有个龙王的儿子，与人间的一位姑娘成了亲，他水性很好，捕捉到许多鱼虾而不被水生物所伤，人问其故。龙子遂脱衣而彰显其鳞纹。又传说，傣族的祖先是龙，世世代代都是龙变的。为了不数典忘祖，傣族人总是把两腿文成龙壳（鱼鳞状），把牙镶金以便像龙形。❶

其文身主要源于龙崇拜的西南少数民族所在多是。有傣族、佤族、白族、彝族、德昂族和基诺族等十多个民族。他们文身之俗源远流长，历史文献多有记述。《汉书·地理志》就曾记述西南百越后裔"文身断发，似避蛟龙之害"。《后汉书·西南夷传》也说彝语支民族的先民"哀牢夷者……种人皆刻画其身，象龙文，衣皆着尾"。《蜀中广记》三四引《九州要记》："嶲之西有文禹人，身青而有文，如龙鳞于臂胫之间。"文身有文面或文身者，或兼而有之者。《云南志略》："金齿白夷（傣族）……文身面者，谓之绣面蛮；绣其足者，谓之绣脚蛮。"

《马可波罗游记》记述傣族文身的程序与做法更为具体细致："男子在他们的臂膊和腿上，刺一些黑色斑状条纹。刺法如下：将五根针并拢，扎入肉中，以见血为止。然后用一种黑色涂剂，拭擦针孔，便留下了不可磨灭的痕迹。身上刺有这种黑色条纹，被看作是一种装饰和有体面的标志。"文身的图纹如《腾越县志》所说："僰人尚文身……，胸、背、额际、臂、腑、腹脐各处，以针刺各种花纹，形象若虎豹鹿蛇，若金塔花卉，亦有刺符咒经文、格言及几何图案者，然后涅之以丹青，贵族用赤红色，平民一般用青黑色，否则妇女群辈笑之，以故无论老幼，无不身首彰然者。"虽然时序推移，春秋代换，但这些文身的具体技艺 以及带来的审美观念、随之衍生而来的风情民俗等，在今天，在西南少数民族地区，在文身仍然传承的地域，仍然是触目可见的现实，仍然有着穿越历史的顽强生命力。

二、转型的思维

事实上，从图腾文身到衣冠装身，应该有一次理性思维的洗礼，应该有一个相当长的时间历程。这里的转型，是有相应的思想观念来引导与铺垫的。

其一是《周易》中的人龙合一的思维模式。在中国人的观念中，龙与理想的人、大写的人是全等的，是彼此可以等量代换的。譬如《周易·乾卦》的爻辞从状写九一的"潜龙勿用"、九二的"现龙在田"，直接跳跃到了九三的"君子终日乾乾夕惕若，厉无咎"，此卦爻辞反复是在言说龙如何如何，但作为核心思想的象辞却表达为理想状态的人："天行健，君子以自强不息"。而紧接着的坤卦从六一到六五爻辞都在说人事应对等，到了最高卦的上六爻辞却突变为龙的叙述："龙战于野，其血玄黄"，坤卦的象辞也是着眼于人："地势坤，君子以厚德载物"……，有趣的是，这里的人龙交织与瞬间互换，没有解释，没有铺垫，显然只有在人龙合一、彼此对等的语境中才可如此这般。如果说《周易》的产生是伏羲画卦，文王演卦，周公作爻辞……，有着相对漫长的创造

---

❶ 张元庆. 傣族文身习俗调查和研究 [J]. 民族学，1989(2).

与积淀过程，也有着对社会浸淫渗透的漫长过程，那么似乎可以说，从新石器时代晚期到周代，龙与人中杰出者对等的模式就已经确定成型并向社会传播了。

其二是儒家以仁为本体的呵护躯体的思想观念。无论如何，文身中含有更多非理性宗教迷狂因素。况且图腾崇拜本身就是原始宗教的一种仪式。那么，在奠定农耕文明基础的上古时代，由于强健人体成为核心生产力，或多或少损害人体的文身受到冲击，逐渐淡化乃至消隐也属必然。在此文化背景下，在先秦理性批判的时代，我们随意选取《孝经》中的一段言论，就会感知这是社会舆论普遍地从另一角度对图腾文身的否定和拒绝："身体发肤，受之父母，不敢毁伤，孝之始也；立身行道，扬名于后世，以显父母，孝之终也。"❶

从某种意义上说来，图腾文身原本就是祖先崇拜的一种形式，是近乎超自然大"孝"的一种表现，而孔子也是从此立论，但却重视人间现实的孝，而淡化否定具有图腾意味的超人间超自然的孝。这是富于实践理性精神的。当人们从图腾宗教的文化氛围中走出来，以理性的精神来看事论理，那么损毁发肤以文身是那么的不合情不合理：一方面个人痛苦且危险，父母揪心，于人情不忍；另一方面文身饰美总欲炫耀于人，倘裸态装身于光天化日之下、众目睽睽之中岂不有碍观瞻、有伤大雅？孔子从感情出发，从孝入手，以体恤父母立身扬名的人生高度来否定身体切割刺伤的文身现象，这种历史性的说服是成功的。文身在华夏族一带历史性地淡出乃至为服饰更替，虽非始于儒家，其源头似更古远更悠久。但孔子之说确乎有着鲜明的历史针对性和现实说服力。于是，历史的逻辑顺序似乎应该是，图腾人体装饰渐渐为带有图腾意味的种种衣冠饰物所代替了。

当然，由于传统思维的惯性力量，图腾观念并非一时可以消隐，但又不能不受到实践理性思维的影响，逐渐形式化、美饰化。先秦诸家中，庄子也有全身全形、任纯自然之说，不管此说当时的时空条件是什么，具体针对性如何，但无可怀疑的是，它作为一种深刻的人生哲学观念在社会传播渗透，便强有力地阻击了文身现象的社会性普及和历史性延展。它提出了另一种亲切平和更易为人体所接受的生存模式。借服饰以扮图腾，或者说图腾意象此时开始分流在服饰的不同方面象征出来、暗示出来。这大约是从农耕文明的理性思维发展以来的服饰过渡现象，或者说是图腾人体装饰走向非固定阶段，此与前者相衔接，属于更高文化阶段的产物。例如《后汉书·南蛮西南夷传》中的哀牢夷身刻龙纹，衣附尾饰，显然已不是单纯的文身，而是典型的文身向服饰过渡或二者融一的形象。这不只是历史事相的记述，就是今天，也仍有遗存。

三、具象图纹与款式

1. 龙纹

在种种服饰款型中，我们看到了龙图腾内容与形式的丰厚积淀。原初不少似龙的动物图纹，

---

❶ 阮元. 十三经注疏 [M]. 北京：中华书局，1980.

作为龙的基础形，早在我们先民的信仰中有着超自然力的意味和功能。至于逐渐形成角似鹿、头似驼、项似蛇、腹似蜃、鳞似鲤、爪似虎、耳似牛的黄色金龙，则是在漫长的历史传说中积淀而成的。这大致定型于隋唐时期，其中还受到了印度龙王（那伽）的辐射与渗透。

譬如龙袍的产生并成为古代帝王们的专宠亦大有深意。作为融合兼并众多鸟兽图腾的龙图腾，在中华先民心里产生了强大的威慑与企慕的心理效应，上述举例便可见出"断发文身"以象龙子的记载史不绝书。正是有着龙图腾氛围深厚广博的笼罩和铺垫，人们才纷纷以裸态装身的断发文身模拟龙形，头戴角权附加尾饰来彰示自己本是"龙种"并具有"龙性"，进而推衍到覆盖装身扮饰龙体。

明定陵出土的翼善冠便是著名的一种饰龙皇冠。冠身用极细的金丝编织而成，下缘内外镶有金口，冠的后上方有两条左右对称的蟠龙于顶部汇合。龙首在上方，张口吐舌，双目圆睁，龙身弯曲盘绕。两龙之间有一圆形火珠，周围喷射出火焰。这件出土文物即后来闻名于世的金丝蟠龙翼善冠。虽说迄今为止，还未发现明代皇帝生前佩戴这种金丝蟠龙翼善冠的文字与图像，一般认为这极有可能是陪葬的明器。但大家知道，翼善冠是冠的一种，是明朝皇帝、太子、亲王、皇室成员等所着之首服，甚至传播到国外，成为朝鲜国王及王世子、安南国王、琉球国王的首服。倘向前追溯，据王溥《唐会要·舆服上》《旧唐书·舆服志》记载，翼善冠创自唐太宗。唐贞观年间，太宗采古制翼善冠用以自服，朔望视朝，以常服及帛练裙襦通着之。若服袴褶又与平巾帻通用。惜唐太宗这一创制没有图像与文字记录，且中间还出现了历史性的断档，仅留存有名字而细部不详，倘有龙纹也不知如何缠绕陪衬，也不知是一条或是多条。据《明史·舆服志二》：明永乐三年定皇帝常服冠以乌纱覆之，折角向上，亦名翼善冠。皇帝常服冠戴，因乌纱帽折角向上加"善"字，后名翼善冠。一般说来，与唐代相较，明代翼善冠虽然要简化得多，但二龙戏珠附加其上，自然便有了真龙天子的神圣与权威的光彩与氛围了。

与龙冠的特殊与专属并不一致，原初衣饰意义上的"龙袍"应是相对普遍和多样的。流布于民间的（在民间历史性遗留的）龙袍，如戴平女士《中国民族服饰文化研究》一书所指出的有楚绣的"龙凤罗衣"，佤族男子穿着的金绣龙衣；彝族史诗《勒乌特意》说其族始祖神话英雄支格阿龙生下来后不肯穿母亲做的衣服，却穿上龙的衣服，等等。后来龙袍成为历代帝王的专宠则是掠夺和制裁的结果。

周取天下后，将崇龙观念制度化。建立旗帜、规定服饰，将龙是王权的象征在礼仪制度上确定下来。《诗·豳风·九罭》是周成王时大夫赞美周公之作，其中提到"衮衣绣裳"，《毛传》："衮衣，卷龙也。"《孔颖达疏》："画龙于衣谓之衮，故云'衮衣，卷龙也'。"《释文》："天子画升龙于衣上，公但画降龙。"《仪礼·觐礼》："天子衮冕。"郑注："其龙，天子有升龙，有降龙，衣此衣而冠冕南乡而立，以俟诸侯见。"可见天子与三公都穿衮衣，衮衣就是绣着龙的礼服，亦即后世龙袍的滥觞。区别仅仅在于，天子可绣升龙降龙，而三公只能绣降龙。这里的君臣之别更强调了，只有天子才能如龙一般收放随心，纵送自如，既能潜藏式地跃于深渊，又能充满新鲜感地见于田畴，更能自如地飞升于碧空，而达到灿烂辉煌的九五之尊。

最著名的龙意象图纹自然是十二章纹了。十二章纹来自远古时代的传说。据说史前时代的虞舜就以十二章纹为衣饰图纹了："帝曰：予欲观古人之象，日、月、星辰、山、龙、华虫，作会（同绘）；宗彝、藻、火、粉米、黼、黻，希绣以五彩，彰施于五色，作服汝明。"❶

由此可知，服饰上绘绣龙纹，最晚到夏商之际便有突出的表现。在自成体系的十二章纹中，龙纹自居重要与核心的位置。穿着者不仅是普天之下率土之滨的主宰，更有着上可凌云、下可入渊、变化无穷、威震八方的种种灵异功能。这是图腾意象附着于衣着而带来的氛围感，也是图腾意象走向建构服饰境界的新格局。有周一代，衣绣龙纹似已为整个社会所认识。诉诸管弦流于歌唱的《诗经》中就将绘绣龙纹的服饰称之为"衮衣"。《通雅》卷三十六曰："有龙文曰衮"。东汉刘熙《释名·释首饰》曰："衮，卷也，画卷龙于衣也。"即衮衣或衮冕实为一种绘有龙形图纹的冕服。如《国风·豳风·九罭》即有"衮衣绣裳""是以有衮衣兮，无以我公归兮"云云。后世的文献中，亦有颇多概念来指称这种绘绣龙纹的天子冕服，如"衮衣""衮龙衣""衮龙服""龙衮""龙卷""衮章"和"衮华"等。对此，有学者作了中肯的分析："由此可见，这十二章纹的图案，具有极其浓厚的中国古代传统文化意识。作为一种具有特定文化内涵的符号，它们既是天地万物之间主宰一切、凌驾其上的最高权力的象征，亦是帝王们特定的服饰文化心态（赏用性）和价值取向（追求政治上的'威慑效应''轰动效应'，政治需求高于生理需求）的形象化反映。"❷

事实上，龙纹在服饰中的演进与接受的漫长历程说明，它并非如我们一般所理解的为天子或皇帝所独自占有。如龙意象跻身其中的十二章纹服饰，在常规下，天子之服以绘绣的方式使用日月以下的十二章全部（唐以后，日、月、星升格到旗帜上之后，皇帝的袍服或有九章），诸侯以下至于黼黻，士服藻火，大夫加粉米。可见虽等级不一多寡不同，但却是共同享有了这一自成谱系的图纹。

众所周知，作为天子使用最为广泛的礼服，龙衮，固然是历代皇帝登基即位、飨告宗庙、宴迎将士、成人加冠、娶纳皇后、元日朝贺以及册封王公等庄严场合所穿戴，但古代上公所穿礼服却也差不多，同样也绣有龙纹。如梁元帝《乌栖曲》所说："交龙成锦斗凤纹，芙蓉为带石榴裙"，写的就是宫妃衣服所用的龙凤图纹的贵重衣料锦，只不过图纹中的龙首向下，以示与天子上下有别罢了。直到唐高祖武德年间才下令臣民不得僭服黄色，黄色的袍遂为王室专用之服，自此历代沿袭为制度。960年，赵匡胤"黄袍加身"，兵变称帝，于是龙袍别称黄袍。

古代帝王不只迷恋龙袍的魅力，近代的帝王迷者亦同样深陷其中。文斐在其《我所知道的袁世凯》中说："关于服制：仍分大礼服、常礼服、军礼服，常礼服中又分甲乙两种，甲种燕尾服，乙种蓝袍马褂。只有袁的衣服颇费打扮，衣服是绣团龙的黄色缎子袍，宽袍大袖。冠是采用平天冠式，前面有冠旒（下垂珍珠串），帽章系大块钻石。所用珠钻系由总统府庶务司丞郭葆昌去故宫

---

❶《尚书·益稷》。
❷ 赵联赏.霓裳·锦衣·礼道——中国古代服饰智道透析[M].南宁:广西教育出版社,1995:33.

洽索来的。后来这份衣冠，在袁死时由袁克定主持作了殓服。"据张伯驹《续洪宪纪事诗补注》，袍上绣的金龙，双目皆嵌以珍珠。而经办者郭葆昌则中饱私囊，用日本人造珍珠冒充真珍珠。其实龙睛赝品，似也成为袁世凯伪立帝制的象征。但袁世凯着龙袍本身却说明了远古龙图腾观念向后世的渗透与辐射。袁世凯之所以选择并穿着龙袍作为登基礼服，很可能源自一种传统的集体无意识观念，即图腾同体便会获得不可抗拒的超自然力量，穿着起来便会得到神秘的无限护佑。

一方面，传统的规矩威严地向后世传递；另一方面，却也因多重缘由，在不同时代的统治者顶层慢慢地解构着。元代虽不允许常人穿用龙凤图纹的服装，街市店铺也不许织造与销售，违抗者除物品没收外，还会拘捕犯禁者以示严惩。但元统治者也有变通之处，将龙分为不同等级，双角五爪的龙纹归皇帝专用，至于其他的三爪四爪的龙纹民间可以随意使用。到了明朝，帝王与龙纹的专属关系得到了强化，着意强调臣庶不得僭用。他们规定皇帝服制除了十二章纹外，还有要十二团龙。龙袍上的各种龙章图案，历代也有所变化。龙数一般为九条：前后身各三条，左右肩各一条，襟里藏一条，于是正背各显五条，吻合帝位"九五之尊"。皇帝的其他衣服也尽力"龙"化，以彰显真龙天子的视觉造型。相比之下，清王朝或许因为没有龙文化传统的自觉意识，倒是相对宽松一些，它规定文武百官可穿蟒服，但蟒数及颜色各有差等，龙纹器物，除却明黄这一皇帝专用色之外，一般也放得较开。

2. 蟒纹

蟒服，亦称蟒衣、蟒、蟒袍。因绣有蟒的图纹而得名。衣上的蟒纹与龙纹相似，只少一爪，故称四爪龙为蟒。《元典章》卷五十八记大德元年（1297年），"不花帖木耳奏：'街市卖的缎子似皇上御穿的一般，用大龙，只少一个爪子。四个爪子的卖著（者）有奏（着）呵'。"说明四爪大龙缎袍（即蟒袍）在元初就已经在街市出卖。明沈德符《万历野获编·补遗》卷二说："蟒衣如像龙之服，与至尊所御袍相肖，但减一爪耳。"

蟒服是一种皇帝的赐服，穿蟒服要戴玉带。蟒服与皇帝所穿的龙衮服相似，本不在官服之列，而是明朝内使监宦官、宰辅蒙恩特赏的赐服。明余继登《典故纪闻》："内阁旧无赐蟒者，弘治十六年，特赐大学士刘健、李东阳、谢迁大红蟒衣各一袭，赐蟒自此始。"朱国桢《涌幢小品》卷三十："每五年守例宁静加赏一次……，大红纻丝蟒衣一袭。"《金瓶梅词话》第七十回："见一个太监，身穿大红蟒衣，头戴三山帽，脚下粉底皂靴。"显然，获得这类赐服被认为是极大的荣宠。明代的蟒服，就衣领而言，有圆领蟒服和交领蟒服之分；就服色而言，皇帝龙袍为明黄，皇族穿着的蟒袍可为金黄和杏黄，其他官员则只能是蓝色或石青色；就图纹而言，蟒龙极为形似，皇帝龙袍之龙角足皆备，且有五爪，并配以十二章纹，而蟒无角，也只有四爪，与十二章纹无缘；就款式而言，皇族的袍是四开，其他官员则是两开；就朝代而言，明代蟒服本是皇帝对有功之臣的赐服，且被严格规定为职官的常服。如《明史·袁崇焕传》：崇祯二年闰四月，袁崇焕"叙春秋两防功，加太子太保，赐蟒衣。"《明史·张居正传》：张居正"以九载满，加赐坐蟒衣。"《明史舆服志》记内使官服，说永乐以后"宦官在帝左右必蟒服，……绣蟒于左右，系以鸾带。……单蟒面皆斜向，坐蟒则正向，尤贵。又有膝襕者，亦如曳撒，上有蟒补，当膝处横织细云蟒，盖南疮及山陵扈从，便于乘马也。或召对燕见，君臣皆不用袍而用此，第（但）蟒有五爪四爪之分，襕有红黄之别耳。"由此可知，蟒服有单蟒，即绣两条行蟒纹于衣襟左右。有坐蟒，即除左右襟两条行蟒外，在前胸后背加正面坐蟒纹，这当然是更为尊贵的款式了。而曳撒则是一种袍裙式服装，于前胸后背处饰蟒纹外，另在袍裙当膝处饰横条式云蟒纹装饰，故称之为膝襕。从《金瓶梅词话》来看，甚至西门庆也可穿着东京何太监送他的青缎五彩飞蟒衣，而清代则放宽了这种限制。清代则列蟒衣为吉服，凡文武百官皆衬在补褂内穿用。

据《大清会典》记载，"亲王绣五爪金龙四团：前后正龙，两肩行龙；郡王绣五爪行龙四团；贝勒绣四爪正蟒，前后各一团；贝子、固伦、额附、公、侯、伯，前后四爪正蟒，方补。"据有关研究，清朝之所以对龙纹控制不严格，主要是因为自他们的先民起就可以随意使用龙纹。据李民寏《建州闻见录》，早在宋元时代汉族的织锦刺绣传入女真部落，掌握了这一技能的女真人在其服装上开始绣绘各种各样的图纹，率性自由惯了的游牧民族没有那么多的禁忌与等级符号，于是出现了"衣服则杂乱无章，虽至下贱，亦有衣龙蟒之绣者"。而这种服饰传统，一直到清朝服饰等级化后也未曾停止过。

事实上，当衣着的龙纹处于神圣的位置时，更大的群体更多的意象也会迫不及待地向龙纹靠拢。是龙不是龙的都变个样儿扮成拟龙的模样儿，穿着起来似真可分享真命天子的光芒，这似乎也应了人向高处走的潜在心理需求。蟒服是一种，斗牛服、飞鱼服、麒麟服等都是。明代赐服纹样与蟒比并者，是斗牛、飞鱼和麒麟。《明武宗外记》："（正德）十三年，车驾将还京，礼部具迎贺仪，令京朝官各朝服迎候；而传旨用曳撒、大帽、鸾带，且赐文武群臣大红纻丝罗各一；其彩绣一品斗牛，二品飞鱼，三品蟒，四五品麒麟。"

3．斗牛纹

斗牛服是缀有斗牛补子的袍服。以红色纱罗纻丝为之，圆领大袖，下长过膝。胸前背后各缀一补，上绣斗牛。斗牛是根据传说中的形象绘成，其身如龙，鳞爪俱全，唯头上二角向下弯曲，与龙角有异。明无名氏《天水冰山录》记严嵩被籍没家产中，有"大红妆花过肩斗牛段五匹""青织金妆花斗牛云段四十六匹""绿织金斗牛补段三匹"及"沈香妆花斗牛段三匹"等。谈迁《枣林杂俎·智集》："成化间，松江人以布饷贵近，流闻禁庭。下府司织造赭黄大红真紫等色，龙凤、斗牛、麒麟等纹，胥隶并缘为奸，一匹有费白金百两者。"周祈《名义考》："相传物象有驺虞，有斗牛，有螭虎，而今皆亡。……斗牛似龙而觖角，螭虎似龙而歧尾。"明朝中叶斗牛纹被绣织于官吏常服，初仅用于一品，未几尊卑通服。明沈德符《万历野获编·补遗》卷二："至于飞鱼、斗牛等服，亚于蟒衣，古亦未闻。今以颁及六部大臣，及出镇视师大帅，以至各王府内臣各承奉者，其官仅六品，但为王保奏，亦以赐之，滥典极矣。"刘若愚《酌中志》："自太监而上，方敢穿斗牛补。"可见泛滥到了极致了。世宗即位，乃禁庶官穿著。《明史·舆服志三》：正德十六年，"世宗登极诏云：'近来冒滥玉带，蟒龙、飞鱼、斗牛服色，皆庶官杂流并各处将领夤缘奏乞，今俱不许。'"嘉靖十六年，因嫌其造型与龙蟒相类，遂被废弃。明代斗牛服在北京南苑苇子坑明墓、南京太平门外板仓村明墓、广州郊区明墓均有实物发现。

4．飞鱼纹

据《明史》记载，飞鱼服在弘治年间时一般官民都不准穿着。即使公、侯、伯等违例奏请，也要"治以重罪"。后来明朝规定，二品大臣才可以穿着飞鱼服。景泰、正德年以后，在品官制服之外赏赐飞鱼服、斗牛服、麒麟服。飞鱼服是什么样的呢？就是装饰有飞鱼图纹的服装。在古代神话中，飞鱼是一种龙头、有翼、鱼尾形的神话动物。据《山海经·海外西经》："龙鱼陵居在其次，状如狸（或曰龙鱼似狸一角，狸作鲤）。"《林邑国记》："飞鱼身圆，长丈余，羽重沓，翼如胡蝉。"《山海经》：飞鱼"其状如豚而赤文，服之不雷，可以御兵。"飞鱼图纹本应一只角，或许因趋向龙纹的潜隐意愿，明代服饰上的飞鱼竟有两只角，实际上类似蟒服。而且飞鱼图纹上还加了鱼鳍、鱼尾，故飞鱼服又被称作飞鱼蟒。

飞鱼服是明代锦衣卫最重要的服饰。《明史·职官志五》："锦衣卫掌侍卫、缉捕、刑狱之事，恒以勋戚都督领之，恩荫寄禄无常员。……朝日、夕月、耕耤、视牲，则服飞鱼服，佩绣春刀，侍左右。"也就是说，每逢大型活动，锦衣卫都穿着飞鱼服，紧随在皇帝左右。这也说明飞鱼服是一种荣宠之服，穿着者自属贴近皇帝的地位卓越者。

正德年间，明武宗往往于兴奋之际胡乱赐服，平时颇不易得的蟒衣、飞鱼服大量赏赐臣子，一些级别并不特别高的官员也被赐穿飞鱼服。嘉靖、隆庆间，这种服饰颁及六部大臣等官员。龙蟒服饰满天飞，甚至皇帝本人弄不清到底是臣子僭越还是自己犯糊涂。《明史·舆服志》："嘉靖十六年，群臣朝于驻跸所，兵部尚书张瓒服蟒。帝怒曰：'尚书二品，何自服蟒'。张瓒对曰：'所服乃钦赐飞鱼服，鲜明类蟒，非蟒也。'"可见飞鱼服与蟒服接近到彼此可以混淆的地步。珍稀的服饰泛滥朝堂，连皇帝自己也觉得似乎有点过分。然而此一时也彼一时也，此时的不顺眼源自彼时一时兴起的随意赏赐。因为在一个专制的时代，穿着的合法性永远源自圣上，只有皇帝钦赐后才能名正言顺。于是乎臣下张瓒以赏赐的强大之盾对抗当面指斥之矛，躲过了骤然降临的巨大灾难。

5．麒麟纹

麒麟服即缀有麒麟织绣纹的袍服。本来作为传统四灵之一，麒麟本有固定的形象，即麋身，狼蹄，一角。相传麒麟面目威严，性格仁慈，不践草虫，不食生物，故被视为祥瑞之物。唐代以这样的形象作为官服图纹系列。可到了明清官场服饰，麒麟的形象就变异了，向龙靠拢，所绣其首似龙，作两角，其尾似狮。麒麟袍为官吏的朝服，大襟、斜领、袖子宽松，前襟的腰际横有一，下打满裥。麒麟与其他纹饰的主要区别是飞鱼有鱼鳍，斗牛有牛角，麒麟有牛蹄。明代官服绣麒麟，似不限四、五品，职位特殊的锦衣卫指挥侍卫等也能服用。1977年南京徐俌墓出土的服装图纹中，就有麒麟纹。

其实说来也颇为有趣。当古代君臣或因力图笼络，或因虚荣竞争，在朝廷上明争暗斗琢磨蟒服、飞鱼服、斗牛服、麒麟服的些微差异时，而在民间，甚至在天子眼前脚下，新格局的礼崩乐坏却不时涌现。朝廷不能容忍的现象：现时王侯身上龙凤纹，早入寻常百姓衣了。史载，洪武三年（1370年）八月，民人服饰就曾出现僭用黄色，服饰图纹中就有龙凤之形的严重事件；正统十二年（1447年），庶民服饰织绣蟒龙、飞鱼和斗牛等违禁图纹，被朝廷明令禁止；从《明英宗实录》看，天顺二年（1458年），朝廷就明令"禁官民人等衣服，不得用蟒龙、飞鱼、斗牛、大鹏、狮子、四宝相花、大西番莲磊云花样及姜黄、柳黄、明黄、玄色等衣服"；如此强调，说明社会上出现了这类问题。果然时隔不久，问题严重到天子也坐不住了。据《皇明条法事类纂》卷之二十二《礼部类·服舍违式·官员人等不许僭用服色例》载，天顺二年闰二月初六，明英宗戒谕都察院说："蟒龙、飞鱼、斗牛……，俱系内府供应之数。今在京在外无知之徒，往往私自织绣染造僭用，以致贵贱不分，尊卑无别，越礼犯分，莫甚于此。恁都察院便出榜晓谕禁约，今后敢有仍前偷效先等花样、颜色、织绣、染造私卖僭用的，拿来本身处死，全家充军。"或许天子震怒、朝廷禁断的原因在于，如此穿着岂不意味着每个平民心中都有一个皇帝梦？是可忍，孰不可忍也！

6．其他少数民族服饰图纹

至于更为边远的地区，那天高皇帝远的地方，西南少数民族地区更能从容地以自己独特的方式穿戴着"龙服"，以求获得神秘的护佑。西南民族服饰稍稍追溯，便知多源于龙崇拜。贵州榕江苗族姑娘称花衣为"乌鳞"，意即龙鳞纹之服。传说该地苗女能歌善舞，但却无花纹衣穿。有一年赶牯藏节，龙女三姐妹也来了，她们衣着五彩缤纷美艳惊人，苗女们羡慕不已。但过完节，龙女们便潜入河回家了。有一苗女很想模仿龙女装，于是每天河边等龙女。有志者事竟成，她终于被龙婆带到龙女家，学会了绣花衣的本领。这姑娘便回到家来，教苗女们绣花。这就是苗家龙鳞纹花衣的来历。❶

景颇族也认为自己披肩围胸的龙鳞也是龙女身上的龙鳞演变而成的。苗族刺绣中也经常出现龙图腾的影子，如黔西苗族刺绣中有牛角龙、植物龙、水龙和花草配龙等图案；滇南彝族花倮人把葬礼中主持跳送葬舞的女祭司穿的服装称为"龙公主衣"或"龙婆衣"。❷这种衣由长约三米，宽约一米五的整幅布缝制，用蜡染有日形纹、水纹的花布，中间挖一洞，贯头而披，张臂打开，宽及手腕，长及脚踵，前后搭摆，如一方形大披风。据传说这是为纪念龙子帮助当地彝族改变腹葬古俗而特制的。这种贯头衣说起来源远流长，早在西汉时期，彝族的先民哀牢人就穿它。如《广志》："黑棘濮，在永昌西南，山居，耐勤劳；其衣服妇人以一幅布为裙，或以贯头。"《后汉书·西南夷传》说永昌太守郑纯"与哀牢夷人约，邑豪岁输布贯头衣二领，盐一斛，以为常赋。"而哀牢人在《后汉书》中自称为龙生夷，意即龙的后代。云南禄劝彝族妇女喜欢戴哈达帽，起因也是龙崇拜。《续禄劝县志》："（哈达帽）制类雨兜，妇女多戴之。旧传洱海有孽龙，能摄人，故戴此帽，以避龙也。"

---

❶ 徐华龙,吴菊芬.中国民间风俗传说 [M].昆明:云南人民出版社,1985.
❷ 邓启耀.民族服饰:一种文化符号 [M].昆明:云南人民出版社,1991:35.

四、抽象图纹与色彩

在服饰领域中龙意象抽象图纹的出现，意味着龙纹的简化与普及。

我们以常见的S形纹为例。S形模式图案的神秘意味，诸说不一，但其思路大致是相似的。陈绶祥《遮蔽和文明》一书认为S形纹源自龙崇拜。换句话说，S形纹即龙意象的抽象形式。因为龙从产生起，其基本造型就与中华民族的审美要求结合起来。原始彩陶中有大量的由点、线、块、面构成的装饰纹样，这些纹样由于不受具体题材的限制，反而更能集中地反映人们的审美要求。其中水平最高的马家窑文化彩陶中，有许多定型化的线条处理方式，那些最主要的平曲勾形纹的构成与联缀方式也与原始类龙形纹一样是后来龙形的基本造型骨架。殷商时代，最常见的几何纹样如曲折形、乳钉形、螺旋形与勾边形等基本纹样，不但大量出现在"类龙动物"形体的装饰上，而且许多基本纹样的产生，也与这些动物的鳞甲、躯体、眼睛、角爪等部分的变形、夸张与符号化有相辅相成的关系。许多春秋战国时期的龙体翻转扭曲，蜿蜒曲折，刚劲秀美，变化多姿多态。龙体造型多为片状，龙身造型基本上呈现为S形、双S形，或者S形的变形，即弓形或Ω形、M形等，龙首逐渐变小，龙身变化很大。就已广泛运用的交织纹样而言，那些线条的端点部分或转折部分描绘出的龙及类龙动物的头和躯体形象，仍使人觉得这些复杂的纹样乃是由龙的躯体缠绕而成。如河南省淮阳县平粮台16号墓出土的龙形玉佩，就表现出战国时期玉龙的标准S形造型。

秦汉时大量的云纹、云气纹中，我们更容易找到龙的身影。随着佛教艺术的传入，卷草纹类型的纹样大量出现，龙的形体又与它们结合得完美无缺。后来，几乎所有的中国常用纹样，都可以毫不牵强地镶入龙的形象。云头、花叶、卷草、如意、方胜、万字、同心等构成型或模拟型纹样，都可以看成是龙形的不同变化、穿插与组合构成的纹样。这类纹样被大量地运用在服饰等装饰之中，形成了所谓"如意龙纹""拐子龙纹""万字龙纹""方胜龙纹"等定型化纹样。中国图案中常出现的水、云、花、草、鸟、兽等，无一不能进行"龙化处理"或与龙组合在一起，形成云龙纹、水龙纹、草龙纹、花龙纹、龙虎纹、龙凤纹等。

田兆元《神话与中国社会》一书则在研究了S形纹与龙凤神话、蛙鸟神话、伏羲女娲交尾图、太极图等的关系后，认为S形纹是中国古代神灵的一种典型图式。甲骨文凡"神"字均写作"申"。《说文》："申，神也。"在甲骨文、金文中写法如下（图1）。

图1 甲骨金文中的"神"字（摹写示意）

很明显可看出，它的基本结构是中间一道弯曲的线条为核心，中间的曲笔或方整或圆润，成为Z形或S形两种基本形式。虽然弯曲的两边各有一道或直或弯的短线，但须知那是另一新S形的开端。即这一S形纹是趋向无限的开放结构。甲骨文或金文，无论是方笔或圆笔，都可以自由地向两个方向弯曲。从"神"字的构型及其变种形态中，可以见出S形纹是神的核心符号与象征。而当时及后世不少S形结构纹饰在这一思维模式的释读中有了沉甸甸的涵义。

倘若说S形纹款式个案，我们会想到战国时的深衣。深衣因被体深邃而在《礼记·深衣》中受到特别推崇："故可以为文，可以为武，可以摈相，可以治军旅，完且弗费，善衣之次也。"或许，其中的奥秘也就在于它是衣襟在身躯上作S形的环绕？而这S形本身就有着特殊的崇高内蕴和意味。至于今日的新唐装，附着其中的S形纹也是不可忽视的重要内容。

现藏故宫博物院的所谓商绢云雷纹饰，实质就是S形线条的方形化。湖北江陵马山1号墓出土的战国刺绣中的蟠龙飞凤纹、龙凤虎纹、对龙对凤纹、凤鸟花卉纹等，无一不是S形纹饰及其组合；缠枝图案，是一种将藤蔓、卷草经提炼概括而成的吉祥图案纹饰。核心枝茎呈S形起伏连续，常以柔和的半波状线条与切圆组成二方连续、四方连续或多方连续装饰带。切圆空间缀以各种花卉，S形线上填以枝叶，疏密有致，委婉多姿。长沙马王堆出土的汉代乘云绣图案、信期绣图案、长寿绣图案、福州南宋黄升墓出土的宋绫牡丹纹、宋罗芙蓉中织梅纹、牡丹花心织莲纹、牡丹芙蓉五瓣花纹、整枝牡丹纹等，其核心枝叶无一不是S形态的。无论方形、圆形还是S形结构的图形纹饰，都是纵贯万年横穿九州的文化现象。

说过线条，再说色彩。

在战国时兴起的五行模式中，黄色的地位一下子飚升起来了。为什么呢？这是因为，龙与中央，与黄帝、土等概念融为一体，成为尊贵无上的文化神圣聚团，且成为彼此可等量代换的文化元素。即龙=黄色=黄帝=后土=中央，因而在中华色彩谱系中，黄色崇拜因龙的介入而增益了厚重而神圣神秘的意蕴。愈到后来，黄色愈被最高统治者所青睐，愈为万众所仰望。人们一看到想到黄色，自然聚拢而来的是尊贵、祥瑞、神圣的氛围感。通过下表我们可以看出各种颜色在五行学说的象征对应体系。

五行学说谱系

五行	木	火	土	金	水
五方	东	南	中	西	北
五帝	太昊	炎帝	黄帝	少昊	颛顼
五佐	句芒	祝融	后土	蓐收	玄冥
五时	春	夏	长夏	秋	冬
五星	岁星	荧惑	镇星	太白	辰星
五兽	青龙	朱雀	黄龙	白虎	玄武
五色	青	赤	黄	白	黑

这个表格只是罗列了其中的一部分，其实这个五分模式可以无限制地延伸开去而包罗万象。

而黄色与龙、黄帝等带有信仰意味的高位意象同列，便自然带有神圣化而处于尊位。按传统五行学说，黄帝主中央之土，土色为黄，因用于衣，以顺时气，《礼·郊特牲》："黄衣黄冠而祭"；又《月令》："天子居大庙大室，……衣黄衣，服黄玉。"汉董仲舒将此一学说整合到儒家系统之内，有了为帝王师的儒家学说的呵护，黄色底蕴更见丰厚，于是一路飙升起来。于是乎黄色成为神圣而最尊贵的服色，进而成为皇家的专宠，统领了等差序列的官方服饰谱系。不少诗歌都反映了这一服制的社会效应。如杜甫《太子张舍人遗织成褥段》："服饰定尊卑，大哉万古程。"如白居易《初除尚书郎脱刺史绯》："亲宾相贺问何如？服色恩光尽反初。"

到了明清时代，皇帝赏赐臣下黄马褂，更成为人们可望而不可即的最高国家级奖励形式了（图2）。直到今天黄色的神圣意蕴仍然浓烈。在从古而今的国家级的祭黄祠炎等神圣大典中，我们仍然可以看到神圣的黄色，因为积淀于这一神圣色彩的原型中，有着神圣且神秘的龙意象的身影存在。

综上所述，似乎可以得出这样的结论：龙是中国服饰艺术的核心意象之一，并以各种不同的方式所存在；龙在图腾同体的服饰萌生与演进过程中起到了重要的作用；龙不仅以其像抽象的图纹形式装饰了服饰，而且以更为深隐的线条和色彩形式，增益了中国服饰文化的意蕴与形式美感。

图2　穿黄马褂的曾国藩

04 从佐藤真的观察看民初丝织业的转型与纹样嬗变

袁宣萍[1]

摘　要　日本机织家佐藤真，1912年受聘于新创办的浙江省立甲种工业学校，任机织教员。此时正值我国丝织业从手工业向工业化转型的起步阶段，大量引进装有贾卡龙头的新式提花机，纹制业开始兴起，与此同时，服饰及其纹样也从传统向现代转变。佐藤真在教学之余对杭州丝织业作了详细观察，并著文向日本国内介绍。从佐藤真的观察分析民初服饰纹样的嬗变，除了人们审美观的变化外，新技术的引进、设计方法的变革和激烈的市场竞争起到了直接的作用。

关键词　贾卡提花机、染织纹样、设计方法、佐藤真、浙江省立甲种工业学校

1917年的《东方杂志》第14卷第2号刊登了一篇题为《杭州之丝织业》的文章，节译自日本《染织时报》，译者为王士林，原作者为日本机织家佐藤真。文前有译者按语："世界丝织业，虽以吾国为先进，然近来各国均能应时势之要求，推陈出新，力求精巧。我国则仍守故式，瞠乎其后。盖昧于大势之所趋，暗于进步之方针故也。日人佐藤真君来浙三载，于教务忙迫之余，独能将吾杭之丝织业，推源溯委，详陈利病，归告国人。虽为彼邦之侦探队，亦吾国之忠告友也。爰节译之，以供吾浙丝织家之参考焉。"[2]此篇文章对我们了解清末民初中国染织业尤其是丝织业的发展非常重要，笔者因写作《中国近代染织设计》一书，梳理了这一时期中国染织业的相关资料，现仅就这位日籍教员佐藤真的记载，讨论一下民初染织业的转型及服饰纹样的嬗变。

一、佐藤真与浙江省立甲种工业学校

佐藤真，20世纪初日本机织家。据他在《杭州之丝织业》中所称，"余自大正元

❶ 袁宣萍，浙江工业大学，教授。
❷ 佐藤真. 杭州之丝织业 [J]. 王士林，译. 东方杂志，1917，14(2)：65.

年（1912年）八月，就浙江省公立甲种工业学校之聘，屈指至今，任该校教习之职，三载有余。"即他于1912年受聘担任教职，写作此文为1914～1915年。创立于1911年的浙江官立中等工业学校，1911年设金工、染织两种，1913年改称"浙江甲种工业学校"，1916年改为"浙江省立甲种工业学校"，沿用至1920年。"设机械、机织、染色三科，并附设艺徒班，计分金工、木工、铸工、锻工、原动、手织、力织、准备、图案、意匠、染练、印花等部分。又为培养教师，并附设浙江省立中等工业教员教成所，分金工、木工、机织、染色四班。"❶创办人、校长为许炳堃，毕业于东京高等工业学校机织科。浙江为染织业大省，杭州又是丝织重镇，清末新政十年内，大量良家子弟赴日留学，其中一些选择了染织专业，决心学成归来，重振产业。许炳堃回国后，比较中日两国染织工艺的差距，深感必须创办工业学校，培养新型人才，才能实现产业向工业化的转型。因此，他借鉴了母校——东京高等工业学校的模式，在浙江巡抚的支持下创办了这所学校，并聘请留学回国的朱光焘和蔡经贤两位同仁，分别担任机织科和染色科主任。一所全新的染织工业学校在杭州诞生。

关于浙江省立甲种工业学校及其对民国染织业的影响，笔者在《浙江近代设计教育》一书中有过详细介绍，在此不再展开。由于教员的缺乏，加上管理层的留日背景，办校初期以聘用日本专家和留日学生为主，之后才以培养的学生留校任教，其中包括陈之佛、常书鸿与都锦生。佐藤真受聘于学校创办之初。据第一届毕业生王建侯回忆："惟吾制造工业，向以纺织丝绸为最著名，惟以设备及技术尚在手工业阶段，必须彻底改良……惟事属草创，设备未允，师资亦感不足，专科教授，大都求才异国。"❷佐藤真也在自述中称："许炳堃氏于宣统三年创设甲种工业学校，养成地方工艺厂之教员，附以机织传习所，养成职工徒弟，可称百端尽力矣。惟开办之初，技术未精善，乃招致我国京都模范织工、意匠图案工、穿纹工等之各专门技术家，以求制品之精良，始能着着进步。"❸不仅专业教师，连艺徒班的技师亦请自日本。1920年，因浙江甲种工业学校办学成绩出色，升格为浙江公立工业专门学校，规模扩大（图1）。第二年学校举办了十周年庆。从校庆展出的相关资料看，仍然保留了一部分日籍教员，其中就有佐藤真，他负责织

图1 浙江省立甲种工业学校提花实习工场

❶ 许炳堃.浙江省立中等工业学堂创办经过及其影响 [C].// 中国人民政治协商会议浙江省委员会文史资料研究委员会.浙江文史资料选辑：第一辑.杭州：浙江人民出版社,1982:121.
❷ 王建侯.第一号毕业文凭 [C].// 许高渝.从求是书院到新浙大：记述和回忆.杭州：西泠印社,2017.
❸ 佐藤真.杭州之丝织业 [J].王士林,译.东方杂志,1917,14(2):67.

物解剖、力织机、纺织、麻纺课程，并有编写的教材展出，且为校董会成员，说明其有一定地位。

二、佐藤真眼中的传统染织纹样

佐藤真在杭州任教职的这些年，正是我国染织业从传统手工业向工业化发展的转折关头。作为机织家，佐藤真以杭州为立足点，对转型期的中国丝织业做了详尽调查。他认为，"中国境内丝织物之产地虽少，然原料之丰富，技术之卓绝，无过浙江、江苏两省。今举二省中之主产地如次。浙江省：杭州、绍兴、湖州、嘉兴、濮院、温州、宁波；江苏省：苏州、南京、盛泽、王江泾。"另外他还调查了传统织物品种，并作了分门别类的详细介绍。总体来说，"中国主产之丝织物，练织物（熟货）如宁绸、缎子、线绉、实纱、芝纱、亮纱等，生织物（生货）如湖绉、纺绸、春绸、春纱、官纱等，细别极多"，且织物的地域差别明显，"例如杭州之缎子（花缎子），绍兴之缥子（即素缎子），湖州之生织物，嘉兴之绢及纱类，宁波之纹琥珀类，苏州之缎子，南京之素缎子（黑色缎最著名）等"，皆为有声誉的地方产品。❶考浙江省清末丝织物类别，的确如记载所言，其中杭州尤以杭缎、花线春、春绸、宁绸、春纱、官纱、杭罗、杭纺等为最，既有熟货织物（先练后织），也有生货织物（后织后染）。重要的是，佐藤真还观察了清末流行的绸缎花色，专门列出"花样及染色之趋势"一节进行阐述。"花样者织物之生命也。虽有精巧之织物，若花样不适于时好，则为世所厌弃矣。中国人喜服光泽之织物，故花缎之需用，较素缎为广。其花样喜用吉字好音。"

晚清绸缎花样主要有以下几种：

摹本一花：荷莲三秋，芝仙竹寿，四季富贵，大八吉，万古长春，福禄寿喜，万代庆寿，大三秋，寿山福海，福寿图，鱼庆三多。

摹本五花：芝梅蝶，净百福，净三元，净冰梅，子孙蝶元，竹菊梅，富贵连元，菊蝶，净如意。

摹本二只：大寿字，三秋，飞身一品，太少狮，新松亭，福寿三多，蕉鹤，一品富贵，龙光，竹林鹦鹉，海棠蝶，万丹，江山万代，新耕织，芝仙寿，龙凤双喜，五福寿。

摹本三花：新大秋，篾簟万字，芝仙寿，新菊蝶，净竹叶，海棠蝶，净竹梅，荷花蝶，水浪金鱼。

平花四花：胜地葵，梅兰竹菊，四令如意，洋牡丹，万字绵长，三秋，万字幅搦，八信寿，散八吉，菊花金鱼，大疋兰，如地双龙，水浪洋蝶，线边万字，荷丹蝶，海棠蝶，枝梅元，净竹梅，万字洋菊，老菊蝶，洋莲，四季连元，芝仙三多，云团鹤，大福寿，菊蝶梅，荷莲三秋，如意团鹤，大三多，葵梅，葵兰，兰蝶元，锦地芙蓉，松鹤球。

平花四只：钱边团鹤，五福捧寿，新拱璧，净博古，钱边福寿，福寿三多，净松亭，净寿字。"❷

---

❶ 佐藤真. 杭州之丝织业 [J]. 王士林，译. 东方杂志，1917，14(2)：67.
❷ 佐藤真. 杭州之丝织业 [J]. 王士林，译. 东方杂志，1917，14(2)：69.

上述记载中，摹本是指摹本缎，也即杭缎（图2），平花是指平纹地上提花的花线春与杭大绸，一花至五花是指沿织物幅宽方向安排几个纹样单元，而纹样喜用"吉字好音"，是指清代盛行的寓意纹样，所谓"图必有意，意必吉祥"。这些纹样有植物花卉的菊花、灵芝、水仙、牡丹、海棠、芙蓉、荷花、松、竹、梅等，动物昆虫的龙、凤、蝴蝶、鹦鹉、金鱼、团鹤等，器物的如意、八吉、拱璧、博古、铜钱纹，还有万字绵长、大福寿等几何和文字纹样（图3）。

图2　牡丹纹摹本缎

图3　富贵三多纹织锦

清末新政时，中国自上而下开展了一场工艺改革运动。在朝廷的倡导下，各地纷纷成立工艺局所，以官办民助的方式兴办工艺学堂，以抗衡西方资本主义的入侵，其中很多是以染织工艺为重点的。成立于保定的直隶蚕桑局，技术监督是川人卫杰，在任期间著《蚕桑萃编》，同样记述了当时流行的服饰纹样，并与上贡及官、吏、商、农、僧道等不同身份相对应。对比佐藤真的记载，两者在花样的名称与组合上很有类似之处，可做比较。❶

在色彩配置上，佐藤真认为中国人喜欢较浓的色彩，光亮的缎面，此外黑色也极受欢迎。如果我们将记载中的绸缎品种、纹样与色彩，与晚清遗存的织物比照，可以发现其重合度非常高。由此可见，佐藤真的观察是专业且细致入微的。

三、民初染织纹样之嬗变

《杭州之丝织业》在国内刊发的1917年，我国染织业的工业化已取得初步成效。工业化进程是在第一次世界大战期间步入快车道的，特别是江浙沪地区，染织厂如雨后春笋般涌现出来，城市消费文化逐渐形成，人们的着装打扮发生了很大变化，城市女性换上了"文明新装"，染织纹样也旧貌换新颜。到20世纪20年代中期，旗袍诞生，并逐渐向中西结合、贴体合身的方向发展。如果把清末的中式女装与20世纪二三十年代的袄裙、旗袍放在一起比较，两者在面料、花样、色彩上

❶ 卫杰.蚕桑萃编[M].北京：中华书局，1956：211-212.

都有了明显区别，给人的审美感受是很不相同的。

本文把民初的时间框定在1912年至1937年抗日战争全面爆发之前。这一时期遗存至今的女性袄裙、旗袍还有不少，对照同一时期的月份牌、老照片，以及产品样本、设计师的作品原稿，我们可以清楚地看到染织纹样的变迁。一些全新的纹样出现了，主要有以下特点：

第一，植物纹样大量使用，但新纹样没有"花开富贵""梅兰竹菊""芝仙祝寿"等寓意，而是把自然界一切美的花草树木纳入纹样范围。所以我们能看到柳树、藤蔓、玫瑰、红枫、秋葵、竹叶、绣球、木槿、紫藤乃至很多叫不上名的花花草草，风格或写实，或变形，千姿百态（图4）。

图4　新植物纹样：柳树与蔓草

第二，自然纹样增加。传统图案中自然纹样以云纹为主，所谓四合如意"云"，带有较强的程式化倾向。而新纹样中的云纹造型则不受传统束缚，另外瀑布、流水、星空、焰火、卵石、山岩、气泡、露珠、明月等都是题材的来源（图5）。

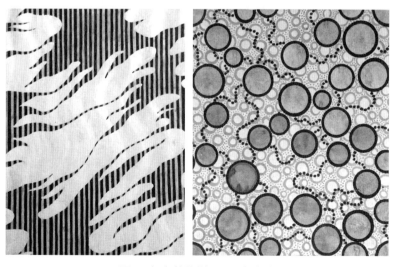

图5　新自然纹样：云雾与气泡

第三，几何纹样大幅度增加。传统几何纹样在宋锦中有较多表现，如龟背纹、万字曲水、回纹、四达晕、八达晕等，构图严谨。而新纹样中的几何纹除了规矩的条格外，还有各种几何纹的组合，以及几何纹与花卉或与自然纹样的组合等。在这里我们看到的是自由的线条穿插组合，活力无限（图6）。

图6　新几何纹样

第四，在动物纹样上，传统纹样多为龙、凤、蝙蝠、蝴蝶等，新纹样最爱用的是孔雀纹样，但会把孔雀羽作为表现的重点，线条优美动人，这种表现动物局部而不是整体的做法也是传统所未见的（图7）。

图7　孔雀羽纹样

佐藤真的文章写于1914年，其时传统纹样仍唱主角，但变化已经发生，新的风尚正在成长。正如1935年的一份杭州丝织业调查报告称："惟自民国以还，服色既无定制，自多更张，乃专以华丽为主，于是经营服饰业者，咸潜思冥想，争奇斗胜，以为商场上之竞争，社会人士亦皆趋新喜异。妇女尤为新奇花色之追逐者，故绸缎之衣色，不但春夏有异，而且朝暮不同，由此可见，绸缎花色变换之繁矣！"❶形成这种变化的原因，当然是由于时代的变迁。然则时代的变迁又体现于何处呢？

❶ 沈一隆,金六谦.杭州之丝绸调查 [J].浙江工商,1935,5(1):114.

四、民初染织纹样嬗变的成因分析

通常我们认为，民初染织纹样的嬗变是由于时代的变迁、生活方式和审美风尚的改变。但如果综合起来看，还与技术的引进、设计方法与市场竞争有关。

首先，这种嬗变来源于新技术。我国近代丝织物生产的进步，始于新式提花机的引进，在这个关键转折点上，杭州走在全国前列。新式提花机即装了贾卡龙头的提花机，19世纪初由法国人贾卡发明，明治维新后传入日本，至19世纪末在日本推广，而中国直到20世纪初才后知后觉地发现这种"利器"的存在。佐藤真言："以中国之人素性保守，绸业公所之行规，最易阻止其改良进步。在我国当时明治二十年间（1887年）已由法国输入新式纹织机，制造新式之织物。在中国则至宣统三年（1911年）时，尚未知使用此文明之利器也。十数年前，虽有我国阪本菊吉氏为之计画，试用新式纹织机，然技术未精，因而中止。其后杭州创工艺厂，输入数台之新式纹织机，终以时机未至，不能实地使用。"❶考杭州丝绸界前辈记载，阪本菊吉氏的确到过杭州，并在某家机坊捣鼓了很久，最后拍了一套木织机的照片返回日本了。若干年后，经过改良的日式提花机就进入中国了。❷"绸业公所之董事金溶仲氏，于机业素有经验学识，见中国每年由日法二国所输入之优美丝织物，日益加多，且悉其获利丰厚，于宣统三年由我国输入新式纺织机，开始织造。此为民间使用新式纹织机之嚆矢也。"金氏创办的杭州振新绸厂起初对引进的织机秘而不宣，试织新产品成功后方广为人知。此时正值浙江甲种工业学校对新织机不遗余力地倡导、培训和示范，又赶上第一次世界大战爆发后洋货锐减的良机，新技术遂成星火燎之势。"当宣统三年（1911年）之末，民间未见有一台新式纹织机之杭州，迨民国元年（1912年）末，约有四十台。二年（1913年）末，增至二百台。三年（1914年）末，竟达七百台，四年（1915年）末，乃超过一千台。而我邦之制造新式纹织机，以供彼需要者，大有日不暇给之势。可谓奇观矣。"佐藤真将这一欣欣向荣的时期称为杭州的"机业模范时代"。❸

提花机改革直接带来染织纹样的变化。在手工时代，画师画好花样后，由挑花匠通过"挑花结本"将花样转变为花本，一套花本就是一个花样，由于挑制麻烦，挑好后往往用好几年，有些母本甚至可代际相传。而新式提花机采用的是针孔纹版，采用点意匠和轧纹孔等"纹制工艺"将花样转变为一套程序。效率提高后，改样翻新的速度加快，紧跟流行时尚成为可能。"当新式纹织机开始之初，其意匠纸均仰给于我国西阵，其后工业学校聘意匠师，自制纹纸，以供机业家之使用，而此业比较的获利不少，故学生及职工徒弟等争学习之。然彼等开办之初，技术未精，缺点尚多，故制品之声价不高。制造优等品者，其纹纸仍仰给于我邦西阵，又我邦贩卖新式纹织机之商人，往往兼营斯业。然仰远方之供给，未免失流行之时机。"❹佐藤真的这番话，说明杭州在民

❶ 佐藤真.杭州之丝织业 [J].王士林,译.东方杂志,1917,14(2):66.
❷ 杭州市档案馆.杭州市丝绸业史料 [M].1996:36.
❸ 佐藤真.杭州之丝织业 [J].王士林,译.东方杂志,1917,14(2):67.
❹ 佐藤真.杭州之丝织业 [J].王士林,译.东方杂志,1917,14(2):70.

国初期引进了日本西阵织的提花纹样。日本商人见有利可图，索性在杭州开办纹制厂，如设在拱宸桥的"好办社"，所售花样索价甚昂。由于纹制人才十分抢手，甲种工业学校的培训极受欢迎。不少人学会后投资兴办纹制厂，其中毕业生李锦琳于1915年创办的"日新纹工厂"，号称中国最早，之后一批纹制厂在杭州涌现出来。值得一提的是，留校任教的都锦生也学习了纹制工艺，并在实习车间试验成功了丝织风景画，之后辞职创业，成就了一番丝织美术的宏大事业。因此，引进新式提花机、采用进口的花样纹版，自然会导致染织纹样的变化（图8）。

图8　新式纹制工艺车间

其次，这种嬗变是因为设计方法的不同。传统手工时代，织物品种很少变动，纹样变化也缓慢，但还是有求变的社会需求在。所以在染织界存在这样一些艺匠——画师和挑花匠，他们独立开业，为作坊主设计当季需要的花样。卫杰在《蚕桑萃编》中感叹："服用之宜，雅俗共赏，固由织工之巧，实缘画工之奇，而其要则在挑花本者之为画工传神。"❶没有他们，何来绸缎上的万紫千红！画师们的设计是一门代代相传的手艺，有一整套相沿成习的设计套路。纹样题材如何选择，如何造型，题材之间如何组合，色彩如何配置，表达的意思是否符合人物身份和使用场合，都是有讲究的，但与此同时，也是受限制的，从而展现出审美上的延续性和观感上的相似性。新的设计方法来自于学校染织教育，是从素描、色彩开始学习的。以佐藤真供职的浙江甲种工业学校为例，学生进入专业学习后，机织科的课程与设计相关的，有水彩画、图案、机织法、织物解剖、纹织、力织、意匠等，染色科的课程除共同课外，另有化学、染色学、配色、整理等，其中图案学是最重要的专业基础课之一。而图案学，就我们目前所见到的民国教材来看，是将自然和生活中的一切可用素材都纳入纹样的范围，通过写生、变化成为染织纹样的，造型手法和各种图式比传统更为丰富（图9）。在色彩配置上，开始引入西方的色彩学理论，而染料化学和染色学使更丰富的过渡色成为可能。用这样的设计方法设计出来的染织纹样，自然与传统风格迥异。陈之佛应该说是佐藤真的学生，但他说学校的另一位日籍图案教员管正雄对他影响很大。他留校后自编的《图案术》讲义被认为是中国人自编的第一本图案学讲义，后又通过许炳堃的推荐，赴日本东京美术学校图案科学习，回国后创办"尚美图案馆"，虽然存在时间不长，但为江浙一带的染织厂设计了大量花样。

❶ 卫杰. 蚕桑萃编 [M]. 北京：中华书局，1956：212.

图9　水仙花的写生变化（陈之佛《图案法ABC》）

　　最后，这种嬗变与民初激烈的市场竞争有关。近代门户开放后，时代的新风扑面而来。杭州离上海很近，上海的消费文化和流行时尚很快便波及杭州。咸丰十年至光绪十九年（1860～1893年），上海的洋行已遍地开花，主要经营各国的工业品、日用品、食品和烟酒，其中与纺织品有关的有洋纱、洋线、棉布、花边、呢绒、针织品（毛巾、袜子）、绒毯等。至清末民初，像先施、永安这样大规模的百货公司就出现了。在上海这样的城市中，欧洲货、美国货、日货、国货为争夺市场份额，纷纷在报纸、杂志及街头大打广告，极尽推销手段。这种商业氛围培育了上海的消费文化，使得人们的服饰和染织纹样很快趋向现代。另外，马关条约后，允许外国资本在中国办厂，直接在上海等地开办的外企众多，特别是染织行业，其织物纹样随着产品深入城市乡村，在很大程度上影响了中国的染织设计。为了与洋货抗争，民族资本的染织厂也纷纷聘用留洋回来的设计师、借鉴洋货花样、订购外国样本和资料，以冀紧跟流行时尚。激烈的竞争使各厂商都在设计上花工夫，竭力以"新"悦人（图10）。这一时期有部分染织资料保留下来，包括设计稿和织物样本，都说明了这一时代的趋向。

图10　美亚织绸厂订购的法国提花样本

当然，传统仍有一席之一，特别是苏杭等丝织厂，梅兰竹菊和龙凤祥云还是常用的主题，然仔细观察，也可以发现其造型配色上与传统纹样的差别。

五、结语

综上所述，中国近代服饰和染织纹样的变迁，不仅仅是审美观的不同，也与技术的引进、设计方法的改变与激烈的市场竞争有关。姜丹书作为杭州国立艺专的前辈，他在《美术与衣工业》一文中说："我国丝织品之最初改良，肇自杭州，织法与花色，均趋于时代化、国际化。民初以来，日新月盛，由近及远，群相仿效，其他产绸之区，无不受其倡导之影响，一致上前，竞美争妍，精益求精，可无论已。"[1]浙江甲种工业学校校长许炳堃在回忆文章中称："丝织物图案意匠等的进步，多赖杭工毕业生。"[2]至于佐藤真，鉴于民初杭州丝织业的进步，也表达了对本国出口的担忧："就杭州机业之文明方面观察之，若以后能益求其精，改良原料，谋意匠图案之独立，养成技术之人才，实行机械之制造修理，确定过渡时代之方针，则前途尚可限量乎。夫以中国机业进步之速，将来由欧洲及我国所输入之丝织物，未知受如何之影响。在前日盛行法国产之丝织物，今已为我国产之丝织物所淘汰，则他日中国产之丝织物，整理完备，外观改良，安知不驱逐我国产之丝织物乎？"[3]一百多年过去了，中国的染织工业日益强大，假以时日和环境，中国的染织与服装设计，也一定会有引领世界时尚的一天吧。

---

[1] 姜丹书.姜丹书艺术教育杂著[M].杭州:浙江教育出版社,1991:35.
[2] 许炳堃.浙江省立中等工业学堂创办经过及其影响[C].//中国人民政治协商会议浙江省委员会文史资料研究委员会.浙江文史资料选辑:第一辑.杭州:浙江人民出版社,1982:124.
[3] 佐藤真.杭州之丝织业[J].王士林,译.东方杂志,1917,14(2):67.

05 沈从文与服饰史研究的三重证据法

杨道圣❶

摘　要　　　沈从文的《中国古代服饰研究》实际上已意识到服饰史料的三个种类：实物、图像、文献，惜其未能详尽其言。本文从其中分析出最适合服饰史研究的三重证据法，并结合罗兰·巴特对于服饰符号体系的三分进行了进一步阐述，参照西方服装史的研究，提出运用三重证据法研究中国服饰史的重要意义。

关键词　　　沈从文、服饰史研究、三重证据法

　　历史研究对于史料可靠性判断的标准始终是一个问题，人言人殊。历史学领域的研究者重视文献，考古和文物工作者注重文物，也有人提出口述文献是第三类，但实际上无论是口头还是书面文献一律都可归为文献类史料。这两类史料的重要性或者说可靠性的程度并不能概而言之，而是要视研究的对象而定。就物质文化史而言，很多研究者都注意到文献类史料的不足，开始更多地使用图像作为史料，以图证史，但实际上还有与文献和图像非常不一样的实物史料尚未被充分关注。本文拟就作为物质文化史研究一部分的服饰史研究来讨论一下这三种史料各自不同的性质以及它们如何使用。由此明确形成服饰史研究的三重证据法。

一、沈从文对于服饰史料的观点

　　目前为止的大多数服饰史研究者，对于沈从文的服饰史研究，多重视其对某些具体朝代或具体服饰的论述，而忽略其所提出的服饰史研究的方法问题，其中唯有卞向阳在2000年发表的《论中国服装史的研究方法》中有所论及，但语焉不详❷。沈从文在《中国古代服饰研究》引言中对于中国服饰史史料的问题有非常重要的几点

---

❶ 杨道圣,1973年生于安徽阜南,2000年毕业于北京大学哲学系,获哲学博士学位。现为北京服装学院美术学院教授。研究方向：艺术社会学,欧洲中世纪艺术,时尚理论。

❷ 卞向阳. 论中国服装史的研究方法 [J]. 中国纺织大学学报,2000(4)：22–25.

论述，目前的服饰史研究者却常常忽略，而使得服饰史研究的水平无法在沈从文的基础上有更多的发展。他的论述概述如下：

1．文献史料的不可靠

沈一上来就提出："中国服饰研究，文字材料多，和具体问题差距大，纯粹由文字出发而作出的说明和图解，所得知识实难全面。"❶沈从文提到几类文献，各类文献的问题不一，但均不能落实。第一类是史部中各代的《舆服志》《仪卫志》《郊祀志》《五行志》，这类史料"多限于上层统治者朝会、郊祀、燕享和一个庞大的官僚集团的朝服、官服。记载虽若十分详尽，其实多辗转沿袭，未必见于实用。"❶沈以为各代制度存在着文本上的继承性，只是把前代的文本拿来稍作修改当作自己的，类似于今天一个地区把另一个地区的规定改换头脸变成自己的一样，至于是否落到实处，很难确定。阎步克在其《服周之冕》中则进一步指出，这些制度不仅不是对历史事实的记载，也就是说不仅是制定了制度而没有执行的问题，而且还可能是一种观念的建构，这"史"实际上发挥着"经"的作用，是一种思想意识形态的表达，把服饰制度建构成一种权力的象征和表达❷。只能说这些制度表达了当时的统治阶级想要如此使用服装，是一种理想，而并非具体地如此实施，更不可能是真正地实施了。依据这些政治制度来写服饰史，只能是文献中的服装史，而非历史现实中的服装史。

第二类文献属于私人著述，"如《西京杂记》《古今注》《拾遗记》等，又多近小说家言，或故神其说，或以意附会，即汉人叙汉事、唐人叙唐事，亦难以落实征信。"❶沈非常清楚地看到文献不仅有官方意识形态的建构，也有个人主观想象的成分，所以很难以这些文献为据来写服饰史。

2．以图像为主结合文献

沈比较历史学家和文物学家的两种研究角度时说："从我们学文物的人来说，要懂历史。离开文物就没法子说懂历史。"但历史学家存在一个偏见，不大看得起文物。他说他有一个恰恰相反的"偏见"："要理解文物文化史的问题，恐怕要重新来，重新着手。按照旧的方式，以文献为主来研究文化史，恐怕做的很有限。放下这个东西，从文物制度来搞问题，可搞的恐怕就特别多。"❸这里所说的文物在《中国古代服饰研究》里主要是指图像："本人因在博物馆工作较久，有机会接触实物、图像、壁画、墓俑较多，虽文物经手过眼也较广泛，因此试从常识出发排比材料，采用一个以图像为主结合文献进行比较探索、综合分析的方法，得到些新的认识理解，根据它提出些新的问题。"❶查《中国古代服饰研究》，除有少量依据出土服饰实物，确实主要以图像为主。沈所说的实物，其实是指文物，他并没有对此进行严格的区分和定义。但沈不是没有意识到以图像为主研究服饰可能面临的问题，他发现先秦金银器上文武男女服饰有相近处，和真实情形有一定差距。可惜他对于这一问题进行了合理化的解释。缪哲在《以图证史的陷阱》一文中指出："盖

❶ 沈从文．中国古代服饰研究 [M]．上海：上海书店出版社，2002：1．
❷ 阎步克．服周之冕 [M]．北京：中华书局，2009：30–31．
❸ 王亚蓉．章服之实：从沈从文先生晚年说起 [M]．北京：世界图书出版公司，2013：6．

用以证史的图像，每见于丧器、丝织品或金银器等功用性物件，也就是说，与书抄和碑刻一样，往往是匠人的手笔。而匠人的本分，如我们上面讲的，是尽量遵守旧的程式，没有必要，是不轻改动的。"因此"既守旧的程式，图像就往往落后于'史'。在这一点上，即使'士人'的图像中，也不免有陷阱。比如清人的画中，人物多博衣广袖、束发葛巾，少有长袍马褂、剃发拖辫子的人。设天下有谷陵之变，清代的遗物，仅剩这清人的画了，则以这画中人物的装束，去推考清代的服饰，其不错者几稀。"结论是"使用图像的证据，应纳回于其所在的美术史之传统，只有纳回于图像的传统中，我们才能分辨图像的哪些因素，只是程式的旧调，又有哪些因素，才是自创的新腔。旧调虽不一定不反映'史'，或没有意义，但这个问题过于复杂，不是孤立看图就能搞懂的。否则的话，则图像不仅不能'证'、反会淆乱'史'。"❶

所以不能把某一时代图像上的服装直接等同于那个时代的真实服装，当然，并非因此图像不能作为服装史的史料，但一定要将其与真实服装区分开来使用。

3．以实物作为服饰史研究的对象

沈在前言中使用了一个实物的例子，就是长沙马王堆出土的金缕玉衣，以实物清楚确凿地反证文献的不可信。可惜，沈没有能够区分出文物中的实物和图像之间的区别。这可能是因为沈从文还是更多考虑美术史的缘故，而没有真正贯彻他的物质文化史的研究。比如俑对于研究服饰确实有很大的帮助，但俑身上的服饰与真实服饰仍然有一定的距离，不能等同于真实服饰。沈对此有很明确的意识："墓葬中出土陶、土、木、石、铜诸人形俑，时代虽若十分明确，其实亦不尽然，真实性也只能相对而言。"❷有研究者以为沈从文提到的图像包含实物，但图像与实物对于不同研究者而言，意义是不一样的，而且因其性质不同，一定要分别对待❸。这里俑对于文物学家、美术史家或其他的历史学家是实物，对于服饰史而言，却依然属于图像。沈在谈到战国时期的"百花齐放"含义的理解时提到："以衣着材料而言，从图像方面还难得明确完整的印象。"其实不仅材料，纺织、裁剪、缝纫的工艺单纯从图像中很难得到确实的认识。服饰史所研究的对象最终要指向真实的服饰，质料、结构、形式都真实地呈现于其中，文字和图像都要落实到对于真实服饰的研究和考证上。以沈从文当时对于服饰史方法的认识反观今天很多服饰史的研究，发现对于服饰史的史料都还缺乏沈所提到的这些基本的看法。

二、服饰史研究中的三重证据法

通过对沈从文服饰史研究方法的反思我们基本上可以确定服饰史的研究一定要对史料的可信性程度有一定的认识和区分。首先按照可信性的大小可以区分出三种史料：服饰实物、服饰图像、

❶ 缪哲．以图证史的陷阱 [J]．读书，2005(2)：140–145．
❷ 沈从文．中国古代服饰研究 [M]．上海：上海书店出版社，2002：1．
❸ 张弓．形象史学：从图像中发现历史 [N]．中国社会科学报，2014–9–12(A05)．

服饰文献。服饰史研究的对象是实物，图像和文献都是要围绕实物，用于帮助确定实物，分析实物，而不能取代实物。就如研究建筑史不能以历代建筑的图像和文献来取代建筑实物一样。物质文化史的各个领域研究都是一样的，服饰史作为物质文化史的一部分，而不是作为艺术史的一部分，其材料、工艺、形制都要研究，而不能仅研究其形制。当然服饰与建筑相比，质料上更脆弱，易朽坏，不好保存，所以古代的衣物很难保存到现代，这也是大多数服饰史研究者更多使用文献和图像的原因。我们认为，文献和图像不是不能使用，但一定要意识到文献和图像与实物之间存在着一定的距离，如果只有文献和图像，我们只能说从文献和图像中所看到的情况是如此，而非当时的服饰就是如此。当然，文献与图像的互证可能会使我们与实物更加接近，但仍然不能等同于实物。对于实物的确认、分析要依赖文献和图像，所以我们由此确定服饰史研究的三重证据：实物、图像和文献。

关于沈与三重证据法的问题，张鑫、李建平二位在2012年第6期《吉首大学学报》上发表了《沈从文物质文化史研究与三重证据法的理论与实践》一文，他们接受饶宗颐的提法，把考古资料中文字和器物区分开来，于是就把王国维的二重证据法变成了三重证据法：传世文献、出土文献、出土文物。他们认为沈的看法和饶宗颐是一致的，在文献之外特别看重文物的作用。❶但是从以上对于《中国古代服饰研究》的分析来看，沈与饶的看法尚有很大的差别，沈从物质文化史的研究角度来看，文物当然是主要的，而他在其中所说的文物主要指的是图像；沈看到文物包含了图像和实物，二者对于物质文化研究而言，意义甚为不同，沈虽是使用以图像为主、结合文献的方法，但他意识到图像与实际服饰之间的差别。所以对于沈而言，三重证据法不是传世文献、出土文献、出土文物，而是文献、图像和实物，这三类不再是以出土还是传世区分，而是以其作为媒介的形式，与现实之间的关系而言的。在物质文化史的研究上，当然后一种区分更为科学，也更为有效。中国社会科学院历史研究所的刘中玉先生2014年发文指出沈从文的方法乃是"实物、图像、文献三结合的方法"。他说："1950年以后，沈从文在利用形象材料研究中国古代物质文化史方面成果卓著。作为中国社会科学院历史研究所文化史学科的奠基者之一，沈从文开创了服饰、纹样、玉器、杂物等多个文化史研究的新领域，并形成了实物、图像、文献三结合的方法论和以唯物主义为指导的形象史观。"❷可惜他只是这么提了一下，并未对沈从文如何使用兼顾实物、图像和文献的三重证据法进行具体论述。其实，沈从文对于服饰史三重证据法的含糊很可能与他所接受的日本原田淑人的中国服饰史研究的影响相关。原田淑人已经认识到了存在着三种可靠性不同的服饰史的史料："关于服装本身的遗物，想先谈一下作为衣帽材料的织物、组物之类……这些实物，其价值可在正史舆服志以上。而且和这些服装遗物相对照，能使当时服装真实化、具体化的，要算当时的绘画和雕刻了。"❸可惜的是，在他明确认识到实物比图像可靠，图像比文献可靠之后，又

❶ 张鑫,李建平.沈从文物质文化史研究与三重证据法的理论与实践 [J].吉首大学学报(社会科学版),2012,33(6):28-33.
❷ 刘中玉.形象史学：文化史研究的新方向 [J].河北学刊,2014,34(1):19-22.
❸ 原田淑人.中国服装史研究 [M].常任侠,郭淑芬,苏兆祥,译.合肥：黄山书社,1988.

把文献和遗物作为主要的考察对象。其中遗物就是后来沈从文所说的文物，于是就有了沈从文是以文物和文献作为主要史料的所谓二重证据法。

文物需要区分出实物和图像，不仅仅是研究古代服装所需要的，与今天的服装理论相适应，我们也必须如此划分。我们可以借助今天的符号学理论以及媒介理论对于服装史研究的三重证据法进行更为清楚地阐述，可以看到三重证据法的提法更为科学，更有利于服饰史的研究。

法国符号学家罗兰·巴特在《流行体系——符号学与服饰符码》中把服饰作为一种符号体系，按照媒介形式及其功用清楚地区分了三种服饰系统：真实服饰、图像服饰和书写服饰❶。这三种服装的形式结构和功能对比见下表：

真实服饰、图像服饰和书写服饰的形式结构和功能

服饰系统	形式结构	功能
真实服饰 （Real Clothing）	技术结构：生产活动的不同轨迹、物质化及达到的目标	遮身蔽体、装饰
图像服饰 （Image Clothing）	形体结构：样式、线条、表面、效果、色彩、空间关系	形体特性和审美
书写服饰 （Written Clothing）	文字结构：语词，句法关系	传达书写者意图和目的： 意识形态

巴特的这种区分让我们非常清楚看到呈现在不同媒介形式中的服饰系统，它们各有特点，自成体系，表达各自的功用，而不可混淆。研究真实服装，可以认识其材料、工艺、结构，这是在图像服饰和书写服饰中不能够直接获取到的信息。而服饰作为物质文化，这些信息是至关重要的。研究图像服饰，可以认识服饰和人身体结合在一起产生的效果，以及服饰的搭配、色彩等，那些古代的服饰，已经脱离开人的身体，要对人穿上这样的服饰产生的效果有一种直接的感受，必须借助于图像。书写服饰如上所言，或在官方史书中传达意识形态，或在私人著述中表达个体的喜好、感受等。三者虽可互相补充印证，但作为三种符号体系，不可彼此替代，否则产生混乱。巴特这里所说的三种服饰体系与服饰史研究的三重证据：实物、图像和文献恰好一一对应，这并非是巧合，而是对于服饰的存在方式认识的一致。另外，巴特的三种服饰体系的区分让他看到当代典型的书写服饰，就是服装杂志制造流行的巨大作用，也帮助我们看到无论是商业的流行还是政治的观念都可以由书写服饰来传达、来制造。书写服饰是对于服饰观念的制造，它可以影响并产生真实服饰，但与真实服饰之间存在着距离。无论是当代的服装杂志的书写还是古代的服饰制度的叙述之间存在着本质的相似，都是一种意识形态的制造，只不过具体内容不同而已。用这样的观念去研究古代的舆服制度，会有巨大的收获，前面提到的阎步克的《服周之冕》就是这种研究的成果之一。

---

❶ 罗兰·巴特.流行体系:符号学与服饰符码[M].敖军,译.上海:上海人民出版社,2000:2-7.

再看图像服饰，不是说图像不能用来作为服饰史研究的史料，当代历史研究都注意到了图像的作用，出现了所谓的"以图证史"，关键的是如何使用图像。彼得·伯克在《图像证史》中提到对于图像的三种态度，否定派、肯定派与第三条道路：

（1）否定派认为图像不能证明任何东西，或者太琐碎，一般传统的文史研究者常持此论；

（2）肯定派认为图像总是会传递关于外部世界的可靠信息，因此可以通过图像窥见外部世界，图像学是这方面的代表；

（3）第三条道路不再纠缠于图像是否可信，而是关注"可信的程度及其方式"。前面所提缪哲的文章就是这一观点，要区分创造性的图像和程式化的图像，艺术家的图像和工匠的图像。❶

彼得·伯克提出对于图像使用要注意的几个方面：

（1）要注意区分典型的图像和异常的图像，记住历史上的图像既有理想化的，也有讽刺性的；

（2）要把图像放在一些多元的背景中来考察，特别注意图像在当时要发挥的功能；

（3）系列的图像总比单个的图像更具可信性；

（4）要关注图像微小而具有重大意义的细节。❷

沈的《中国古代服饰研究》中，虽然准确而言，研究的是图像服饰，但因他注意到了使用图像的这些问题，所以极具可信性。比如很多图像之间彼此的对比，关注图像中一些具有重大意义的细节等。

古代的真实服饰也即实物留存比较少，所以要使用实物来研究服饰史比较难。对于中国而言，清代及以后的服饰可能相对保存较为完好，清以前的服饰实物确实很少，但问题是留存较少的服饰实物有没有得到关注和研究。很多服饰史的写作甚至图像都使用很少，还在专注于文献，而且对于文献的类别不予区分，更不用说实物了。

在西方学者的服装史研究中，也存在着同样的问题，比较知名的服装史学者，比如20世纪六七十年代詹姆斯·拉韦尔的《服装与时尚简史》❸，安妮·霍兰德的《透视服装》都是以艺术史家的身份研究服装，所以基本上是以图像为主，佐以文献❹。但到20世纪80年代，布歇在《2000年的时尚》中就非常明确地提出实物应为最可信的史料，没有实物则依赖图像，佐以文献，但图像必须小心使用。而米热勒·李在其2015年出版的《古希腊的身体、服装和身份》一书导言中就明确地提出要使用三重证据："视觉的、文献的和考古的"。他所说的考古的指的就是考古发掘出来的实物。在仔细分析了视觉材料和文献材料存在的问题之后，他也分析了古希腊服饰实物材料的局限：首先材料很少，且多是不易朽坏的金属固件和饰品；其次多是单件的，不像视觉或文献中的重复出现可以提供分析的模式；再次它们出现的地方也很分散，功能和名称很难确定。❺玛丽

❶ 彼得·伯克.图像证史[M].杨豫,译.北京:北京大学出版社,2008:264–265.

❷ 彼得·伯克.图像证史[M].杨豫,译.北京:北京大学出版社,2008:269–270.

❸ 詹姆斯·拉韦尔.服装和时尚简史[M].林蔚然,译.杭州:浙江摄影出版社,2016.

❹ Anne Hollander. Seeing through Clothes[M]. New York: Viking Press,1978.

❺ MIreIlle M. Lee. Body, Dress and IdentIty in Ancient Greece[M].Cambridge: Cambridge University Press, 2015:8.

亚·海沃德（Maria Hayward）在其为《劳特里奇欧洲早期现代物质文化手册》所写的《衣服》一文也明确提出以物为对象的服饰研究需要运用三重证据：文献资料（Written Material）、视觉资料（Visual Sources）和保存下来的服饰（Surviving Garments and Accessories），并且强调每一种证据都有其优劣，最有效的分析应该是同时采用三种证据。当然，他同时指出，这是非常理想的，因为很少能够找到一种服饰的三种证据。❶

三、三重证据法视野中的服饰史研究

清楚意识到服饰史料的三种类别及其各自的特点，对于服饰史的研究将产生重大影响。服饰文献不是不能用于服饰史的研究，而是要看怎么用。对于服饰文献的研究应该更多专注于这些文献写作的意图和所产生的效果。可以如阎步克一样研究如何使用器物制度来表达和操纵权力、制造意识形态，如蔡子谔研究历代思想中的服饰学❷，也可以研究文学中的服装如何塑造理想的人物形象，时人心目中对于人体形象的期待和想象。图像中服饰的研究可以关注每个时代如何制造不同阶层、不同类型的人物形象，这些图像对于现实产生什么样的影响。这样服饰史的写作就可以从多方面多角度展开，不是说只有真实的服饰才可以成为服饰史，服饰史包含服饰的观念史、形象史以及物质文化史。服饰史可以表现政治、权力、宗教、审美、艺术、社会心理、两性关系等各个方面非常丰富复杂的内容。

当然，最为基础的作为物质文化史的服饰史研究可以综合使用三重证据法，以真实服饰即实物为主，结合图像和文献，最可靠的研究应该是三重证据同时具备。这一方法在近些年北京服装学院老师、研究生和博士生的论文中都已较为充分地使用，首先是结合北京服装学院的民族服饰博物馆的藏品做出的非常扎实的具体而微的研究，其次是在博士项目的支持之下到地方博物馆研究那些出土的服饰实物，目前也获得了较丰硕的成果。按照这样的方法继续研究，将使中国服饰史的研究在沈从文的基础上得以更大的发展和推进。

❶ David Gaimster, Tara Hamling. The Routledge Handbook of Material Culture in Early Modern Europe[M]. London: Routledge, 2016: 173,174.

❷ 蔡子谔. 中国服饰美学史 [M]. 石家庄：河北美术出版社, 2001.

06 西藏地区古代丝绸袍服传世品探析
——以麦克塔格特艺术典藏品为例

阙碧芬❶

摘　要　　华丽的丝绸一直受到收藏家的喜爱与珍藏，然而由于纺织品材质脆弱、保存不易，所以传世品十分有限，在海外私人收藏家或博物馆却仍可发现不少精美的中国古代丝绸传世品，其色彩依然明艳，图案设计古朴传统，甚至多数还带有明、清宫廷的风格特色，耐人寻味。经过笔者的探究，发现这些华丽的传世丝绸，其中多数来自于中国西藏地区，在笔者目前任职的加拿大阿尔伯塔大学博物馆麦克塔格特艺术典藏中，收藏着一批精美的古代西藏丝绸袍服，从其外观、色彩与图案判断，使用的面料当可推至明、清时期的古代丝绸。本文谨在此介绍这批丝绸的款式、种类、图案等，并探讨其来源及与中原地区丝绸的关联，在当今数量有限的传世品中，提供一点补充实例，希望对明、清丝绸的研究能有所贡献。

关键词　　丝绸、传世品、西藏地区、藏传丝绸、明清丝绸、麦克塔格特艺术典藏

一、前言

加拿大阿尔伯塔大学博物馆（University of Alberta Museums）于2004～2005年接受企业家兼慈善家桑帝（Sandy）及瑟西尔（Cècile）麦克塔格特（Mactaggart）夫妇捐赠一批珍贵的中国艺术收藏，内容包括了中国书画名作、精美的丝绸织品服饰，共约一千余件。其中有二十余件标示西藏地区的精美丝绸袍服，引人注目，它们绝大部分采用明、清两代的华丽丝绸制作而成，包括有精致的缂丝、绚丽的织金锦、妆花及多彩的刺绣，材料以彩艳的蚕丝线与金线为主，还有少数珍贵的孔雀羽毛，质量精美，绝对称得上是宫廷等级。

馆藏的这二十余件中国西藏地区传世丝绸袍服，色彩依然如新，品相状况极佳，

---

❶ 阙碧芬(Pifen Chueh)，加拿大阿尔伯塔大学博物馆(University of Alberta Museums)，麦克塔格特艺术(Mactaggart Art)典藏研究员。

款式包括有传统楚巴❶外袍、对襟袍服、祭典的跳神服以及一件披领袍服。摊开一件件精美袍服，呈现在眼前的绚丽多彩丝绸，细致的做工以及鲜明的明、清宫廷风格特色，深深吸引观者赞赏的目光，不禁引起人们的好奇遐想，数百年来，这些原属于中原，或许出自于宫廷的丝绸，如何传入西藏高原这个遥远的疆域，而成为当地的服装？其中透露出西藏地区与中原地区的历史交流痕迹，耐人探索。

二、从收藏来源与袍服款式谈起

长久以来，美丽的中国丝绸深获海内外人士青睐。20世纪中期，居住于伦敦的麦克塔格特夫妇醉心于中国艺术，在购藏中国书画艺术同时，亦从拍卖会中购得中国丝绸袍服作为观赏与典藏，心血来潮时，偶会穿着收藏的中国袍服出席宴会场合，怡然自得❷。20世纪80年代期间，他们发现不少出自中国西藏地区的传世丝绸袍服，从其面料的色彩、图案设计、工艺与材质，均采用精美的中国丝绸制作而成，异常华丽，引起他们高度的关注，积极从伦敦、纽约、洛杉矶或香港等地，通过拍卖会或文物商采购，陆续获得收藏。这批西藏地区的袍服形式包括有楚巴外袍、对襟袍服、庆典使用的跳神服，以及官员盛装礼服，款式呈现了西藏民族服装特色。

20世纪初，一位西藏士绅兼业余摄影师莱登拉❸在拉萨拍摄的新年照片中（图1），全体官员穿着清代风格的丝绸盛装合照，这是丝绸应用在藏族人民生活中的写照。长期以来丝绸成为西藏地区珍贵的奢侈品，有不少的需求。首先应用于信仰中对于神明的尊敬崇拜，丝绸大量使用在西藏地区寺庙内的隆重装饰，彰显寺庙的宏伟与宗教的庄严。同样，丝绸亦是西藏上层精英人士钟爱的服装材料，中原宫廷中使用的龙纹、云纹、江崖海水纹等，受到重视喜爱，应用在正式场合的服饰。

楚巴外袍，款式为交领大襟右衽，窄袖口、袖长盖过手掌，衣身宽松，上下连贯，无衩，衣长过膝，长度可至脚踝，一般以毛料制成，在前述拉萨新年照片中（图1），多数官员穿着高档的丝绸楚巴，色彩鲜艳华丽，装饰有云蟒江崖海水纹饰，相似于清代吉服袍料的形式，然而服装款式迥异于明代的宽袖口与上衣下裳连身式袍服，亦不同于

图1　西藏新年官员合照，1924年于拉萨

（索南·旺菲·莱登拉摄影 © The P.W. Laden-La Collection）

---

❶ 楚巴(Chuba)，为西藏地区男女主要的长袖外袍，一般为羊毛材料制成，适合西藏高原地区低温气候。

❷ Cècile E. Emblems of Empire[M]. XIX-XXVIII. Edmonton: University of Alberta Museums, 2009.

❸ 索南·旺菲·莱登拉(Sonam Wangfel Laden-La, 1876—1936)，出生于中国西藏与锡金交界区域，为少数首先接触西式教育的西藏人，擅长英语，活跃于西藏与境外地区政商之间，热爱摄影亦从事翻译工作。

清代吉服之圆领与马蹄袖口的直身袍服（图2），馆藏这类形式的楚巴外袍数量多达20件。

佛教是西藏人民生活信仰重心，宗教节庆仪式中，头戴大型面具、身穿华丽丝绸的宽袖袍服舞蹈，带出活动的焦点与高潮。庆典的跳神服款式为交领，三角形宽大袖口，上衣下裳缝接于腰际，两侧都有褶份，方便舞蹈时的跨跃动作。藏品中跳神服（图3）使用的丝绸或以缂丝料拼缝制成，或以织金锦缝制而成，丝绸纹饰鲜明，十分绚丽。

图2　吉服料改制的楚巴外袍

（© Mactaggart Art Collection University of Alberta Museums）

图3　庆典的跳神服

（© Mactaggart Art Collection University of Alberta Museums）

藏品中有两件对襟袍服为节庆时贵族的"赘规"服饰之一，形式类似清代的外褂，圆领窄袖口，对开襟，前后都有云蟒海水纹饰，整件是洒金地缂丝料制成，十分华丽（图4），对比纽约大都会博物馆藏的一件同款藏式袍服❶，均为西藏地区贵族或官员的盛装袍服。

图4　洒金地缂丝云蟒纹对襟袍

（© Mactaggart Art Collection University of Alberta Museums）

---

❶ 清早期彩绒龙袍料 Velvet Textile for a Dragon Robe. Accession Number: 1987.147,纽约大都会博物馆。https://www.metmuseum.org/art/collection/search/44111.

最后还有一款相似于清代朝服形式的披领袍服（图5），比对《皇朝礼器图式》中皇帝冬朝服
（图6）的绘图，二者形式相近，差别在使用窄袖口而非清代形制上的马蹄袖口。再对照前述莱登
拉拍摄拉萨官员的新年合照，坐在正中的二名高层官员的穿着正是同款袍服，属于层级较高的西
藏贵族或官员在新年庆典时的盛装。

图5　金黄地披领袍服

（© Mactaggart Art Collection University of Alberta Museums）

图6　《皇朝礼器图式》皇帝冬朝服

（© Victoria and Albert Museum, London）

三、宫廷等级的丝绸工艺

阿尔伯塔大学博物馆于2009年出版的 *Emblems of Empire* 一书中，收藏家娓娓道出在中国艺术
品收藏的过程，他们抱持对中国艺术之高度热爱与鉴赏力，以世界一级博物馆的典藏等级为标竿，
具有收藏价值的宫廷丝绸自然成为首选。反映于这批袍服藏品之中，所应用的丝绸工艺包括有细
腻的缂丝、繁复费工的织锦、妆花和丝绒织造，以及精细的刺绣等，在成熟发达的宫廷丝绸生产
技术下，结合工匠的巧思及严谨的做工，完成的绚丽丝绸，至今仍拥有极高的艺术价值。

缂丝是十分细腻的丝绸工艺，采用的是短梭回纬的彩色丝线，在纤细的经纱间以平纹组织精
确地挑织图案。常以传统书画为图稿，凭借着织匠的熟练技巧与精细手工，织作高艺术价值的缂
丝画；或是织作富装饰性的织成料和匹料等生活用品。参考北京故宫博物院研究成果，明代缂丝
在宋、元缂丝基础之上有进一步发展，技法上除了继承传统的掼缂、勾缂、搭棱、结、刻鳞、长
短戗、包心戗、木梳戗和参和戗等之外，还创造了装饰味很浓的凤尾戗，即由两种色线交替缂织
长短、粗细不同的线条，线条的戗头一排粗钝一排尖细，粗者短，细者长，粗细相间排列，因形
如凤尾状而得名❶。藏品中这件明代风格的缂丝料纹饰中，凤鸟脚踩太湖石以及牡丹花卉纹的细部
纹理（图7），均出现有凤尾戗的缂法，来表达花卉与山石的渐层色彩变化。仔细再看凤鸟翅膀上

❶ 严勇. 明清缂丝艺术 [J]. 荣宝斋, 2004(3) : 30–49.

图7　凤穿牡丹纹缂丝局部

图8　凤穿牡丹纹缂丝翅膀局部

（© Mactaggart Art Collection, University of Alberta Museums）

缂织的丝线，是以白色和粉色两种色线合股织入，让色彩夹杂产生混色纹理外观（图8）。这批缂丝袍服在材料的使用上，除了大量使用圆金线做成洒金地，产生炫亮的奢华质感，又在其中缂丝的龙纹图案上，发现龙麟部位使用的材料除了蚕丝、金线之外，还有织入孔雀羽捻线，产生耀眼金翠色泽，更加彰显其用材的珍贵。

织金锦与妆花织物均盛行明代与清代，二者均是属于纬二重结构的花纹织物，经常结合并用为织金妆花织物。妆花亦与缂丝同是属于通经回纬的短梭挑织技法，依据图案变换色纬，差别在于妆花是采用纬二重组织，即在一组花纹纬线间穿插织入另一组地纬，结构较紧密结实，因此妆花织物较缂丝厚重。馆藏的一件跳神服面料为石青地云蟒纹织金锦（图9），凝重的石青色缎地上，金线织出威猛蟒龙纹饰，凸显出明代风格。另一件由清代金黄地云龙纹织金妆花缎（图10）吉服织成料改制的藏式外袍，其华丽的织金妆花缎、鲜明的金黄色彩、五爪龙纹吉服袍料的等级，均显示其出自于宫廷赏赐朝贡的丝绸。

图9　石青地云蟒纹织金锦局部

（© Mactaggart Art Collection, University of Alberta Museums）

图10　金黄地云龙纹织金妆花缎局部

（© Mactaggart Art Collection, University of Alberta Museums）

丝绒在明代得到新的发展，它是改装花楼织机提综，织入地纬与起绒杆，最后再以熟练技巧精细切割杆上的绒线，形成绒毛效果。有缎地绒花的"漳缎"及绒地缎花的"漳绒"两种绒织物，到了清代乾隆时期的苏州，丝绒工艺已经发展的十分蓬勃，成为官营织局上贡的丝绸品种之一。图11是馆藏的一件芥绿地卍字盘长纹漳缎外袍的局部，属于清代晚期丝绒品种。

刺绣在中国丝绸中应用普及，发展历史悠久，工艺精湛。这件金黄缎地刺绣十二章五爪云龙纹袍服，龙身以圆金线盘金刺绣而成，未加捻的彩色丝线绣出江崖海水纹，呈现蚕丝的温润光泽。运用色晕配置及套针技巧，产生和谐自然的渐层色彩，凸显出高水平的宫廷刺绣特色，来源亦是赏赐朝贡，而且等级极高，才能得到御用丝绸的赏赐。

图11　芥绿地卍字盘长纹漳缎外袍局部
（© Mactaggart Art Collection, University of Alberta Museums）

这批丝绸文物不仅制作工艺精湛，原料亦是高级贵重，包括有：经加工染出丰富色彩的上选蚕丝，运用织造或刺绣工艺，装饰出华丽典雅的色泽与图案；大量使用金线，增添炫亮奢华的效果；创新使用双色的合股线，产生富有层次的纹理；而孔雀羽和蚕丝的合捻线材，则让织物产生独特绮丽的质感。无论是从丝绸的材质或是工艺制作水平，一再显示这批西藏袍服所用的丝绸面料与明清宫廷丝绸有密切关系。

四、丝绸艺术风格特征

相较于中原地区盛产丝绸，西藏高原之天然气候能够提供适宜的环境条件，有利丝绸文物保存，让有机材质的丝绸至今仍拥有鲜艳色彩与华丽质感。中原丝绸输入西藏地区之后，绝大多数未按其原始的设计功能被使用，例如帐料可能改用于寺庙挂饰，或经裁剪用于制作袍服，吉服袍织成料修改成西藏楚巴外袍，或将补服重新裁切缝制，以应当地的需求。更由于华丽丝绸昂贵又不易取得，备受重视，保存状况佳的丝绸还可再次修改重复使用，因此有的袍服采用不同来源丝绸拼接缝制，构成众多纹饰齐聚一身，这是中原丝绸应用罕见的情况。

这批藏品的艺术风格引人注目，包含其色彩与图案的搭配设计，产生具有明清宫廷丝绸风格的特征，诸如：丝绸底色以黄色和蓝色为主，黄色以等级最高的金黄为多，蓝色则以深蓝的石青为重，西藏地区偏好典型宫廷色彩之袍服，其中多件缂丝更饰以满地的金线，又称洒金地，效果更加炫丽；图案用色以高彩度的正色为主，选择同色系的深、中、浅色配置的色晕效果；即便在繁复费工地织作缂丝、妆花与织锦的装饰图案时，都刻意织入金线或丝线勾边，细腻勾勒出轮廓线条，让图案纹理更加清晰，反映工笔画的装饰风格。

聚焦观察袍服上的丰富图案，举凡龙纹、云蟒纹、团纹、凤凰纹、吉祥图案、吉服织成料以及龙袍上的十二章纹饰等，让人目不暇接，不难发现图案的题材式样与明清宫廷的丝绸纹饰有着紧密关联。谨将其中的图案题材整理介绍如下。

（一）龙纹与龙形纹饰

龙是中国文化中代表性的图腾，它是汇合人们想象所产生的神兽，可以上天、下海，拥有变幻无穷的灵异神性，与西方传说的龙有完全不同的诠释，对于海外收藏家十分有吸引力。在明、清宫廷丝绸纹饰中，龙是最具权威性的纹饰，亦受到藏族民众的肯定及偏爱，我们在藏品中，发现龙形纹饰占最大比例。在藏家独特的鉴赏观点下，特别典藏具有显著龙形纹饰的丝绸袍服，本文在此酌重进行说明介绍。

藏品中所见"龙"的造型，主要区分为两大类，第一类龙纹造型生动活泼，所属时代较早，时间点落在明代中晚期至清代早期；第二类应是属于乾隆时期之后，龙形多出现于吉服袍料中，较为一致性。兹举例说明于下：

第一类的龙形变化多样，体积硕大，具有活力，爪有五爪与四爪之别。经过观察比对，明代丝绸上的龙形生动、威猛，为了避免僭越及冒犯朝廷规定，龙首为侧面，爪为四爪，甚或改为蹄而无爪。藏品中的一件黄缎地柿蒂窠过肩蟒袍服（图12），领、肩与胸背由两条过肩云蟒及江崖海水纹饰构成的柿蒂窠纹，袖口及下摆以龙襕纹饰，比对北京故宫博物院藏的一件明代晚期明黄缎洒线绣柿蒂窠过肩龙袍料[1]，二者柿蒂窠纹饰的配置相同，差异在后者为皇帝使用等级，因此袍料上的过肩龙纹为五爪正面龙形，本藏品为赏赐袍料改制，侧面蟒龙形图案为避免僭越因素的设计结果。

图12　黄缎地柿蒂窠过肩蟒袍服局部
（© Mactaggart Art Collection, University of Alberta Museums）

还有一件缂丝袍服是取自多件旧料修改拼接缝制而成，袍服表面明显可见多种不同图案主题的缂丝料，各有趣味。仔细观察其中的一组龙形图纹（图13），竟没有龙爪而改为马蹄，这又是另一种避免僭越的工匠巧思，以麒麟的概念创造出形象，此一图纹在传世丝绸中甚为罕见，弥足珍贵。

---

❶ 宗凤英. 明清织绣 [M]. 上海：上海科学出版社，2005.

第二类龙纹大体上的构图设计较为一致，对照乾隆二十四年（1759年）御制《皇朝礼器图式》❶袍服中龙袍与蟒袍的样式，可发现在皇帝及其家族使用的龙袍，"前后正龙各一，左右及交襟处行龙各一，袖端正龙各一，下幅八宝立水"，其中用色规定除皇帝本人之家庭（包含后妃与子女）之外不得用金黄色，唯赏赐除外；对于龙（蟒）纹之规范，扩大五爪龙纹使用范围，自贝勒及以下等级才规定使用四爪，赏赐除外。图14的这件金黄地云龙纹织金妆花缎楚巴正是采自于清代吉服袍料所改制，观察其用色与五爪金龙纹图案，说明其源自于清代朝廷的赏赐。

图13　洒金地缂丝袍服之龙身马蹄"麒麟纹"
（© Mactaggart Art Collection, University of Alberta Museums）

（二）凤穿牡丹纹

凤凰是中国文化中的祥禽，是百鸟之王，凤是雄鸟、凰是雌鸟，明代凤凰图案沿续前代造型发展，侧面鸟首中有一只超大比例的细长凤眼，头后甩着三五撮飘逸毛羽，曲线修长的颈项，夸大的双翅装饰以鳞片状排列的彩色羽翼，椭圆身形，末端拖拽三或五条彩色飘带状尾羽，细长双爪立于太湖石或牡丹花丛之间，充满吉祥富贵之气（参见图7）。这样的构图经常用在明代丝绸纹饰之中，其中以缂丝工艺制作最为精美细致，独具一格，成为广受欢迎的装饰题材。藏品中有几件袍服使用缂丝旧料拼接制成，图15这件引人注目的缂丝料亦是典型的

图14　金黄地云龙纹织金妆花缎楚巴
（© Mactaggart Art Collection, University of Alberta Museums）

---

❶ 允禄，等：《皇朝礼器图式》，《钦定四库全书荟要》史部，乾隆二十四年。

图15　洒金地凤穿牡丹纹缂丝料局部
（© Mactaggart Art Collection, University of Alberta Museums）

凤穿牡丹纹饰之一，底部是满地金线织成洒金地的华丽质感，其上以缂丝凤凰为主角，搭配五彩云纹、牡丹与太湖石等花园构图，无论用色、式样与题材都具十足的明代风格，高贵典雅，极富装饰性。

（三）补服纹样：禽纹、兽纹

补服是中华服饰文化一大特色，明、清两代冠服制度中，有文官补服使用禽纹，武官补服使用兽纹的共通规定，然在对于使用纹饰的造型与构图各有不同。西藏民族文化中并没有补服制度，因此在面对中原的"补子"这类匹料时，未依其原始用途使用。在藏品中，部分采用缂丝料裁片拼接的袍服上，就发现几个典型补子缂丝料的片段，都是以单只动物纹方形结构设计，题材有云鹤、麒麟与獬豸纹样，想必是从补服料上裁切下来拼缝而成，图16的这件缂丝料图案，从云纹、动物纹及下方海水纹的图案设计，与清代补子之构图一致。

图16　獬豸纹补局部
（© Mactaggart Art Collection, University of Alberta Museums）

（四）团纹

团纹亦是中国丝绸图案中常见的典型图纹，以动物、植物及吉祥纹样等题材构图而成，极富装饰性，其中团龙纹具体被使用在冠服制度中，尤其是帝王贵族的袍服上。《皇朝礼器图式》

皇（太）后的龙挂之图绘"皇后龙褂色用石青，绣文五爪金龙八团，两肩前后正龙各一，襟行龙四……"[1]馆藏石青地八团龙纹织金妆花缎楚巴（图17）是采用自一件织造精美的八团龙纹织金妆花缎袍料所制作，胸背与两肩各一正面五爪团龙纹，前后下身则为五爪侧面团龙纹（图18），其与《皇朝礼器图式》描述之服装形制，同出一辙。

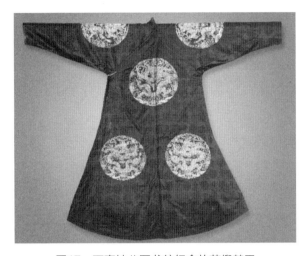

图17　石青地八团龙纹织金妆花缎楚巴

（© Mactaggart Art Collection, University of Alberta Museums）

图18　五爪侧面团龙纹

（五）吉祥纹饰

这批珍贵中国丝绸制作的袍服中缂丝织品十分精彩，色彩鲜艳，图案纹饰极为丰富活泼，充满明代风格的吉祥纹饰，如有龙头马蹄的麒麟、狮纹、牡丹花卉等，其中特别出现了拐子龙的图案设计，一个是团纹的构图，另一个是方形的构图，如窗棂上的装饰纹样，十分精彩罕见。图19洒金地缂丝料的一对麒麟行于江崖海水纹之上，头上有多彩云纹装饰，为典型明清吉祥装饰纹样。

从这批西藏地区的中国丝绸珍品呈现出的丰富图案，让我们发现更多明、清时期的丝绸纹饰，赞叹古代工匠的精工与巧思，其中的创意超出过去我们对中国丝绸的认知，更能补充我们对于宫廷丝绸装饰艺术的宽广境界。

图19　洒金地缂丝料局部：麒麟江崖海水纹

（© Mactaggart Art Collection, University of Alberta Museums）

---

❶ 允禄,等:《皇朝礼器图式》,《钦定四库全书荟要》史部,乾隆二十四年。

五、中原丝绸如何传到西藏地区

关于明、清时期西藏地区和中原的交流与丝绸的输入，在古籍文献中不乏记载，近代学者如吴明娣教授长期投入两地文化经济交流历史的主题研究。西藏地区输入中原丝绸历史渊源已久，自唐代起，在中原和雪域高原之间就存在一条沟通汉藏文化交流的丝绸之路，继至宋元时期，丝绸源源不断传入西藏地区；明代，中央政府与西藏地方之间的关系虽有别于元代，但官方及民间均保持密切往来，在明代输入西藏地区的物品中，丝绸数量仅次于茶叶，更占工艺产品中的最大宗。❶丝绸输入西藏地区的方式主要以官方赏赐朝贡的人员以及贸易渠道，朝廷对于赏赐十分丰厚，据吴明娣教授的研究，"明代通过赏赐输入藏区的丝绸数量、规格不仅不低于元代，甚至超过元代，此外通过大规模的汉藏贸易输入西藏的丝绸，更是难以估量。"

到了清代，西藏与中原地区的关系更加密切，清初历经顺治与康熙皇帝对于西藏的安抚，逐步建立起正常关系。例如康熙初期孝庄太皇太后制作《泥金写本藏文龙藏经》，曾大量馈赠丝绸缎匹赐予到京城写经的喇嘛高僧。❷乾隆十六年（1851年）更颁布《酌定西藏善后章程十三条》，大清帝国同时以军事武力及和平方式扩大对于西藏的管理，乾隆皇帝曾拜六世班禅为师，亦曾馈赠大量黄金、丝绸等礼物，其中不乏宫廷专用的丝织品。

明、清两代的赏赐丝绸或是贸易丝绸来源，主要是来自于"岁造""应用俸缎"或"贸易绸缎"，赏赐丝绸取自"岁造"丝绸的额度内，朝廷每年编列经费在地方织染局专设织造，如南京、苏州、杭州等地于明清两代都负责岁造任务，每年按额定数量织造，上交朝廷后由其按各方入贡之赏赐需要使用。丝绸一直都是各方邻邦喜爱的项目，每年需求数量庞大，明、清时期采用朝贡贸易，由官方通过织局生产或是向民间采办，再经由贸易渠道输入西藏或境外地区，然此无法满足其需求时，私下在产地向民间业者订制的状况亦时有所闻；晚清以后，逐渐形成通过专门商号在丝绸产地向民间织造业者订制。明、清时期，江南地区是丝绸生产重心，从蚕桑原料生产、工艺制作至丝绸成品，在此区域内一条龙式完成。南京、苏州、杭州等处是官营织造局的生产基地，长期供应朝廷丝绸需要，生产丝绸之质量精美、工艺细腻，具华丽的宫廷风格与高艺术价值，至今依然受到世人的肯定，被纳入艺术典藏系列。

六、结语

绚丽的丝绸反映中国悠久辉煌的物质文明，然丝绸为有机材质，质地脆弱，不若瓷器或玉器能够永久保存而不损其本质。在漫长的历史交流中，华丽的丝绸不远千里，跋山涉水地输入西藏地区，受到重视且珍藏，更在得天独厚的气候环境下，能够保存其细致材质与鲜艳色彩至今，呈

❶ 吴明娣. 明代丝绸对藏区的输入及其影响 [J]. 中国藏学，2007(1)：58–63.
❷ 李保文. 从《总管内务府档案》述说太皇太后吐蕃特文泥金写本《甘珠尔》经的修造 [J]. 故宫学术季刊，2011,28(4)：133–185.

现古代丝绸的多彩绚丽。本文通过对这批文物的材质、色彩、纹饰与织物结构实例分析，补充了对于明、清丝绸的研究与认识。在当今西方主流文明盛行的社会中，丝绸艺术价值依然受到世人的肯定与赞赏，得到海外收藏家的珍藏。加拿大阿尔伯塔大学博物馆麦克塔格特艺术典藏中心的这批西藏地区传世丝绸经过研究之后，在出版或展览的过程中，透过精美的丝绸文物，向国际介绍绚丽璀璨的中华丝绸文化与历史。

07 服饰学视角下的德兴里古墓壁画研究[1]

郑春颖[2]　冯雅兰[3]

摘　要　　德兴里壁画墓是研究古代东北亚壁画墓的分期与编年，特别是研究公元4世纪中叶至5世纪前期高句丽壁画墓演进历程的重要参考资料。本文在对德兴里古墓壁画所绘人物服饰系统梳理的基础上，分别从人像的空间分布与服饰类型、服饰的搭配组合与文化因素解析、服饰学视角下的古代东北亚历史文化研究三部分展开论述，尝试透过服饰解析这一新视角，探究高句丽社会文化的形成与发展以及古代东北亚社会的政治变迁与文化传播。

关键词　　服饰学、德兴里古墓、壁画

　　1976年12月，在朝鲜民主主义人民共和国大安市（今南浦市江西区域）德兴里发现一座纪年为高句丽广开土王永乐十八年（408年）的封土石室墓，此墓墓室四壁及天井布满壁画，墨书汉字多达600余字，学界习称为"德兴里壁画墓"或"幽州刺史墓"。这座壁画墓独具特色的墓葬结构，丰富的壁画图案与墨书文字为研究这一时期古代东亚壁画墓的分期与编年、古代东亚社会的政治变迁与文化传播，特别是公元4世纪中叶至5世纪前期高句丽壁画墓的演进历程以及高句丽社会文化的形成与发展，提供了重要参考资料，引起中外学界广泛关注。

　　中国学者刘永智、康捷、安志敏、孙进己、朴真奭、孙泓[4]，日本学者上原和、

---

❶ 本文为国家社会科学基金项目"汉唐时期东北古代民族服饰研究(14BZS059)"中期成果。原刊于《北方文物》
　 2009年第2期。
❷ 郑春颖，长春师范大学东北亚历史文化研究所，所长，教授。
❸ 冯雅兰，长春师范大学历史文化学院，硕士研究生。
❹ a. 刘永智. 幽州刺史墓考略[J]. 历史研究,1983(2):87-97.
　 b. 康捷. 朝鲜德兴里壁画墓及其有关问题[J]. 博物馆研究,1986(1):70-78.
　 c. 安志敏. 朝鲜德兴里壁画墓的墓主人考略[J]. 历史与考古信息·东北亚,2002(2):1-3.
　 d. 孙进己,孙泓. 公元3~7世纪集安与平壤地区壁画墓的族属与分期[J]. 北方文物,2004(2):36-43.
　 e. 朴真奭. 关于德兴里墓志铭主人公镇的生平[C].// 延边大学朝鲜韩国历史研究所. 朝鲜·韩国历史研究(第十
　　 辑). 延边:延边大学出版社,2009:1-22.
　 f. 孙泓. 幽州刺史墓墓主身份再考证[J]. 社会科学战线,2015(1):117-126.

田中俊明、佐伯有清、武田幸男、东潮、门田诚一❶，韩国学者金元龙、孔锡龟、朴京子、全虎兑❷，朝鲜学者金勇男、朴容绪、朴晋煜、孙永钟❸等人都有专文研究，其他诸如美术考古、图像学、神话学相关研究论文更是不胜枚举。从其发现至今40余年间，学界争论焦点集中在两个方面：一方面是墓主"镇"的身份、官职、经历及其与高句丽的关系；另一方面是壁画图案的性质与内涵及其在高句丽历史文化研究中的地位、作用与影响。墨书文字与相关史料的识读与剖析是学者们最常用的研究方法与研究路径，同时也是得出结论的核心论据。目前图像学研究多集中在墓主像、莲花、树木等个别图案。国内学者虽有人以壁画人物服饰作为佐证依据，但仅限寥寥数语；国外学者曾对德兴里壁画服饰进行整理，但其研究局限于就服饰论服饰，并且服饰辨识中的一些观点有待商榷。

服饰具有民族性、地域性、等级性、礼仪性等社会属性，特别是古代服饰在满足保暖与审美两大基本需求之外，服饰造型、颜色、纹样的差别与政治观念、民族立场、宗教信仰、文化影响等因素有着密切的关系，在墓葬这个密闭的空间内，以墓主像为核心的壁画人物服饰群像是分析墓主精神世界、探究墓葬性质的重要媒介。有鉴于此，本文在对德兴里壁画墓所绘人物服饰系统梳理的基础上，尝试透过服饰解析这一新视角，为旧观点提供新佐证，以"新资料"推演新见解，企盼借此能推动德兴里古墓壁画研究工作的不断深化。

一、人像的空间分布与服饰类型

（一）人像的空间分布

德兴里壁画墓坐北朝南，封土呈方台型，墓室为半地下式。墓葬由墓道、甬道、前室、通道和后室组成。墓室的四壁和天井，均用初步加工的石块和石条砌筑，表白用白灰粉刷。甬道位于墓室南北中心线略偏东侧，入口处有大块挡门石。前室入口处留有安装过墓室门的痕迹，平面呈横长方形，墓室墙面与墓顶连接部向内缓缓倾斜，天井为四阿内收上砌两层平行叠涩结构，用

❶ a.[日]上原和.德兴里古墓的墓志铭和壁画[J].艺术新潮,1979(2):53-55.
b.[日]田中俊明.关于德兴里壁画古坟的墨书铭[J].朝鲜史研究会会报,1980(59).
c.[日]佐伯有清.德兴里高句丽壁画古坟的墓志[C]//佐伯有清.日本古代中世史论考,东京:吉川弘文馆,1987.
d.[日]武田幸男.德兴里壁画古墓被葬者的出自和经历[J].李云铎,译.何恭倨,校.历史与考古信息·东北亚,2002(2):9.
e.[日]东潮,田中俊明.高句丽历史与遗迹[M].东京:中央公论社,1995.
f.[日]门田诚一.从铭文的研究看高句丽初期的佛教——以德兴里古坟墨书的佛教语汇为中心[J].姚义田,译.历史与考古信息·东北亚,2003(2):57-66.
[日]门田诚一,姚义田.德兴里墓志铭文中所看到的士大夫精神[J].辽宁省博物馆馆刊,2014(00):83-89.
❷ a.[韩]金元龙.高句丽壁画古坟的新资料[J].历史学报,1979(81).
b.[韩]孔锡龟.德兴里壁画古坟的主人公及其性格[C].高句丽南进经营史之研究,白山资料院,1995:349-381.
c.[韩]朴京子.德兴里古墓壁画的服饰史研究[J].服饰,1981(5):41-63.
d.[韩]全虎兑.高句丽壁画墓[M].2016:76-111.
❸ a.[朝]金勇男.关于新发现的德兴里高句丽壁画墓[J].历史科学,1979(3).
b.[朝]朴容绪.德兴里壁画古墓考——德兴里壁画古墓说明什么[J].李云铎,译.明鹤,校.统一评论,1980(5).
c.[朝]朴晋煜.关于高句丽的幽州[J].历史科学,1980,(96).
d.[朝]孙永钟.关于德兴里壁画古坟的主人公国籍问题[J].历史科学,1987(122).

正方形石材封住墓顶。通往后室的通道与甬道处于同一条直线上。后室平面近方形，墙面采用与前室相同的内曲形式，天井为四阿内收上砌五层平行叠涩结构，墓顶也是用正方形盖石封盖（图1）[1]。

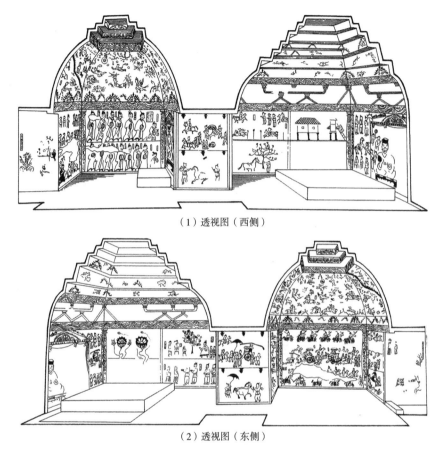

（1）透视图（西侧）

（2）透视图（东侧）

图1　德兴里壁画墓透视图

甬道东壁由南至北，绘有莲花、持矛门卫图和向墓门行走的人物图；甬道西壁由南至北，绘有手持交叉双矛的门卫、伏在地上的怪兽和携幼儿行走的人物图。甬道内壁画保存状况不好，画面漫漶不清，服饰细节难以辨识。

由甬道进入前室，前室北壁西侧绘有墓主正面坐像，坐像东西南北四隅绘有打扇、演奏乐器、持物男女侍从九人；北壁东侧漫漶严重，残存马（牛）车、骑马及步行侍从形象［图2（1）］。前室西壁绘有十三郡太守朝贺图，画面中间用粗横线分为上下两段，上段六人，下段七人。上下两段第一位太守之前各绘有一名跪地报告太守来朝的通事吏［图2（2）］。前室南壁西侧属吏图绘有官吏及侍从，榜题写有官职名称，画面中部残缺，从构图来看可分为上下两部分，上部以稍大两人为中心，两人后侧各绘有五名官吏（侍从），两人中间绘有一名持物侍从，下部以榻上两人为中心，左侧人后面可辨识三人，右侧人身后壁画残缺不全；南壁东侧从上到下绘有马上吹角及持鼙

---

[1] [朝] 朝鲜考古与民俗研究所. 德兴里高句丽壁画墓 [M]. 平壤:科学百科辞典出版社,1991.

乐手，手持铁弩骑马前行的"蓟县令"，大鼓乐手三人，步行及骑马侍从等［图2（3）］。前室东壁所绘出行队伍以侍从簇拥的三辆车为中轴：第一辆马车中一人端坐一人驾车，其前方绘有三名骑马侍从和六名步行侍从，其后方绘骑马两人，步行两人；第二辆牛车，车前有两人牵牛，车后隐约可辨识两人跟随；第三辆车下部残缺严重，隐约可见车后部有两位侍女，车上方有一名骑马侍从。在整个中心行列上部为六名甲骑具装武士，下部残存两列队伍，靠近中心行列为四名骑手，其下方另一列队伍为五名甲骑具装武士［图2（4）］。纵观整个前室四壁，北壁西侧墓主像下方放置有长方形祭坛，可知此处是祭奠之所，是整个前室的核心区域。以其为主轴，位于前室西壁的十三郡太守图和南壁西侧的属吏图展现了墓主位列庙堂之上的荣耀，而南壁东侧、东壁和北壁东侧三组画面共同构成的整幅出行图则展现了墓主域内巡行的无上威仪。

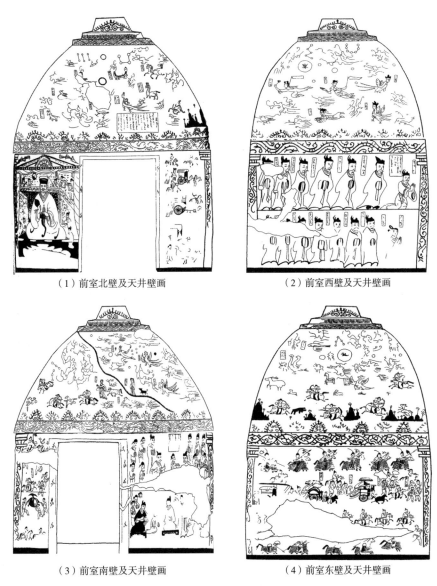

（1）前室北壁及天井壁画　　　　　　　　　　　　　（2）前室西壁及天井壁画

（3）前室南壁及天井壁画　　　　　　　　　　　　　（4）前室东壁及天井壁画

图2　前室壁画分布图

前室四隅均影作立柱，柱头绘斗拱，上托横梁，并以横梁作为墓壁与天井的分界线。梁柱上绘有卷云纹。前室天井满绘彩画，有日月星辰、神话人物、奇禽异兽及狩猎图等。其中，北部天井上段绘有地轴、天马、辟毒、博位，下段绘有贺鸟、零阳。零阳下方，即前室北壁中间，通道的上方，为写在四方形黄色地上的墨书铭记（墓志铭），共14行，150余字。西部天井上段为明月，内绘蟾蜍；中段绘持幢仙人、持幡仙女和人面长尾鸟"千秋"；下段绘持盘仙女和人面鸟"万岁"。南部天井斜上段绘有飞天仙人和"吉利""富贵"两只瑞鸟；中段绘有银河，河东绘牵牛男子，河西绘一位女子，据榜题可知此二人为牛郎和织女，其下绘人面怪兽；斜下段绘有三位骑手弯弓射虎。东部天井上段绘有红日、飞鱼、双头青阳鸟、马状瑞兽和凤状瑞鸟，下段绘有五位骑马猎手弯弓狩猎图。

连接前、后室的通道西壁分上下两段绘有墓主出行图，上段两位骑马侍从作为先导，其后为三位同样装扮肩扛环首刀的步吏，再后壁画漫漶不清，隐约可见坐在平盖车上的墓主，其后亦绘有肩扛环首刀的步吏形象；下段为牵马图，马匹前后各有一位马夫［图3（1）］。通道东壁分上下两段绘有墓主夫人出行图，上段牛车前绘有两位车夫，车后为两位侍女，她们身后是打伞盖的髡发侍从和两位马上侍从；下段为牵马图，构图与东壁下段相似［图3（2）］。

（1）中间通道西壁壁画　　　　　　　　　（2）中间通道东壁壁画

图3　中间通道壁画分布图

后室北壁墓主人端坐帷帐下偏西侧床榻之上，偏东侧空白，应为夫人图像，墓主身后绘四人，两两一组；帷帐西侧上段和下段各有三名侍从抄手侍立，中段为牵马图；帷帐东侧上段和下段各有四名侍女持物侍立，中段牛车前绘两名牵牛人，车后持物侍女［图4（1）］。后室西壁以双实线分为南北两部分，每部分又由单实线上下分割出两组画面。西壁北侧上段绘有两栋杆栏式建

筑，右侧建筑物似仓库，外架梯子，一人正攀梯上楼；下段漫漶内容不详。西壁南侧上段绘有马
射戏图，中间画三人，第一人手持纸笔，此三人前方和后方各有一名同样装扮的骑手，三人下方
亦有两名相隔一段距离的骑手，做弯弓射箭状；下段中间绘有一棵大树，树下为一匹马和手持弓
箭的侍从［图4（2）］。后室南壁西侧分上下两段，两段左侧均为大朵莲花，右侧上段绘马厩，内
有三匹马，其后绘两位饲养人；右侧下段绘牛舍，内有两头牛，两辆车。后室南壁东侧上部为一
朵巨大的莲花，下部情况不明［图4（3）］。后室东壁构图与西壁相同。东壁北侧上段为两朵盛
开的莲花；下段空白，推测可能是与夫人有关的图画内容。南侧上段中央绘有一棵大树，报告写
为树枝上悬挂佛事七宝，图录无法辨识七宝图像。大树右侧有一男子端坐榻上，榜题有"中里都
督"等字样，其身后站立两名侍从，大树左下侧有一矮小的髡发人像，其后绘负责太庙作食的一
男一女两人；下段绘6人，右侧两人挂刀而立，中间两人手捧盛果器皿，左侧隐约可见两位女子
［图4（4）］。后室墓室的四隅影作立柱和横梁，天井上绘有檩子和云纹，不见前室天井那般浓墨
重彩的绚烂。在后室西北侧有可以放置两副棺材的大型石筑棺床，棺床上涂有白灰。后室壁画侧
重描绘墓主人的家居生活、娱乐活动、宗教信仰等题材，与前室所绘官署、礼宾、出行等充满政
治意味的场面不同。

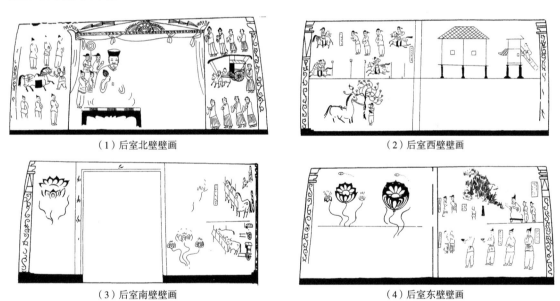

（1）后室北壁壁画　　　　　　　　　　　　　（2）后室西壁壁画

（3）后室南壁壁画　　　　　　　　　　　　　（4）后室东壁壁画

图4　后室壁画分布图

（二）服饰辨识

　　结合中国古代服饰史料，参照中日朝韩四国出版的发掘报告、图录及相关文章，德兴里古墓
壁画能够辨识的人物共144人（表1）。通过描绘清晰的人物像，可见顶髻、髡发、撷子髻、双髻、
鬟髻、不聊生髻六种发式，进贤冠、笼冠、平巾帻、圆顶翘脚帽、双圆顶帽、兜鍪六种头衣，袍、
襦、裤、裙、铠甲五种身衣，以及便鞋、短靴和圆头鞋三种足衣。

表 1　德兴里古墓壁画服饰统计表

各栏目分组：人数（男、女）｜发式（顶髻、髲发、撷子髻、双髻、鬟髻、不聊生髻）｜头衣（进贤冠、笼冠、平巾帻、圆顶翘脚帽、双圆顶帽、兜鍪）｜身衣（襦、裤、袍、裙、铠甲）

位置	人物	男	女	顶髻	髲发	撷子髻	双髻	鬟髻	不聊生髻	进贤冠	笼冠	平巾帻	圆顶翘脚帽	双圆顶帽	兜鍪	襦	裤	袍	裙	铠甲
前室北壁西侧	墓主	1									1							1		
前室北壁西侧	侍从	7	2				1	1		2		3	2			2	2			
前室西壁及天井	太守	13								12		1						13		
前室西壁及天井	通事吏	1								1								1		
前室西壁及天井	仙女		2				2		1							2			2	
前室南壁 西侧	官吏	8								6		2						8		
前室南壁 西侧	侍从	10											10			10	10			
前室南壁 东侧	蓟县令	1								1								1		
前室南壁 东侧	乐手	5											5			5	5			
前室南壁 东侧	步行侍从	2			1								1			2	2			
前室南壁 天井	牛郎	1												1				1		
前室南壁 天井	织女		1			1												1		
前室南壁 天井	骑马猎手	3											3			3	3			
前室东壁及天井	官吏	4								4								4		
前室东壁及天井	铠甲骑手	11													11					11
前室东壁及天井	骑马侍从	4										4				4	4			
前室东壁及天井	步行侍从	2			2											2	2			
前室东壁及天井	骑马猎手	5											5			5	5			
中间通道 东壁	骑马侍从	2											2			2	2			
中间通道 东壁	步行侍从	2	2	1	2							1				4	2		2	
中间通道 东壁	牵马人	1										1				1	1			
中间通道 东壁	牵牛人	2			2											2	2			
中间通道 西壁	骑马侍从	2											2			2	2			
中间通道 西壁	步行侍从	4										4				4	4			
中间通道 西壁	牵马人	1										1				1	1			
后室 北壁	墓主	1									1							1		
后室 北壁	站立侍从	10	9	2	7							8?	3			19	10		9	
后室 北壁	牵牛人	2			2											2	2			
后室 北壁	牵马人	1											1			1	1			
后室 西壁	注记人	3											3			3	3			
后室 西壁	骑马人	4											4			4	4			
后室 西壁	牵马人	1											1			1	1			
后室 南壁	饲养人	2			2											2	2			
后室 东壁	墓主?	1								1								1		
后室 东壁	站立侍从	8	3		1	1		1				4	3			11	8		3	
合计		125	19																	
合计		144		3	18	2	3	2	1	27	2	31	43	1	11	94	78	32	16	11

注：" ? "为有争议项。

1. 发式

顶髻。将头发集中于头顶，扎束成一个圆球状的发髻。有的学者称其为"小髻子"❶，本文根据发髻所在位置称其为顶髻，亦可根据形状称其为球髻。德兴里古墓壁画发现三例，此种发式均为女性。如后室北壁东侧侍女［图5（1）］。

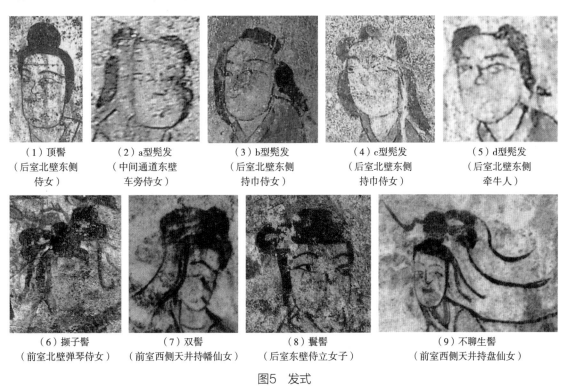

（1）顶髻
（后室北壁东侧
侍女）

（2）a型髡发
（中间通道东壁
车旁侍女）

（3）b型髡发
（后室北壁东侧
持巾侍女）

（4）c型髡发
（后室北壁东侧
持巾侍女）

（5）d型髡发
（后室北壁东侧
牵牛人）

（6）撷子髻
（前室北壁弹琴侍女）

（7）双髻
（前室西侧天井持幡仙女）

（8）鬟髻
（后室东壁侍立女子）

（9）不聊生髻
（前室西侧天井持盘仙女）

图5　发式

髡发。不将头发完全剃光，而是对头顶发、额上发、鬓发、颅后发进行不同程度的修剪加工而形成的独特发型，不同地域、民族、性别，髡发式样往往有别。德兴里古墓壁画发现18例髡发，按照髡发部位、修剪形状不同，可分四型：

a型，8例，头顶发剃除，左右顶结节处留两丛，修剪成圆形，额前发剃光，鬓发修成马尾状两束，下垂肩上。如中间通道东壁车旁侍女［图5（2）］。b型，5例，头顶留一丛，周围头发都剃除，额前发剃光，鬓发修成马尾状两束，下垂肩上。如后室北壁东侧持巾侍女［图5（3）］。c型，4例，头顶发中部、左、右顶结节处留发三丛，修剪成圆形，额前发剃除，鬓发修成马尾状两束，下垂肩上。如后室北壁东侧持巾侍女［图5（4）］。d型，1例，中部头顶发及额前发剃除，顶结节处头发与鬓发分左右两侧，汇成马尾状两束，颅后发情况不详。如后室北壁东侧牵牛人［图5（5）］。a、b、c三型髡发，男女兼用，d型似乎是男子专用发型。

撷子髻。又作缬子髻、颉子紒。《晋书·五行志》记："惠帝元康中……妇人结发者既成，以缯急束其环，名曰'撷子髻'。始自中宫，天下化之。"学界一般据此认为此发式出现在晋惠帝元

❶ [韩] 朴京子. 德兴里古墓壁画的服饰史研究 [J]. 服饰，1981（5）：41–63.

康、永康年间，由皇后贾南风所创，初行宫内，后传到民间。梳理方法是集发于顶，盘挽成环状，然后用缯带紧紧系束在髻根。[1] 德兴里古墓壁画发现2例，均为四环撷子髻，即头顶盘一大髻，大髻两侧各有两个发环，发环描绘粗糙，似头粗尾细的棍状发髻，其两端各有发丝下垂，大髻的根部和环上都没有细致刻画缯带形象，但从整体造型来看需要缯带的固定和装饰。如前室北壁弹琴侍女［图5（6）］。

双髻。由两个实心发结组成的发式。梳理方法为集发头顶，分成两股，扎束成或相邻，或分立左右的两个发髻。德兴里古墓壁画发现3例，如前室西侧天井持幡仙女，头顶正中挽束两个彼此相邻的球状发髻［图5（7）］。

鬟髻。又作髻鬟，是将头发梳理成圆环状的一种发式。唐岑参《醉戏窦子美人》云："朱唇一点桃花殷，宿妆娇羞偏髻鬟。"元稹《李娃行》有："髻鬟峨峨高一尺，门前立地看春风"之语。因历代妇女发式演变中环状造型变体丛生，鬟髻也用来泛指女性各种发式。[2] 德兴里古墓壁画发现2例，后室东壁侍立女子头顶右侧梳有单环鬟髻［图5（8）］，后室北壁东侧牵牛人亦梳有偏向左侧的单环鬟髻，但是从牵牛人的身份及其服饰搭配风格来分析，这个单环鬟髻有可能是髡发的变体。

不聊生髻。汉代出现，魏晋南北朝时期沿用。因发髻漫散凌乱而得名。《后汉书·五行志》记："桓帝元嘉中，京都妇女作愁眉、啼妆、堕马髻、折腰步、龋齿笑。"刘昭注引《梁冀别传》云："冀妇女又有不聊生髻。"[3] 德兴里古墓壁画发现1例，为前室西侧天井持盘仙女，此款发髻头顶圆髻左侧旁出两个不规则小髻，发丝凌乱，散布于不同方位，本文暂定名为不聊生髻［图5（9）］。

2. 头衣

进贤冠。前身为缁布冠，是古代文吏、公侯、宗室成员常备礼冠。由遮发托冠的介帻和斜俎状展筩两部分组成。展筩前高后低，标准尺寸为前七，后三，长八寸。[4] 展筩内部以铁骨支持，一铁骨为一梁，梁数多寡是尊卑等级的标志。两汉时期以三梁为贵，晋代增至五梁，隋唐沿用，宋代展筩和介帻合二为一，明代大体承袭宋制，改称"梁冠"。汉代进贤冠的展筩为三边构成的斜俎状，展筩的最高点高于介帻后部突起的双耳；晋代冠耳不断升高，几乎可与展筩最高点取齐，许多展筩变成只有两个边的"人"字形；唐代，冠耳升得更高，且由尖耳变圆耳，展筩由人字形变为卷棚形，开元、天宝之后，展筩逐渐萎缩，最终和介帻合为一体［图6（1）～（3）］。[5]

[1] a. 房玄龄. 晋书 [M]. 北京：中华书局，2000：535-536.
　　b. 高春明. 中国服饰名物考 [M]. 上海：上海文化出版社，2001：33.
[2] 周汛，高春明. 中国衣冠服饰大辞典 [M]. 上海：上海辞书出版社，1996：347.
[3] 范晔. 后汉书 [M]. 北京：中华书局，2000：2225.
[4] 范晔. 后汉书 [M]. 北京：中华书局，2000：2505.
[5] a. 孙机. 中国古舆服论丛 [M]. 北京：文物出版社，2001：163-164.
　　b. 孙机. 汉代物质文化资料图说 [M]. 上海：上海古籍出版社，2008：266.

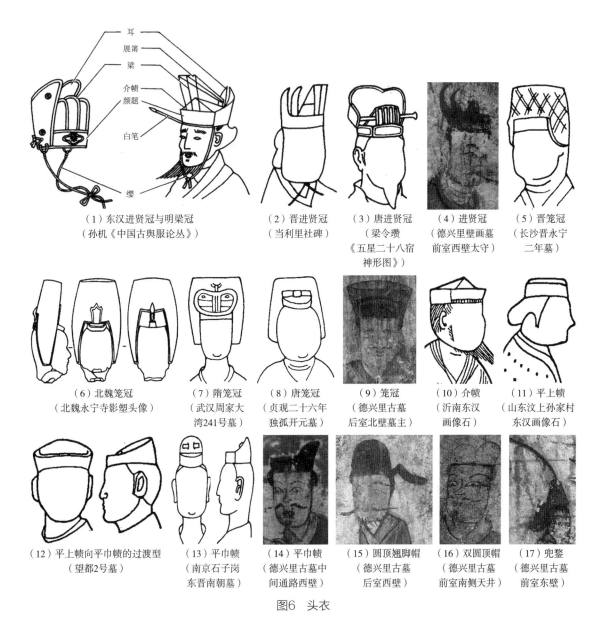

图6 头衣

(1) 东汉进贤冠与明梁冠
（孙机《中国古舆服论丛》）

(2) 晋进贤冠
（当利里社碑）

(3) 唐进贤冠
（梁令瓒
《五星二十八宿
神形图》）

(4) 进贤冠
（德兴里壁画墓
前室西壁太守）

(5) 晋笼冠
（长沙晋永宁
二年墓）

(6) 北魏笼冠
（北魏永宁寺影塑头像）

(7) 隋笼冠
（武汉周家大
湾241号墓）

(8) 唐笼冠
（贞观二十六年
独孤开元墓）

(9) 笼冠
（德兴里古墓
后室北壁墓主）

(10) 介帻
（沂南东汉
画像石）

(11) 平上帻
（山东汶上孙家村
东汉画像石）

(12) 平上帻向平巾帻的过渡型
（望都2号墓）

(13) 平巾帻
（南京石子岗
东晋南朝墓）

(14) 平巾帻
（德兴里古墓中
间通路西壁）

(15) 圆顶翘脚帽
（德兴里古墓
后室西壁）

(16) 双圆顶帽
（德兴里古墓
前室南侧天井）

(17) 兜鍪
（德兴里古墓
前室东壁）

德兴里古墓壁画发现进贤冠27例，整体形制相近，均为通体黑色，冠耳竖直，高耸前翘，冠体低矮，高度仅及冠耳一半，是否分梁描绘不清，但宽度相似，如前室西壁太守［图6（4）］。这种冠帽与中原地区习见式样不同，冠耳过于庞大，冠体又太矮小。有的学者认为壁画所绘低矮的突起是帽屋，进而推定其为汉服中的介帻或平巾帻，还有的学者根据形态，将其命名为"层帻""黑色两角帻"。❶笔者不排除此种冠帽是介帻的可能性，但是认为它不是单独戴在头上的介

❶ a. 范鹏. 高句丽民族服饰的考古学观察 [D]. 长春：吉林大学，2008.
b. [韩] 金镇善. 中国正史朝鲜传的韩国古代服饰研究 [D]. 龙仁：檀国大学，2006：25.
c. [韩] 孔锡龟. 关于安岳 3 号墓主人公的冠帽研究 [J]. 高句丽研究，1998(5)：170.
d. 尹国有. 高句丽壁画研究 [M]. 长春：吉林大学出版社，2003：14.
e. [韩] 全虎兑. 高句丽壁画墓 [M].2016：90.

帻，而是作为进贤冠衬垫物的介帻。根据德兴里壁画墓前室西壁榜题可知戴冠者为太守和内史。《宋书·舆服志》载："郡国太守、相、内史，银章，青绶，朝服，进贤两梁冠。"❶汉晋壁画中常见展筩一般都以细线勾勒，容易漫漶不清。德兴里壁画墓所绘展筩图像可能因保存条件不好而消亡，这是一种可能。另一种可能是德兴里壁画墓封土之时，正是进贤冠冠耳急剧升高，展筩变成"人"字形的阶段，德兴里古墓壁画所绘夸张的双耳，"人"字形的展筩符合那个时代进贤冠的典型特征。另外孙机考证的进贤冠演变序列中由晋到唐朝明显存有缺环。因此，笔者认为德兴里壁画墓所绘低矮的人字形展筩可能代表着东晋后期进贤冠演进的新变化，即伴随冠耳的升高，展筩开始变矮。

笼冠。又称武冠，武弁、大冠，旧说源自用穗布制成的古惠文冠。"笼冠"之名，出现略晚，主要流行于两晋隋唐时期。笼冠与武冠等三者虽一脉相承，但形制有别，最大的不同在于笼冠将武冠"网巾状的弁"变为"笼状硬壳"。笼冠使用时戴在平上帻或小冠之上，一般不单独使用。笼冠硬壳顶面水平，呈长椭圆形，左右两侧有冠耳下垂。两晋至南北朝时期，冠体由近方形拉伸至长方形，垂耳由位于耳朵中上部加长为完全遮蔽双耳，隋唐时期，冠体回归方形，两侧线条弧曲转直，垂耳长短皆有［图6（5）~（8）］。❷

德兴里古墓壁画发现笼冠2例，均戴在黑色平上帻之上，整体近方形，冠耳位于双耳上部，如后室北壁墓主［图6（9）］。此冠符合两晋时期笼冠的基本特征，画工笔触细腻，精准地描绘出笼冠面料——黑色漆纱——细薄若蝉翼的质感。有的学者认为此冠是新旧两唐书《高丽传》所载"白罗冠""青罗冠"❸，但从壁画图像来看，颜色、材质均不相符。

平巾帻。帻，原为包发的头巾，庶人直接用它覆发，尊者将它置于冠下，作为衬垫物。汉文帝时期，帻经过"高颜题，续之为耳，崇其巾为屋，合后施收。"❹的改进，由"韬发之巾"变为贵贱皆用的便帽。帻分介帻和平上帻两类，前者顶部呈屋脊状，多为文吏所用；后者平顶，武官常服。东汉中期以降，有些平上帻颜题渐短，后部增高。至两晋时期，前低后高的造型更加明显，逐渐演变为日后长期沿用的平巾帻。晋末至南北朝时期，后部升高的同时，冠底圈变小，顶部向后升起的斜面上出现两纵裂缝，有扁簪横穿其间，此时又称小冠。伴随着这个过程，帻的地位逐渐提高，被视为礼服，乃至正式官服［图6（10）~（13）］。❺

德兴里古墓壁画发现平巾帻31例，形制相近，通体黑色，颜题矮小，帽屋低平，后部增高至

❶ 沈约. 宋书 [M]. 北京:中华书局,2000:344.
❷ a. 孙机. 中国古舆服论丛 [M]. 北京:文物出版社,2001:167–170+172–173.
　 b. 孙机. 汉代物质文化资料图说 [M]. 上海:上海古籍出版社,2008:268.
　 c. 孙晨阳,张珂. 中国古代服饰辞典 [M]. 北京:中华书局,2015:416.
❸ a. [韩] 朴京子. 德兴里古墓壁画的服饰史研究 [J]. 服饰,1981(5):41.
　 b. [韩] 金镇善. 中国正史朝鲜传的韩国古代服饰研究 [D]. 龙仁:檀国大学,2006:25.
　 c. [韩] 全虎兑. 高句丽壁画墓 [M].2016:83.
❹ 范晔. 后汉书 [M]. 北京:中华书局,2000:2505.
❺ a. 孙机. 中国古舆服论丛 [M]. 北京:文物出版社,2001:170–172.
　 b. 孙机. 汉代物质文化资料图说 [M]. 上海:上海古籍出版社,2008:266–268.

颜题二倍有余，并明显后倾，因所有图案都是侧视图，无法辨识后部情况。如中间通路西壁马上侍从［图6（14）］。从形制来看，这种款式的帻正好处于由平上帻向平巾帻的过渡期，有的学者认为它是平上帻，笔者认为通过与同时期作为笼冠衬垫物的平上帻对比，可见此帻与平上帻略有不同，后部冠耳明显偏高。[❶]另据《晋书·太宗简文帝纪》记："于是大司马桓温率百官进太极前殿，具乘舆法驾，奉迎帝于会稽邸，于朝堂变服，著平巾帻单衣，东向拜受玺绶。"[❷]可知东晋时期已有平巾帻之名，因此，笔者认为此帻称平巾帻更为适宜。

圆顶翘脚帽。德兴里古墓壁画发现43例。该帽形制独特，整体为黑色，帽圈大小适中，可遮盖整个头顶，帽顶突起，呈圆弧状，帽后部支出一只翘脚，翘脚有扇叶状、三角形、条带状等多种式样，本文称其为圆顶翘脚帽，如后室西壁注记人［图6（15）］。韩国学者朴京子、全虎兑认为它是黑色的头巾[❸]，笔者认为从高耸的帽屋和形状多变的翘脚两方面考虑，"帽"的可能性大于"巾"。圆顶翘脚帽与我国古代男装中流行的幞头存在诸多相似之处，它似可填补幅巾到幞头演变序列中的空白[❹]。

双圆顶帽。双圆顶帽是顶部有两个圆丘状凸起的筒型白帽。德兴里壁画墓仅发现1例，为前室南侧天井所绘牛郎［图6（16）］。

兜鍪。秦汉以前称胄，汉之后称兜鍪，即护头的盔帽。德兴里古墓壁画发现11例兜鍪，形制相似，均为头盔顶部凸起，上插缨穗、雉尾等物，护耳夸张，似扇面犄角，直翘头盔两侧。如前室东壁马具装武士［图6（17）］。

3. 身衣

袍。袍是一种长度通常在膝盖以下的长外衣。最初多被用作内衣，穿时在外另加罩衣。多作两层，中纳棉絮。到了汉代，袍服由内衣变为外衣，不论是否夹有棉絮，统称为袍。上至王公贵族，下至平民百姓均可穿着，历代因形制、材质、颜色、花纹不同，衍生出功用复杂的多种款型[❺]。

德兴里古墓壁画绘有32例袍（表2），形制基本相似，袍身宽窄适度，长及脚面，均为直领加襈，襈色有黑、白、浅绿三种，黑色多为窄条的细襈，此种细襈也可能不是襈饰而是绘画中为了突出领子形状而使用的黑色粗线条。两衽交叠情况多漫漶不清，可辨识左衽8例，右衽2例，14例为两衽部交叠呈"U"字形或"V"字形的合衽。袖筒长度可遮蔽手部，袖身肥大，袖口略收敛，饰有细黑襈或白襈，白襈可能是内衣的衣袖外翻，黑襈如上领襈所言不排除是黑色粗线的可能。下摆处唯有前室南壁天井牛郎加白襈，其他不见摆襈。16例袍可见腰部系有白色的腰带，从形状分

❶ a. 孙机. 中国古舆服论丛 [M]. 北京:文物出版社,2001:171.
　 b. [韩] 孔锡龟. 关于安岳3号墓主人公的冠帽研究 [J]. 高句丽研究,1998(5):170.
❷ 房玄龄. 晋书 [M]. 北京:中华书局,2000:142.
❸ [韩] 朴京子. 德兴里古墓壁画的服饰史研究 [J]. 服饰,1981(5):56.
❹ 郑春颖. 高句丽壁画墓所绘冠帽研究 [J]. 社会科学战线,2014(2):109–122.
❺ a. 周汛,高春明. 中国衣冠服饰大辞典 [M]. 上海:上海辞书出版社,1996:193.
　 b. 孙晨阳,张珂. 中国古代服饰辞典 [M]. 北京:中华书局,2015:101.

析应为较宽的布帛带。袍色多为朱红色，黑色仅有1例。前、后室两处墓主像袍色脱落严重，韩国学者朴京子认为是白色，但仔细观察报告与图录，可见残存色块近赭石色，类似朱红色氧化后的状态。前室北壁墓主腰间环抱黑色三足隐几，经常被误以为腰间系有黑色腰带［图7（1）、（2）］。

表2　袍统计表

位置及人物		人数		颜色	直领	袖		衽			襈				带	
		男	女			宽	长	左	右	合	领	袖	摆	色	有	色
前室北壁	墓主	1		朱红?	1	1	1			1	1	1		浅绿黑	1	白
前室西壁	太守	13		朱红	8	13	13	7		1	13	13		黑白	11	白
	通事吏	1		朱红	1	1	1			1	1	1		黑	1	白
前室南壁	西侧 官吏	8		朱红黑	6	5	5	1	1	3	6			黑白		
	东侧 蓟县令	1		朱红	1	1	1			1				白	1	白
	天井 牛郎	1		朱红	1	1	1		1		1	1	1	白	1	白
	天井 织女		1	朱红	1	1	1			1	1	1		白	1	白
前室东壁	官吏	4		朱红	4	4	4			4	4			白		
后室	北壁 墓主	1		朱红?	1	1	1			1	1			浅绿		
	东壁 官吏?	1		朱红	1	1	1			1				白		
合计		31	1													
		32			25	29	29	8	2	14	28	17	1		16	

注："？"为有争议项。

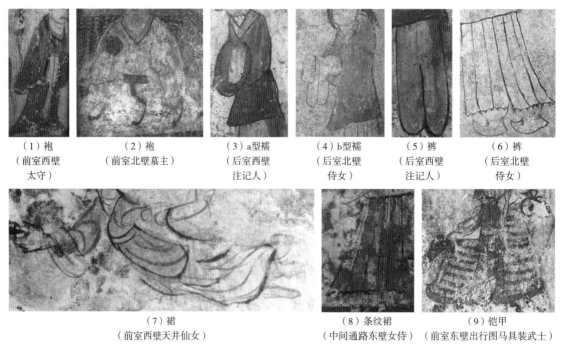

（1）袍
（前室西壁
太守）

（2）袍
（前室北壁墓主）

（3）a型襦
（后室西壁
注记人）

（4）b型襦
（后室北壁
侍女）

（5）裤
（后室西壁
注记人）

（6）裤
（后室北壁
侍女）

（7）裙
（前室西壁天井仙女）

（8）条纹裙
（中间通路东壁女侍）

（9）铠甲
（前室东壁出行图马具装武士）

图7　身衣

襦。一般指长不过膝的短衣。有单、夹之分，单者可内穿，夹者名"夹襦"，夹棉絮者称"复襦"。汉代襦逐渐演变为在外穿用的服装。多为直领，领口加襈。右衽、左衽均有。衣长多变，短者或是齐腰，或是遮蔽臀部，长者可至足部。袖子依据宽窄长短，有窄袖、广袖、短袖、中袖、长袖之别❶。

德兴里古墓壁画绘有94例襦（表3）。绘制较为清晰的襦均为直领，领部加白色襈。衽部不加襈，左右两大襟交叠处，多数刻画不甚精细，可见合衽51例、左衽3例、右衽14例。袖身为筒状，长至或超过腕部的长袖发现17例，五分至七分的中袖发现44例，没有短至肘部以上的短袖。壁画中观察到的中袖亦可能是袖口上挽的长袖，因此表3中统计的28例袖襈中，不排除部分所谓袖襈是外翻露出白色内衣袖的可能，目的是方便活动。乐手、仙女多用袖口肥大的宽袖，其他人则多为窄袖。根据长度、颜色、腰饰和摆襈的差异，可以将其分为a、b两型：

a型，衣长至臀部，腰部多系白色腰带，下摆加白、淡黄、淡绿等色襈饰，衣色多样，有褐、深褐、浅褐、红、浅红、朱红、黄、白色等多种颜色。此型发现78例，均为男子所穿短襦［图7（3）］。

b型，衣身比a型略长，腰部除2例仙女外都不束带，下摆亦不加襈饰。衣色较a型单一，唯有浅褐、浅红、黄色等几种颜色。此型发现13例，均为女子所穿短襦［图7（4）］。

表3　襦统计表

位置及人物		人数		颜色	直领	袖			衽			襈				带	
		a型	b型			宽	长	中	左	右	合	领	袖	摆	色	有	色
前室北壁	乐手	2		褐	2	2		2					2	2	黄绿		
前室西壁天井	仙女		2	浅褐	2	1	1	1		1	1	1	1	1	白	1	白
前室南壁（西侧）	侍从	10		浅褐浅红	8	3		3			4	2	5	4	淡黄白		
前室南壁（东侧）	乐手	5		褐	4	1	2	2			4	4	4	2	白		
前室南壁（东侧）	步行侍从	2		白红	2	2		2			2	1		1	白	2	白
前室南壁（天井）	骑马猎手	3		褐									2	2	白	1	白
前室东壁及天井	骑马侍从	4		褐白黄	3			3			3	3	3	3	白	4	白
前室东壁及天井	步行侍从	2		褐	2	2		2			2	2	2	2	白	2	白
前室东壁及天井	骑马猎手	5		褐黄	4			5	1	1	3	1	3	2	白	2	白

❶ a. 孙晨阳，张珂. 中国古代服饰辞典 [M]. 北京：中华书局，2015：117.
b. 郑春颖. 高句丽服饰研究 [M]. 北京：中国社会科学出版社，2015：93–106.

续表

位置及人物			人数		颜色	直领	袖			衽			襈				带	
			a型	b型			宽	长	中	左	右	合	领	袖	摆	色	有	色
中间通道	东壁	骑马侍从	2		浅褐	1			1			1	1		1	白	1	
		步行侍从	2	2	浅红黄	4	2	2	2	2		2	4		4	白	2	白
		牵马人	1		浅褐	1		1	1			1	1		1	白	1	白
		牵牛人	2		红褐	2			2			2	2		2	白	2	
	西壁	骑马侍从	2		浅褐深褐	2			2			2	2	2	2	白淡绿	2	
		步行侍从	4		褐色	4			2		1	2	2	2	2	白	2	白
		牵马人	1		朱红	1					1		1	1	1		1	白
后室	北壁	站立侍从	10	9	浅红朱红褐黄	13	1	2	9		9	7	12		3	白		
		牵牛人	2		黄？	2						2	2					
		牵马人	1		浅红	1			1		1		1			白		白
	西壁	注记人	3		深褐黄	3		3				3	3			白		
		骑马人	4		深褐黄	4			4			4	4			白		
		牵马人	1		浅褐													
	南壁	饲养人	2		褐													
	东壁	站立侍从	8	3	浅褐	6		2	2			6	6				白	1
合计			78	16														
			94			71	14	17	44	3	14	51	55	28	35		25	

　　裤。裤又作"袴""绔"，大体经历套裤、开裆裤、满裆裤三个发展阶段，也就是由两个长度在膝部与脚踝之间的独立裤管，发展到将裤管加长使之与裤腰相连而不缝合，再到裤管与裤腰及裆部完全缝合的过程。学界一般认为北方游牧民族为骑射便利很早就使用了满裆裤，大约从汉代起满裆裤为百姓所用❶。

　　德兴里古墓壁画发现78例裤，裤身肥瘦适中，长至脚踝，裤脚束口，由于襦或裙子挡住裤腰，腰部裁剪情况不详，裤色均为单色，包括黑、白、黄、朱红、褐色等几种颜色。通路东壁夫人出行图中侍女所穿搭配百褶裙的长裤，仅见裤脚下部，与其他各处壁画所绘裤子相比较裤管略宽〔图7（5）、（6）〕。

---

❶ 孙晨阳,张珂.中国古代服饰辞典[M].北京:中华书局,2015:80-82.

裙。裙亦作裳、羣。通常用五、六、八幅布帛拼制而成，上连于腰。形制长短不一，短者下不及膝，长至拖曳至地。或素面无纹，或用绣、染、镶、贴等工艺装饰华美。既有简单的围腰筒裙，也有方便行走的掐褶裙[1]。

德兴里古墓壁画发现13例裙，其中2例为筒裙，裙长至脚腕，露足，为白和黄两种单色。如前室西壁天井仙女［图7（7）］。另外11例均为掐褶裙，褶皱3～10条，裙长至小腿，下露裤脚及鞋履，既有黄红相间的条纹褶裙，也有纯白色的素褶裙［图7（8）］。

铠甲。魏晋时期"筒袖铠"是军队的主要装备，南北朝时期"裲裆铠"和"具装铠"普遍流行。德兴里壁画墓发现11例甲骑具装形象。上身刻画不细致，可见颈部有上倾的盆领，上衣长至臀部，腰部束带，腰部以下部位绘有甲片，腰部以上部位则没有绘出甲片纹理，仅是涂成一片深褐色，袖子挽束至肘部，露出前臂，袖口宽大，由是推之上衣可能是前后两片式的"裲裆铠"或是普通的戎装配甲裙。下身所绘"甲裤"的甲片明显比上身甲裙形制短小，长度至脚踝，完全遮蔽腿部［图7（9）］。

4. 足衣

足衣，是穿在脚上的装束，有内外之分，内者为袜，外者为鞋。鞋，又有履、屦、靸、靯、舄等，各种称谓使用时间、形制、颜色、质料各不相同。鞋常用面料有丝帛、麻布、熟皮等。

德兴里古墓壁画发现27例足衣，根据鞋帮高矮不同，可将其分为低帮的便鞋和中帮的短靴两类，这两类鞋前部一般翘起，俗称翘尖鞋。如后室北壁东侧持巾侍女穿着黑色便鞋，脚踝处露白色袜子［图8（1）］，后室西壁注记人穿着白色短靴［图8（2）］。此外，还有一种与袍相配的鞋头圆中近方的黑鞋，因鞋身大部分被袍子的下部遮蔽，具体情况不详，见前室西壁太守［图8（3）］。

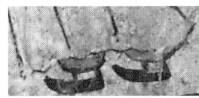 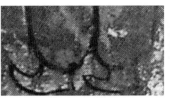 

（1）便鞋（后室北壁东侧持巾侍女）　　（2）短靴（后室西壁注记人）　　（3）圆头黑鞋（前室西壁太守）

图8　足衣

二、服饰的搭配组合与文化因素解析

（一）服饰组合类型

根据上述发式、头衣、身衣和足衣的不同搭配，可将德兴里古墓壁画所绘服饰组合分成14种类型。

──────────
[1] 周汛,高春明. 中国衣冠服饰大辞典 [M]. 上海:上海辞书出版社,1996:278.

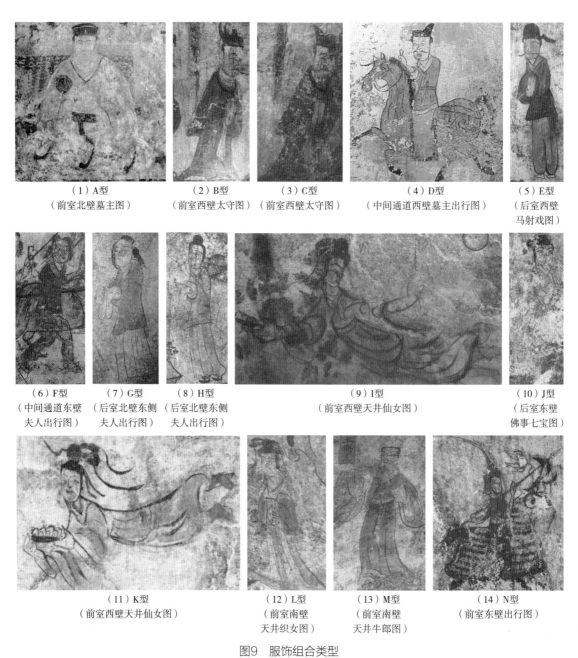

（1）A型
（前室北壁墓主图）

（2）B型
（前室西壁太守图）

（3）C型
（前室西壁太守图）

（4）D型
（中间通道西壁墓主出行图）

（5）E型
（后室西壁
马射戏图）

（6）F型
（中间通道东壁
夫人出行图）

（7）G型
（后室北壁东侧
夫人出行图）

（8）H型
（后室北壁东侧
夫人出行图）

（9）I型
（前室西壁天井仙女图）

（10）J型
（后室东壁
佛事七宝图）

（11）K型
（前室西壁天井仙女图）

（12）L型
（前室南壁
天井织女图）

（13）M型
（前室南壁
天井牛郎图）

（14）N型
（前室东壁出行图）

图9　服饰组合类型

A型：笼冠+袍。2例，是绘制在前室北壁和后室北壁的墓主画像［图9（1）］。

B型：进贤冠+袍+圆头鞋。27例，见于前室北壁墓主坐像图、西壁十三郡太守图、南壁属吏图、东壁出行图和后室东壁佛事七宝图［图9（2）］。

C型：平巾帻+袍。3例，见于前室西壁十三郡太守图和南壁属吏图［图9（3）］。

D型：平巾帻+a型襦+裤+短靴。25例，见于前室东壁出行图、中间通道西壁的墓主出行图、后室北壁墓主坐像图以及东壁佛事七宝图［图9（4）］。

E型：圆顶翘脚帽+a型襦+裤+短靴。42例，见于前室南壁属吏图、出行图、天井狩猎图，东壁天井狩猎图，中间通道东壁出行图，后室北壁墓主坐像图、西壁马射戏图和东壁佛事七宝图 [图9（5）]。

F型：a、b、c、d型髡发+a型襦+裤+短靴。10例，见于前室南壁东侧和东壁的出行图，中间通道东壁夫人出行图，后室南壁马场牛舍图、北壁东侧夫人出行图和东壁佛事七宝图 [图9（6）]。

G型：a、b、c型髡发+b型襦+裙+短靴。8例，见于中间通道东壁夫人出行图，后室北壁东侧夫人出行图 [图9（7）]。

H型：顶髻+b型襦+裙+便鞋/短靴。3例，见于中间通道东壁夫人出行图，后室北壁东侧夫人出行图 [图9（8）]。

I型：双髻+b型襦+裙。2例，见于前室西壁天井仙女图、前室北壁墓主坐像图 [图9（9）]。

J型：鬟髻+b型襦+裙。1例，见于后室东壁佛事七宝图 [图9（10）]。

K型：不聊生髻+b型襦+裙。1例，见于前室西壁天井仙女图 [图9（11）]。

L型：撷子髻+袍。1例，见于前室南壁天井织女图 [图9（12）]。

M型：双圆顶帽+袍。1例，仅见于前室南壁天井所绘牛郎 [图9（13）]。

N型：兜鍪+铠甲。11例，仅见于前室东壁出行图 [图9（14）]。

（二）服饰文化因素解析

1. 服饰的族属差异

德兴里古墓壁画所绘A、B、C、D四型是我国魏晋南北朝时期儒生、官吏、公侯、宗室成员等男性常用服饰搭配，根据穿着场合不同，有官服、礼服、闲居常服之别。其中，A型搭配，据《晋书·职官志》："三品将军秩中二千石者，著武冠，平上黑帻，五时朝服，佩水苍玉。"❶可知是秩中二千石的三品将军的正式官服。B型搭配，《宋书·舆服志》载为"郡国太守、相、内史"所用❷。C型搭配，《晋书·简文帝本纪》曾记大司马桓温率百官迎简文帝于会稽官邸，简文帝"于朝堂变服，著平巾帻单衣，东向拜受玺绶。"❸D型搭配，短襦搭配裤子又称"袴褶"。"袴褶"本为北方游牧民族的传统服装。秦汉时期，汉人贵族在襦裤之外套上袍裳，骑者、厮徒等从事体力劳作的人为方便行动，直接将襦裤露在外面。两晋时期有所变化，《晋书·舆服志》记"袴褶之制，未详所起，近世凡车驾亲戎，中外戒严服之。服无定色，冠黑帽，缀紫摽，摽以缯为之，长四寸，广一寸，腰有络带以代鞶。"❹南北朝时期，"袴褶"使用更加广泛。

德兴里古墓壁画所绘上述四种搭配在魏晋南北朝时期中国各地壁画墓均有相似发现。如辽宁朝阳袁台子壁画墓前室右龛墓主人，头戴笼冠，身穿袍服 [图10（1）]❺。新疆吐鲁番阿斯塔纳13

❶ 房玄龄. 晋书 [M]. 北京：中华书局，2000：471.

❷ 沈约. 宋书 [M]. 北京：中华书局，2000：344.

❸ 房玄龄. 晋书 [M]. 北京：中华书局，2000：142.

❹ 房玄龄. 晋书 [M]. 北京：中华书局，2000：499.

❺ 李庆发. 朝阳袁台子东晋壁画墓 [J]. 文物，1984（6）：29–45+101–103.

号古墓出土纸画所绘男子，头戴进贤冠，身穿袍服［图10（2）］❶。甘肃酒泉丁家闸5号墓前室西壁
左侧弹琴男子及墓主人身旁站立男子均头戴平巾帻，身穿袍服［图10（3）］；中部站立男侍头戴
平巾帻，身穿短襦裤❷。云南昭通后海子东晋霍承嗣墓北壁正中墓主人头戴笼冠，身穿袍服；东壁
持幡仪卫，头戴平巾帻，身穿短襦裤［图10（4）］❸。大体奉中原王朝为正朔，接受册封的官吏，
无论其族属是汉人与否，都穿着此类服饰。因此，A、B、C、D四型服饰搭配均属汉服系列，或是
都具有汉服因素❹。

（1）辽宁朝阳袁台子
壁画墓前室墓主人

（2）新疆吐鲁番阿斯
塔纳13号古墓纸画
所绘男子

（3）甘肃酒泉丁家闸
5号墓前室西壁
弹琴男子

（4）云南昭通后海
子东晋霍承嗣墓
东壁持幡仪卫

（5）吉林集安
舞俑墓主室右
壁赶牛车男子

（6）辽宁朝阳
袁台子壁画墓
奉食图持物
男子

（7）甘肃嘉峪魏晋
3号墓前室
南壁女子

（8）新疆吐鲁
番阿斯塔纳
13号古墓纸画
所绘女子

（9）甘肃酒泉丁家闸
5号墓前室西壁
跪坐乐伎

（10）新疆吐鲁番阿斯塔纳
西凉纸画坐榻男子

（11）甘肃莫高窟
257窟南壁
所绘男子

（12）吉林集安通
沟12号墓北室
左壁举刀武士

图10　服饰的族属差异

E型搭配，在国内除集安舞俑墓发现1例外［图10（5）］，在辽宁朝阳袁台子壁画墓奉食图、
庭院图、屠宰图、牛耕图、狩猎图、膳食图中也绘有此类装扮的男子［图10（6）］❺。学界一般认

❶ a. 新疆维吾尔自治区博物馆. 新疆出土文物 [M]. 北京：文物出版社，1975.
　 b. 高春明. 中国服饰名物考 [M]. 上海：上海文化出版社，2001.
❷ 甘肃省文物考古研究所. 酒泉十六国墓壁画 [M]. 北京：文物出版社，1989.
❸ 云南省昭通后海子东晋壁画墓清理简报 [J]. 文物，1963（12）：1–6+49–52+2.
❹ "汉系服饰"，简称"汉服"。有狭义、广义两解。狭义指汉代服饰，广义泛指汉族服饰，以别于少数民族服装式样。史载三皇五帝时期，
汉服即初具雏形。经周代规范形式，汉朝整肃衣冠制度，汉服渐趋完善并普及。基本形制是上下分开的上衣下裳制和上下连属的
深衣制度。魏晋南北朝时期，北方民族南下，其所穿着"上衣下裤式"袴褶一度成为中原地区乃至南方地区的主导服饰，受其影响
上衣下裳渐变为女性服饰主流，男子改为穿裤装，外罩交领长袍。隋唐时期，源于西域的圆领袍成为汉服主体，男子在作为内衣的
襦裤之外套上圆领袍，该式装扮一直流行到明代。汉服是一个动态的概念，随着来源、风格不同的各样服饰因素的不断加入，不同
时期内涵亦不相同。本文所言汉服，取其广义。
❺ a. [日] 池内宏，梅原末治. 通沟：上 [M]. 哈尔滨：日满文化协会，1938.
　 [日] 池内宏，梅原末治. 通沟：下 [M]. 哈尔滨：日满文化协会，1940.
　 b. 李庆发. 朝阳袁台子东晋壁画墓 [J]. 文物，1984（6）：29–45+101–103.

为袁台子壁画墓与辽东地区壁画墓关系密切，该墓的墓主人可能是被掠到辽西的辽东大姓。袁台子壁画墓的壁画内容、画法虽然与辽阳地区的壁画墓相似，但人物服饰却存在明显差别。如E型服饰搭配在以辽阳为代表的辽东地区的壁画人物中较为罕见。此种差异性说明该型服饰与辽东汉族所穿服饰不同。辽西地区东汉为乌桓之地，曹魏时期被东部鲜卑所占，先由鲜卑宇文部控制，后又被慕容鲜卑并入，因此，该型服饰是鲜卑服系的可能性较大。

F、G型搭配，髡发是北方游牧民族的传统发式，乌桓、鲜卑、契丹等族素有髡发习俗。《三国志·鲜卑传》引《魏书》云："嫁女娶妇，髡头饮宴。"《后汉书·乌桓鲜卑列传》云："乌桓者，本东胡也，……以髡发为轻便，妇人至嫁时乃养发，分为髻。"❶髡发搭配短襦裙和髡发搭配短襦裤，亦应是北方游牧民族的装扮。H型搭配，顶髻搭配短襦裙，汉服女装罕见此组合，在德兴里壁画墓中此型装扮的女子仅在与墓夫人有关的情境中出现，此型搭配的女子与髡发搭配短襦裙的女子、髡发搭配短襦裤的男子似乎同为墓主夫人的贴身侍从，因此，F、G、H型三者可归为一类，可能同属于胡服中的鲜卑服系。

I、J、K、L型搭配是中国魏晋南北朝时期常见的女性服饰搭配。双髻、鬟髻、不聊生髻、撷子髻均属高髻。高髻是借助假发，梳挽在头上，整体呈高耸状的女性发式的统称。最初流行于宫廷内部，大约在东汉时期从宫掖流行至民间，魏晋南北朝时期，日益普及，名目繁多，除上述四种发式外，还包括灵蛇髻、缬子髻、盘桓髻、惊鹄髻、云髻等。《晋书·五行志》记："太元中，公主妇女必缓鬓倾髻，以为盛饰。用髻既多，不可恒戴，乃先于木及笼上装之，名曰假髻，或名假头。至于贫家，不能自办，自号无头，就人借头。遂布天下，亦服妖也。"❷记录了东晋孝武帝司马曜时期，妇女依靠"假髻"，营造鬓发松弛、发髻微斜的审美效果，被儒士视为"服妖"。除前引《晋书·五行志》提及撷子髻外，干宝《晋纪》亦载，"永康九年初，贾后造首绲，以缯缚其髻，天下化之，名颉子绲也。"❸这四种发式搭配襦裙或袍的装扮，在中国各地同时期的壁画墓中均有相似发现。如甘肃嘉峪魏晋3号墓前室南壁劳作女子梳球状的双髻，穿襦裙［图10（7）］❹。新疆吐鲁番阿斯塔纳13号古墓出土纸画绘有一女子，梳单环髻，穿襦裙［图10（8）］❺。甘肃酒泉丁家闸5号墓前室西壁中部跪坐乐伎梳不聊生髻，穿襦裙［图10（9）］❻。I、J、K、L四型服饰搭配应均属汉服系列，或者是具有汉服因素。

M型搭配，在新疆吐鲁番阿斯塔纳西凉纸画中有相似图像，坐在榻上面饰胡须的男子头戴双圆顶帽，身着长袍［图10（10）］❼。建于北魏时期的莫高窟257窟南壁所绘男子，亦头戴双圆顶帽，

❶ a. 陈寿. 三国志 [M]. 北京：中华书局，2000：621.
　b. 范晔. 后汉书 [M]. 北京：中华书局，2000：2015.
❷ 房玄龄. 晋书 [M]. 北京：中华书局，2000：537.
❸ 汤球. 晋纪辑本 [M]. 上海：商务印书馆，1937：20.
❹ 甘肃省文物队，甘肃省博物馆，嘉峪关市文物管理所. 嘉峪关壁画墓发掘报告 [M]. 北京：文物出版社，1985.
❺ a. 新疆维吾尔自治区博物馆. 新疆出土文物 [M]. 北京：文物出版社，1975.
　b. 高春明. 中国服饰名物考 [M]. 上海：上海文化出版社，2001.
❻ 甘肃省文物考古研究所. 酒泉十六国墓壁画 [M]. 北京：文物出版社，1989.
❼ 孙机. 华夏衣冠——中国古代服饰文化 [M]. 上海：上海古籍出版社，2016：72.

穿直领宽袖袍服，腰束带［图10（11）］。有的学者认为此种装扮是北魏时期统治者大力倡导汉服的产物，壁画所绘双圆顶帽，是魏晋时年轻男子所戴的合欢帽，合欢帽丝织而成，束皙《近游赋》和陆翙《邺中记》均有记载❶。因此，M型搭配应属于汉服系列，或是具有汉服因素。

N型搭配，与三燕时期的甲骑具装比较略有不同，夸张的犄角型护耳和没有绘制甲片的宽袖上装较为别致，犄角型护耳在吉林集安麻线沟1号墓、通沟12号墓、三室墓以及朝鲜的东岩里壁画墓、双楹塚等壁画墓中均有绘制［图10（12）］。马具装与十六国北朝时期北方各地发现的壁画图像及具装俑大同小异。有学者认为前燕甲骑具装受到中原文化的影响，北朝的甲骑具装主要继承了前燕的形制，流传路径是先传到高句丽，进而传播至朝鲜半岛南部及日本列岛❷。以此观之，N型搭配具有胡汉因素杂糅的服饰特征。

"左右衽"一直是中外古代服饰研究中备受关注的焦点问题。中国学界习惯将右衽和左衽作为区分汉服与胡服的主要因素。韩国学界一般认为左衽是韩国古代服饰的固有要素，右衽是来自汉服系统的外来要素，有的学者通过分析德兴里古墓壁画所绘服饰衽部差异，得出壁画人物的衽制共存着韩国服饰要素与外来要素，并且外来要素要更多些的结论❸。德兴里古墓壁画人物图像刻画细致的袍8件为左衽，2件为右衽，14件为难以辨析左右的合衽；短襦则是3件左衽，14件右衽，51件合衽。从表面来看这组统计数据似乎与前文胡汉服饰文化因素分析相矛盾，然细检人物服饰有两点饶有趣味的发现。

前室西壁太守图绘制的7件左衽袍，人物均为面向北方。前室南壁西侧官吏图中1件左衽袍，人物面向西方；1件右衽袍，人物面向东方。前室南侧天井所绘1件右衽袍，人物也是面向东方。前室东侧天井所绘1件左衽短襦，人物为面朝南方；而另1件右衽短襦，人物为面朝北方。中间通道东壁所绘2件左衽短襦，人物亦为面朝南方；中间通道西壁所绘1件右衽短襦，人物为面朝北方。后室北壁所绘5件右衽短襦，均为面朝西方。据此可知：（1）德兴里古墓壁画所绘服饰存在同一画面中同一种服饰搭配左衽与右衽并存的情况；（2）壁画人物的面向与服饰的衽制似乎存在某种联系，画工不知是出于有意识或是无意识将同一朝向的人物服饰画成同一种衽制。

有学者曾通过山西大同沙岭北魏壁画墓、宁夏固原北魏漆棺画墓、河北磁县东魏茹茹公主墓、山西太原北齐娄睿墓等墓葬所绘人物衣衽，或左或右或不分左右，以及尼雅1号墓地第3号东汉中晚期墓葬中女墓主所穿三层衣服，一层右衽、一层左衽、又一层右衽等材料分析，认为匈奴、羯、鲜卑、氐、羌、契丹、女真等北方诸族并没有把衣衽的左右太当一回事，所谓胡服"左衽"可能是非华夏族在与华夏族接触或入主中原后，因文化冲撞，被逼出或强化的认同❹。由此而论，德兴里古墓壁画中左衽与右衽的杂处，可能是当时衽制并没有被作为族属身份的服饰符号被严格要求，

---

❶ a. 谭蝉雪. 中世纪服饰 [M]. 上海：华东师范大学出版社，2016：27.
　　b. 孙晨阳，张珂. 中国古代服饰辞典 [M]. 北京：中华书局，2015：385.
❷ 田立坤，张克举. 前燕的甲骑具装 [J]. 文物，1997（11）：72–75.
❸ [韩] 朴京子. 德兴里古墓壁画的服饰史研究 [J]. 服饰，1981（5）：41–63.
❹ 邢义田. 立体的历史：从图像看古代中国与域外文化 [M]. 北京：生活·读书·新知三联书店，2014：91–112.

当然，亦不能排除另一种可能，即画工随势运笔，为方便绘画，将某一人物朝向的服饰画成一种衽制，即大体为面部向左即画为左衽，面部向右即画为右衽，这种便宜行事的画法不能真实地反映当时服饰的左右衽情况。

2. 服饰的等级差异

根据整个墓室壁画的空间布局、单幅画面的构图、墨书墓志铭与榜题，结合历代职官相关史料，可对壁画所绘世俗服饰等级略加区分。整体而言，男子服饰等级性较为突出，女子服饰等级性相对略弱。

男子服饰可分四个等级：第一等级服饰，A型搭配，穿着者是身为建威将军、国小大兄、左将军、龙骧将军、辽东太守、使持节、东夷校尉、幽州刺史的墓主镇。《晋书·职官志》载："大司马、大将军、太尉、骠骑、车骑、卫将军、诸大将军，开府位从公者为武官公，皆著武冠，平上黑帻。……三品将军秩中二千石者，著武冠，平上黑帻，五时朝服，佩水苍玉，食奉、春秋赐绵绢、菜田、田驺如光禄大夫诸卿制。"❶墓主镇头戴内衬黑色平上帻的武冠（笼冠），身着长袍，与史载相吻合。

第二等级服饰，B、C型搭配，穿着者是墓主的幕僚。据榜题可知，穿着B型搭配的官员有绘制于前室西壁的范阳、代郡内史，渔阳、上谷、广宁、北平、辽西、昌黎、辽东、玄菟、乐浪、带方等十郡太守和通事吏，前室东壁的别驾、御史、侍中和前室南壁东侧的蓟县令。穿着C型搭配的官员，为绘制于前室西壁的奋威将军燕郡太守。

内史与太守是郡国的长官，总管行政、财赋、刑狱各务，西晋末，战事频繁，太守多加将军、都督等号，军事职能加强。《晋书·职官志》载："郡皆置太守，河南郡京师所在，则曰尹。诸王国以内史掌太守之任。"❷《晋书·宗室传》载泰始元年（265年）司马绥被封为范阳王❸,《晋书·武十三王传》载太康十年（289年）司马演被封为代王❹，因而范阳与代郡长官称为内史，渔阳、上谷、广宁等十郡长官则称太守。通事吏，是郡府门下掌传达通报的属吏。别驾，为汉魏六朝地方州部佐吏。《晋书·职官志》载有"州置刺史，别驾、治中从事、诸曹从事等员。"❺御史，两晋南北朝时期掌受公卿奏事，举劾按章等分曹治事，还奉命监国，督察巡视州郡，收捕官吏，职权颇重。侍中，秦朝始置，西汉为加官，东汉置为正式官职。魏晋时期，置为门下之侍中省长官。常侍卫皇帝左右，管理门下众事，侍奉生活起居，出行护驾。康捷认为此两职原为皇帝侍从，由于晋末制度混乱，刺史僭越设有斯职❻。其实，侍御史有巡察地方之职，出现在行列图中也算正常，不一定是僭越。县令，是一县的行政长官。《晋书·职官志》载："县大者置令，小者置长"❼，蓟

❶ 房玄龄.晋书[M].北京:中华书局,2000:467–471.
❷ 房玄龄.晋书[M].北京:中华书局,2000:482.
❸ 房玄龄.晋书[M].北京:中华书局,2000:720–721.
❹ 房玄龄.晋书[M].北京:中华书局,2000:1141.
❺ 房玄龄.晋书[M].北京:中华书局,2000:481.
❻ 康捷.朝鲜德兴里壁画墓及其有关问题[J].博物馆研究,1986(1):70–78.
❼ 房玄龄.晋书[M].北京:中华书局,2000:467–471.

县为首县，故称"蓟县令"。

上述职官，通事吏和别驾为两晋时期地方行政机构州郡常置属吏，官品不高，禄秩微薄。御史，两汉时禄秩六百石。侍中，魏晋时为三品，秩千石。曹魏时县令一般秩千石、六品或六百石、七品，县长则是三百石、八品。晋沿魏制。郡国守相，魏晋时皆为第五品，禄秩多为二千石。❶《晋书·舆服志》载："三公及封郡公、县公、郡侯、县侯、乡亭侯，则冠三梁。卿、大夫、八座、尚书，关中内侯、二千石及千石以上，则冠两梁。中书郎、秘书丞郎、著作郎、尚书丞郎、太子洗马舍人、六百石以下至于令史、门郎、小史、并冠一梁。"❷据此，通事吏、别驾、御史、侍中、蓟县令所戴进贤冠似以一梁为宜，太守与内史所戴应为两梁。德兴里古墓壁画中诸太守与前述通事吏、别驾等幕僚所戴进贤冠在梁的宽窄方面并没有明显区别，可能绘图者并没有关注冠梁多少反映等级尊卑的问题。

德兴里壁画墓前室南壁西侧属吏图绘有6例B型搭配、2例C型搭配。榜题4行27字：镇□守长史司马，参军典军录事□，曹金（命）史诸曹职吏，故铭记之□□。《晋书·职官志》载："三品将军秩中二千石者，……置长史、司马各一人，秩千石；主簿，功曹，门下都督，录事，兵铠士贼曹，营军，刺奸吏、帐下都督，功曹书佐门吏，门下书吏各一人。"❸可知长史、司马作为将军助手，身份高于其他吏员。长史，掌顾问参谋之职，魏晋刺史僚佐置此职。司马，魏晋南北朝时为郡府之官，在将军下，综理一府之事，参与军事计划。参军，掌参谋军务，三国时正式用作官称，魏制秩第七品。晋亲王、公府、将军、都督的幕府多设此官。录事，西晋时州郡县各置，称录事史，晋末改称录事，掌总录各曹文簿，举弹善恶。典军，为掌营兵之官，三国吴、蜀，十六国北凉均置。❶一般文官戴进贤冠、介帻，武官戴平上帻、平巾帻。由此推断，属吏图下部身着B型装扮，安坐于榻上，被属吏四周围绕的官员可能是长史和司马。属吏图上部中央身着C型装扮的两人，可能是负责军务的参军和典军。

第三等级服饰，D型搭配。无榜题标注身份，从场景观察，穿着者为侍从和仪卫。德兴里古墓壁画中此类装扮的人物或是持物而立，或是扛刀步行，或是引缰牵马，或是骑马先导，从情理推断，日常生活中墓主出行、佛教仪式等不同场合穿着服饰应有相应变化，因壁画刻画不细致难以辨别D型搭配在不同场合中的细部差别。

第四等级服饰，E、F型搭配，少有榜题。从场景观察，E型搭配穿着者有演奏乐器的乐手、抄手站立的侍从、骑马的随员、马射戏中的注记人和参赛者、骑马的猎手、牵马的马夫等。F型搭配穿着者有打伞盖的侍从、驾牛车的车夫、养马的马倌、持幡的仪卫等。此两型穿着应用广泛，穿着者身份复杂。

❶ 有关各种官职的职守、官品、俸禄等情况,参见:
　　a. 吕宗力. 中国历代官制大辞典 [M]. 北京:北京出版社,1994.
　　b. 俞鹿年. 中国官制大辞典 [M]. 哈尔滨:黑龙江人民出版社,1992.
　　c. 邱树森. 中国历代职官辞典 [M]. 南昌:江西教育出版社,1991.
❷ 房玄龄. 晋书 [M]. 北京:中华书局,2000:496.
❸ 房玄龄. 晋书 [M]. 北京:中华书局,2000:471.

女子服饰中，墓夫人图像的缺失增加了等级判定的难度。属于汉服系列的I、J、K、L型搭配等级区分不明显。中间通道东壁和后室北壁东侧与墓夫人有关的两幅壁画中H型搭配的女子或是位于距离夫人最近的位置，或是处于队列的最前端，似乎暗示属于胡服系列中穿着H型搭配的女子身份高于G型搭配的女子。

有的学者认为襦和袍的领子有曲领、圆领、盘领和直领之别，墓主（曲领）、太守（圆领）和牛郎（直领）所穿袍领子的差别与等级有关。她们区分领子类型的标准是：交衽呈英文字母V字形的领是直领，交衽呈英文字母U字形的领是团领；直领把V字形的下角往上提到脖子处是曲领，团领U字形下角往上提到脖子处是盘领❶。

直领、团领、曲领、盘领是我国古代服饰专有名词。直领，亦作交领、直衿，制为长条，下连衣襟，穿时两襟相交叠压［图11（1）］。刘熙《释名·释衣服》记："直领，领邪直而交下，亦如丈夫服袍方也。"❷团领，亦作圆领，圆形的衣领。汉魏以前多用于西域，有别于中原传统的直领，六朝后传入中原，隋唐以后多用作官吏常服［图11（2）］。曲领，亦称拘领，缀有衬领的内衣，通常以白色布帛为之，领施于襦，穿着时加在外衣之内，以禁中衣之领上拥［图11（3）］。刘熙《释名·释衣服》记："曲领在内，所以禁中衣领，上横壅颈，其状曲也。"❷《隋书·礼仪志》载曲领"七品以上有内单者则服之，从省服及八品以下皆无。"❸盘领，亦作蟠领，它是装有硬衬的圆领，其制较普通圆领略高，领口钉有纽扣，一般多用于男服［图11（4）］❹。据此，德兴里壁画墓所绘短襦和袍皆为直领，不具备等级的区分性。

（1）直领	（2）团领	（3）曲领	（4）盘领
（黑龙江阿城巨源金墓）	（传韩滉《文苑图》）	（凌烟阁功臣图）	（明临淮侯李言恭画像）

图11 衣领

3．服饰的功用与礼仪

保暖御寒是催生服饰产生的动因之一，亦是服饰最基本的一项功用。朝鲜属于温带季风气候，冷热适中，四季分明。年平均气温为8～12℃,7月平均气温为23～26℃,1月高山地带最低温度可达零下20℃。德兴里壁画墓所处南浦市属于朝鲜气候分区中的西海岸气候区，年平均气温为

❶ a.[韩] 李京子.我国的上古服饰——以高句丽古墓壁画为中心 [J]. 历史与考古信息·东北亚,1996(2) :47-50.
　 b.[韩] 朴京子.德兴里古墓壁画的服饰史研究 [J]. 服饰,1981(5):47.
❷ 刘熙.释名疏证补 [M]. 毕沅,疏证.王先谦,补.北京:中华书局,2008:174.
❸ 魏征.隋书 [M]. 北京:中华书局,2011:188.
❹ 周汛,高春明.中国衣冠服饰大辞典 [M]. 上海:上海辞书出版社,1996:246-247.

8～14℃，7、8月平均气温为22～27℃，1月平均气温为零下2～零下5℃。西海岸地区光照良好，年降水量为800～1100mm，受海洋性气候因素影响较大。❶假设德兴里古墓壁画所绘服饰是对此环境下生活者现实穿着服饰的真实描绘，从壁画所绘树木、莲花等植物来看，特别是多处襦袍袖子挽露出前臂推断这些服饰可能是夏季或晚春、早秋的服饰，而不是冬季穿着的服饰。

德兴里古墓中最引人注目的是贯穿前室南壁东侧、东壁和北壁东侧的墓主出行图。古史《舆服志》所记"卤簿"是研究出行礼制的重要参考资料。"卤簿"原为帝王驾出时随行扈从的仪仗队，因出行目的不同，仪式各有区别。汉代为天子、太子、后妃等专用，魏晋以降逐渐有个别官员被给予"卤簿"，但并没有形成官员使用"卤簿"的详细规定，直到唐代才最终形成四品以上官员皆给"卤簿"的制度。德兴里古墓墓主镇所处东晋十六国时期，中原失序，"卤簿"使用亦随之呈现复杂而混乱的局面。《晋书·王沈传》载司马颖派遣幽州刺史和演谋杀宁朔将军王浚"（和）演与乌丸单于审登谋之，于是与浚期游蓟城南清泉水上。蓟城内西行有二道，演、浚各从一道。演与浚欲合卤簿，因而图之。"❷《晋书·隐逸传》记太尉贾充吸引隐士夏统的注意力，"充欲耀以文武卤簿，觊其来观，因而谢之，遂命建硃旗，举幡校，分羽骑为队，军伍肃然。"❸《晋书·石季龙载记》："季龙常以女骑一千为卤簿，皆著紫纶巾、熟锦裤、金银镂带、五文织成靴，游于戏马观。"❹因而，德兴里古墓壁画出行图中车驾、旌旗、仪卫、鼓吹乐队等分类与构成，是符合"卤簿"礼仪的标配，还是凌驾于等级之上的僭越，难以判定。

出行图中出现B、D、E、F、N等五种服饰搭配，汉服因素与胡服因素混杂。前室南壁东侧导从队列中，蓟县县令穿B型搭配，持幡步行仪卫为F型搭配，鼓乐手为E型搭配。东壁队伍主体中，以两列N型搭配的甲骑具装武吏守护在最外部，壁画下部在甲骑具装武吏队列之上是一排穿着D型搭配的骑吏。位于队列中心有学者认为是"三辆马车"❺，仔细辨识可见第二辆"使君"也就是墓主镇所乘车辆实为牛车，另据榜题可见"司马""御史"和"别驾"穿着B型搭配，骑吏多是D型搭配，步吏多是E、F型搭配。有关"卤簿"服饰记载较为稀少，《晋书·舆服志》载皇帝出巡"中朝大驾卤簿"中行队列后端有"黑袴褶将一人"❻，又载"赤帻，骑吏、武吏、乘舆鼓吹所服。"❼德兴里古墓壁画出行图中"帻"都是黑色，袴褶多为白、黄、褐色、朱红，与《晋书·舆服志》不相符合。这种差异是由等级所致，还是地域特色，尚难判断。

❶ [朝]光明百科辞典编委会.光明百科辞典:8[M].平壤:科学百科辞典出版社,2009:82-92.
❷ 房玄龄.晋书[M].北京:中华书局,2000:751.
❸ 房玄龄.晋书[M].北京:中华书局,2000:1622.
❹ 房玄龄.晋书[M].北京:中华书局,2000:1856.
❺ 房玄龄.晋书[M].北京:中华书局,2000:91.
❻ 房玄龄.晋书[M].北京:中华书局,2000:491.
❼ 房玄龄.晋书[M].北京:中华书局,2000:496.

三、服饰学视角下的古代东北亚历史文化研究

从19世纪中叶至今，在中国和朝鲜境内共发现123座高句丽壁画墓❶。其中，中国境内发现38座，除两座分布于辽宁省抚顺市和桓仁县外，其余36座均分布于吉林省集安市；朝鲜境内发现85座，分布于平壤市（32座）、南浦市（23座）、平安南道（14座）、黄海南道（11座）、黄海北道（5）地区。高句丽壁画墓的分期与编年一直是中外学界的研究焦点。争论的核心内容是龛、耳室（侧室）、长方形前室（前半室）、方形前室的演变过程。目前学界大体认为高句丽壁画墓是公元四至七世纪的产物❷。德兴里古墓壁画与其他高句丽古墓壁画所绘服饰比较研究所见时空差异可为古代东北亚历史文化交流、东北亚古族的融合与发展，特别是高句丽政权的演进历程等问题的研讨提供一个新的视角、一份新的佐证。

（一）中国境内高句丽古墓壁画与德兴里古墓壁画所绘服饰

1. 集安高句丽古墓壁画所见服饰构成

国内发现的高句丽壁画墓中16座绘有较为清晰的服饰图像，分为集安市内的角觚墓、舞踊墓、麻线沟1号墓、通沟12号墓、山城下332号墓、长川2号墓、折天井墓、禹山下41号墓、长川1号墓、长川4号墓、环纹墓、三室墓、美人墓、四神墓、五盔坟4号墓和五盔坟5号墓，大约有300余例服饰图样可以辨识。这些古墓壁画所绘男子服饰搭配中"披发+短襦+裤+便鞋/短靴""顶髻+短襦+裤+便鞋/短靴""折风+短襦+裤+便鞋/短靴""骨苏+短襦+裤+便鞋/短靴"，女子服饰搭配中"垂髻+短襦+裤+便鞋/短靴""垂髻+长襦+裙+便鞋/短靴""盘髻+长襦+裙+短靴""巾帼+长襦+裙+短靴"等常见类型德兴里壁画墓都不见❸；仅有五盔坟4号墓出现6例属于汉服系列的A型搭配和舞踊墓出现2例具有鲜卑服饰因素的E型搭配。另外，短襦领、衽、袖、摆四处均装饰有黑色或是异色的襈，长裤裤管肥硕，花色习见圆点纹、竖点纹、方点纹、菱格杂点纹等迥异于德兴里古墓壁画所绘的服饰风格。

据《三国史记》记载公元3年琉璃明王迁都国内城，427年长寿王迁都平壤城❹，在此四百年间集安一直是高句丽的政治、经济、文化中心，即使是在迁都之后，此地区亦是高句丽族的聚居区，也是高句丽文化传统最为根深蒂固的区域。上述8种服饰类型与正史《高句丽传》所载"大加、主簿头著帻，如帻而无余，小加著折风，形如弁。""头著折风，其形如弁，旁插鸟羽，贵贱有差。其公会衣服皆锦绣，金银以为饰。""丈夫衣同袖衫、大口裤、白韦带、黄革履。其冠曰骨苏，多以紫罗为之，杂以金银为饰。其有官品者，又插二鸟羽于其上，以显异。妇人服裙襦，裾袖皆

---

❶ 郑春颖. 高句丽壁画墓的研究历程、反思与展望 [J]. 社会科学战线，2017(2)：80–101.
　　本文所言高句丽壁画墓是指年代大致在 4 至 7 世纪发现在高句丽统治区域内的壁画墓，不以墓主人是否是高句丽人作为判断依据。
❷ 郑春颖. 高句丽服饰研究 [M]. 北京：中国社会科学出版社，2015：197–202.
❸ 郑春颖. 高句丽服饰研究 [M]. 北京：中国社会科学出版社，2015：165–177.
❹ 金富轼. 三国史记 [M]. 杨军，校. 长春：吉林大学出版社，2015：179,225.

为襦。"❶等文字相契合，应是典型的高句丽族服饰搭配。

2．两地服饰对比下的墓主夫妇身份与经历推定

墓主身份是德兴里壁画墓研究的焦点问题。中外学界主要存在两种不同观点：第一种观点认为墓主是出身于信都县都乡的高句丽贵族；第二种观点认为镇不是高句丽人，而是亡命人，但对镇逃亡到高句丽之前的身份存有中原高官、西晋或乐浪郡的移民、慕容氏宗族成员、前后燕幽州刺史、东晋辽东太守及建威将军等多种不同见解❷。前贤已经从历史地理、职官制度、墓葬形制以及铭记书写范式等方面论证了第一种观点错误所在，此不赘言。从服饰学角度分析，结论亦是倾向于第二种观点。

有的学者认为"镇"所戴为青罗冠，"青罗冠是王与上级官员着于头部、加于内冠之上的头冠。用罗的颜色区分地位高低。"❸"青罗冠"出现于新旧两唐书《高丽传》。《旧唐书·高丽传》成书于后晋出帝开元二年（945年），《新唐书·高丽传》成书于宋嘉佑五年（1060年），两者记录的是公元7世纪前期至中叶高句丽服饰的基本情况，而德兴里壁画墓所绘服饰时段节点在公元5世纪初期，两者相差200多年，以"罗冠"相称似有不妥。另据笔者考证"罗冠"与高句丽贵族大加、主簿所戴冠帽"帻""骨苏"是同一体系，即正史《高句丽传》中所载"帻""骨苏""罗冠"是同一冠帽在不同历史时期的不同称谓❹。因此，将"笼冠"视为"罗冠"，进而论证戴冠者是高句丽贵族，乃至将此作为论据推论安岳3号墓墓主是高句丽王的观点均有待商榷❺。

服饰具有丰富的社会属性与文化内涵，密闭的墓室空间内墓主穿着的服饰往往与族属认同和政治抉择相关。德兴里古墓壁画不见集安高句丽古墓壁画大量出现的高句丽族服饰因素，是墓主人及其所属集团不是高句丽族人的体现。以礼佛图为例，德兴里古墓后室东壁所绘人物服饰均为汉系和鲜卑系服饰，而长川1号墓前室东壁藻井所绘人物服饰都是高句丽族服饰。在礼佛这样一个庄严的充满仪式感的场景下，共同的信仰与两组服饰风格差异的共存生动地呈现了族属意识与政治观念的差异。

德兴里壁画墓墓主不是高句丽贵族，但高句丽贵族与高句丽王有身着汉服的可能，因为《三国志》曾载高句丽"常从玄菟郡受朝服衣帻……于东界筑小城，置朝服衣帻其中，岁时来取之。今胡犹名此城为帻沟溇。"❻南北朝时，北魏孝文帝太和十六年（492年），派遣大鸿胪册封文咨明王"赐衣冠服物车旗之饰"。梁武帝普通元年（520年），派江法盛等人出使高句丽，册封安藏王，

❶ a. 陈寿. 三国志 [M]. 北京：中华书局，2000：626.
　 b. 令狐德棻. 周书 [M]. 北京：中华书局，2000：600.
❷ 同第 68 页 ❹、第 69 页 ❶❷❸。
❸ [韩] 全虎兑. 高句丽壁画墓 [M]. 2016：83.
❹ 郑春颖. 高句丽的帻、骨苏与罗冠 [J]. 华夏考古，2013(4)：107-113.
❺ a. [朝] 金勇男. 关于新发现的德兴里高句丽壁画墓 [J]. 历史科学，1979(3).
　 b. [朝] 朴容绪. 德兴里壁画古墓考——德兴里壁画古墓说明什么 [J]. 李云铎，译. 明鹤，校. 统一评论，1980(5).
　 c. [朝] 朴晋煜. 关于高句丽的幽州 [J]. 历史科学，1980(96).
　 d. [朝] 孙永钟. 关于德兴里壁画古坟的主人公国籍问题 [J]. 历史科学，1987(122).
❻ 陈寿. 三国志 [M]. 北京：中华书局，2000：626.

授予衣冠剑佩。又北魏出帝初年（532年），下诏册封安原王延"赐衣冠服物车旗之饰。"❶如若按照某些学者的观点，将高句丽王所戴"白罗冠"视为"笼冠"，也就是将汉服系统的"笼冠配袍服"视为高句丽王的王服。据《晋书·职官志》此种服饰搭配是两晋职官系统中"大司马、大将军、太尉、骠骑、车骑、卫将军、诸大将军，开府位从公者为武官公，……三品将军秩中二千石者……"❷的专属服饰。高句丽王的服饰在中国职官服饰系统中的位置直接关系到汉唐时期东北亚视野下诸国、诸政权的结构、性质与关系等问题。这种假设所导致的结果可能并不是研究者希望获得的结论。反观之，壁画所绘墓主服饰搭配即"笼冠+袍服"与其身为幽州刺史等官职的身份更为契合。至于，镇是前燕的幽州刺史，还是后燕的幽州刺史，墨书铭记中记录的晋代官位与官职是实封还是自封，从目前掌握的服饰资料尚难判定。五胡十六国时期是华夏服饰重要的变革期。依据残缺的史料和不完备的图像资料可见此时涌现的北方诸族在服饰方面已经具有了可被辨识的区别于他族的特质。德兴里古墓墓主出生于东晋成帝咸和七年（332年），卒于东晋安帝义熙四年（408年）。他在世的77年正是中国北部或是东北亚政治格局最为动荡的时期。从前燕（307～370年）到后燕（384～407年）大约百年时间，无论是标榜族群个性的传统服饰，还是表明政治身份的官服都应会有所变化。随着考古工作的深入开展，获得更多服饰资料，或许不久的将来可以从服饰视角分析解决上述难题。

（二）朝鲜境内高句丽古墓壁画与德兴里古墓壁画所绘服饰

1. 朝鲜境内高句丽古墓壁画所见服饰构成

朝鲜境内发现的高句丽壁画墓中有34座绘制有较为清晰的服饰图像，分为高山洞7号墓、高山洞10号墓、鲁山里铠马墓、长山洞1号墓、东山洞壁画墓、金玉里壁画墓、平壤驿前二室墓、江西大墓、德兴里壁画墓、水山里壁画墓、肝城里莲花墓、药水里壁画墓、台城里1号墓、台城里2号墓、台城里3号墓、双楹墓、龙兴里1号墓、玉桃里壁画墓、牛山里1号墓、龛神墓、梅山里四神墓、大安里1号墓、保山里壁画墓、八清里壁画墓、德花里1号墓、德花里2号墓、天王地神塚、东岩里壁画墓、月精里古墓、安岳1号墓、安岳2号墓、安岳3号墓、伏狮里古墓和松竹里壁画墓，可以辨识的服饰图样多达600余例。德兴里古墓壁画所绘14种服饰类型，除了F、G、H三型以外，其他类型普见于另外33座墓葬壁画。根据高句丽壁画墓的分期与编年，结合服饰本身形制变化的阶段性差异，朝鲜境内高句丽古墓壁画所绘服饰可以分成四个时期：

第一、二期（公元4世纪中叶至5世纪前半叶），壁画服饰以含汉服因素的服饰搭配为主体，没有出现高句丽族服饰搭配。男子服饰主要是"笼冠+袍服""进贤冠/平巾帻+袍服+便鞋/圆头鞋""平巾帻+短襦+裤+便鞋"三型，女子主要是"撷子髻/鬟髻/双髻/不聊生髻+袍/短襦+裙+圆头鞋"。其中，第一期（公元4世纪中叶至4世纪末）含鲜卑服饰因素的服饰搭配较少，只有若干"圆

❶ 魏收. 魏书 [M]. 北京:中华书局,2000:1499.
❷ 房玄龄. 晋书 [M]. 北京:中华书局,2000:467-471.

顶翘脚帽+短襦+裤+便鞋/短靴"和"尖顶帽+短襦+裤+便鞋/短靴"。但在第二期（公元5世纪初至5世纪前半叶）含鲜卑服饰因素的服饰明显增多，并且还出现了杂糅高句丽族传统服饰、汉服和胡服三种文化因素的"花钗大髻+短襦+裙"等型搭配。

第三期（公元5世纪后半叶至6世纪初）平壤以西、西南地区（包括南浦市江西区域、龙冈郡、大安区域，平安南道大同郡以及黄海南道安岳郡等地区）与平壤附近及其以东、东北、东南地区（包括平壤市大城区域、平安南道顺川市、黄海北道燕滩郡等地区）服饰搭配不同。这里前者称为A区，后者为称B区。A区，男女服饰沿袭之前的模式，仍以第一、二期出现的几种类型为主体，不同在于出现了少量的"披发+短襦+肥筒裤+便鞋/短靴""折风+短襦+肥筒裤+便鞋/短靴""垂髻+长襦+裙+短靴"等高句丽族服饰。B区，男子服饰则主要是"披发+短襦+肥筒裤+便鞋/短靴"和"折风/帻冠+短襦+肥筒裤+便鞋/短靴"两型，女子服饰主要是"垂髻/盘髻/巾帼+短襦/长襦+肥筒裤/裙+便鞋/短靴"，此区域男女服饰均以高句丽族服饰为主。

第四期（公元6世纪初至6世纪后叶）高句丽族服饰成为服饰主体，鲜卑服饰因素次之，汉服文化因素几近消失。此时男子服饰主要是"折风/帻冠+短襦+肥筒裤+便鞋/短靴"和"圆顶翘脚帽+短襦+裤+便鞋/短靴"两型，女子服饰类型同于第三期B区。朝鲜境内高句丽古墓壁画所绘服饰由含汉服（或鲜卑服）因素的服饰为主体，到各种服饰因素混杂，再到高句丽族服饰占主导地位的演变过程是此地二三百年间族群融合与社会变迁的折射，这个过程简而言之就是汉人及其后裔、三燕移民及其后裔不断融入高句丽社会，不断高句丽化，最终成为高句丽人的过程❶。

2．作为亡命人集团领袖的墓主

德兴里古墓壁画所绘服饰处于上述演变序列的第二期，同样有纪年信息的安岳3号墓（357年）属于第一期。两者均是以汉系服饰为主体，不见高句丽族服饰文化因素，区别在于德兴里古墓比安岳3号墓壁画所绘服饰中鲜卑系服饰文化因素有所增多，此外，安岳3号墓墨书铭记所录职官均属我国魏晋时期职官系统，德兴里古墓在魏晋职官之外，又见两个高句丽的官职"国小大兄"和"中里都督"。

"国小大兄"，又被识读为"同小大兄"，题记漫漶难以定论。"中里都督"因其没有出现在前室北壁具有墓志铭性质的历数墓主经历的题记中，而是单独标注于后室东壁的佛事七宝图，而引起关注与争议。一种观点认为"中里都督"是授予镇的高句丽官职，认为它是比幽州刺史更高的职位，即便高句丽贵族也是选择授予的，是宫中大臣级的官职；另一种观点认为中里都督不是授予镇的官职❷。从服饰来看，前室和后室绘制的墓主都身着A型服饰。前室西壁十三郡太守图中十二人为B型服饰，一人为C型服饰，前室南壁西侧上下两幅属吏图分别以中部略大的两人及榻上两位男子为核心，此四人所穿亦是B、C两型服饰。前室东壁墓主出行图中间队列骑马官员穿着也

❶ 郑春颖.高句丽服饰研究[M].北京:中国社会科学出版社,2015:202-215.
❷ [日]武田幸男.德兴里壁画古墓被葬者的出自和经历[J].李云铎,译.何恭倨,校.历史与考古信息·东北亚,2002(2):9.

是B型搭配。根据榜题穿B、C两型服饰官员的官职大体略可知晓，皆为墓主幕僚。因此或可假设德兴里古墓壁画绘制时，以A型服饰作为墓主的专属服饰，B型和C型服饰作为其下属的服饰，进而建立了一个等级明晰的服饰序列。这种区分可能与现实生活并不完全相符合，但其达到了突出墓主身份地位的目的。如果这个假设成立，则后室东壁七宝图中榻上男子不是墓主，"中里都督"也不是墓主的官职。"中里都督"是高句丽的官职，但其对应人像服饰却是汉系服饰，而不是高句丽族的服饰。这个情形颇为耐人寻味。与服饰文字方面绝少高句丽文化因素的安岳3号墓相比，两个高句丽官职的出现，特别是被学界认为是高句丽广开土王年号"永乐十八年"纪年题记的出现，都暗示着同为大同江流域移民政权领袖，镇虽然仍能够保持一定的独立性，但受到了比"冬（佟）寿"更为强烈的来自高句丽的压力。

德兴里壁画墓后室北壁墓主像旁边空白处明显是留给夫人的图像区。学界一般认为镇过世时夫人尚在世是没有被绘制的原因。夫人何时去世，因何种原因不能与镇合葬因史料缺失难以知晓，但从能容纳两口棺材的大棺台，后室北壁东侧与东壁下部都预留空白区待其死后填充壁画，以及中间通道所绘夫人出行图和后室北壁东侧的男女侍从整装待发图分析，夫人地位不可小觑。在德兴里古墓壁画所绘14种服饰搭配中，F、G、H三型搭配几乎仅见于与夫人相关的场景，其他高句丽壁画墓也都没有此三型服饰搭配。这三型服饰搭配中尤其引人注目的是髡发形象。关于鲜卑的发式，史料有载。《北史·宇文莫槐传》记："人皆剪发而留其顶上，以为首饰，长过数寸则截短之。"[1]《晋书·慕容皝载记》记："臣被发殊俗，位为上将。"[2]《宋书·索虏传》记"索头虏，姓拓跋氏。"《资治通鉴》卷九十五《晋纪》载胡三省注："索头，鲜卑种。言索头……以其辫发，故谓之索头。"[3]据此，宇文鲜卑发式为仅留顶发，拓跋鲜卑为辫发。宇文鲜卑、拓跋鲜卑的发式尚好理解。慕容鲜卑的"被发"究竟为何式样不好判断。德兴里壁画墓所绘髡发显然与宇文鲜卑、拓跋鲜卑的发式不同。仔细辨析髡发可见，虽然因头顶发、额上发、左右顶结节处剃发情况不同，髡发形制有四种变化，但两鬓角处一定保留两缕长发，下垂至肩。因此，或可推断慕容鲜卑氏的披发是鬓发下披。如果这一假设成立，意味着随身男女侍从都是慕容鲜卑装扮的夫人也来自鲜卑慕容氏，其娘家雄厚的实力使其可以在墓室空间分配中占据不小的份额。

位于前室南侧天井的牛郎织女图颇为引人注目。牛郎织女神话始于西汉，东汉末年增加了银河相望、七夕相会、喜鹊搭桥等情节，故事日益完满。东汉应劭《风俗通义》载有"织女七夕当渡河，使鹊成桥。"[4]德兴里壁画墓将牛郎织女图绘制在前室南侧天井中部，这个位置与绘制在北壁西侧的墓主像遥相呼应，正好位于最易受到墓主视线关注的范围内，依照"视死如生"的观念判断，这幅牛郎织女图似乎有着不寻常的意义。从故事本身来看，讲述的是忠贞不渝的爱情，牛

---

❶ 李延寿. 北史 [M]. 北京：中华书局，2000：2169.
❷ 房玄龄. 晋书 [M]. 北京：中华书局，2000：1884.
❸ a. 沈约. 宋书 [M]. 北京：中华书局，2000：1545.
   b. 司马光. 资治通鉴 [M]. 北京：中华书局，1956：3007.
❹ 应劭. 风俗通义校释 [M]. 吴树平，校释. 天津：天津古籍出版社，1980：433.

郎与织女可能是墓主与夫人的化身，象征着阴阳相隔、不能同穴的相思之痛。这里尤其值得注意的是牛郎和织女所穿的M和L型服饰搭配不是集安高句丽壁画墓所绘高句丽族的服饰，也不是属于胡服系统的慕容鲜卑服饰，而是褒衣博带的汉服。这不禁令人猜测壁画所绘服饰中的汉服因素与墓主有关，而以鲜卑服饰为代表的胡服因素则是由夫人而成。无论此种猜测是否正确，这幅牛郎织女图除表层展现的男女之情外，亦有可能是家国情怀的象征。壁画中被银河相隔的不是牛郎和织女，而是远离故土，客居他乡，难以割舍的思乡之情。这一可以在移民群体中产生强烈共鸣的情感纽带以及作为墓主乃至移民成员共同信仰的佛教在增强移民集团凝聚力、维护移民社会稳定与发展方面无疑发挥了重要的作用与影响。

德兴里古墓壁画所绘服饰生动地表现了公元5世纪初期生活在大同江下游以墓主人镇为领袖的一个移民集团的服饰面貌。同时，作为朝鲜境内壁画服饰第二期的代表，它又是此时段该地域整体服饰面貌的缩影。服饰中汉服文化因素与胡服文化因素的杂糅，反映了当时东北亚地区族群融合的现状，高句丽族服饰文化因素的缺失则体现了移民集团相对独立性的存在。虽然在题记写有高句丽职官名，但服饰作为自我认同的彰显者，表达了墓主人的自我认同和族属心声。从墓主过世至墓室封闭大概有一年的间隔期，这段时间内，墓葬壁画内容可能会被高句丽人知晓。德兴里古墓壁画所绘服饰汉服与胡服风格的延续，从另一个侧面反映了高句丽在5世纪初期并没有对该地区实现严格的行之有效的监控与管辖。

德兴里古墓壁画所绘服饰是大陆性气候影响下的产物，与农业和狩猎生活息息相关，来自北方民族的服饰因素占据上风。德兴里古墓所在区域是东晋十六国时期东北亚服饰文化交流的必经之路，中原地区的汉服文化、辽西地区的鲜卑服饰文化，通过该领域这个特殊的移民群体传至百济、新罗，再至伽倻、日本。反之，周邻各国各族的服饰文化又经此进入中国腹地。这是服饰文化交流中的一条主线，与其并存的还有周邻地区的一些直接的短线交往。服饰文化交流在此来去之间不知不觉成为记录族群流动、社会变迁和国家兴衰的载体。

本文依据壁画图片观察解释服饰的形态特征，因为图片本身的局限性，对服饰颜色与形制的推定难免有误，加之壁画墓发现的随机性与不确定性导致推理时有不够严密之处，敬请专家不吝赐教。

08 再论唐代披帛的流行性
——以唐墓壁画图像为例

摘 要 从着装的文化环境看，唐代披帛并非偶然出现、单一来源，作为世俗宫廷女装的必备饰品和舞蹈服装的重要道具，披帛代表了唐服饰文化发展的流行特色和创新精神。开放的社会文化氛围、先进的纺织技术与机械化、体系化的染料与织物奠定了披帛的多元化质料。在女装造型的衍变中，披帛以丰富的造型、领型与衣襟搭配装饰整体服饰，至盛唐呈现出丰富新颖的披着方式而日臻成熟，成为西方与本土服饰文化交融的佳证。

关键词 服饰文化、唐代服饰、披帛

披帛作为唐代宫廷女装的流行配饰和舞蹈服装的重要道具，极富装饰功能，是女性社会身份的一种标志。披帛的披着方式多样，造型形态流畅，有绫、锦、纱、罗等多元化质料，与襦裙、半臂、袒领大袖衫等流行服饰的领型和衣襟搭配，与袒露肌肤虚实相衬，随着人体动态而飘逸舒展，恰到好处地塑造出唐代上层社会女子的万般仪态，形成唐代世俗女装的一大流行特色。

一、披帛综述

披帛为长条状巾，多披于肩，绕于臂，其名称、形制和起始时间学界尚有争议。沈从文先生考证后认为：披帛形制如围巾，"唐式披帛的应用，随最早见于北朝石刻伎乐天身上，但在普通生活中应用，实起于隋代，盛行于唐代"[2]。这一观点为绝大多数学者所认可。帛为古代丝织物的总称，在唐代曾一度为赐品，颇为贵重。但"披"作为一种着装方式而与条状丝质"帛"关联所成的流行服饰，当前学术界主要有两种争议。一为由古制帔发展而来。《释名·释衣服》曰："帔，披也，披之肩背，不

---

❶ 石历丽,女,山西天镇人,西安美术学院服装系,教授,中央民族大学博士在读。
❷ 沈从文.中国古代服饰研究 [M].上海:上海书店出版社,1997:247.

及下也。"❶有学者归纳帔在六朝时演变为三种形制：即形体较小披于肩但长不及臀的帔巾、披风式大帔和小围领式帔领❷。以图像说明此三种形制，易于辨析考证帔的形状和使用对象。《北齐校书图》中有侍女肩披纱质帔巾系结的形象❸，堆叠在肩，后背披下较短，从整体造型看似裁为有弧度的三角形才能有胸前系结的匀称效果；"披风式"大帔见于北朝陶俑❹，宽大厚实包裹笼罩全身，对襟在领部下系结，下缘在小腿处，从搭配裤褶服来看属于外出服，《北齐校书图》也有侍女着类似通体大帔；帔领图像见于西安北魏女俑❺，帔对折围在肩领后垂于身体中线处，长及膝下，这种有花纹、两端窄长、末梢菱形的帔领因只围挂于脖，并不搭于肩臂，仍"属于绣领"❻。

显然，唐代披帛形制不同于此三种帔，囿于目前确凿资料所限，六朝的帔如何演化为披帛尚待考证。因此产生了第二种推断和争议，即唐代披帛是受外来习俗的影响，随着佛教强大影响力通过丝绸之路传播入唐。孙机等学者认为，披帛受"佛教艺术通过中亚东传时带来的风习影响"❼，从模仿菩萨、天王、飞天服装窄长的飘带❽而逐渐演变而来，是唐代服装演进中"内外因结合而流行的一种时世妆"❾。段文杰、黄能馥等学者也持此观点❿。有学者厘清了披帛的名称、来源及从佛教服饰逐步世俗化的衔接⓫，有学者通过考证后认为："'披帛'之名晚唐五代始有，名迟于实，在名称未出现情况下，唐人就以汉民族固有的帔、领巾来代指披帛，这就产生了古书中的混用情形。自《中国古代服饰研究》始……披帛是各类服饰专书、文化史书籍中使用最广、最无歧义的一个词汇"⓬。"披帛"一词始见于五代马缟《中华古今注》："开元中，诏令二十七世妇，及宝林、御女、良人等寻常宴、参、侍，令披画披帛"⓭，这也释证了唐史籍中少有记载的原因。"秦时有披帛"⓮之论与此说矛盾，且至今未核实秦有披帛的确凿资料，沈从文先生对此相矛盾说法解释道："唐宋以来易把同物异名分为二和同名物异合为一相互混淆"⓯。

实际上，在循环往复、轮回上升的服饰流行规律中，披帛作为流行服饰并非偶然出现、单一来源、孤立发展的。从着装的文化环境审视这些争议，在中外交流频繁、标新立异的唐代，服饰、发式、妆容、材料甚至服饰习俗都在求新求变，伟大的唐代艺术本身就是继承传统艺术风格与融会了外来艺术之精华杂糅而成⓰。唐代胡汉、中外商贾云集，文化格局宽松开放，好异慕新思潮涌

❶ 毕沅.释名疏证[M].北京：中华书局，1985：157.
❷ 张玉安.六朝"锦帔"小考[J].艺术设计研究，2012(3)：34-37.
❸ 沈从文.中国古代服饰研究[M].上海：上海书店出版社，1997：198.
❹ 沈从文.中国古代服饰研究[M].上海：上海书店出版社，1997：188.
❺ 沈从文.中国古代服饰研究[M].上海：上海书店出版社，1997：192.
❻ 沈从文.中国古代服饰研究[M].上海：上海书店出版社，1997：193.
❼ 孙机.唐代妇女的服装与化妆[J].文物，1984(4)：57-69.
❽ 卢秀文，徐会贞.披帛与丝路文化交流[J].敦煌研究，2015(3)：22-29.
❾ 黄能馥，陈娟娟.中华历代服饰艺术[M].北京：中国旅游出版社，1999：234.
❿ 牛怡晨.论古代服饰中帔帛的来源与演变[J].金田，2013，(5)：91.
⓫ 张蓓蓓.帔帛源流考——兼论宗教艺术中的帔帛及其世俗化[J].民族艺术，2015(3)：135-143.
⓬ 叶娇.帔子·领巾·披帛——略论唐五代宋初女式披巾的称名[J].中国典籍与文化，2010(3)：124-130.
⓭ 马缟.中华古今注：卷中[M].北京：中华书局，1985：21.
⓮ 高承.事务纪原[M].北京：中华书局，1989.
⓯ 沈从文.中国古代服饰研究[M].上海：上海书店出版社，1997：247.
⓰ 陈兆复.中国少数民族美术史[M].北京：中央民族大学出版社，2001：320.

动为披帛流行提供了社会文化基础，无论它是历史承袭帔制而发展改进为时髦款式，还是从异域传播来并受到宗教思潮的影响，都与中原传统文化乃至唐代社会经历了激烈碰撞、认知与模仿、交融与契合，而最终成为具有时代性民族本土服饰的一个有机部分和代表符号，其流行所引发的深层审美变革的影响力和服饰时尚的创造力更值得学术深究和审视。

二、披帛的流行与适用性

1. 披帛的流行与适用对象

大量资料显示披帛为唐宫廷从皇后贵妃至女官侍女等阶层女子专有，普通劳动妇女阶层未有普及与使用，并非有学者所述"不分贵贱、普通妇女阶层皆可服用"[1]。在唐代，奴婢、部曲和杂户"被视为低人一等，均田制规定一般妇女、部曲、奴婢不列入授田范围"[2]，普通百姓生计艰难并被冠称"布衣短褐"，实不可能配华丽繁缛的披帛。有人翔实考证了社会下层劳动妇女服饰和生存状态，充分证明"没有资料显示平民女子有披帔现象"[3]。也有人将着有披帛的伎女阶层单独划分出来[4]，如《宫乐图》中环案乐伎十人均有披帛，反映出伎女身份均为宫伎或贵族家伎等，擅长歌舞以供娱乐；"长安专设官方'教坊'里的歌舞伎的社会地位类似于最高贵的艺伎'官伎'"[5]，她们活跃于宫廷和市井之间，为传播上流社会的乐舞、服饰等摩登生活方式起到了推波助澜作用，因此"贵族的侍女、家养舞女和宫中伎乐因与贵族关系密切，服饰和生存状态不能体现社会下层劳动妇女原貌"[6]，仍归属宫廷序列里的侍从阶层而非平民。

披帛因上流社会经济资源的丰富、生活方式的闲适、尊贵显赫的服饰心理欲求而在短时内迅速扩散，被唐人所接受成为宫廷女性日常饰品。在《虢国夫人游春图》里，虢国夫人披慵闲随意的白色花帛，与婉约的淡青窄袖上衣、团花描金胭脂色大裙巧妙衬托出人物身处的社会阶层与华贵气质，柔婉细腻地描绘出盛唐雍容繁丽的服饰时尚。所谓上有所好，下必行之。自上而下的流行更易被传播模仿，披帛也由此为宫廷女官、侍女所仿效而波及更大层面。据史料记载，宫女按职责和地位大致分为授予官职管理君主日常生活和地位较低被役使的两类。以负担繁重的杂役、打扫、做饭、弹琴和歌舞等事务的宫女而言，仅懿德太子墓壁画中的披帛侍女就有捧果盘、炭盆、鲜花、扇子等生活用具者，有持箜篌、长琴、琵琶者[7]；薛儆墓石门线刻板画有侍女披帛图像[8]，生动传达出侍女在持花、打扫中娴熟忙碌而游刃有余的景象。

❶ 张蓓蓓. 帔帛源流考——兼论宗教艺术中的帔帛及其世俗化 [J]. 民族艺术, 2015(3) : 135–143.
❷ 朱绍侯, 张海鹏, 齐涛. 中国古代史: 上 [M]. 福州: 福建人民出版社, 2004: 433.
❸ 纳春英. 唐代平民女子服饰与生存状态初探 [J]. 陕西师范大学学报(哲学社会科学版), 2012, 41(1) : 72–77.
❹ 马希哲. 中国中古时期帔帛的文化史考察 [D]. 北京: 北京大学, 2008: 29.
❺ 图见爱德华·谢弗. 唐代的外来文明 [M]. 吴玉贵, 译. 西安: 陕西师范大学出版社, 2005: 82.
❻ 纳春英. 唐代平民女子服饰与生存状态初探 [J]. 陕西师范大学学报(哲学社会科学版), 2012, 41(1) : 72–77.
❼ 图见董新林. 幽冥色彩——中国古代墓葬壁饰 [M]. 成都: 四川人民美术出版社, 2003: 63–65.
❽ 图见山西考古研究所. 唐代薛儆墓发掘报告 [M]. 北京: 科学出版社, 2000: 45.

2．披帛的流行功能与作用

一为日常流行服装中的必备饰品。唐代奢靡成风，丰沛的物质、高度的文明为服饰提供了流行的契机和氛围，缦衫、短襦、半臂、透明纱衣、袒领对襟大袖衫、曳地长裙和各式高髻等的流行对服饰进行了从头到脚的革新，如在唐诗"红裙妒杀石榴花"❶般新奇的时世服饰造型中，披帛可与不同人物身份和服饰随意协调搭配，适用于高贵的皇妃、贵妇，并在闲情雅致中尽见灵动，或在宫廷侍女的劳作中并不显累赘羁绊，成为跨越身份、年龄和区域的流行饰品和唐代女装精彩之处。披帛质料薄厚长短的灵活多样，使其适宜于不同的时令季节：《簪花仕女图》中所展示的是春风拂面时贵妇着披帛的情景❷，从永泰公主墓壁画中宫女着披帛单衣露颈来看"是在夏秋之夜"❸，《调琴啜茗图》❹所绘繁茂桂花树是时至秋日❺。披帛"初唐时有御寒和装饰功能，晚唐已没有保暖作用"的说法❻似乎片面，因御寒保暖都是相对而言，如契苾夫人墓有披帛覆盖双手❼及后文所列多种披着方式都是配合缠绕于裸露处的领型，是否为御寒披着方式尚待考察。

二是作为流行舞蹈服装中的重要道具。披帛的流行"归功于乐舞的发展，披帛与舞蹈结合创造出最佳的艺术效果"❽，也是开放的审美意识与骄奢放纵思潮的反映。当时盛行舞乐不分的西域乐，以著名的《胡腾》《胡旋》《柘枝》为代表，舞蹈擅长利用服饰飘逸的帛、带、袖、裙表现激旋舞姿，元稹的《晚宴湘亭》"舞旋红裙急，歌垂碧袖长"有佐证❾。陕西执失奉节墓《巾舞图》女性披红帛两臂斜张"持长巾旋舞"❿是研究舞蹈中帛巾的珍贵资料。"没有巾难以成为巾舞"⓫，巾舞的特点全凭舞者执或长或短的巾随舞姿抛举挥洒，所舞之"巾"实为披帛，随身所带，随时而舞，方便洒脱，符合大唐气质，并有细长的披帛斜搭于一肩持帛而舞⓬的女舞俑为佐证。这些受过专门训练的歌舞乐伎常是异域他国的馈赠礼物，如著名的胡旋女是由康国、俱密、史国等"统治者馈赠给玄宗"⓭，在欣赏其舞姿的同时，她们的奇装异服也不断对善于接受新奇事物的唐人以刺激和冲击。在大兴佛教的唐代，日新月异的舞蹈服饰也必然对佛教绘塑服饰产生交互式影响，"壁画的舞伎披帛极可能参照了真实生活中的舞蹈装束"⓮，因此，披帛折射出文化交流与互渗的特质。

3．披帛的流行质料

丝绸虽被统称为帛，但按照外观和结构在纺织材料上又实际划分为绢、锦、绢、绫、罗、纱

❶ 中华书局编辑部.全唐诗[M].彭定求,校点.北京:中华书局,1960:1469.
❷ 图见黄能馥,陈娟娟.中华历代服饰艺术[M].北京:中国旅游出版社,1999:212.
❸ 常任侠.从汉唐壁画的发展看永泰公主墓壁画的成就[C]// 常任侠.东方艺术丛谈.合肥:安徽教育出版社,2006:254-266.
❹ 图见爱德华·谢弗.唐代的外来文明[M].吴玉贵,译.西安:陕西师范大学出版社,2005:188.
❺ 常任侠.东方艺术丛谈.合肥:安徽教育出版社,2006:188.
❻ 王丽娜.唐朝女子襦裙服之演变考[J].宁夏大学学报(人文社会科学版),2013,35(3):61-66.
❼ 图见昭陵博物馆.昭陵唐墓壁画[M].北京:文物出版社,2006:232.
❽ 程华.清风穿袖散花絮 帛带缚肩升纸鸢——我国古代女装披帛艺术研究[J].美术大观,2009(9):252.
❾ 中华书局编辑部.全唐诗[M].彭定求,校点.北京:中华书局,1960:4549.
❿ 刘炜,段国强.国宝:壁画[M].济南:山东美术出版社,2012:139.
⓫ 宿白.中国美术全集·绘画篇·12册·墓室壁画[M].北京:文物出版社,2006:36.
⓬ 图见金维诺.中国美术全集[M].北京:人民美术出版社,2006:42.
⓭ 爱德华·谢弗.唐代的外来文明[M].吴玉贵,译.西安:陕西师范大学出版社,2005:90.
⓮ 王宏伟.敦煌唐代飞天帔帛造型审美分析[J].北京理工大学学报(社会科学版),2009,11(4):102-104.

等14大类，因其制造方式的不同，导致其组织结构、外观纹理特别是织物性能迥然不同，产生了丝织物薄厚、软硬、疏密、闷透和悬垂等本质性差异。据图像中披帛的着装效果看，不是丝绸中的每一类都适合制作这样轻薄、透明、易缠绕、有纹样的披帛。尽管有学者试图分析披帛的质地与色泽❶，毕竟缺少披帛实物和确凿证据而尚显笼统。

进一步细化考证披帛的质料发现，唐代纺织技术和机械的发展已保障了披帛质料的多样化。唐最盛产绫，色泽丰富，经不同工艺呈现不同外观特点，有独巢纹绫、瑞绫、白编绫等繁多细科。唐史料中最为常见的线制花本提花机多用于织绫罗纱绮等较轻薄织物，"元积有'缫丝织帛犹努力，变缉撩机苦难织'正是指此"❷，提花机可灵活织出互不相连的花纹，与壁画中所见披帛质感非常吻合。为遏制奢靡之风，唐代宗曾下诏禁断部分纺织品，其中包括"单色和彩色绫及有图案的纱"❸，可见其用量之大。唐还独创并流行经面缎纹唐锦❹，从出土提花晕裥锦、斜纹锦等实物来看，珍稀而优质之物必然先为宫廷权贵阶层所享用。披帛或为"纱料"❺，"还有一种绢，长四丈，传说重才半两"❻，这些织物的外观与性能非常适宜披帛效果。尚有许多有精美纹样的披帛，从韩休墓舞女连续竹叶的"植物花纹"❼、李宪墓"有少量鲜艳花卉"❽、永泰公主墓"绿色点缀有规律的梅花点"❾等披帛来看，纹样多为二方或四方连续的花木、团窠和缠枝纹等，应为印花织物，通过将图案刻在印花模板上压住织物，再将染料注入镂空处而成❾。

唐代我国作为世界上华美质优的纺织品生产中心，披帛的材料为国产丝织品理所应当，但是作为奇货云集的国际时尚都市和万国倾慕进贡的商贸交流中心，披帛的材料由进口进贡等外来传入也合情理，唐宫廷曾"进口大量的布匹"❾来满足权贵对新奇织物的强烈兴趣和奢侈需求，唐人喜爱新罗输入的淡红色柞蚕丝，并称其为"朝霞绸"，从印度输入的大量普通棉布被美誉为"朝霞"，李贺诗"轻绡一匹染朝霞"❶即指此。因此推测披帛的材料还可能不限于丝质，当时"西北草棉和西南木棉都得到相应重视"❷，西域盛产棉花，大量优质高昌棉布送至唐境内❸。吐鲁番6世纪已有丝、棉混织锦和白棉布❹，印度支那的棉花也在唐影响强烈。棉布、丝棉混纺，从透气性、舒适度上更符合披帛的性能与功用，在丝绸之路的跨区域流行传播中具有积极接受外来因素心态的唐人定会模仿吸纳优秀服饰文化融归自有并不乏以棉制披帛的可能。

❶ 王晓莉，樊英峰. 谈乾陵唐墓壁画线刻画仕女人物的披帛 [J]. 文博，2011(4)：67-72.
❷ 何堂坤，赵丰. 纺织与矿业志 [C].// 陈美东. 中华文化通志：科学技术典. 上海：上海人民出版社，1998：88.
❸ 爱德华·谢弗. 唐代的外来文明 [M]. 吴玉贵，译. 西安：陕西师范大学出版社，2005：255.
❹ 爱德华·谢弗. 唐代的外来文明 [M]. 吴玉贵，译. 西安：陕西师范大学出版社，2005：258.
❺ 袁杰英. 中国历代服饰史 [M]. 北京：高等教育出版社，1994：81.
❻ 朱绍侯，张海鹏，齐涛. 中国古代史：上 [M]. 福州：福建人民出版社，2004：448.
❼ 程旭. 唐韩休墓《乐舞图》属性及相关问题研究 [J]. 文博，2015(6)：21-25.
❽ 王宏伟. 敦煌唐代飞天帔帛造型审美分析 [J]. 北京理工大学学报(社会科学版)，2009，11(4)：102-104.
❾ 爱德华·谢弗. 唐代的外来文明 [M]. 吴玉贵，译. 西安：陕西师范大学出版社，2005：253.
❿ 爱德华·谢弗. 唐代的外来文明 [M]. 吴玉贵，译. 西安：陕西师范大学出版社，2005：261.
⓫ 王琦. 李贺诗歌集注 [M]. 上海：上海古籍出版社，1978：192.
⓬ 沈从文. 中国古代服饰研究 [M]. 上海：上海书店出版社，1997：306.
⓭ 爱德华·谢弗. 唐代的外来文明 [M]. 吴玉贵，译. 西安：陕西师范大学出版社，2005：264.
⓮ 孙机. 中国古代物质文化 [M]. 北京：中华书局，2014：85.

三、披帛的披着方式与流行造型

唐女装造型经历了初唐窄袖长裙、盛唐款式丰富、中唐至晚唐宽博肥大的衍变，披帛不断变换形状、尺寸、造型和披着方式，起到修饰、调节着装形象的作用，并在盛唐呈现出富有创新性的披着方式而达到成熟。有人将乾陵壁画披帛分为V和U型❶，有人将披帛"分为两类若干形式"❷，这些归纳均凭图像对披帛外观作以推断，实际上，披帛的内在工艺结构、围系造型及与服饰的衔接关系都十分复杂，应遵从于历史资料而不宜简单归类，且在上述所依据的以唐长安为主的壁画之外还有许多考古资料应予以关注。按照服饰流行盛衰规律❸，并以唐墓埋葬年代的时间排序列举，便于观察披帛的流行变化轨迹：

1．流行发展期的披着方式

初唐服装造型延续北朝旧制而窄袖清秀，与上简下丰的小袖襦和高腰裙搭配，披帛整体流行式样较为简约、保守，主要有以下披着方式。

（1）披肩式。即幅面较宽博，披于肩背，两端搭于胸前，长度及胯臀，形成一定的波浪形褶裥，杨温墓（640年葬）《七女侍图》（图1）❹、段简璧墓（651年葬）《侍女图》❺均为此式，披帛样式与服装造型呈对比效果。

图1　杨温墓《七女侍图》中的披帛

---

❶ 王晓莉，樊英峰．谈乾陵唐墓壁画线刻画仕女人物的披帛 [J]．文博，2011(4)：67–72.

❷ 李波．唐代墓室壁画女性披帛围系研究 [C].// 中央美术学院《美术研究》杂志社.2006年当代艺术与批评理论研讨会论文集.北京：《美术研究》杂志社，2006：123–132.

❸ 服装流行学中的服装流行盛衰规律一般将服饰流行分为成长发展期、繁荣上升至极盛期、由顶点至下降衰退期.
李当岐．服装学概论 [M]．北京：高等教育出版社，1990：129.

❹ 图见昭陵博物馆．昭陵唐墓壁画 [M]．北京：文物出版社，2006：35.

❺ 图见昭陵博物馆．昭陵唐墓壁画 [M]．北京：文物出版社，2006：58.

（2）自然式。当时服装领口较高，多为"对襟略带W型的圆领"❶，披帛较窄长简约，自然搭于两肩垂下，长及膝，增加了整体服饰形象的修长感，如韦贵妃墓（667年葬）拱手侍女（图2）❷、阿史那忠墓（675年葬）持茧纸侍女❸等均为此式。

（3）裹缠式。李震墓（665年葬）《提壶托盘女侍图》❹中，侍女因双手负重托物疾走，无暇整理右肩脱落的披帛，故可清晰观察披帛方式较为复杂，似为披帛右端固定于右腋裙腰带里，向后背披并绕回缠经左肩，再斜向右腰略固定后下垂至膝，披帛较长，因折叠而显臃肿（图3）。此图也说明许多披帛方式多为通过直观图像推断列举，实则披帛造型与内在结构更为复杂。

（4）一端固定一端下垂式。披帛为窄长方形，因裙身系至胸部高处以绸带系扎，帛左端也系扎在左腋裙胸围处，另一端搭过肩而从身体右侧垂下。李震墓持扇侍女清晰地展示出深红帛左端夹在罩裙胸围处而右端绕肩垂下的式样❺。由燕妃墓（672年葬）侍女服饰可证披帛是由腰带固定（图4）❻，新城公主墓（663年葬）有侍女披帛方式与此式对称❼，披帛的右端系扎在裙子右腋处，另一端从左肩搭过而下垂绕手至膝。

（5）斜掩式。披帛左端固定于右腋下，再向左胸、肩披搭并绕后背回搭于右肩、臂处，下垂至膝。帛的始端从右侧开始斜向经过身体中心线再向左肩去，因此胸前为斜掩式，且两端皆垂于身体右侧，较典型者如安元寿墓(684年葬)侍女（图5）❽，蓝色襦和红白条纹裙翔实衬托出黄披帛的形态与走向，内衬圆领。

图2 韦贵妃墓拱手侍女的披帛　　图3 李震墓《提壶托盘女侍图》中的披帛　　图4 燕妃墓侍女的披帛　　图5 安元寿墓侍女的披帛形象

❶ 张珊. 从图像资料看唐代女装常服的变迁 [J]. 艺术设计研究,2015(2):78-83.
❷ 图见昭陵博物馆. 昭陵唐墓壁画 [M]. 北京:文物出版社,2006:131.
❸ 图见昭陵博物馆. 昭陵唐墓壁画 [M]. 北京:文物出版社,2006:192.
❹ 图见昭陵博物馆. 昭陵唐墓壁画 [M]. 北京:文物出版社,2006:99.
❺ 图见昭陵博物馆. 昭陵唐墓壁画 [M]. 北京:文物出版社,2006:107.
❻ 图见昭陵博物馆. 昭陵唐墓壁画 [M]. 北京:文物出版社,2006:178.
❼ 图见昭陵博物馆. 昭陵唐墓壁画 [M]. 北京:文物出版社,2006:94.
❽ 图见昭陵博物馆. 昭陵唐墓壁画 [M]. 北京:文物出版社,2006:198.

2．流行成熟期的披着方式

随着盛唐文化企及高峰，社会文化愈加开放，宫廷女装花样不断更新，衫襦领口逐渐降低，出现了鸡心领、对襟V领、袒领、交领、甚至抹胸式低胸无领等样式，披帛"井喷式"的创新增加了众多新奇款式，并流行与对襟胸前系带打结的半臂搭配，完全与领型和衣襟款式协调吻合；丰富灵活的披着方式便于调节袒领、无领的裸露与覆盖，表现出无拘无束、蓬勃向上的审美意识。这一时期的披帛方式有：

（1）三角披肩式。与上述第（4）式的长方形截然不同，左端为三角形，与襦衣领处的垂带打结系住固定，向后经肩回搭，右端搭在左臂上，帛有一定宽度且较长，形成一个优美的弧度，观察懿德太子墓（706年葬）侍女的披帛方式（图6）❶，披帛造型与流行领型密切关联，正面从衣襟中线处始，与内配对襟襦衣的V领和门襟线平行一致，除了左手托起的帛的一端，图中"均未看到帛的另一端，帛造型稳定且都在肩部有两条褶纹"❷。薛儆墓（720年葬）有同款披帛以带子与襦衣衣领固定的细节❸。

（2）绕单式。宽博的披帛一端夹于裙腰里，另一端披肩而回在胸前斜掩，帛梢绕于单手上而垂于体侧，燕妃墓甬道侍女（图7）❹、张去奢墓（747年葬）侍女❺都有此清晰形象，此式肩部为三角式或长方形，但与三角披肩式的区别在于这种披着方式胸部为斜向裹缠而非对襟，掩藏着里衫的袒领或圆领，从图像看，披帛的应用常遮盖颈项，特别是无领或低领服装必配披帛。

（3）绕双手式。帛有一定宽度，左端夹藏于裙腰，右端披过肩而在胸前右掩，最有特点的是帛梢绕于双手上并垂于身体前中心线处。开元四年（716年）墓石刻装饰画❻和西安韦项墓❼（718年葬）（图8）石刻画中都有侍女披帛绕于双手形象，契苾夫人墓（721年葬）侍女披帛较宽短并拱举起裹披帛双手❽，似有避寒之意。永泰公主墓前室西壁南有侍女7人❾，除两人捧物外，其余5人均将帛绕于双手上。永泰公主墓另有三角披肩式、绕单手托式、斜掩式等，由此判断，许多时候披帛的不同造型与披着方式是并用和流行的，当领型繁缛时披帛方式较为简单，当领型简约时披帛方式则较复杂，如三角式披帛与V领线平行，复杂的手托式内配着对襟圆领。

（4）单手托帛式。披帛一端或三角式或长方形掩于裙腰内，另一端托于一只手臂上，从不同墓室壁画归纳可见，这并非偶然的动作而是一种较为流行的披帛方式和仪态，章怀太子墓《观鸟扑蝉图》左边者疾走仰头观鸟的动态中仍手托帛，右边者在沉思的静态中仍一手托披帛❿

❶ 图见沈从文.中国古代服饰研究[M].上海：上海书店出版社,1997:207.
❷ 宿白.中国美术全集·绘画篇·12册·墓室壁画[M].北京：文物出版社,2006:40.
❸ 图见山西考古研究所.唐代薛儆墓发掘报告[M].北京：科学出版社,2000:46.
❹ 图见昭陵博物馆.昭陵唐墓壁画[M].北京：文物出版社,2006:158.
❺ 中国历史博物馆.中国历史博物馆——华夏文明史图鉴[M].北京：朝华出版社,2001:168.
❻ 图见沈从文.中国古代服饰研究[M].上海：上海书店出版社,1997:255右图。
❼ 图见沈从文.中国古代服饰研究[M].上海：上海书店出版社,1997:255中图。
❽ 图见昭陵博物馆.昭陵唐墓壁画[M].北京：文物出版社,2006:232.
❾ 图见沈从文.中国古代服饰研究[M].上海：上海书店出版社,1997:246.
❿ 图见黄能馥,陈娟娟.中华历代服饰艺术[M].北京：中国旅游出版社,1999:216.

图6 懿德太子墓侍女的 披帛　　图7 燕妃墓甬道侍女的披帛　　图8 西安韦项墓中的披帛　　图9 章怀太子墓《观鸟扑蝉图》侍女的披帛

（图9）；咸阳薛氏墓（710年葬）❶有此式，轻轻托举，颇具浓郁生活气息又富华贵气质。永泰公主墓石刻线画展示了高髻侍女正"双臂向上平举"而张开披帛的生活瞬间❷，帛的宽度、长度和悬垂度可见。

（5）斜挂式。披帛在一侧腰际垂下，另一端在胸前拧折固定后斜向向相反的肩部搭去，与身体或服饰固定点较少，随着人体行走而抑扬回旋，在时装渐向大袖宽衣、多褶阔裙的流变中，披帛式样为日渐宽博丰腴的服装造型增加了律动感，金乡县主墓（724年葬）发掘报告中有翔实的大型女立俑三视图便于考证此式❸（图10）。

3.流行衰退期披着方式

中唐至晚唐时全国纺织业繁荣稳健，奢靡腐化成风，会昌五年（845年）大规模对宗教的压制结束了

图10 金乡县主墓女立俑侍女的披帛形象

宗教和外来艺术对于服饰的影响时代❹，宫廷女装裙身造型日趋宽肥，整体重心呈下落趋势，披帛样式迅速减缩，披着方式主要为绕颈式。披帛环绕颈部在身体前部形成优美弧度，帛尾向后搭。扬州出土断臂陶俑胸前的披帛拧折并环颈，而两个帛尾搭肩向后垂下❺。观察衣服发式表现的是"中晚唐制度"❻的《宫乐图》❼中有数名不同姿态的妇女（图11），绕颈后形成的弧度更加松弛并由

❶ 图见爱德华·谢弗.唐代的外来文明[M].吴玉贵,译.西安:陕西师范大学出版社,2005:73.
❷ 图见中国历史博物馆.中国历史博物馆——华夏文明史图鉴[M].北京:朝华出版社,2002:171.
❸ 图见王自力,孙福喜.唐金乡县主墓[M].北京:文物出版社,2002:40.
❹ 爱德华·谢弗.唐代的外来文明[M].吴玉贵,译.西安:陕西师范大学出版社,2005:329.
❺ 图见金维诺.中国美术全集墓葬及其他雕塑[M].合肥:黄山书社,2010:374.
❻ 沈从文.中国古代服饰研究[M].上海:上海书店出版社,1997:283.
❼ 沈从文.中国古代服饰研究[M].上海:上海书店出版社,1997:282.

图11 《宫乐图》中妇女的披帛

颈部变化至腹部，披帛均较长，也避免与高腰裙身在胸前的宽阔堆褶重叠，更符合服饰的人体工学原则。

因此，披帛的披着方式丰富多样，造型花样新奇迭出，富有创意，显示了唐代服饰文化的创新开放、百花齐放气象，因此"乾陵绘画作品中披帛披搭方式总共有2种"❶的结论略显草率，尚有许多独特披帛形象难以一一归纳，如燕妃墓侍女的披帛仅环手臂形成弧度（图12）❷、阿史那忠墓侍女的披帛根本不披搭于肩背，只固定于两腰侧而在腰后垂下成弧度（图13）❸，李震墓背向侍女披帛为复杂双层等（图14）❹。唐之后，披帛保持一阵流行惯性，但渐随时代风尚的巨大变迁而消失。至于像石窟、寺庙壁画中的披帛形象因与佛教关联性大而有别于世俗，当为另一论题。

图12 燕妃墓侍女的披帛

图13 阿史那忠墓侍女的披帛

图14 李震墓背向侍女的披帛形象

❶ 王晓莉,樊英峰.谈乾陵唐墓壁画线刻画仕女人物的披帛 [J].文博,2011(4):67-72.
❷ 图见昭陵博物馆.昭陵唐墓壁画 [M].北京:文物出版社,2006:152.
❸ 图见昭陵博物馆.昭陵唐墓壁画 [M].北京:文物出版社,2006:165.
❹ 图见昭陵博物馆.昭陵唐墓壁画 [M].北京:文物出版社,2006:98.

四、结语

　　分析唐代披帛在宫廷的流行与适用性、多元优质的质料、新颖独特的披着方式，恰如孙机先生所言，"此为唐代女装不可缺少"[1]的装饰品，是唐代服饰文化的流行代表符号和时代信息的载体。这种得益于唐代物质基础的丰富、社会格局的开放、文化交流的滋养和先进纺织技术氛围的时世妆，伴随着唐代宫廷女装造型的风云流变而在尺寸、形状、款式、造型中不断更迭创新。初唐以宽博的披帛搭配短衫襦的窄袖，中唐和晚唐以窄长披帛搭配阔裙，为了衬托盛唐流行半臂、衫襦的领型与门襟变化而创造出诸多新奇披着方式并日臻成熟完美。因此，披帛的流行反映了在唐代开放包容、多元文化交融氛围中服饰的创造智慧和审美思潮，也是"西方服饰文化与本土服饰文化交融的一个很好例证"[2]。

[1] 孙机.唐代妇女的服装与化妆 [J].文物,1984(4):57–69.
[2] 张蓓蓓.帔帛源流考——兼论宗教艺术中的帔帛及其世俗化 [J].民族艺术,2015(3):135–143.

09 民国汉族女装的嬗变与社会变迁

崔荣荣❶   牛 犁   李宏坤

摘 要　　民国时期，政局动荡，各种社会文化思潮交织碰撞，影响到我国汉族社会生活的方方面面。人们的穿着习俗也在发生着剧烈的变化，特别是汉族女装经历了从传统到现代，从复古到创新的多元化风格格局，在承续传统"上衣下裳"的服装基本搭配样式上再生出民族化符号性质的服饰形态——"倒大袖"与旗袍，服饰风俗上"除旧纳新"，风格上呈现出"中西混搭"的新风尚。民国汉族女装在多元思潮影响下，传统文化的回归与西风东渐的双重浸染，形成了被人们广泛认可的服饰审美风尚，具有鲜明的服饰文化民族符号意义。

关键词　　民国、汉族女装、服饰嬗变、社会风尚

　　民国时期汉族女装的变革导致了该时期汉族女装呈现多元化的发展趋向，第一元是恪守正统汉民族文化群体主张恢复汉族文化传统，穿着具有汉民族本土性特征的传统服饰；第二元是经历西式教育的自由之士、新型知识分子和革命派主张彻底废弃传统，穿着合体的西式服饰表达自己变革意志；第三元是中间派人士，即主张保留部分传统又主张学习西方先进文化，他们的观点是基于传统文化的创新发展，形成民国时期我国具有民族符号性质的主流服饰形态："倒大袖"与旗袍。

一、民国汉族女装"存续承扬"与传统汉族文化的回归

　　辛亥革命成功后，即民国初期，汉族女性着装受社会主流恢复华夏汉族传统文化思想的积极提倡与推动，一定程度上也与当时爱国主义富民强国的政治主张相联系，从而使当时的服制改革上升为国家政治层面的行为，具有广泛的社会意义。1912年（民国元年）《服制》颁布了两种女性服装的法定类型："上衣下裙，上身用

---

❶ 崔荣荣,江南大学社会科学处副处长,江南大学博物馆筹建办公室主任,教授,博士生导师。

直领、对襟，左右及后下端开衩、常与膝齐的上衣，周身得加以锦绣。下身着裙，前后中幅平，左右打裥，上缘两端用带。"可见，当时女性服饰主流仍然延续"上衣下裳"的传统搭配形式。同样，民国初期出版的《墨润堂改良本》画谱中的女性袄、袍、裙的结构图验证了当时女性服饰仍然是延续的传统形制。

关于民国时期汉族女装延续传统旧制的记载屡见不鲜，民间各地方志也多有记载，如《潍县志稿》（民国三十年）记载："妇女多服旧式衣裳。"《磁县县志》（民国三十年）记载："昔时男女制衣多用粗布，靛染蓝色。女子皆穿短衣，一裤一衫，冬则袄外尚套一单褂。富者探亲戚时，下更加扎裙子。虽扎短衣，务求宽大肥裕。男女贫者，只著短衣，富者除短衣外，夏有大衫，冬又有大袍、马褂。昔亦全为蓝色，近则夏多白色，冬多青色。"可见，这些地方志从服装式样、服饰面料、色彩等方面阐释了当时女性服装的传统造型在民间仍为主流形式。

江南大学民间服饰传习馆❶珍藏有民国时期全国汉族主流地区城乡的女性服装及服装品600多件。其中，有袄193件，褂29件，衫148件，旗袍97件；下裳有马面裙112条，凤尾裙25条，作裙27条。袄、褂、衫等上衣均呈平面结构，多为大襟右衽，基本形制与传统形式无异，各类裙装整体都呈现"围式"平面造型，展开为长方形或梯形，这些都与中国传统服饰的平面造型理念一脉相承，只是由于汉族地域文化具有较大差异性，加之穿着服用功能性的需要，传统女性服装在袖宽、衣长和围度上开始趋向合体。如图1是民国《永安月刊》1939第8期刊发的《海上妇女服饰沿革》一文的插图，上面第一排即是"上衣下裳"形制。诸多例证都说明传统女装形制是民国时期我国城乡女性的主要服饰形式之一。

民国初期汉族女装延续旧制现象说明我国儒家"礼教"思想对传统服装文化的影响是深远和全面的，它造就了我国社会平面意识形态，服饰风格追求线条婉约、柔和，崇尚舒适、自然、和谐之美，注重细节与装饰技艺的运用，重视内在感觉和统一的二维平面内的视觉冲突。因此从形式上看，"上衣下裳"的延续与发展是传统服饰文化的继承，诠释了我国汉族含蓄、和谐的审美情趣。

二、民国汉族女装"弃旧纳新"与"改革易俗"社会风尚

民国时期欧美等西方服饰文化潮流浸染了我国社会各阶层，这些时尚服饰形象的塑造为民众提供了服饰审美风尚的理想标准，同时也逐渐发展出身份认同的视觉符号。

民国时期，整个社会思潮趋向纳新、求变、革旧谋发展的开放动向，成为服饰变革的根本原因。在华传教士充当了海派服饰文明的传播者，感染着国人传统的穿衣习惯与日常风俗，新颖独

---

❶ 江南大学民间服饰传习馆，是以汉族民间服饰为收藏研究对象，旨在抢救和保护我国汉族民间服饰艺术、传承和发扬汉族民间服饰文化的馆所。传习馆 2008 年建成并对外开放，展馆面积为 800 多平方米，共收集展示了清末民国时期民间服饰 2100 余件 / 套，涵盖地域有江苏、山西、安徽、江西、山东、河南、福建、辽宁、陕西等主要汉族地域，涉及有袄、褂、裤、裙、鞋、云肩、披风、各种首饰等 20 多个品种。

特的西方服饰与风俗习惯和民国延续的旧衣冠旧风俗形成鲜明对比，国民试图改变旧式的服饰面貌而崇尚代表着现代、简约、适体的西洋服饰观念，随着社会进步，海外留学知识分子作为民国的新派人物，知识分子群体习得新鲜的思想与海派知识，促成民国社会与文化的转型，从自身剪辫易服、着西装表达了毅然革旧俗、立新装的政治立场，将西方以人为本的着衣理念与风俗习惯同时引入中国，成为新时代国民竞相追逐的着衣典范，在灌输文明之风的群体的带动下中国形成了一次传统服装改革的浪潮，这是一种外在的推动力。当时服饰现象呈现"西风（俗）东渐"和"改革易俗"的状况，"西装东装，汉装满装，应有尽有，交杂至不可言状"。"趋新求变"的风气逐渐主导了社会风尚，也加速了废弃传统服饰陋俗的进程。近代著名作家立德夫人在华生活几十载，目睹了近代中国女性服饰的重大变革，在《穿蓝色长袍的国度》著作中记录了1900年前后南方苏州地区女性服饰的变化，女子服装已注重曲线的表达，日常穿着早已经"比中国西部妇女的服装要紧，接近英国的紧身服。袖子仅及肘部上方紧贴手臂，而不是像常见的中国服装那样，在手腕处垂下半码长。无疑，杭州和苏州女士的服装——可称为时下中国女士的流行款式——裁剪完美，极其漂亮，任何人穿着都很合身，而不失庄重和自然"❶；在《清稗类钞》中也记述了西风东进的趋势，"围裙，腰肢紧束，飘然曳地，长身玉立者，行动袅娜，颇类西女"❷；民初北京女学生的装束在《厂甸竹枝词》中这样写道："素裙革履学欧风，绒帽插花得意同。脂粉不施清一色，腰肢袅袅总难工。❸"这些都表现了服饰开始趋向合体的美。

同时，民国时期的女装变革也是建立在打破自身内部旧有陋习基础之上的，有识之士自清末以来一直推动摒弃束缚女性型体的缠足和束胸，改革这些陈旧的服饰风俗。辛亥革命后，1912年3月政府以法令形式发出禁缠足的文告"通饬各省一体劝禁。其有故违禁令者，予其家属以相当之罚。"❹此后民国政府在1916年与1928年分别颁布了《内务部通咨各省劝禁妇女缠足文》与《禁止妇女缠足条例》，将摒弃陋俗事象上升到国家意志，通过法律方式极力反对裹足，强制制止摧残妇女的裹脚鞋、弓鞋，积极倡导放足以解放女性身体。经过政府法令的强制执行与民间开明社团的引导，除偏远山区外，城镇妇女皆天足或放足，千百年来桎梏在女性身上的枷锁终于被打破。《遂安县志》（民国十九年铅印本）中记载："放足之风，近始渐盛，城市幼女多天足，惟乡僻仍多缠足者。"随之兴起对天足及对人体自然形态美的追求，西式塑胸内衣逐渐也在城市推广，新的服饰文明风尚逐渐在我国城市妇女中流行。

借鉴西方服饰文明最具代表性的莫过于婚礼服饰，谓之"纳新"。清末民初，西式风俗的文明婚礼开始在城市盛行，作为礼俗表现的重要载体，婚礼服也吸纳了西式的婚纱形态，在《申报》登载的小说中称赞道文明婚礼的流行："（新娘）梳一东洋头，批件西式衣，穿双西式履，凡凤冠

❶ 阿绮波德·立德.穿蓝色长袍的国度[M].北京:时事出版社,1998:343.
❷ 徐珂.清稗类钞[M].北京:中华书局,2003:6202.
❸ 雷梦水.北京风俗杂咏续编[M].北京:北京古籍出版社,1987:91.
❹ 孙中山.孙中山全集[M].北京:中华书局,1982:232.

霞帔、锦衣绣裙、红鞋绿袜一概不用……"❶"文明婚礼，盛行海上，新妇辄以轻纱绕身，雾影香光，尤增明艳，每共拍一照，以为好合百年之谐。"❷清末民初文人张醉仙在《小说林》刊登的笔记小说《鸳鸯梦》中亦详细记载了新人的时髦穿戴：

新郎西装革履，新娘纱服珠链……宾客内一身着长袍马褂之老者惊问其邻座曰："新娘悬挂此佛珠，莫非遁入空门者流，又何能结为鸾俦乎？"邻座掩口而笑曰："君差矣！此乃新妇饰物名'项链'者也。西洋习俗，咸以戴项链者为雍容华贵，国人竞相效之。君深居浅出，不谙世情，故以为尼也。"❸

"纳新"除了吸纳西式服装元素外，还表现在对自身传统服饰的改造创新上。在女装上的表现是"倒大袖"和旗袍的改革创新。教会学校在清末时期的创办带来了一些外来文明与衣尚风俗的思想观念，西方的教育制度和教学方法等也给国内带来全新的学识视野。这些给予了当时学生群体变革旧式着衣装扮的心理动机，简约适体的"文明新装"成为当时服饰风潮的典范。"文明新装"又被称为"倒大袖"，是传统上衣的发展，其造型在原先"宽衣博袖"形态的基础上开始趋向适合女性体态而非遮蔽人体的造型。为了保持对称，其袖长和衣长，前后摆和袖的围度高度一致，留洋的女学生将西方窄衣适体的着衣观念引入国内，本土教会学生纷纷响应，文明新装成为本土教会学校女性学生的时髦服装，受到城市女性的纷纷效仿。张爱玲在《更衣记》中形象地描写这种服饰："时装上也显现出空前的天真、轻快、愉悦。喇叭管袖子飘飘欲仙，露出一大截玉腕，短袄腰部极为紧小……短袄的下摆忽而圆，忽而尖，忽而六角形"❹。图1第一排所穿上衣也可验证袖、摆的弧线与人体曲线遥相呼应的美感。

始于20世纪20年代的旗袍的纳新也是如此。旗袍本是传统袍服的延续，20年代始局部被创新，

图1 民国女装变革图示

❶ 自由女子之新婚谈 [N]. 申报, 1912-9-1.
❷ 海上新竹枝词 [N]. 时报, 1913-4-4.
❸ 万建中, 李少兵, 等. 中国民俗史：民国卷 [M]. 北京：人民出版社, 2008: 125.
❹ 张爱玲. 流言 [M]. 广州：花城出版社, 1997: 17.

采用传统归拔及收腰等手法使整体造型趋向适合人体曲线造型，后也采用西式省道的裁剪工艺，表现人体曲线更加明显，在领、袖外采用荷叶领、西式翻领、下摆褶皱等西式服装常用的造型。这些吸纳的西式元素成为民国时期女装流行与时髦的符号性元素。

三、民国婚礼服饰混搭风格与"中西交融"新时尚

混搭来自于原本对立的多种元素的共存与多种风格的兼容。在民国时期的服饰搭配中普遍存在着"中西方元素与风格的混搭"形式，尤以婚礼服饰表现明显。邓子琴先生在《中国风俗史》中阐释了民国时期婚俗的变革："民国初年，婚礼非全为文明形式，亦有仍依旧式者，可谓新旧并用。"❶

婚礼服的混搭形式首先以中式服饰为主，搭配西式元素，如图2为《妇女杂志》1929年第10期刊载的照片，图中女性穿旗袍而头上却披着白色头纱；如图3《良友》1936年刊载的老照片搭配形式为男中式礼服而女性西化婚纱礼服。当时较为常见的搭配形式为男西式服装女中式为主，这种形式民国刊物记载较多，女服中式有华丽的凤冠霞帔（图4）、有上袄下裙（图5）、有旗袍。方志中也有记载，如四川的武阳镇"行结婚仪式时，新郎穿西服，新娘身穿旗袍，披白纱，双方胸前佩戴红花，行鞠躬礼。"❷还有的单件衣服上也进行中西元素的搭配，如图6西式婚礼服的领子缘饰、裙下摆的褶皱被运用在上衣下裳上；如图7江南大学民间服饰传习馆收藏一件民国婚礼服，以中式的连袖、对襟、盘金锈、袖口"阑干"形制搭配西式戗驳领。混搭风格已经发展成为当时婚礼服饰的一种时尚潮流而流行于社会。

图2 《妇女杂志》中的
民国婚礼照片

图3 《良友》中的
民国婚礼照片

图4 女性着凤冠霞帔的
民国婚礼照片

❶ 邓子琴. 中国风俗史 [M]. 成都:巴蜀书社,1988:343–344.
❷ 丁世良,赵放. 中国地方志民俗资料汇编:西南卷(上)[M]. 北京:北京图书馆出版社,1991:77.

图5　上袄下裙的
民国婚礼照片

图6　混搭风格的
民国婚礼照片

图7　民国婚礼服

四、民国旗袍的创新符号意义

1．旗袍的民族性符号意义

旗袍作为国人在长久的历史文明中创造出的产物，融合了民族信仰、民族自尊与心理依赖，是意识形态领域下传统精神文化与农业文明的结晶，费孝通曾指出："一个民族总要强调一些有别于其他民族的风俗习惯、生活方式上的特点，赋予强烈的感情，把它升华为代表本民族的标志。"[1]旗袍中传承着我国传统文化精神，作为"文脉"体现华夏民族的情感，适应了我国社会的民族情感需求。从国家层面上，1929年4月《行政院公报》第四十号法规公布的《服制条例》中规定了两种形式的女性礼服样式，一款为传统袄褂的延续，质地蓝色，五粒中式纽，下身黑长裙；另一款为传统袍服改良，长至膝与踝之间，质地蓝色，六粒中式纽，因此通过国家法律效力旗袍正式晋升为国服。从专家层面上，周锡保先生在他的《中国古代服饰史》中认为："旗袍二十世纪中期逐渐流行，以后渐为一种普遍服饰，到三四十年代，已不论老小都改着这种旗袍，逐渐取代上衣下裙的形式。"[2]

2．旗袍的女性文化意义

民国时期我国城市地区最先接受西方工业文明之风，西方文艺理论、自由主义感染城市人们的日常穿着，新的人生价值观应运而生，各种彰显个性、时髦的装扮占据城市主角，万千新奇的海派舶来品促成城市消费主义的兴盛，随着城乡之间贸易、国民新式教育的开展，融合西风民俗的程度也由早先开放的沿海城市向内陆转移，基于民族自尊的情结，传统的旗袍在吸收西装上新

❶ 费孝通．关于我国民族的识别问题 [J]．中国社会科学，1980(1)：147–162．
❷ 周锡保．中国古代服饰史 [M]．北京：中央编译出版社，2011．

颖、独特的结构造型与工艺技术的同时，逐渐融合了时尚元素，在民国社会形成了主流民族符号意义上的女装旗袍。《常熟市志》上记述："民国初至20年代，常熟居民的衣着……女性以大襟青布衫居多，仕女小姐则多着旗袍。"[1]说明我国社会以城与乡差异逐渐替代了封建社会的官与民的差异，以地域、城乡、文化、民族差别替代阶级差异成为新的女性自我身份定位的影响因素。另外，这段时期中国都市时尚、现代性与女性主体性开始建立共生关系，打破原来"存天理、灭人欲"的礼教思想，女性身体开始解放，女性意识逐渐增强。旗袍能够代替传统衣裙，还恰如其分显现出女性胴体曲线美，同时又是西方文化与我国传统文化"互融共生"在服饰上的集中反映，恰好迎合了一批追求时尚和崇尚西式文化的女性审美需求。小说家李伯元的《文明小史》："身上旗袍绫罗做，最最要紧配称身。玉臂呈露够眼热，肥臀摇摆足消魂。赤足算是时新样，足踏皮鞋要高跟。"[2]

3. 旗袍的时尚符号意义

2012年11月16日《解放日报》刊载的对80多年前上海女性着装的评述："女子的衣柜里是一定有一件旗袍的，哪怕平常不穿，也是一定会有的。旗袍里藏着女子年少时的向往，成年后的成熟与氤氲。袖口间密密繁复的十八镶，是女子婉转的情思，吉祥的图案是女子对幸福的追求。看穿旗袍的女子步履轻盈地走过，总觉得是婉媚，那低眉浅笑间不经意的魅惑顷刻间盈满了心田。曾几何时，旗袍成为中华女子的美丽符号？"[3]《上海画报》《良友》《美术生活》等也都辟有专栏，不定期地发表叶浅予等画家们的新设计、新作品，其中相当一部分是关于旗袍的设计与发布，这些都说明民国时期上海旗袍是流行和时尚的代名词。肖佛尔也在《服装设计艺术》中如此评价旗袍的美："中国服装的风格是简练、活泼的，它的式样是更多地突出自然形体美的效果，优雅而腼腆，这比华丽、辉煌的服装更有魅力。柔软的丝绸服装并没有欧洲古典服装那样烦琐的折裥，但却设计为曲线的轮廓，这是最主要的造型手法，使妇女们在行动中能展示她们苗条的形体。折枝花卉的刺绣图案在服装上是灵活而不呆板，看来富有生气，使人感到愉快。"[4]究其流行缘由，来自于旗袍迎合了国人从传统的农作生活模式中孕育而来的民族着衣风俗和心灵归属感，由传统袍服渐变而来的曲线形制可以在全国范围内得以迅速推广，为中国服装与国际时尚接轨、从平面向立体转化、民族服饰文化的独立性奠定了良好的民族文化基础。

五、结语

民国时期，这是一段传统与开放、时尚与复古并存的历史时期。在那个不稳固的政治和社会背景下，外来文化对我国传统文化的冲击造就了逐渐开放、除旧布新的局面，中西方服饰文化经

[1] 常熟市地方志编纂委员会.常熟市志[M].上海:上海人民出版社,1990:1044.
[2] 新闻夜报播音园地汇编.现代的女子[J].美术生活,1935(16):7.
[3] 80多年前,旗袍曾经是正装[N].解放日报,2012-11-16.
[4] 李少兵.民国时期的西式风俗文化[M].北京:北京师范大学出版社,1994:56.

历了摩擦与冲突，有继承，有发展，有排斥，有融合，有保留，有创新，对我国传统服饰造型艺术以及审美观产生了不同深度和层次的冲击，使得当时我国汉族服饰风格整体呈现"新旧并行、中西交融、多元发展"的潮流趋势。主要表现为传统的中式服装、西化的中式服装与纯粹的西式服装交替并行的局面，传统服装在适当保留自身传统的面貌下逐渐接纳合理的西式元素，呈现出中西混搭与融合创新的服饰衣潮。具有时尚创新意义的旗袍和倒大袖成为我国服饰的民族符号，而具有典型的中西服饰文化交流特征的则是"中西混搭"的搭配风格成为新的时尚。

10 辽代服饰制度考

孙文政❶

摘　要　　辽代服饰制度的建立，是辽代二元政治制度的产物。辽代服饰制度的发展与演变，始终体现了辽代统治者的治国理念。辽太宗制定的国服与汉服制度，对汉族实行有效统治发挥了重要作用，促进了契丹族与汉民族的融合及南北区域内经济社会的发展。辽代末期，对吏民服饰的严格规定，引起辽国内各族人民的不满，对辽代的灭亡，起到了催化剂作用。

关键词　辽代、服饰、制度

辽代服饰制度是伴随着辽代二元政治制度的建立而建立起来的。辽得燕云十六州后，地域辽阔，分南面汉人、渤海人为主的农耕经济文化圈和北面契丹、室韦、女真人为主的畜牧经济文化圈。辽太宗为了统治纳入辽国版图的燕云十六州汉族文化圈，采取因俗而治的办法。《辽史·百官志一》记载："以国制治契丹，以汉制待汉人。"❷从此，辽代的统治机构，开始分为北面官和南面官两个管理系统。辽太宗为了把南北两个管理系统区分开来，沿袭各自生活方式下的服饰习惯，制定了不同的服饰制度。辽代所制定的服饰制度，是辽代二元政治制度的标志之一。辽太宗在服饰制度上，确立"国服和汉服"❸的服饰制度，使辽代服饰制度别于其他各代。本文通过历史文献和考古资料的梳理，对辽代服饰制度进行系统考述，以其揭示辽代服饰制度产生、发展的历史过程，及其对辽代经济社会的影响。不当之处，敬请专家学者、同仁，不吝赐教。

---

❶ 孙文政，黑龙江省社会科学院历史所，研究员，研究方向为东北史、辽金史。
❷ 脱脱.辽史·卷四十五：百官志一 [M].北京：中华书局，1974：685.
❸ 脱脱.辽史·卷五十六：仪卫志二 [M].北京：中华书局，1974：905，907.

一、契丹族的传统服饰习惯

辽代契丹族原本没有真正意义的服饰制度，辽代服饰制度的建立，是沿袭契丹族传统的服饰习惯，以及吸收中原汉族服饰制度而建立起来的。契丹人生活在我国北方寒冷地带，以渔猎为谋生手段。最初的契丹人"马逐水草，人仰湩酪，挽强射生，以给日用。"❶他们游牧在荒山野岭之中，迁徙不定的生产、生活方式，决定了他们的服饰主要是防止蚊虫叮咬和预防寒冷。《魏书·契丹传》记载："熙平中，契丹使人祖真等三十人还，灵太后以其俗嫁娶之际，以青毡为上服，人给青毡两匹，赏其诚款之心，余依旧式。"❷这里所说的以青毡为上服，既可以防风寒，也可以防蚊虫叮咬。由于契丹人所居地的自然条件，契丹人多戴毡帽，成为他们的一种传统风俗习惯。《辽史·营卫志》记载："大漠之间，多寒多风，畜牧畋渔以食，皮毛以衣，转徙随时，车马为家。"❸《辽史·仪卫志》记载："上古之人，网罟禽兽，食肉衣皮，以俪鹿韦掩前后，谓之靴。然后夏葛、冬裘之制兴焉。"❹从这两则史料的记载中可以看出，契丹人以畜牧和渔猎为生，行无定所。所以主要以动物的皮毛为服饰质料。世代生活在北方的契丹人，把猎获的野兽剥去皮，吃野兽的肉，用野兽的皮缝制衣服，用鹿韦做成靴子来穿。契丹人在漫长的生产、生活中，逐渐形成夏天穿用葛缝制的衣服，冬天穿动物毛皮缝制的衣服。契丹人这种衣着习惯，逐渐成为契丹人不成文的服饰制度。

契丹族的服饰习惯，是由契丹人的生产生活方式所决定的。契丹人长期以打猎为生，日出而作，日落而息，早上太阳出来，进入山里打猎，或是到河边捕鱼，晚上太阳落山了，停止了一天的劳作，开始休息。这样日复一日、年复一年的生产、生活方式，使得契丹人的生产生活特别依赖太阳。所以在契丹族的生产、生活中，逐渐形成了对太阳的崇拜。杨树森《辽史简编》说："契丹有拜太阳的习惯，同时又以左为上，皇帝的御帐坐西向东，北面官的办事衙署由于设在皇帝的北面故称北面官。"❺契丹族崇拜太阳的习惯，养成了契丹人崇拜东方的习惯，也养成了契丹人尚左的习惯。《辽史·百官志》记载："辽俗东向而尚左，御帐东向，"❻契丹族东向尚左的习惯，不仅影响到辽代皇帝御帐坐西向东习惯，还影响到契丹族服饰左衽的习惯。《辽史·仪卫志》记载："蕃汉诸司使以上并戎装，衣皆左衽，黑绿色。"❼服装左衽是契丹人的服饰特点。

契丹人的服饰习惯，随着契丹族社会的发展发生了变化。特别是耶律阿保机建立契丹国，占有今天西辽河流域后，"随着社会生产力水平的不断提高，契丹人的服饰，也经历了一个由无到

---

❶ 脱脱.辽史·卷五十九:食货志上 [M].北京:中华书局,1974:923.
❷ 魏收.魏书·卷一百:契丹传 [M].北京:中华书局,2017:2408.
❸ 脱脱.辽史·卷三十二:营卫志中 [M].北京:中华书局,1974:373.
❹ 脱脱.辽史·卷五十六:仪卫志二 [M].北京:中华书局,1974:905.
❺ 杨树森.辽史简编 [M].沈阳:辽宁人民出版社,1984:55.
❻ 脱脱.辽史·卷四十五:百官志一 [M].北京:中华书局,1974:712.
❼ 脱脱.辽史·卷五十六:仪卫志二 [M].北京:中华书局,1974:907.

有，由俭入奢的过程。"❶契丹族的服饰随着生活环境和生产方式的变化而变化。《辽史·仪卫志》记载："契丹转居荐草之间，去邃古之风犹未远也。太祖仲父述澜，以遥辇氏于越之官，占居潢河沃壤，始置城邑，为树艺、桑麻、组织之教，有辽王业之隆，其亦肇迹于此乎！"❷从这则史料可以看出，辽建国前，没有什么服饰制度。当时是由于生产、生活需要，在不同的生活环境下，穿戴不同服饰。契丹人这种传统服饰习惯，为后来辽代制定服饰制度所继承吸纳。随着契丹族建国，统治区域的扩大，生活资料的丰富，特别是建立城池之后，契丹人开始用桑麻来织布，使契丹的传统服饰质料逐渐发生变化。

在内蒙古哲里木盟奈林稿乡木头营子村，发现的辽初壁画墓中，其中"两个男门卫，左侧第一人头戴土红色圆顶小帽，扎带垂脑后。……穿绿衣。……左侧第二人，头戴深红色圆顶小帽，扎带垂脑后。……深红袍，圆领窄袖。"❸这个壁画墓中契丹人戴帽子、穿绿衣服、深红袍、窄袖等服饰特点，都与其生活的环境有关。戴帽子防寒、防风雨、防蚊虫叮咬；穿绿色衣服便于隐蔽在草丛中打猎，窄袖衣服也可以防止毒蛇蚊虫等咬着。契丹族的服装"以圆领、紧身、窄袖、长袍为主要特征"❹的服饰习惯，一直被沿袭。契丹人的服饰习惯，在沿袭传统习惯基础上，也受唐朝、渤海国的影响。由于"东丹国王耶律倍倾慕汉文化的影响，不论在墓葬形制和壁画主题及人物服饰上，都接受了唐文化。"❺早在辽建国前，契丹族的服饰习俗就已深受唐朝汉文化的影响，契丹人已经向汉族学习纺织技术。《辽史·食货志》记载："初，皇祖匀德实为大迭烈府夷离堇，喜稼穑，善畜牧，相地利以教民耕。仲父述澜为于越，饬国人树桑麻，习组织。"❻

辽天显元年（926年），辽太祖耶律阿保机灭渤海国后，以唐文化为深厚基础的渤海国，纳入辽版图。耶律阿保机建立东丹国，保留渤海文化，在东丹国继续保留原有的政权体制，还用原来的汉法进行统治。在服饰方面，也还是继续原有的服饰习惯。"仍赐天子冠服，建元甘露，……一用汉法。"❼耶律倍为东丹王，对渤海实行人性化统治，一切沿用原先的法律，没有改变渤海人的生活习惯。在服饰方面，保留了渤海人的服饰习惯。渤海服饰习惯保留，在一定的情况下，对辽代的服饰产生了一定的影响。辽太祖耶律阿保机保留渤海服饰习惯，为辽太宗后来得燕云十六州后，制定辽代服饰制度，提供了一种可以借鉴的模式。

二、辽太宗建立的服饰制度

辽代服饰制度的建立，是在辽太宗灭晋，改大契丹国为大辽国之后。《新五代史·四夷附录》

❶ 张国庆.辽代契丹服饰考略 [J].学习与探索,1990(4):138-141.
❷ 脱脱.辽史·卷五十六:仪卫志二 [M].北京:中华书局,1974:905.
❸ 内蒙古文物工作队.内蒙古哲里木盟奈林稿辽代壁画墓 [J].考古学集刊,1981(1):239.
❹ 宋德金,张希清.中华文明史·第六卷:辽宋夏金 [M].石家庄:河北教育出版社,1994:110.
❺ 霍宇红.论契丹族与汉族服饰文化的融合 [J].赤峰学院学报(汉文哲学社会科学版),2012,33(6):1-6.
❻ 脱脱.辽史·卷五十九:食货志上 [M].北京:中华书局,1974:923.
❼ 脱脱.辽史·卷七十二:耶律倍传 [M].北京:中华书局,1974:1210.

记载："甲午，德光胡服视朝于广政殿。乙未，被中国冠服，百官常参，起居如晋仪，而毡裘左衽，胡马奚车，罗列阶层，晋人俯首不敢仰视。"❶辽太宗身穿契丹传统服饰，视朝于广政殿，原班晋朝官员都不敢仰视。这种尴尬的局面，促使了辽太宗改穿汉式服制。辽太宗为了与后晋官员建立和谐的关系，第二天就改穿汉式服制，按着后晋的礼仪出朝。辽太宗为了统治纳入辽国版图的汉族文化圈，采取因俗而治的办法，"以国制治契丹，以汉制待汉人。"❷辽太宗把国家统治机构分为北面官和南面官两个管理系统。辽太宗为了把南北两个系统区分开来，根据辽国南北两大区域各自不同的服饰习惯，制定不同的服饰制度。《辽史·营卫志》记载："长城以南，多雨多暑，其人耕稼以食，桑麻以衣，宫室以居，城郭以治。大漠之间，多寒多风，畜牧畋渔以食，皮毛以衣，转徙随时，车马为家。……辽国尽有大漠，浸包长城之境，因宜为治。"❸辽太宗为了有效统治长城内外广大地区，采取因宜而治的办法，制定了"皇帝与南班汉官用汉服，太后与北班契丹臣僚用国服"❹，《契丹国志》亦记载："国母与蕃官皆胡服，国主与汉官即汉服。"❺这便是二元政治制度下的二元服饰制度。"于是，定衣冠之制，北班国制，南班汉制，各从其便焉。"辽太宗根据长城内外不同的生产生活方式、不同的服饰习惯，制定了辽代服饰制度。被后人称谓"太祖帝北方，太宗制中国。"❻

辽太宗根据南北不同的文化区域，制定南北不同的服饰制度。在契丹文化圈内，确定以契丹族传统服饰习惯为国服制度；在汉族文化圈内，确定以五代晋以来的遗制为汉服制度。《辽史·圣宗纪》记载："辽国自太宗入晋后，皇帝与南班汉官用汉服，太后与北班契丹臣僚用国服，其汉服即五代晋之遗制也。"❹辽代国服有祭服、朝服、公服、常服、田猎服和吊服六种；汉服有祭服、朝服、公服、常服四种。

（一）辽代国服制度

1. 祭服

辽代国服制度当中的祭服，是在祭祀大典中穿戴的。"祭服：辽国以祭山为大礼，服饰尤盛。"❻辽代服饰制度规定："大祀，皇帝服金文金冠，白绫袍，红带，悬鱼，三山红垂。饰犀玉刀错，络缝乌靴。小祀，皇帝硬帽，红克丝龟文袍。皇后戴红帕，服络缝红袍，悬玉佩，双同心帕，络缝乌靴。臣僚、命妇服饰，各从本部旗帜之色。"❼

2. 朝服

辽代国服制度当中的朝服，是辽国君臣每日上朝时穿的服装。"朝服：太祖丙寅岁即皇帝位，朝服衷甲，以备非常。其后行瑟瑟礼、大射柳，即此服。……皇帝服实里薛衮冠，络缝红袍，垂

❶ 欧阳修. 新五代史·卷七十二：四夷附录一 [M]. 北京：中华书局，2015：1013.
❷ 脱脱. 辽史·卷四十五：百官志一 [M]. 北京：中华书局，1974：685.
❸ 脱脱. 辽史·卷三十二：营卫志中 [M]. 北京：中华书局，1974：373.
❹ 脱脱. 辽史·卷十七：圣宗纪八 [M]. 北京：中华书局，1974：197.
❺ 叶隆礼. 契丹国志·卷二十三 [M]. 贾敬颜，林荣贵，点校. 北京：中华书局，2014：252.
❻ 脱脱. 辽史·卷五十六：仪卫志二 [M]. 北京：中华书局，1974：905.
❼ 脱脱. 辽史·卷五十六：仪卫志二 [M]. 北京：中华书局，1974：906.

饰犀玉带错，络缝靴，谓之国服衮冕。太宗更以锦袍、金带。"**❶**辽太宗改朝服衷甲为锦袍、金带，体现了契丹族自觉汉化，接受中原汉族服饰传统遗风。《辽史》中还记载："臣僚戴毡冠，金花为饰，或加珠玉翠毛，额后垂金花，织成夹带，中贮发一总。或纱冠，制如乌纱帽，无檐，不撅双耳。额前缀金花，上结紫带，末缀珠。服紫窄袍，系鞊鞢带，以黄红色绦裹革为之，用金玉、水晶、靛石缀饰，谓之'盘紫'。太宗更以锦袍、金带。会同元年（938年），群臣高年有爵秩者，皆赐之。"**❶**从这则史料的记载中可以看出，国服当中的朝服，原有的契丹服饰习俗，也发生了变化。臣僚在传统戴毡冠基础上，加珠加玉翠，把毡冠改成乌纱帽；契丹族传统的窄袍系鞊鞢带，改成锦袍系金带。这说明辽代国服也不是单纯契丹服装，逐渐吸收了中原汉族文化服饰习惯。《契丹国志》对国服中的朝服制度，亦有记载："番官戴毡冠，上以金为饰，或以珠玉翠毛。……额后重金，绦裹革为之，用金、玉、水晶、碧石缀饰。又有纱冠，制如乌纱帽，无檐，不撅双耳，额前缀金花，上结紫带，带末缀珠。或紫皂幅巾，紫窄袍，束带。大夫或绿巾，绿花窄袍，中单多红绿色。贵者被貂裘，貂以紫黑色为贵，青色为次，又有银鼠，尤洁白；贱者被貂毛、羊、鼠、沙狐裘。弓以皮为弦，箭削桦为箭，鞯勒轻快，便于驰走。以貂鼠或鹅项、鸭头为扦腰。"**❷**

3. 公服

公服是各级官员在固定的朝廷例会之外，平时入朝办事时的穿戴。"公服：谓之'展裹'，著紫。"**❶**辽太宗时期，对国服中的公服，没有其他明确规定，一般应该是按照契丹族的传统服制，各随其便。但是一旦契丹人到了汉文化圈任职，就不能再穿戴国服了，要求穿戴汉族服饰。《武溪集校笺》记载："胡人之官，领番中职事者，皆胡服，谓之契丹官。……领燕中职事者，虽胡人亦汉服，为之汉官。"**❸**这则史料说明，辽代的服饰制度，不是以契丹人和汉人来划分的，而是以任职来地方来划分的。即使是契丹人，到了汉族区域内任南面官，就得穿汉服。如果是汉族人，到了契丹区域内任北面官，就得穿契丹服装。

4. 常服

常服是辽代君臣平时的穿戴，"常服：宰相中谢仪，帝常服。高丽使入见仪，臣僚便衣，谓之'盘裹'。绿花窄袍，中单多红绿色。贵者披貂裘，以紫黑色为贵，青次之。又有银鼠，尤洁白。贱者貂毛、羊、鼠、沙狐裘。"**❹**这里一般都保持了契丹族的传统服饰习惯，没有吸收中原汉族服饰文化元素。

5. 田猎服

田猎服是辽代皇帝和随行人员出行打猎时的穿戴。"田猎服：皇帝幅巾，擐甲戎装，以貂鼠或鹅项、鸭头为扦腰。蕃汉诸司使以上并戎装，衣皆左衽，黑绿色。"**❹**这里明确规定了皇帝和蕃汉臣僚，都要穿戴左衽黑绿色的戎装，体现了契丹服饰的特点。

---

❶ 脱脱.辽史·卷五十六:仪卫志二 [M].北京:中华书局,1974:906.
❷ 叶隆礼.契丹国志·卷二十三 [M].贾敬颜,林荣贵,点校.北京:中华书局,2014:252.
❸ 余靖.武溪集校笺·卷十八 [M].黄志辉,校.天津:天津古籍出版社,2000:180.
❹ 脱脱.辽史·卷五十六:仪卫志二 [M].北京:中华书局,1974:907.

6. 吊服

吊服是皇帝安抚、抚慰、伤怀凭吊往事时的穿戴。"吊服：太祖叛弟剌哥等降，素服受之。素服，乘赭白马。"❶这里的素服，当是指不穿戴大红、大绿颜色的普通服饰。

（二）辽代汉服制度

辽代制定的汉服制度，是唐朝至后晋以来服饰制度的延续。"唐以冕冠、青衣为祭服；通天、绛袍为朝服，平巾帻、袍襕为常服。"❶辽会同元年正月朔（938年2月2日），"太宗皇帝入晋，备法驾，受文武百官贺于汴京崇元殿，自是日以为常。"❶从此以后，辽代的汉服制度就确定下来。

1. 祭服

辽代汉服制度中的祭服，是在祭祀大典中穿戴的。"祭服：衮冕，祭祀宗庙，遣上将出征、饮至、践阼、加元服、纳后若元日受朝则服之。金饰，垂白珠十二旒，以组为缨，色如其绶，黈纩充耳，玉簪导。玄衣，……青褾襈裾，鞢革带、大带，剑佩绶，舄加金饰。元日朝会仪，皇帝服衮冕。"❷

2. 朝服

辽代汉服制度中的朝服，是汉族区域内官员入朝例会时的穿戴。"朝服：会同中，太后、北面臣僚国服；皇帝、南面臣僚汉服。"❷辽代的汉服朝服制度，对皇帝的着装规定比较细致。《辽史·仪卫志》记载："皇帝通天冠，诸祭还及冬至、朔日受朝、临轩拜王公、元会、冬会服之。冠加金博山，附蝉十二，首施珠翠。黑介帻，发缨翠綾，玉若犀簪导。绛纱袍，白纱中单，褾领，朱襈裾，白裙襦，绛蔽膝，白假带方心曲领。其革带佩剑绶，袜舄。若未加元服，则双童髻，空顶，黑介帻，双玉导，加宝饰。元日上寿仪，皇帝服通天冠、绛纱袍。"❷

3. 公服

对在汉地任职的官员穿的公服，规定为："勘箭仪，阁使公服，系履。辽国尝用公服矣。皇帝翼善冠，朔视朝用之。柘黄袍，九环带，白练裙襦，六合靴。皇太子远游冠，五日常朝、元日、冬至受朝服。绛纱单衣，白裙襦，革带金钩䲢，假带方心，纷鞶囊，白袜，乌皮履。"❷对不同级别的官员，穿着不同的服装，也有明确规定。"一品以下、五品以上，冠帻缨，簪导，谒见东宫及余公事服之。绛纱单衣，白裙襦，带钩䲢，假带方心，袜履，纷鞶囊。六品以下，冠帻缨，簪导，去纷鞶囊。余并同。"❸

4. 常服

皇帝、太子平时穿戴的汉服常服，规定："皇帝柘黄袍衫，折上头巾，九环带，六合靴，……皇太子进德冠，九琪，金饰，绛纱单衣，白裙襦，白袜，乌皮履。"❸对在燕云十六州等封建化程

---

❶ 脱脱. 辽史·卷五十六：仪卫志二 [M]. 北京：中华书局，1974:907.

❷ 脱脱. 辽史·卷五十六：仪卫志二 [M]. 北京：中华书局，1974:908.

❸ 脱脱. 辽史·卷五十六：仪卫志二 [M]. 北京：中华书局，1974:910.

度较高的地方任职的官员，服饰也有较为明确的规定。《辽史·仪卫志》记载："五品以上，幞头，亦曰折上巾，紫袍，牙笏，金玉带。文官佩手巾、算袋、刀子、砺石、金鱼袋。武官鞊鞢（鞊鞢：马鞍上的金属装饰）七事：佩刀、刀子、磨石、契苾真、哕厥、针筒、火石袋、乌皮六合靴。六品以下，幞头，绯衣，木笏，银带，银鱼袋佩，靴同。八品九品，幞头，绿袍，鍮石带，靴同。"❶这里对各级官员所穿常服，及其佩戴物品，都给予了明确的规定。

三、辽代中后期的服饰制度

辽太宗创建的辽代服饰制度，一直沿用到辽代中期。到了辽圣宗时期，开始有了变化。《辽史·仪卫志》汉服朝服条记载："乾亨以后，大礼虽北面三品以上亦用汉服。"❷从这里的记载可以看出，在重大节日活动时，辽代的朝服制度发生了变化，三品以上南北两面官员都用汉服，但是平常穿的常服制度没有变化。《辽史·仪卫志》国服朝服条记载："统和元年册承天皇太后，给三品以上用汉法服，三品以下用大射柳之服。"❸从这条史料的记载中，也可以看出，辽代文武大臣上朝时，无论是北面官，还是南面官，三品以上都穿汉服，三品以下的北面官仍穿国服。

辽圣宗时期，四季捺钵盛行。《辽史·营卫志》记载："皇帝正月上旬起牙帐，约六十日方至。天鹅未至，卓帐冰上，凿冰取鱼。冰泮，乃纵鹰鹘捕鹅雁。……皇帝每至，侍御皆服墨绿色衣，……其时，皇帝冠巾，衣时服，系玉束带，于上风望之。"❹辽代服饰制度对皇帝捺钵服饰规定之外，还对随行的皇子、亲王、大臣们的服饰，也有明确的规定。对皇太子服饰的规定是："皇太子远游冠，谒庙还宫、元日、冬至、朔日入朝服之。三梁冠，加金附蝉九，首施珠翠。黑介帻，发缨翠緌，犀簪导。绛纱袍，白纱中单，皂领褾襈裾，白裙襦，白假带，方心曲领，绛纱蔽膝。其革带剑佩绶，袜舄与上同。后改用白袜、黑舄。未冠，则双童髻，空顶，黑介帻，双玉导，加宝饰。册皇太子仪，皇太子冠远游，服绛纱袍。"❺对随行亲王和大臣们的服饰，亦有明确规定："亲王远游冠，陪祭、朝飨、拜表、大事服之。冠三梁，加金附蝉。黑介帻，青緌导。绛纱单衣，白纱巾单，皂领，襈裾，白裙襦。革带钩觾（指妇女戴的首饰），假带曲领方心，绛纱蔽膝，袜舄，剑佩绶。二品以上同。诸王远游冠，三梁，黑介帻，青緌。三品以上进贤冠，三梁，宝饰。五品以上进贤冠，二梁，金饰。九品以上进贤冠，一梁，无饰。七品以上去剑佩绶。八品以下同公服。"❻在辽代服饰制度中，对跟随皇帝捺钵的皇太子、亲王和大臣们，服饰的明确规定，是因为辽代一些重大活动，都在四季捺钵中完成。如皇子的册立，接待各国使臣等，都是在捺钵期间完成的。

❶ 脱脱. 辽史·卷五十六：仪卫志二 [M]. 北京：中华书局，1974：910.
❷ 脱脱. 辽史·卷五十六：仪卫志二 [M]. 北京：中华书局，1974：908.
❸ 脱脱. 辽史·卷五十六：仪卫志二 [M]. 北京：中华书局，1974：906.
❹ 脱脱. 辽史·卷三十二：营卫志中 [M]. 北京：中华书局，1974：373-374.
❺ 脱脱. 辽史·卷五十六：仪卫志二 [M]. 北京：中华书局，1974：908-909.
❻ 脱脱. 辽史·卷五十六：仪卫志二 [M]. 北京：中华书局，1974：909.

关于辽代服饰的具体情况，在宋人使辽的笔记中，可以窥见一斑。统和二十三年（1005年），宋朝派出使臣路振出使辽代。《乘轺录》记载："虏主年三十余，衣汉服，黄纱袍，玉带，互靴。"❶ "国母约五十余，冠翠花，玉充耳，衣黄锦小袭（通"䙱"，罩袍。）袍，束以白锦带。……以锦裙环覆其足。"❷ "二十八日，复宴武功殿，即虏主生日也。……国母当阳，冠翠凤大冠，冠有绥缨，垂覆于领，凤皆浮。衣黄锦青凤袍，貂裘覆足。"❸ 这里对辽圣宗和萧太后的服饰，描绘的十分生动，辽圣宗的服饰基本汉化，其母亲萧太后，还保留一些契丹服饰传统。

辽圣宗时期，服饰制度的变化一直延续了很长一段时间。《辽史》汉服朝服条亦记载："朝服：乾亨五年（983年），圣宗册承天太后，给三品以上法服。杂礼，册承天太后仪，侍中就席，解剑脱履。重熙五年（1036年）尊号册礼，皇帝服龙衮，北南臣僚并朝服，盖辽制。"❹ 这条史料说明，辽的朝服制度，从圣宗乾亨五年（983年），到兴宗重熙五年（1036年），没有发生大的变化。皇帝穿龙衮服，北南两面官三品以上，还是都穿汉装入朝。辽兴宗后期，国服公服制度亦有变化。辽代的服饰制度，从辽圣宗晚期到辽兴宗和辽道宗时期，又有了一些新的规定，服饰制度逐渐完善。"太平五年（1025年）二月戊午，禁天下服用明金及金线绮；国亲当服者，奏而后用。"❺ "兴宗重熙二十二年（1053年），诏八房族巾帻。道宗清宁元年（1055年），诏非勋戚之后及夷离堇副使，并承应有职事人，不带巾。皇帝紫皂幅巾，紫窄袍，玉束带，或衣红袄。臣僚亦幅巾，紫衣。"❻ "重熙以后，大礼并汉服矣。常朝仍遵会同之制。"❹ "重熙二十三年（1054年）七月己卯，诏八凡八房族巾帻。"❼ "清宁元年（1055年）九月戊午，诏常所幸围场外勿禁，庚申，诏除护卫士，余不得佩刃入宫，非勋戚后及夷离堇、副使、承应诸职事人不得冠巾。"❽ 这三则史料，对辽代一般的官员头饰，给予了详细的规定。明确了什么人可以戴什么头巾，不可以戴什么头巾。《辽史·道宗纪》记载："九月壬戌，诏夷离堇及副使之族并民如贱，不得服鸵尼、水獭裘，刀柄、兔鹘、鞍勒、珮子不许用犀玉、骨突犀；惟大将军不禁。"❾ 辽代虽然没有明确普通百姓的服饰制度，但是一些饰件禁止用，也说明了普通百姓是不准随便穿戴的。"清宁十年（1064年）十一月甲子，定吏民衣服之制。"❿ 辽道宗对普通百姓的穿戴，给予明确规定。"十一月丁亥，禁士庶服用锦绮、日月、山龙之文。"⓫ "契丹富豪民者要裹头巾者，纳牛、鸵十头，马百匹，并给契丹名目，谓之舍利。"⓬ 从辽道宗对吏民服饰的规定可以看出，普通吏民根本穿戴不起贵重的服饰。

❶ 路振.乘轺录 [J].// 贾敬颜.五代宋金元人边疆行记十三种疏证稿.北京:中华书局,2004:61.
❷ 路振.乘轺录 [J].// 贾敬颜.五代宋金元人边疆行记十三种疏证稿.北京:中华书局,2004:64.
❸ 路振.乘轺录 [J].// 贾敬颜.五代宋金元人边疆行记十三种疏证稿.北京:中华书局,2004:65.
❹ 脱脱.辽史·卷五十六:仪卫志二 [M].北京:中华书局,1974:908.
❺ 脱脱.辽史·卷五十五:仪卫志一 [M].北京:中华书局,1974:900.
❻ 脱脱.辽史·卷五十六:仪卫志二 [M].北京:中华书局,1974:906.
❼ 脱脱.辽史·卷二十:兴宗纪二 [M].北京:中华书局,1974:247.
❽ 脱脱.辽史·卷二十二:道宗纪二 [M].北京:中华书局,1974:264.
❾ 脱脱.辽史·卷二十一:道宗纪一 [M].北京:中华书局,1974:252.
❿ 脱脱.辽史·卷二十二:道宗纪二 [M].北京:中华书局,1974:264.
⓫ 脱脱.辽史·卷二十三:道宗纪二 [M].北京:中华书局,1974:281.
⓬ 叶隆礼.契丹国志·卷二十七 [M].贾敬颜,林荣贵,点校.北京:中华书局,2014:287.

在辽代，人们穿戴不同的服饰，是社会地位的象征。《辽史·礼志》记载："贺生皇子仪：其曰，……南北宣徽使殿阶上左右立，北南臣僚金冠盛服，合班人。……贺祥瑞仪：声警，南北臣僚金冠盛服，合班立。"❶金冠盛服不是一般的吏民可以穿戴的，只有契丹贵族才可以金冠盛服。在内蒙古库伦辽代晚期的5号壁画墓中，出土了金花冠。王青煜认为是"皇帝小祀所戴硬帽"❷。李薇认为"不排除其实际为高翅冠双翅脱落后的残体的可能性。"❸无论它是否为高翅冠，只要是金花冠，就应该是契丹贵族墓，否则该墓不会有金冠盛服出土。

纵观辽代服饰制度的演变，无论是辽初还是辽中，国服制度还是汉服制度，始终与辽代二元政治制度相关联。辽代服饰制度的建立、发展与演变，体现了辽代统治者的治国理念。辽初对汉族人口实行汉服制度，对契丹族实行国服制度，特别是皇帝穿汉服，对怀柔汉族、有效统治汉族发挥了重要作用。辽中期圣宗的服饰制度改革，三品以上官员一律穿汉服，对促进契丹族与汉民族的融合，起到了积极的作用。辽代末期，在辽代服饰制度中，对吏民服饰的严格规定，引起了辽国内各族人民的不满，对辽的灭亡，起到了催化剂的作用。

❶ 脱脱.辽史·卷五十三:礼志六 [M].北京:中华书局,1974:872-873.

❷ 王青煜.辽代服饰 [M].沈阳:辽宁画报出版社,2002:10.

❸ 李薇.中国北方古代少数民族服饰研究:契丹卷 [M].上海:东华大学出版社,2013:72.

中国综版式织机

鸟丸知子[1]

摘　要　　综版式织机是一种古老的织造设备，它可以制作出既牢固又美观的绞经组织的绳带类织物。综版式织机是编织向织造的过渡产物，这是研究人类如何创造出纺织文化的关键技术之一。中国综版式织机的起源，至迟不晚于商代，至清代时在纺织文物中仍常见综版织造的织带。但由于社会的变化以及人们生活的变化，综版式织机即将消失。本文系统地论述笔者到目前研究过的中国综版式织机的历史、特点以及现状。

关键词　　综版式织机、六孔六角形综版、绞经组织、织造

一、综版式织机概述

综版式织机是一种古老的织造设备，它可以制作出既牢固又美观的绞经组织的绳带类织物。在其他国家，综版式织机被称为Tablet Weaving或Card Weaving[2]，其使用范围涉及美国[3]、欧洲的法国、冰岛、挪威，以及非洲北部的摩洛哥和亚洲的叙利亚、伊朗、乌兹别克斯坦、塔吉克斯坦、印度、不丹、缅甸、泰国、印尼等地区的民族。

笔者推测综版式织机的起源不限于某个地区，推测"综版"原本可能是一种用于搓纤维而制作纱线的工具，后来演变为利用综版进行织造的方法[4]。所有古代人类的需求应该都一致，那就是怎么能制作出"纱线"。因此，在全球如此广泛的地区都有综版织造技术，并不是一件不可思议的事情。

中国综版式织机起源至迟不晚于商代（公元前13世纪）。这种技术应该是编织向织造的过渡产物。据《中国纺织科学技术史》记载："1972年，在辽宁省北票丰下的

---

[1] 鸟丸知子,日本独立学者,博士。
[2] 每个国家或地区的人们对这种工艺的叫法都不同。如:综版式织机、卡片式织机、Tablet Weaving、Card Weaving 等称谓并不是当地人的称谓,而是研究者给出的称谓。
[3] 美国使用综版织造工艺的人只限于当代艺术家和手工爱好者。
[4] 鸟丸知子.中国综版式织机技法与锦带研究[D].上海:东华大学,2000.

商代遗址中，发现有一小片综版式织机织成的织物"。经北京纺织科学研究所分析，该织物重叠，结块硬化，呈淡黄色，纱线均匀无捻度，像丝织品，织物的结构是上下绞转，纵截面呈椭圆形，圈内残存有纬纱，是一种典型的综版式织机织造的织品。1976年在山东临淄郎家庄的1号东周殉人墓中，发现有两块是同样结构的综版式织机织造的织品。丰下遗址和郎家庄1号墓出土的丝织品都是单层织物，两根经纱一组，每织一纬，上下交换一次位置，这大概是中国古代出现的最原始的绞纱织品❶。

综版式织机在中国古代的纺织品生产中不乏应用之处，但对其展开的研究却几乎空白。如笔者看了《中国新疆山普拉——古代于阗文明的揭示与研究》❷中的图片，推定山普拉墓（西汉晚期至东晋时期）出土的几条织带应该是综版织机织造的。图1所示的织带，其中间部分是经二重组织，边部是绞经组织，是双色平纹地经二重组织和单色绞经组织的联合织物，从图中还可以看到边部由于版转方向改变引起的突起。图2为笔者采用30张四孔四角形综版织机试织的相同组织的织带。

（正）　　　（背）　　　　　　　　　　（正）　　　（背）

图1　新疆山普拉墓出土的织带　　　　　图2　笔者试织的综版织带

二、综版织造工艺原理和表示方法

综版式织机的基本原理是利用综版开口来控制经线上下运动，变换相邻经线位置，而形成经

❶ 陈维稷.中国纺织科学技术史[M].北京:科学出版社,1984:28.
❷ 新疆维吾尔自治区博物馆,新疆文物考古研究所.中国新疆山普拉——古代于阗文明的揭示与研究[M].乌鲁木齐:新疆人民出版社,2001:159.

纬交织点的浮沉结构，是最简易的织造织物的方法之一。一般综版式织机采用四角形（两孔或四孔）、六角形（六孔）的型版，每一个孔里穿一根经线。型版材料可选用皮质、木质、胶质、纸张等耐磨薄片。近代中国的综版式织机的特点是采用六孔六角形综版。在今天贵州安顺屯堡与河南登封，当地汉族人还在使用六孔六角形综版织造腰带，笔者推断中国采用六孔六角形综版织造的历史至迟不晚于明代。

综版式织机通过经纱穿入综版的方向、版转方向与角度、经纱的颜色排列等差异来织造多种纹样，并且可织造绞经、经二重等多种纹理结构的带子。

（一）经纱穿入综版的方向

经纱穿入综版的方向有两种（同一张综版中，所有经纱的穿入方向必须一致，否则无法进行综版的转动）。由经纱的前端来看，综版的右面穿向左面，本文用符号"↖"表示；由经纱的前端来看，综版的左面穿向右面，本文用符号"↗"表示。

（二）版转方向与角度

由经纱的前端转向经纱的后端的方向，称为前转（Forward Turn），本文用符号"f"表示。由经纱的后端转向经纱的前端的方向，称为后转（Backward Turn），本文用符号"b"表示。

另外，转动的角度各有差异。比如四角形综版，四角形有四条边，如果一次转四角形的一条边（90°），本文用"1/4"表示；如果一次转两条边（180°），用"2/4"表示。如果为六角形综版，则表示为"1/6"（60°）、"2/6"（120°）、"3/6"（180°）等。

（三）穿线方向与版转方向的关系

穿线方向与版转的关系对织物捻向有一定的影响。

穿线方向为"↖"、版转方式为"f"与穿线方向为"↗"、版转方式为"b"所得到的都是Z捻；穿线方向为"↗"、版转方式为"f"与穿线方向为"↖"、版转方式为"b"所得到的都是S捻。

图3所示即为上述内容。

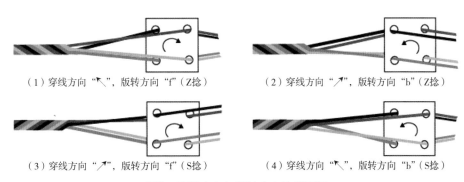

（1）穿线方向"↖"，版转方向"f"（Z捻）　　（2）穿线方向"↗"，版转方向"b"（Z捻）

（3）穿线方向"↗"，版转方向"f"（S捻）　　（4）穿线方向"↖"，版转方向"b"（S捻）

图3　穿线方向与版转方向的关系图

（四）穿综图的表示方法

分配经纱颜色是按照花纹或形成所需要的组织结构而排列的。本文对经纱颜色排列与穿线方向的表示方法如图4（1）所示，其中的综版孔编号位置如图4（2）、（3）所示。

图4（4）所示的是按照图4（1）的穿综图来整经之后，版转规律为f1/4连续来织造的结果。

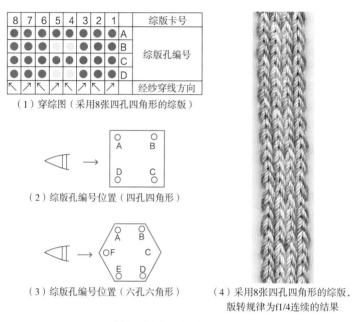

（1）穿综图（采用8张四孔四角形的综版）

（2）综版孔编号位置（四孔四角形）

（3）综版孔编号位置（六孔六角形）

（4）采用8张四孔四角形的综版，
版转规律为f1/4连续的结果

图4　穿综图的表示方法和织造结果实例

三、实地考察事例

（一）西藏综版织（调查时间：1999年）

西藏扎朗泽当古城，综版式腰带的织作者——加珠先生，演示了腰带的整个织造过程。

1. 整经

两个大钉子被钉在地上，相距约2米。两个钉子之间的距离决定了经纱的长度。准备六色比较粗的人造毛线和手工做的41张四孔四角形综版。尽管加珠先生的综版是用纸板做成的，但最早的综版是牦牛皮做的。加珠先生将经线穿过综版的四个孔，速度很快，期间不断确认经纱颜色的排列顺序。手指在两个钉子之间飞快地移动，好像已经把穿纱顺序、经纱排列记在脑子里了。加珠先生一张综版一张综版地穿经，并不断拉直经线。色纱依据预先设计的纹样进行排列。很快，41张综版穿经完毕，纱线被拉直，整经结束。

2. 织作

拔起一个钉子，在经线一端打一活结，系于附近的柱子上。拔起另一个钉子，经线另一端系于织作者的腰上。小心维持经纱的张力，整理综版的穿线方向和经纱配色位置（图5）。

图5 的穿综图表（41～1 栏，A、B、C、D 行及版转方向符号）：

（1）腰带开头部分（绞经织）的穿综图

（2）织造经二重组织再次调整的穿综图

图5　西藏腰带的穿综图

为了便于织作，得到一定的幅宽，加珠先生将41张综版集中在一起，紧握手中，并将它们以b1/4的版转规律不断转动。每转一次，引纬、打纬。这是绞经织的基本动作。织到一定长度，由于综版的回转，经线会被加上一些捻回，经线之间容易缠绕合股。这时需要将综版回转f1/4，以消除捻回。这样织造，既能形成幅宽（6厘米），又可以得到左右两侧一致的图案（图6）。

有了一定的幅宽之后，再次把综版回转，调整经纱配色位置，开始织纹样（图5）。

纹样部分为经二重组织，这能得到双面效应的织物（图6）。这时，41张综版的回转方向并不完全相同。综版卡号1～7和35～41的布边部分为绞经组织，综版转f1/4或b1/4连续就可织成。综版卡号8～34的纹样部分为经二重组织，综版操作依据纹样进行，有别于布边的操作（图7）。

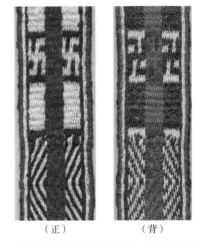

（正）　　　　（背）

图6　绞经组织（下部）和经二重组织（上部）

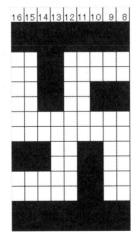
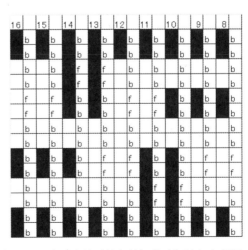

图7　卍字纹的图案（综版卡号8～16的部分）以及织造卍字纹时的版转规律（版转角度都是1/4）

加珠先生自如地回转综版，一会儿工夫，腰带就完成了。整条带上有十三个不同的图案（图8）。

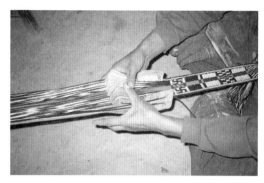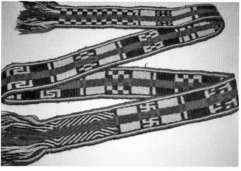

图8　加珠先生织造时的情景和织成的综版织带（织幅6厘米，长度185厘米）

依加珠先生言，综版式织机又称"ko-tha"。在藏语里，"ko"是皮肤的意思，"tha"是纺织的意思。除了用作腰带，综版式织带还可用作绑腿带、多用途的绳子等。

（二）贵州屯堡综版织（调查时间：2011年）

屯堡人和一般的汉民族及其他的少数民族拥有不同的文化、风俗习惯，并且穿着独特的民族服装。特别引人瞩目的是稳重的黑色（当地人称黑色为青色）丝绸腰带（也被称为丝头系带[1]）。腰带长度约4米（含流苏的长度是5米）、宽6厘米、重量为2千克。这种丝绸腰带就是应用六孔六角形综版织造的（图9）。

图9　屯堡人的综版织带（织幅6厘米，长度5米）和织造情景

在贵州安顺市郊区西桥镇鲍屯村，综版式腰带的织作者——鲍中苏先生演示了丝绸腰带的整个织造过程。

❶ 徐雯.贵州安顺屯堡汉族传统服饰 [M].北京：光明日报出版社，2011：26.

1．整经

棉线从安顺市内购得，经纱使用白色的棉线。织造一条带子大概需要5米经纱，整经一次可得18条5米长度的经纱，即90米。采用六孔综版26张，即总经纱根数是156根。将经纱的首尾相接，一根根打结连接，即完成整经。26张六孔综版一直与经纱连在一起。经纱用两台木台拉紧，两台木台之间有4米的距离。为了避免木台移动，木台上放很大很重的石头。

2．穿筘

经纱上还有为了保持宽度（门幅）而使用的筘，筘的一个孔内穿入一张综版内穿过的6根经纱，故筘有26个孔（打紧纬纱不使用此筘，用打纬刀）。

3．织造

织者坐在经纱的旁边，横着进行织造。

（1）平纹织作。屯堡人的丝绸腰带是一种复合组织织物。带子前部（110厘米）和后部（110厘米）是由上下两枚平纹织作，用一根纬纱环状通纬而成，因此，这部分变成上下两枚平纹，形成一个袋子的状态（带子的中间是空的）。腰带前后段的为了流丝用的丝线也一起织进去。156根经纱分两份，即一份有78根经纱，再把78根经纱分绞用来织造上面的平纹，剩下的78根经纱也分绞用来织造下面的平纹。上下两枚平纹都由分绞棒和线综完成织造（上面的平纹用分绞棒与提上的线综，下面的平纹用分绞棒与提下的线综）（图10）。

图10　上下两枚平纹织作

织完腰带前部的平纹部分之后，把分绞棒和线综都去掉。如果分绞棒和线综留着，下一步骤的综版织造无法进行。织造腰带后部的平纹时，再把分绞棒和线综装上去。

（2）综版织作。丝绸腰带的中间部分（175厘米）由26张六孔六角形综版进行织造。经纱都是白色的棉线。鲍中苏先生说祖先使用的综版是用水牛皮做的，现代人则多用塑料替代。综版织部分的组织结构是绞经织，将26张综版集中在一起，紧握手中，并不断将它们向同一个方向转(f1/6或b1/6)。每转一次，引纬，打纬。绞织部分不形成袋子状态（带子的中间不是空的）。一张综版内穿过的六根经纱绞扭着变成一根线。六孔六角形综版自然会出现两个开口，所以，每次引纬的时候，在上面的开口部分从前面把纬纱放入，再在下面的开口部分从后面把纬纱放回来，因此每次引纬有两根纬纱（图11）。

图11　贵州屯堡综版织作

开始织纹样，26张综版的回转方向并不完全相同。比如百果花纹样，综版卡号1～4和23～26的布边部分，版转f1/6或b1/6的连续就可织成。综版卡号5～22的版转规律如图12所示。

26	25	24	23	22	21	20	19	18	17	16	15	14	13	12	11	10	9	8	7	6	5	4	3	2	1	
○	○	○	○	○	○	○	○	○	○	○	○	○	○	○	○	○	○	○	○	○	○	○	○	○	○	A
○	○	○	○	○	○	○	○	○	○	○	○	○	○	○	○	○	○	○	○	○	○	○	○	○	○	B
○	○	○	○	○	○	○	○	○	○	○	○	○	○	○	○	○	○	○	○	○	○	○	○	○	○	C
○	○	○	○	○	○	○	○	○	○	○	○	○	○	○	○	○	○	○	○	○	○	○	○	○	○	D
○	○	○	○	○	○	○	○	○	○	○	○	○	○	○	○	○	○	○	○	○	○	○	○	○	○	E
○	○	○	○	○	○	○	○	○	○	○	○	○	○	○	○	○	○	○	○	○	○	○	○	○	○	F

（1）丝绸腰带穿综图

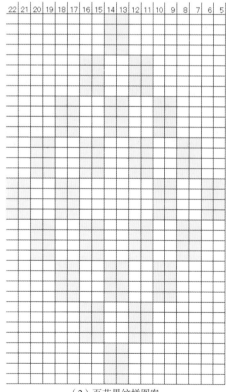

（2）百花果纹样图案

13	12	11	10	9	8	7	6	5
不转	f1/6	f1/6	f1/6	f1/6	f1/6	f1/6	f1/6	f1/6
f3/6	f1/6	f1/6	f1/6	f1/6	f1/6	f1/6	f1/6	f1/6
不转	f1/6	f1/6	f1/6	f1/6	f1/6	f1/6	f1/6	f1/6
b3/6	f1/6	f1/6	f1/6	f1/6	f1/6	f1/6	f1/6	f1/6
f1/6	不转	不转	f1/6	f1/6	f1/6	f1/6	f1/6	f1/6
f1/6	f3/6	f3/6	f1/6	f1/6	f1/6	f1/6	f1/6	f1/6
f1/6	不转	不转	f1/6	f1/6	f1/6	f1/6	f1/6	f1/6
不转	f1/6	f1/6	不转	不转	f1/6	f1/6	f1/6	f1/6
f3/6	f1/6	f1/6	f3/6	f3/6	f1/6	f1/6	f1/6	f1/6
不转	f1/6	f1/6	不转	不转	f1/6	f1/6	f1/6	f1/6
b3/6	f1/6	f1/6	b3/6	b3/6	f1/6	f1/6	f1/6	f1/6
f1/6	不转	不转	f1/6	f1/6	不转	不转	f1/6	f1/6
f1/6	f3/6	f3/6	f1/6	f1/6	f3/6	f3/6	f1/6	f1/6
f1/6	不转	不转	f1/6	f1/6	不转	不转	f1/6	f1/6
f1/6	b3/6	b3/6	f1/6	f1/6	b3/6	b3/6	f1/6	f1/6
f1/6	f1/6	f1/6	不转	不转	f1/6	f1/6	不转	不转
f1/6	f1/6	f1/6	f3/6	f3/6	f1/6	f1/6	f3/6	f3/6
f1/6	f1/6	f1/6	b3/6	b3/6	f1/6	f1/6	b3/6	b3/6
f1/6	不转	不转	f1/6	f1/6	不转	不转	f1/6	f1/6
f1/6	f3/6	f3/6	f1/6	f1/6	f3/6	f3/6	f1/6	f1/6
f1/6	b3/6	b3/6	f1/6	f1/6	b3/6	b3/6	f1/6	f1/6
不转	f1/6	f1/6	不转	不转	f1/6	f1/6	f1/6	f1/6
f3/6	f1/6	f1/6	f3/6	f3/6	f1/6	f1/6	f1/6	f1/6
b3/6	f1/6	f1/6	b3/6	b3/6	f1/6	f1/6	f1/6	f1/6
f1/6	不转	不转	f1/6	f1/6	f1/6	f1/6	f1/6	f1/6
不转	不转	不转	f1/6	f1/6	f1/6	f1/6	f1/6	f1/6
f3/6	f1/6	f1/6	f3/6	f3/6	f1/6	f1/6	f1/6	f1/6
b3/6	f1/6	f1/6	b3/6	b3/6	f1/6	f1/6	f1/6	f1/6
f1/6	不转	不转	f1/6	f1/6	f1/6	f1/6	f1/6	f1/6
不转	不转	不转	f1/6	f1/6	f1/6	f1/6	f1/6	f1/6
f1/6	b3/6	b3/6	f1/6	f1/6	f1/6	f1/6	f1/6	f1/6
不转	f1/6	f1/6	f1/6	f1/6	f1/6	f1/6	f1/6	f1/6
f3/6	f1/6	f1/6	f1/6	f1/6	f1/6	f1/6	f1/6	f1/6
不转	f1/6	f1/6	f1/6	f1/6	f1/6	f1/6	f1/6	f1/6
b3/6	f1/6	f1/6	f1/6	f1/6	f1/6	f1/6	f1/6	f1/6

（3）百花果纹样织造的版转规律

图12　综版织作穿综图及百果花纹样图案织作

传统纹样有百果花、梅花、卍字等二十多种，在一条腰带上可以织出十多个纹样。鲍中苏先生已开始织出"富""贵""荣""华"等吉祥汉字的纹样（图13）。

屯堡人的综版式织机的最大特点是具有保持宽度（门幅）的箔。一般的综版式织机不具备箔，无法控制经纱密度，因而经纱会集中，纬纱都被经纱盖住而不露出，使用26张综版才能有约3厘米的门幅。但是屯堡人的综版式织机具有箔，所以能形成6厘米的门幅，纬纱不完全被经纱盖住，会在经纱和经纱之间露出。这样的综版织带在全世界也是很少见的。

依鲍中苏先生言，鲍屯村有约700户人家，现在能制作丝绸腰带的只有十多家。鲍中苏家的第七代主人在明朝早期从安徽省歙县来到贵州并定居，第十一代的主人返回故乡安徽省时学到这一织造技术，一直流传到现在。鲍中苏先生是鲍家的第二十二代主人，综版织造的第十二代传人，自13岁起开始织造丝绸腰带，完成一条带子，大概需要一个星期的时间。综版织造在当地"传男不传女"，为了织作更美丽的丝绸腰带，每家都有自己的小秘诀。

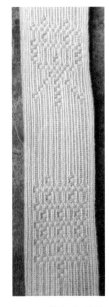

图13 综版织造的"荣""华"汉字纹样（经纱：白色；纬纱：黄色）

（三）河南登封综版织（调查时间：2014年）

登封市是中国武术之乡少林寺所在的县级市，登封市内的少室路上有许多武术用品的专营商店。

王万利先生开的专营商店"少林三霸武术用品厂"里有卖采用六孔六角形综版进行织造的练功带，是在从登封市内开车约20分钟的廿十里铺村的王先生家人制作的。

1. 整经

高度30厘米的两个棒（棒A和棒B）被钉在地上，相距约2.5米。准备216根人造棉线和36张六孔六角形综版。综版是用塑料做成的，被称作"塑料片"，最早的综版是木板做的（叫作木片）。织造一条带子大概需要2米多的经纱（完成品的长度约2米，前后的流苏部分各约70厘米，织成部分约60厘米，织宽约6.5厘米），整经一次可得12条2米多长度的经纱，即25米。用完25米的经纱（完成12条练功带）之后，将新的25米经纱重新穿透综版。练功带有单色的，也有由经纱的颜色排列来织出图案的。经纱的一端留70厘米（为流苏使用）与前方的棒（棒A）连接，经纱另一端与后方的棒（棒B）连接，拉紧。余下的经纱绕在棒B上。织造从棒A到棒B的方向进行。织完第一条带子之后剪掉。把绕在棒B上的经纱再移送到棒A（图14）。

图14 登封的综版式织机

2．穿筘

与前述的贵州屯堡人一样，经纱上还有为了保持宽度（门幅）而使用的筘，筘的一个孔内穿入一张综版内穿过的6根经纱（打紧纬纱不使用此筘，用打纬刀），当地人叫它穿线版。一根细杆在筘的上部从左穿透到右，把它取掉时可以打开筘的上部，再把它穿透时可以关闭筘的上部。

3．织造

织者坐在经纱的旁边，进行织造。

练功带前后部分的70厘米为流苏使用，中间部分（60厘米）由36张六孔六角形综版进行织造。但开头部分只用12张综版进行织造。大概织5厘米长度（织宽3厘米）之后再加12张综版（总计使用24张综版）。大概织5厘米长度（织宽4厘米）之后，再加12张综版（总计使用36张综版）（图15）。该带子的组织结构是绞经织，将所有综版集中在一起，紧握手中，并不断将它们转f1/6。每转一次，引纬，打纬。一张综版内穿过的六根经纱绞扭着变成一根线。六孔六角形综版自然会出现两个开口，所以，每次引纬的时候，在上面的开口部分从右边把纬纱放入，再在下面的开口部分从左边把纬纱放回来，因此每次引纬有两根纬纱（图16）。使用36张综版大概织20厘米（织宽6.5厘米）就是这带子的前一半。为了避免织造绞经织时发生前端的纱线绞合在一起，到这里把整个织机上下翻转，继续转f1/6来织造这带子的后一半。带子的后一半先用36张综版织20厘米后，用24张综版织5厘米，最后用12张综版织5厘米，留70厘米的流苏部分，经纱可以剪掉。

图15　河南登封练功带的穿综图

图16　河南登封综版织作

依王万利先生言，综版织造的练功带的生产始于河南省，然后在山东、河北、浙江等地也开始生产。现在学中国武术的人越来越少，练功带也有几种其他代替品，长期在中国武术文化中继承的综版织造技术也面临灭绝的危险。

其他六孔六角形综版式绞经织的织带，笔者在1999年曾在辽宁沈阳故宫博物院、新宾满族自治县永陵见有三件清代早期的实物，均为马鞍上使用的织带，笔者应用综版制造技艺成功对其进行组织结构复原。用综版式织机进行织造，既可以形成格调高雅的纹样，效率又很高，尤其是六孔六角形综版的绞经织由六根经纱绞扭而成，其厚实、柔软、坚固的特点更适用于马鞍。

后记：笔者从1998~2000年在东华大学攻读硕士学位，硕士论文的题目是《中国综版式织机技法与锦带研究》，到今天已经过去了20多年，至今笔者一直继续关注、调查、研究它。但截至目前，在中国保留着这一古老织造技术的地区只发现了三个，这三个地区懂得综版织造技术的人越来越少，综版织带的需求量也渐渐减少，面临着灭绝的危险。从中国清代的文物来判断，综版织造在中国曾经是比较普遍的织造技术，但很可惜由于社会的变化以及人们生活的变化，综版织造与其他很多古老的传统纺织技术一样，也即将消失。笔者将继续关注，尽量记录下综版织造这一非常巧妙的织造工艺，同时记录下现代人不应忘记的原始人类的智慧和努力。

致谢：感谢北京服装学院徐雯教授和刘琦老师提供贵州屯堡实地考察信息，感谢北京服装学院蒋玉秋老师助译。感谢清华大学艺术与科学研究中心柒牌非物质文化遗产研究与保护基金支持（编号：201602）。

12 从《舆服志》看中国古代女性冠服制度的变迁

李 薇[1]

摘 要　　　本文以"二十四史"中《舆服志》为主要研究材料，对中国古代女性的冠服制
度展开研究，分析其在整体冠服制度中的位置、叙述模式和架构、分等标志的构成
和编排，并在此基础上归纳出其历史变化趋势。

关键词　　舆服志、女性、冠服制度、变迁

中国古代服饰的特点之一是其所体现的等级性。历代执政者通常都会制定车舆
冠服制度，并以政令的形式公布。东汉永平二年（59年）首次用舆服令来规定帝王
百官的冠服制度，称为《舆服志》，此后各代正史都正式列入相关内容。《舆服志》
亦称《车服志》《仪卫志》或《礼仪志》，是我国纪传体官修史书"二十四史"的重
要组成部分。

除了帝王百官，《舆服志》中也记述有后妃命妇的冠服制度。然而，长久以来，
对于冠服制度的研究，仍以男性为主体，无论是对某一朝代的冠服制度，还是对某
一类冠服制度。目前，女性冠服制度的专题研究有柳红林的《浅析我国古代女性服
饰制度》[2]。文章认为，古代女性由于社会地位的关系，在服饰制度上需从属于男性服
饰制度。其余相关成果则见于中国服饰史和制度史的部分研究中，基本是依据文献
资料对后妃的服装、印绶、佩玉制度进行描述和分析。例如，苗霖霖《北魏后宫制
度研究》[3]在第四章中论述了北魏后宫车服制度。此外，还有一些学者通过比对文献、
图像和实物，考证制度中冠服的具体形制。例如，房宏俊的《清代后妃礼、吉服为
何装饰十二章纹》[4]和扬眉剑舞的《从花树冠到凤冠——隋唐至明代后妃命妇冠饰源
流考》[5]等。总体而言，学界对于中国古代女性冠服制度的研究缺乏全面深入的分析

❶ 李薇，东华大学服装与艺术设计学院，副教授，博士。
❷ 柳红林.浅析我国古代女性服饰制度 [J].青春岁月,2014(7):49-50.
❸ 苗霖霖.北魏后宫制度研究 [D].长春:吉林大学,2011:106-125.
❹ 房宏俊.清代后妃礼,吉服为何装饰十二章纹 [J].紫禁城,2013(2):13-61.
❺ 扬眉剑舞.从花树冠到凤冠——隋唐至明代后妃命妇冠饰源流考 [J].艺术设计研究,2017(1):20-28.

和探讨，因而开展对其的专题研究就非常必要。

本文以"二十四史"中《舆服志》为主要研究材料，分析汉代至明代女性冠服在历代冠服制度中的顺序和位置、叙述模式和架构、分等标志的构成和编排，以期梳理归纳出中国古代女性冠服制度的承继和发展脉络。文中关注的女性，主要是指后妃命妇这个群体，不涉及士庶。一是因为从《宋史·舆服志》开始，才有士庶服饰的专述。二是士庶服饰的规定除衣服通制外，基本都是一些禁令。

一、女性冠服制度在整体冠服制度中的顺序和位置：从"男首女末"到"夫妇对应"

历代官修史书中有关冠服制度方面的内容，一般和车舆、仪仗、符印等一并归入《舆服志》，章节的顺序大致是先舆后服，当然也有例外，比如《元史》。冠服章节在对各色人等的服饰进行描述时，也有先后顺序。随着朝代更替，男、女冠服在整体冠服制度中的顺序和位置有一个明显的变化趋势。

从《后汉书》至《旧唐书》，基本的顺序都是以性别分先后，先陈述各阶层男性的冠服，再是女性冠服。《后汉书·舆服下》的篇首罗列了关键词目，按照内容可分为六个部分：冠、帻、佩刀、印、绶和后夫人服。后夫人服位列最末，包括太皇太后、皇太后、皇后、贵人、公主以及公、卿、列侯等官员夫人的冠服。《晋书》与《后汉书》如出一辙，皇后、夫人、九嫔、公主、皇太子妃等女性服饰在最末。《南齐书》中女性冠服的描述极少，仅寥寥几句。相较《后汉书》和《晋书》，顺序虽稍有变动，但大体模式不变，依旧按照冠帻、袴褶、绶、玺印、笏、佩玉的排序，只是在袴褶之后插入了皇后袆衣、公主会见及燕服。绶和玺印中亦有后夫人之相关规定。《隋书》中记载了梁、陈、北魏（后魏）、北周（后周）以及隋朝冠服。梁制中未见女性冠服。从陈开始，帝王百官冠服制度的叙述模式有了变动，先按人物介绍各品级人等在各种场合的冠服，再按品类介绍冠帻、巾帽、笏和佩玉等。但在女性冠服的位置安排上，则未改汉晋之模式，后夫人服依旧位列最末。《旧唐书》仍延续前史《舆服志》模式，按照先男性后女性的顺序，依次描述了天子、皇太子、侍臣、皇后、皇太子妃和内外命妇的冠服。

从《新唐书》开始，冠服制度中男女冠服的陈述顺序有了改变，开始有了夫妇对应的意识。天子冠服后就开始介绍皇后的袆衣、鞠衣和钿钗礼衣。其后是皇太子冠服，与之对应的是皇太子妃的褕翟、鞠衣和钿钗礼衣。之后再依次陈述群臣和对应品级的命妇冠服。《宋史》则基本延续了这种安排，只是将皇太子服提前到天子之后。其后依次是后妃服、命妇服和诸臣服。《辽史》中提及的女性冠服寥寥，但也可找出对应的例子。例如"国服"篇中的小祀祭服，按照皇帝、皇后、臣僚、命妇的顺序陈述。《金史》亦是如此，在天子衮冕、视朝之服后，为皇后冠服、皇太子冠服、宗室及外戚并一品命妇服，再依次是臣下朝服、祭服和公服。《元史》较为特殊，通篇按照天子、皇太子、各类官员祭服、质孙服、百官公服、仪卫服色、服色等第的顺序记述，命妇衣服仅在服色等地中稍作交代。

至《明史》，夫妇冠服对应的顺序已固定，且井然有序。《明史·舆服》的结构非常清晰，以夫妇一一对应的模式进行陈述，例如《舆服二》"皇帝冕服、后妃冠服、皇太子亲王以下冠服"中男女冠服的顺序为：皇帝冠服、皇后冠服、皇妃、皇嫔及内命妇冠服、九嫔冠服、内命妇冠服、宫人冠服；皇太子冠服、皇太子妃冠服；亲王冠服、亲王妃冠服；亲王世子冠服，世子妃冠服；郡王冠服，郡王妃冠服；郡王长子冠服，郡主冠服，郡王长子夫人冠服……

二、女性冠服制度的叙述模式和架构："场合分等"和"级别分等"

模式是指事物的标准样式。历代《舆服志》在叙述冠服制度时，其表达和架构有一定的标准和规律可循，可归纳为一种标准样式，即叙述模式。按阎步克先生的研究，《后汉书·舆服志》简单罗列各种冠，把"服"附之于后，再叙其穿着之人、所务之事。这是一种"以冠统服，由服及人"的叙述模式。在汉以后，冠服叙述模式逐渐向"由人及服"变迁，即先罗列人员的等级类别，再叙其服。❶这个结论仅适用于男性冠服制度。中国古代女性冠服制度的叙述始终是一个"由人及服"的模式。从《后汉书》到《明史》，女性冠服的部分均为先列出某人，再叙述其服，即"由人及服"。例如，《后汉书》载："太皇太后、皇太后入庙服，绀上皂下……皇后谒庙服，绀上皂下……贵人助蚕服，纯缥上下……"❷《旧唐书》载："皇后服有袆衣、鞠衣、钿钗礼衣三等。袆衣……皇太子妃服，首饰花九树……内外命妇服花钗……"❸

在中国古代礼仪制度中，服饰的首要任务是区分人群的不同身份和等级。《后汉书·舆服志》中阐述了"礼""服"和"德"之间的关系，"夫礼服之兴也，所以报功章德尊仁尚贤。故礼尊尊贵，不得相逾，所以为礼也。非其人不得服其服，所以顺礼也。"❹而"德"则影响到国家的盛衰，所谓"顺则上下有序，德薄者退，德盛者缛。"❹因此，古人需按身份着装，"分等"是中国古代服饰体制的核心。女性冠服制度按"由人及服"的模式叙述，围绕"分等"这个核心，"人"实际指的是"人等"，而"服"即"服等"。《舆服志》在叙述时，先要对众女性进行分等，再按照品位高低，一一叙述各人的冠服。要用服饰来指向和对应这些"人等"排列，其就会被人为地设立出高低等差，即"服等"。历代女性冠服制度中"服等"的架构变化也不大，可归纳为横、纵两个方向的设立。不同的人有服饰等差，同一个（类）人的服饰也有等差。

横向等差即指同一个（类）人多种服饰的高低排序，其主要按照场合来分，即场合分等。中国古代女性亦需出席不同的场合，这些场合大致有谒庙、亲蚕、受册、会见和朝会等，依照活动

❶ 阎步克. 分等分类视角中的汉、唐冠服体制变迁 [J]. 史学月刊, 2008(2): 29–41.
❷ 范晔. 后汉书 [M]. 北京: 中华书局, 1973: 3676.
❸ 刘昫. 旧唐书 [M]. 北京: 中华书局, 1975: 1955–1956.
❹ 范晔. 后汉书 [M]. 北京: 中华书局, 1973: 3640.

的正规程度和庄重程度，穿着与之相匹配的服饰。归纳《后汉书》到《南齐书》的记录，女性的服用场合主要分为四类：入庙/谒庙、亲蚕/从蚕、会见和朝会，每种场合皆深衣制，以服色作区分，朝会之服同蚕衣（图1）。从北魏开始，朝会的重要性日盛，皇后助祭和朝会都着袆衣。隋则明确指出，祭及朝会为大事，应穿着最高等级的礼服。自此，受册、谒庙、朝会成为最重要的礼仪场合。唐代女性的各种服饰场合被划分为三等，与之相配的服饰亦有三大体系。属于品位系统第一阶层的皇后和皇太子妃，受册、助祭、朝会着翟衣，亲蚕/从蚕着鞠衣，宴见宾客着钿钗礼衣（图2）。之后的宋朝，变化基本不大。北宋后妃服有四等，受册、朝谒服翟衣，亲蚕/从蚕服鞠衣，另有朱衣、礼衣用于其他场合。南宋，后惟备袆衣、礼衣，妃备褕翟，凡三等。另有常服。明代则将后妃命妇服饰简化成两大体系，即礼服和常服。最重要的场合服礼服，其余服常服。

图1　东汉—南齐女性服饰与礼仪场合　　　　图2　唐代皇后、皇太子妃服饰与礼仪场合

纵向分等则是指不同品位人群服饰的高低排序。对应场合分等，各品位人群的服饰可分为几个品类。每一品类的服装都有其服饰组合以及具体形制，服饰组合是指构成这类服装的部件组成，例如皇后翟衣就由衣、中单、蔽膝、大带、革带、袜、舄、佩绶等构成。而形制则涵盖了这些服饰部件的款式、质地、颜色、图案等。对应各色人等，不同服类的部件组合以及形制按照她们的级别，被设立出高低等差，即"级别分等"。

服饰品类的高低排序对应的是场合分等，服饰组合及具体形制的高低排序对应的则是级别分等。因此，历代女性冠服制度的架构是"场合分等"和"级别分等"的共同作用，其叙述模式是"由人及服"，先对人群进行"品位分等"，再对其服制进行"场合分等"和"级别分等"（图3）。

图3　古代女性冠服制度的架构组成

三、女性冠服分等标志的构成和编排

服制分等的纵向等差中，每一品类的服装都由各服饰部件以及具体形制构成，治国者在其中选取出若干，来制造人群身份等级的差异，我们称之为分等元素。例如服饰的色彩、纹样、材质、

款式、尺寸等。在这些元素中，有个别具有极高的辨识度，其构成和编排有一定的规律可循，往往会有数序的排列，可称之为分等标志。历代帝王百官冠服分等标志的更替有阶段性变化，后妃命妇亦如是。

1. 汉、晋、南朝：服色和印、佩、绶

按《后汉书》《晋书》《南齐书》以及《隋书》中的记载，东汉、西晋及至南朝以来，每种场合下各类人物服装的形制并无太大区别，均为深衣制，分等的标准主要在于上下衣身的颜色。东汉时期，太皇太后、皇太后和皇后入庙/谒庙服，绀上皂下，公、卿、列侯、中二千石、二千石夫人则皂绢上下；皇后蚕服青上缥下，贵人纯缥上下，诸夫人则缥绢上下。[1]两晋承继了这个分等标准。南朝齐和梁制中则未提及。从《隋书》记载的陈制来看，东汉以来的服色分等标准至少延续到了南朝。除皇后谒庙服改为皂上皂下外，其余服色规定不变。皇后亲蚕服依旧青上缥下。诸夫人之入庙佐祭和助蚕服分别为皂绢上下和缥绢上下，皆深衣制。妃嫔公主之服色则未提及。

分等的另一个焦点集中在印、佩、绶的形制属性上，等差的设立标准为：印章的材质、玉佩的品种和绶带的颜色。这一点在《后汉书》中的体现还不明显，而《晋书·舆服》中则有详细记载：三夫人金章紫绶，佩于阗玉；九嫔银印青绶，佩采璜玉；郡公侯县公侯太夫人、夫人，银印青绶，佩水苍玉。[2]据《隋书》，南朝之陈，这些分等标准延续依旧：三夫人，金章龟钮，紫绶，八十首。佩于阗玉，兽头鞶。九嫔，金章龟钮，青绶，八十首。兽头鞶，佩采璜玉。亚九嫔，银印珪钮，艾绶，兽头鞶。[3]

到了北朝，作为分等标志，印、佩、绶已经退居二线，但其分等功用仍在。北魏服制："内命妇、左右昭仪、三夫人视一品，假髻，九钿，金章，紫绶，服褕翟，双佩山玄玉。九嫔视三品，五钿蔽髻，银章，青绶，服鞠衣，佩水苍玉。世妇视四品，三钿，银印，青绶，服展衣，无佩。"[4]隋代之后，册宝、册印不再和冠服放在一起，另辟一章专述。

2. 北朝、唐、宋：钿、钗和翟章

从北魏开始，新的分等元素开始占据重要位置，即以宝钿和花钗的多少分等级，北齐（后齐）因之。两晋时期，钿数作为分等元素已初见端倪。《晋书》载，后妃命妇助蚕服，三夫人太平髻，七镮蔽髻，九嫔及公主、夫人五镮，世妇三镮。[2]南朝陈的服饰制度中也出现以钿分等的记载："公主、三夫人，大手髻，七钿蔽髻。九嫔及公夫人，五钿；世妇，三钿。"[3]但用钿数对应品秩的规定始于北魏，并且有了更为规整的数序排列。皇后、皇太子妃及五品以上命妇依次为十二钿、九钿、七钿、五钿、三钿、一钿。

北魏还引入花钗作为分等元素，同时增订宫人女官服制。《隋书》载："内外命妇从五品以上，蔽髻，唯以钿数花钗多少为品秩。……又有宫人女官服制，第二品七钿蔽髻，服阙翟；三品五钿，

❶ 范晔. 后汉书 [M]. 北京：中华书局，1973：3676–3677.
❷ 房玄龄. 晋书 [M]. 北京：中华书局，2012：774.
❸ 魏征. 隋书 [M]. 北京：中华书局，1973：237.
❹ 魏征. 隋书 [M]. 北京：中华书局，1973：243.

鞠衣；四品三钿，展衣；五品一钿，褖衣；六品褖衣；七品青纱公服。俱大首髻。八品、九品，俱青纱公服，偏髾髻。"❶然而，关于花钗在北魏朝如何分等，《隋书》中并未言及。北周服制中则出现了花（华）钗的数量单位——"树"，但其用于后妃命妇的等差标准仍未详细言明。隋、唐在此基础上，明确了花钗的分等标准，并制定其等差数序排列。唐代皇后袆衣，首饰花十二树；皇太子妃褕翟，花九树；命妇一到五品翟衣之首饰花树数序依次为九、八、七、六、五。

按《隋书》和《唐书》的记载，隋代开皇制，礼服首饰提及花钗（树），而大业制礼服首饰除皇后外（十二钿，十二花树），其余仅提及钿。唐制，皇后、太子妃之翟衣、鞠衣首饰提及花钗（树），宴见宾客之钿钗礼衣首饰提及钿，其余内外命妇翟衣则花钗（树）和钿并提。因此，可以说到了隋唐时期，女性礼服冠钿、钗组合分等的模式和标准已经确立（图4、图5）。北宋后妃礼冠因袭隋唐制度，但出现了一个重大变化，即在冠上添加龙、凤或翚。

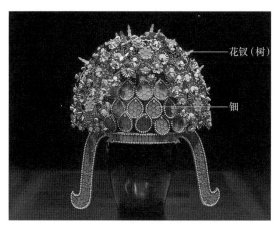
图4 萧后墓出土冠饰复原

图5 萧后冠复制件中的花钗（树）

与钿、钗数量相对应的，是翟衣上的翟章。翟，山雉尾长者❷。装饰有翟纹的服饰称为"翟衣"。"三翟"之制源于《周礼》，然而，直至北魏时期，翟衣制度才开始明确提出并全盘使用。《周礼》中所载"三翟"的分等标准有三点：一是翟的种类，袆衣❸和揄狄分别以翚雉和摇雉为章。二雉均五色皆备，伊雒而南、素质者曰翚；江淮而南、青质者曰摇。二是衣服的颜色，袆衣色玄，揄翟色青，阙翟色赤。三是制作手法，袆衣和揄狄用缯先刻出雉形，再上彩，然后缀在衣服上；而阙翟则刻而不画。❹北魏虽正式全面启用翟衣之制，但对其分等标准未有提及。北周尊儒复古热情的高涨为翟章作为分等标志创造了条件。北周的舆服体制极为繁复，皇后由"六服"增至"十二服"，祭服增至"六翟"，另有"六色衣"。对应帝王百官冕服上的文章等差，翟衣上翟章的分等标准发生了变化。新的分等标准被设立成两点：一是翟的种类。据《说文解字》，雉有十四种。北周在《周礼》的基础上，将翚和摇在内的六种雉按照等级分别用在了后妃命妇的翟衣上。

❶ 魏征. 隋书 [M]. 北京：中华书局，1973：243.
❷ 许慎. 说文解字 [M]. 北京：中华书局，2005：75.
❸《诗经》中亦称为"象服"。见蒋玉秋. 风雅时代的女服之美——从《诗经》看周代女子服饰 [J]. 艺术设计研究，2014(3)：37-42.
❹ 李薇. 翟衣制度的源与流 [J]. 南京艺术学院学报（美术与设计），2017(4)：75-79.

二是数量的等差。例如，《隋书》载："三妃，三公夫人之服九。其袆衣亦皆九等，以鸠雉为领褾，各九。三妑，三孤之内子，自鷩衣而下八。褕衣皆八等，以鷩雉为领褾，各八。六嫔，六卿之内子，自揄衣而下七。褕衣皆七等，以揄雉为领褾，各七。"❶

隋代翟衣的种类又回至"三翟"，在北周翟章分等标准的基础上，隋明确了钿钗与翟章数量的对应关系。唐代取消阙翟，以"翟衣"来统称一品至五品命妇最高等级的礼衣，确立了钿钗、翟章数量和后妃命妇的品秩对应关系。宋和明初承继之。例如北宋政和议礼局上，命妇翟衣："第一品，花钗九株，宝钿准花数，翟九等；第二品，花钗八株，翟八等；……第五品，花钗五株，翟五等。"❷

3．明朝：翟（凤）冠和禽鸟纹

在唐宋的基础上，明代的分等标志发生了转变。北宋后妃礼冠添加龙、凤或翚的变化对明代产生重要影响。宋代命妇的礼服冠称为花钗冠，龙凤花钗冠为皇后、皇太后所特有，象征身份尊贵。北宋政和三年（1113年）议礼局所上，"皇后首饰花一十二株，小花如大花之数，并两博鬓。冠饰以九龙四凤。妃首饰花九株，小花同，并两博鬓，冠饰以九翚、四凤。"❸明代在经历几次改制之后，将宋代花钗冠发展成为翟（凤）冠，冠上的翟鸟代替钿、钗成为新的分等标志。

明洪武元年，品官命妇礼服仍因袭唐宋以来的钿钗、翟衣之制，一到七品花钗、宝钿和翟章的数序依次为九、八、七、六、五、四、三。洪武三年定制，皇后礼服冠上饰九龙四凤，皇妃、皇太子妃、亲王妃冠饰九翚（五色雉）四凤。洪武五年更定，礼服冠和常服冠以各类鸟雀及其数量区分等级。一品、二品用翟鸟，三品、四品用孔雀，五品鸳鸯，六品、七品用练鹊。钿、钗已不再作为分等标志。洪武二十六年，冠制简化，统一为"翟冠"，以翟数分等级。一品命妇"五翟冠"，二品至四品"四翟冠"，五品、六品"三翟冠"，七品至九品"二翟冠"。❹这样就形成了后妃使用凤冠，命妇使用翟冠的模式，延续至明末（图6）。永乐三年，皇妃、亲王妃由九翚四凤冠更为九翟冠。世子妃、郡王妃、郡主冠用七翟冠。嘉靖十年始定，九嫔冠服九翟。

翟章分等标志的功能在明代也发生了转换。明初仍用翟衣之制。洪武四年，因明代官员不服冕服，以梁冠、绛衣为朝服，命妇服用翟衣则与之不相称，故改其朝服为山松特髻、大袖衣与霞帔等。翟章也就不再是命妇礼服分等的标志了，取而代之的是霞帔、背子上的各类禽鸟纹。

图6　戴三翟冠的明代命妇

❶ 魏征．隋书 [M]．北京：中华书局，1973：248．
❷ 脱脱．宋史 [M]．北京：中华书局，1977：3536．
❸ 脱脱．宋史 [M]．北京：中华书局，1977：3535．
❹ 张廷玉．明史 [M]．北京：中华书局，1977：1642-1645．

四、中国古代女性冠服制度的变化趋势：数序等差和夫妇齐体

从分等标志的构成和编排来看，汉、晋、南朝的女性冠服制度已经体现了场合分等和级别分等的意识。但是，这些分等标志所制造的差别并未形成一个有序的等差结构，也无太多规律可循。例如东汉后妃命妇的服色，只是粗略的"三分法"，皇后蚕服青上缥下，贵人纯缥上下，公、卿、列侯、中二千石、二千石夫人则缥绢上下。这与北周、隋唐以来男子的"服色"之制有着很大差别。

直到北魏，情况开始有了转变。最主要的原因，是北魏开启了女性冠服和品秩分等对应的新规则。魏立九品之制，为品级之始，北魏因袭之。品秩的高低以数序来排列，而要使冠服和其对应，则冠服的分等元素也须严谨有序。因此，北魏内外命妇从五品以上，唯以钿数花钗多少为品秩。紧接着，翟衣上的翟章数量也成为冠服数序等差结构中的新标志。至唐代，服饰分等标志的构成和编排发生了较大变革。首先，弱化汉以来章、佩、绶的分等作用，把钿、钗和翟章作为分等标志；其次，明确品秩与服饰分等元素的对应关系，将钿、钗和翟章的数量和后妃命妇的品秩一一确立，进一步加强了服等与人等的结构对应。女性冠服体制中的有序等差结构基本形成，之后的宋朝和明初服制均按此模式。明代的冠服分等标志虽转变为翟（凤）冠和禽鸟纹，但其用数序对应品秩的根本目的是不变的。

另一个变化趋势是女性冠服制度中"夫妇齐体"的观念愈发明显。《白虎通·嫁娶》载："妻妾者，何谓也妻者，齐也，与夫齐体。自天子至于庶人,其义一也。"❶郑玄注《礼记·内则》："妻之言齐也，以礼聘问，则得与夫敌体。"（这里的"敌"作为"相当"讲。）❷对于"夫妇齐体"思想的解读，学者们各有己见❸，但有一点是基本获得共识的，也就是妻和夫之敌体，表达的是一对一的对应关系。这在整体冠服制度的叙述顺序和女性冠服的分等标志上均有体现。从《后汉书》到《隋书》，古代女性冠服在整体冠服制度中的叙述顺序和位置是"男首女末"。《新唐书》中冠服制度的叙述开始有了"夫妇对应"的意识。至《明史》，严格而整齐的"夫妇对应"格式成型。

用钿、钗和翟章的数量来分等，属于冠服制度分等标志中"夫妇齐体"观念的初步体现。早在《周礼》之中，女性冠服制度就被设立成与男性冠服制度相对应的形式。君臣有"六冕"，后妃命妇则有"三翟"。"六冕"之等主要是通过旒章的多少体现出来。而《周礼》中"三翟"的分等标准并没有和此相对应。北魏和北周在制定翟衣的分等标准时，很可能是考虑到了这一点，所以在《周礼》的基础上，将钿、钗和翟章的数量添入翟衣的分等标准，以此来对应帝王百官冕服

❶ 陈立. 白虎通疏证 [M]. 北京:中华书局,1994:490.
❷ 孙希旦. 礼记集解 [M]. 北京:中华书局,1989:773.
❸ 一种观点认为，"夫妇齐体"即从人身权角度说明当妻子与丈夫合卺共牢之后,妻子的人身权已转归丈夫所有,被丈夫所吸收,是妇合于夫的夫妇一体。见王小健. 误读的妇女"三从"——中国古代妇女人身权的文化学分析 [J]. 南京社会科学,2006(10):78-84. 另有观点认为，"夫妇同(齐)体"是指倡导夫妻双方在婚姻生活中享有平等的地位。见裴娜. 先秦儒家夫妇之道及其当代省思 [D]. 哈尔滨:哈尔滨工业大学,2013:38.

上的旒章等差。这种意识在唐代进一步明确和加强。《新唐书》载："皇后之服三：……首饰大小华十二树，以象衮冕之旒，又有两博鬓。"❶除此以外，妇人的宴服也按品级各依夫色。到了宋代，后妃命妇花钗冠上的大小花对应的则是男性的冠梁之数。《宋史》载："中兴，仍旧制。其龙凤花钗冠，大小花二十四株，应乘舆冠梁之数，博鬓，冠饰同皇太后，皇后服之，绍兴九年所定也。花钗冠，小大花十八株，应皇太子冠梁之数，施两博鬓，去龙凤，皇太子妃服之，乾道七年所定也。"❷

明代在冠服制度上对于"夫妇齐体"的追求到达了极致。从洪武元年初立冠服之制，到永乐三年后妃命妇冠服制度的基本确定，大致有以下三个方面体现了明代在"夫妇齐体"上的努力。一是衣色随夫旨令的颁布。明初，品官命妇的礼服自一品至五品用紫，六品、七品用绯。其大带如衣色。并且和男子一样，也用腰带质地来分等级。二是翟衣制度的取消。帝王百官不用冕服，后妃命服亦不服翟衣。三是命妇礼服和常服用禽鸟纹区分等级。这种分等标志在前朝女性的冠服制度中并未出现。明代此举，可能是受到男子补服分等标志之启发，将各类禽鸟用于命妇冠服中来对应等级。

五、结语

随着朝代更替，中国古代女性冠服在整体冠服制度中的叙述顺序和位置有着明显的变化。大致经历了三个阶段：（1）从《后汉书》至《隋书》，其特征是"男首女末"，以性别分先后，女性冠服一般位于冠服篇的最末位置。（2）宋人编撰的《新唐书》是一个转折点，冠服制度的叙述开始有了"夫妇对应"的意识。此后的《宋史》《辽史》和《金史》基本遵守这个规则。（3）在《明史》中，"夫妇对应"的叙述顺序已经成型，对应严格而整齐。

纵观历代《舆服志》中记述的冠服制度，男性和女性的差异较大。女性冠服制度的叙述始终是一个"由人及服"的模式，而其架构以"分等"为中心，按照品位分出"人等"，对应的"服等"则按照横、纵两个方向设立，即"场合分等"到"级别分等"。

在"级别分等"分等标志的构成和编排上，东汉、西晋及至南朝主要依靠服色、印章材质、玉佩品种和绶带颜色来区分等级；北魏和北周分别引入钿、钗和翟章作为分等标志，到隋唐时期，二者组合分等的模式得以确定，而汉以来服色和章、佩、绶的分等作用被逐步弱化。宋因袭隋唐制度，但后妃礼冠添加龙、凤或翠的变化对明产生重大影响。在经历几次改制之后，翟（凤）冠和禽鸟纹成为新的分等标志。

通过对分等架构和分等标志的分析，并结合女性冠服在整体冠服制度中顺序和位置的改变，可以总结出中国古代女性冠服制度的变化趋势：数序等差和夫妇齐体。汉、晋、南朝至唐代分等

❶ 欧阳修，宋祁. 新唐书 [M]. 北京：中华书局，2011：516–517.
❷ 脱脱. 宋史 [M]. 北京：中华书局，1977：3535.

标志的转换实际就是数序等差结构的形成过程，这种结构到唐代已经基本完成，并在宋、明得到进一步完善。而后妃命妇冠服体制数序等差的变化，在很大程度上受到了夫妇齐体思想的影响。钿、钗对应着帝王百官的冕旒或冠梁之数，翟章对应着冕服上的文章，而禽鸟纹之所以成为分等标志可能是受到男子补服的启发。

13 从舒妃服装遗物看乾隆中期色彩时尚及染色工艺

王业宏❶ 刘 剑❷ 金鉴梅❸

摘 要   故宫博物院所藏衣服类文物大多来自于清代紫禁城衣库，由于实物和档案的分离，很多衣物的穿用者身份不明。经考证可以确定，故42151和故42484分别为乾隆皇帝舒妃的吉服袍和常服褂。后妃服饰的装饰反映了这一时期的宫廷时尚，色彩及搭配是重要的视觉特征。清代织染局服务于宫廷，因此舒妃服饰上的色彩名称和染色工艺可以参考织染局档案记载。根据织染局档案及其他相关历史文献，笔者已成功完成了33种颜色染色工艺的复原。研究发现，这一时期织染局染色配方所涉及的染料共计9种，助剂5种，通过控制浴比、浸染时间、浸染次数和温度等工艺条件，获得不同的染色效果，构成丰富的染织色谱。

关键词   舒妃、吉服袍、乾隆中期、色彩时尚、染色工艺

自黄帝时代开始，古代中国以衣饰区分人们地位与角色的社会管理制度就已经以民族文化的形式存在并不断被继承、演变、发展。乾隆时期，以维护贵族统治权力为核心，以满汉文化融合为主要表现形式的清代服饰制度逐渐发展定型，并成为清代后世所遵循的蓝本。这一时期编撰完成的《大清会典》《皇朝礼器图式》明确而细致地定义了各阶级在多层面的社会活动中服饰用品的形制（法定的样式及使用方法），这一时期数量较为丰富的遗存以及相关管理机关的档案等实物、图文资源成为研究乾隆时期的宫廷服饰色彩的重要依据，使还原某些史实成为可能。

---

❶ 王业宏,温州大学美术与设计学院,副教授。
❷ 刘剑,中国丝绸博物馆,副研究馆员。
❸ 金鉴梅,东华大学服装与艺术设计学院,博士研究生。

一、舒妃服装遗物考证

1．舒妃生平简介

舒妃，叶赫那拉氏，满洲镶黄旗人，侍郎永寿之女，乾隆六年（1741年）十一月封舒嫔。乾隆十四年（1749年）晋舒妃。乾隆四十二年（1777年）五月三十日薨[1]。清宫所藏舒妃容像如图1所示[2]。

图1　乾隆舒妃容像

2．舒妃袍、褂考证

故宫博物院藏有大量后妃服饰，其中有一件精美的女吉服袍（故42151），衣身为"绿色八枚三飞经缎面，粉红色素纺绸里。领袖皆石青色缎，片金缘。袍面绣牡丹、月季、海棠、菊花、梅花等四季花卉纹，间饰茶蝶纹，蝴蝶身上花纹细部多以笔晕染。领袖边以掺和针绣折枝牡丹等花卉，以混色纱绣花枝和叶蔓，富有层次感。"，黄条墨书"乾隆四十二年十二月初一日收绿缎绣花卉棉袍一件"，如图2[3]。

另一件褂子（故42484）如图3所示，故宫出版图录中描述为"皇帝常服之一。圆领，对襟，平袖，左右及后开裾。缀银鎏金錾花扣五枚，内饰月白色缠枝菊暗花绫里。领口系墨书黄纸签二，一书'石青缎棉褂一件'，一书'石青缎夹褂一件，乾隆四十二年十二月初一日收。"[4]

图2　绿缎绣花卉棉袍（故42151）

图3　石青缎夹褂（故42484）

这两件服装曾被展出，目前为止，其出处和归属仍不明确。清代皇帝及宫廷内部人员（尤其是后妃、皇子等在宫内居住的家庭成员）待发放、暂不使用和死后遗留的礼服、四季衣物都由"广储司"统一经管，广储司的下设机构包括"六库""七作""二房"。六库依其管理物品的类别

❶ 张尔田.清列朝后妃传稿(下)，第 27 页。
❷ 郎世宁.乾隆及后妃图卷，现藏于美国克利夫兰艺术博物馆。
❸ 张琼.清代宫廷服饰 [M].上海：上海科学技术出版社，2006：168.
❹ 严勇，房宏俊.天朝衣冠：故宫博物院藏清代宫庭服饰精品展 [M].北京：紫禁城出版社，2008：88.

分设银库、皮库、瓷库、缎库、衣库、茶库，而服饰品大多由衣库收存管理。清宫衣库的位置设于弘义阁南西配房，被收入衣库的服装都须编制入库清单和标签，清宫遗存衣服上随带的"墨书"就是写有存品名称、类别及收管时间等背景信息的标签，而入库单就是以流水账的形式录入广储司档案之中。中华人民共和国成立后，几经变迁，原故宫被划分为"故宫博物院"和"中国第一历史档案馆"（后文简称"一档"）两个独立的行政单位。故宫博物院主要收藏、管理和研究文物实物，中国第一历史档案馆则收藏、整理和研究文献资料。因此，原广储司衣库中带有墨书的衣物现保存在故宫博物院的库房中，而广储司衣库的相关档案没有配套保存。可能被归入一档，这就是长时期以来实物与相关记载的关联性疏离，限制了许多相关研究的深入开展。

在以上研究思路的基础上，作者赴一档查阅相关资料，进行系统性检索与摘读，发现了对应上述文物重要的记录：

乾隆四十二年十二月初一收

舒妃遗下

绿缎绣花卉棉袍一件

紫缎厢领袖棉袍两件

金黄缎厢领袖棉袍一件

……

石青缎夹褂两件❶

……

上述档案记录中，下划线条目与黄条墨书的内容（时间、名称）完全吻合，除此之外对应时间与品名再无其他相似记录，据此确认上述两件服装均为舒妃遗物，文中称为舒妃袍和舒妃褂。

舒妃袍属清代后妃吉服袍类别，浅绿色素缎面料，绣海水江崖纹和观赏瓷花瓶，瓶中插饰四季花，大身饰折枝花，花间有蝴蝶穿插飞行，纹样众多，排列疏朗有致，视觉效果细腻精致的。这件袍的主纹并非龙纹，看似与制度不符，据《大清会典》记载："采服，皇贵妃、贵妃、妃、嫔均用翟鸟龙文各施五采，裳如礼服制。"其实，在清代一些如节俗等欢乐喜庆的场合，存在着一些超出制度规定的灵活设计的案例甚至惯例，即吉服上的龙纹可以被其他吉祥纹样所取代，但主纹位置一般不变。后代诗云"万寿节中垂盛典，花衣期内引朝仪，尽翻旧样团龙制，六合同春画折枝。"❷，其中描绘的就是这种情况。

舒妃褂在有关研究中被界定为男褂（皇帝常服）的属性有待商榷。对照相关历史文献记载，这件褂更符合女式常服的形制特征。乾隆朝《大清会典》记载皇帝常服"表衣用青，均不施彰彩，织文用卷龙及各色花文"，后妃常服"表衣色用青，织文用龙凤翟鸟之属，不备采"。从文字上看，皇帝和后妃的常服除纹饰外并无根本区别。根据文物描述，这件服装并无纹饰，应是常服，也可

---

❶ 内务府广储司衣库档案，手抄于中国第一历史档案馆。

❷ 吴士鉴.清宫词[M].北京:北京古籍出版社,1986:53.

能有特殊用途。确定性别属性的依据是褂的长短。从大量清代绘画中可见，男女在常服袍褂的搭配比例上是不同的，男袍短至踝上，女袍长不露足，男褂长度要明显短于袍，而女褂只需略短于袍长即可。图4的两幅画像就例证。根据目前所见故宫收藏的皇帝吉服褂，其长度基本在110厘米左右。而女褂的长度都在130～150厘米。再看这两件衣服的尺寸。舒妃袍长151厘米[1]（故宫官网藏品记录为147厘米[2]，《清代宫廷服饰》中记录为156厘米[3]），褂长142.5厘米。袍的两袖通长180厘米，褂的两袖通长174厘米；袍的下摆宽122厘米，褂的下摆宽124厘米。清代袍褂套穿，褂要比袍小一圈，从这两件衣服的尺寸上看，非常符合同一人的身材要求和女装的搭配比例。根据人体工学常识，还可以推测出舒妃身高在170厘米左右。

图4 男女袍褂的尺寸、比例对比

二、乾隆中期的色彩时尚

中国古代服饰的流行基本遵循自上而下的规律，清代服饰制度规定的礼服、吉服虽然纹样不能随意变化，但配色上却比较自由，可以在一定程度上体现时代特色，这种特征有可能成为文物断代的依据。其中，后妃的非龙纹吉服袍在纹样和色彩设计上自由度更大，籍此，由舒妃的吉服袍，可以管窥乾隆中期宫中的色彩时尚。

舒妃袍以浅绿色素缎为底，绣海水江崖纹和观赏瓷花瓶。海水江崖纹以红、蓝、黄、绿、紫相

[1] 严勇,房宏俊.天朝衣冠:故宫博物院藏清代宫庭服饰精品展[M].北京:紫禁城出版社,2008:72.
[2] http://www.dpm.org.cn/collection/embroider/228697.html.
[3] 吴士鉴.清宫词[M].北京:北京古籍出版社,1986:53.

（1）观赏瓷瓶插花

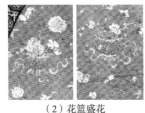

（2）花篮盛花

图5　配色细节

间排列，并做晕色处理。花瓶有青花红彩云龙纹瓶、青花缠枝唐草管耳瓶、青花黄釉扁瓶、仿青铜双环兽耳瓶、白瓷蟠螭双耳瓶等，瓶中插有四季花，衣身饰有折枝花。花品种类繁多，有梅花、海棠、牡丹、芍药、月季、桃花、寿菊、蜀葵、罂粟等，花间有蝴蝶穿插飞行。纹样虽多，但排列疏朗有致，色彩以红色、白色系为主调，黄、紫为点缀。叶子基本都采用不多的色阶做明暗对比，过渡简单，装饰感强。为了达到细腻精致的视觉效果，"蝴蝶身上花纹细部多以笔晕染"❶（图5）。

　　故宫的另一件藏品（故42144）与舒妃的吉服袍在廓型、装饰纹样、装饰方法、刺绣工艺、配色上都非常相似，如图6❷。纹样皆按八团纹样的布局设定位置。从主花的细节上看，舒妃袍的为观赏瓷瓶插花，此件为花篮盛花，四季花的表现技法基本相同，都有工笔画的特点。档案记载，这件袍服为乾隆三十三年五月初五敬事房呈览的"藕合缎绣花卉有水棉袍"，与实物墨书完全吻合，而这件服饰并非后妃遗物，而是新制。一件是制作时间，一件是上交时间，相差九年，虽然是否为同期制度无法考证，但基本可以确定这是乾隆中期宫中流行的样式。还有一件制作于乾隆三十年的女吉服❸，其色彩搭配与上述两件袍服类似（图7）。更巧的是这件袍服的衣长也是151厘米，不知是否为舒妃特制，毕竟从目前发表的民间和宫廷收藏中，乾隆时期的吉服袍衣长能达到151厘米（或以上）极为少见。

图6　藕合缎绣花卉有水棉袍（故42144）

图7　香色纱绣八团夔龙单袍局部

　　乾隆中期的宫廷服饰总体上讲具有纹样繁复华美、工艺精致秀丽、色彩鲜亮的特点，其中大量使用暖色调，但色阶并不丰富，更讲求装饰感，艺术格调呈现出一丝庄重淡雅、自然清新的味

❶ 郎世宁. 乾隆及后妃图卷, 现藏于美国克利夫兰艺术博物馆。
❷ 严勇, 房宏俊. 天朝衣冠: 故宫博物院藏清代宫廷服饰精品展 [M]. 北京: 紫禁城出版社, 2008: 71.
❸ 张琼. 清代宫廷服饰 [M]. 上海: 上海科学技术出版社, 2006: 159.

道。色名的确定是一项复杂的工作，要从服装的制作工艺谈起。清代后妃吉服"织造在京有内织染局，在外江宁、苏州、杭州，有织造局岁织。内用缎疋，并制帛，诰敕等件各有定式。凡上用缎疋，内织染局及江宁局织造。赏赐缎疋，苏、杭岁造。"❶内务府织染局主要从事"内用衣服绘绣之事。"❷从档案上看，内织染局生产的衣料主要以暗花和素织物为主，可直接制作常服和行服。有时也会染绣线，用于宫内刺绣。内织染局在乾隆时期还曾生产一些材料发往江南织造制作。原因是乾隆嫌弃内织染局所制作的服饰花样单一❸。广储司下属七作中包括银作、铜作、染作、衣作、绣作、花作、皮作。染作负责染洗各种皮、帽、棉布、绸缎；衣作负责承造各种冠服，从三织造交付过来的织成匹料通常要经过衣作加工制成成衣；绣作负责绣造各种领、袖、补服、荷包等。二房包括帽房和针线房，帽房负责做帽，针线房负责承造皇帝朝服及宫内四季衣服。宫中的女性服饰盛行刺绣装饰，例如宫女按例发放布料，制作统一的宫衣，然后她们会私下里绣制一些纹样，只要不夺"主子"的风采就行。吉服袍按例应发往江南织造制作，但目前未找到确凿的实例。宫中刺绣活动甚多，也不排除在宫中制作的可能。

目前还没有发现江南织造染色的档案。内织染局倒是留存了不少有价值的信息，其中包括色名。染织局记载的色名有40余个，作为宫廷服饰染色的依据。以《乾隆二十三年织染局销算行文及来文并呈进底档》为例，其中染制绣纸的色彩为：

大红绣纸五斤、桃红绣纸四斤、水红绣纸三斤

官绿绣纸四斤、松绿绣纸四斤、沙绿绣纸三斤、水绿绣纸二斤、瓜皮绿绣纸二斤

石青绣纸二斤、宝蓝绣纸二斤、浅蓝绣纸二斤、鱼白绣纸二斤

真紫绣纸二斤、深藕色绣纸二斤、藕荷紫绣纸二斤

金黄色绣纸二斤、杏黄绣纸二斤、明黄色绣纸四斤

白色绣纸二斤

对照染作档案发现，在实际染制过程中，根据实际需求，染材、数量有所调整❹：

大红绣纸四斤（减少一斤）

浅蓝（鱼白）绣纸四斤（增加二斤）

从以上记载可以看出，乾隆中期的服装配色以红、绿、蓝、紫、黄、白划分色系，除白色外，都会根据晕色需要，染出深、中、浅至少三阶不同的颜色，绿色多至五阶。单从这项记载中可以看出乾隆中期染红、绿色的比例较大，这恰巧可以在舒妃的服饰上得到印证。

京内织染局主要供上用和内用开销，乾隆皇帝又是一个事无巨细之人，档案记载他经常会挑剔衣服尺寸大小和颜色深浅，要求改制、重制或定制，或因此织染局在染色事宜上更是精益求精。

---

❶《钦定古今图书集成·经济汇编·考工典·卷十·织工部》。
❷《钦定古今图书集成·经济汇编·考工典·卷九·染工部》。
❸《大清会典·卷一一九五·内务府园囿》。
❹ 乾隆二十三年织染局销算行文及来文并呈进底档。

舒妃褂是石青色的。清代袍褂以石青色居多❶。常服和行服是织染局年例中的大宗物品，乾隆四十年织作档案中记载有制"生红青色素八丝缎褂十二件"及各色袍褂共计达164件之多，但这些袍褂应该是上用之物，至于后妃是否使用另当别论，但染色方法上，应该可以参照，毕竟，染蓝是清代最广泛最成熟的染色工艺。

三、染色工艺探讨

染色工艺复原的主要依据是清代织染局的档案，辅以其他染色文献。研究小组进行了为期十二年的复原工作。下面就根据这些年的研究，谈一谈舒妃袍绣线的染色工艺。

舒妃袍绣纹的色彩包括红色、黄色、紫色、绿色、蓝色、白色。实验以乾隆中期织染局档案中绣线的染色配方为理论依据。档案只记载了物料及用量，并未记载工艺条件，因此工艺设计上结合了《齐民要术》《天工开物》等其他古代染色文献。

红色，直接染色染法，所用染料是红花。红花中含有红花红和红花黄两种色素。《齐民要术》中以粟饭浆和醋作为酸性助剂，而织染局档案中用碱来溶出红花红色素并以乌梅来中和其碱性，以染得鲜艳的红色。实验按照织染局档案进行实验，染得水红、桃红、大红等色，色彩与实物相近。

蓝色，还原染色法，所用染料为靛青。档案中记载染蓝所耗物料仅有靛青、碱和大黄三种，未见酒糟、糖等传统发酵蓝缸的物料消耗，可能是染缸持续使用，这些物料根据经验添加，未在账簿中计算。完全按档案配比还原蓝色染色工艺的实验难度比较大，实验用传统原料起缸，也尝试用生叶染色。得到了石青至月白一系列色彩。此外，大黄的应用也为其他植物靛蓝染色工艺所不载，其具体应用方法和作用还需要通过大量试验进一步探索。

黄色，用槐子和黄栌采用媒染染色法，用黄柏采用直接染色法。织染局档案记载的媒染剂主要为明矾和黑矾两种。但并未说明是前媒还是后媒。同一种染料运用不同的媒染剂可以染出不同色相的色彩，前媒染、同浴媒染、后媒染也可以使织物呈现更多的色阶。此外，也有两种染料共同染色的情况，如金黄、杏黄为槐子和黄栌两种黄色染料的染得，黄栌染得黄色相较槐子更具有暖色调色光，以不同的比例混合染色可以得到更加丰富的色彩。

紫色、绿色采用套染染色法。从档案记载来看，清代织染局通过有限几种染料的不同配比、工艺排列组合便获得更加丰富的色相。紫色系为靛青套染红花，绿色系为靛青套染黄柏、槐子等黄色染料所得。套色实验最为复杂，尝试了诸多的可能性之后，成功套染出绿、紫等系列间色，与这一时期的实物色彩基本一致。

乾隆时期，染色方法是比较稳定的，几十年未见大的改变。现以舒妃袍上的黄色为例，细节如图8所示，根据乾隆十九年销算染作中的染料、面料、媒染剂的消耗数量，进行染色实验。

---

❶ 王业宏,刘剑,童永纪."清"出于蓝——清代满族服饰的蓝色情结及染蓝方法 [J]. 清史研究,2011(4):110–114.

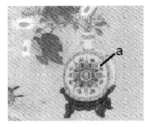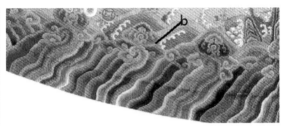

图8　舒妃袍服中黄色系色彩

1．实验设备和材料

恒温水浴锅、电磁炉、pH试纸、电子秤、分光测色仪CM700D（柯尼卡美能达，日本）。

植物染料黄栌在北京大学未名湖畔采集，槐子购自某国药馆，硫酸铝钾（明矾）和碳酸钾（阿拉丁，上海）。真丝缎面料购自杭州丝绸市场，裁剪成每片尺寸为15cm×15cm、每片质量为3.5g的试验小样。

2．实验方法

根据乾隆十九年染作销算档案记载，染金黄色绒三钱三分，需要消耗明矾一钱零三厘，槐子一钱零三厘，栌木四钱九分五厘，木柴一两三钱二分。"参照清代度量衡，1斤等于16两（清代1两约37.3g），两、钱、分、厘间都是十进制关系，可以换算成如表1的用料比。相应的明黄色、金黄色和杏黄色染色消耗材料的换算也见表1。

表1　染明黄色、金黄色、杏黄色用料换算

色名 用料（g）	明黄色	金黄色	杏黄色
布	3.5	3.5	3.5
明矾	1.30	1.30	1.30
槐子	5.18	1.10	7.00
黄栌		5.25	1.75

《天工开物》中有记载金黄色染色方法为"芦木煎水染，复用麻藁灰淋，碱水漂"。《扬州画舫录》也有对杏黄的记载："杏黄、江黄即丹黄，亦曰缇，为古兵服。""缇"有橘红色之意，由此可以初步推断，有黄栌所染的杏黄、金黄两种颜色可能带有不同程度的暖橙色调。乾隆档案中没有有关麻藁灰等类型的碱性染色助剂消耗的记载，这与现代一般的染色工艺方案不符，但这不代表在当时的染色工艺中真的不使用此类碱处理工序，因此需要针对碱处理工序，设计对比实验方案，以染色效果评价这一工序的功能与价值。据此，染色实验工艺流程设计如下：

配料→被染物净洗→提取染液备用→准备助剂→恒温染色→清水洗→建立样本→对比分析。

实验采用水煮提取法制取黄栌、槐子染液。即将黄栌、槐子根据表1的用料质量加10倍水后加热至沸腾，然后文火煎煮30分钟，重复五次并将滤出染液混合备用。染明黄色，先将每片丝绸放入明矾水溶液中处理，取出后浸入槐子染液，在60℃染色60分钟，整个工艺程序重复三次。染金黄色和杏黄色，丝绸也用明矾前媒染，然后浸入槐子染液，在60℃染色60分钟，取出后再浸入60℃黄栌染液染色60分钟。三种颜色丝绸染色后水洗晾干。

3. 结果分析

采用分光测色仪对三种颜色丝绸进行颜色值的测量（表2），其中明黄色的L^*值最大，为77.48，说明明黄色的亮度最大，符合该颜色的特征，即明亮的黄色。金黄色的a^*值最大，为18.09，说明该颜色偏红色。而杏黄色的b^*值最大，为84.29，说明该颜色是三种颜色中最黄。三种黄色的复原结果显示出各自的特点，表2的模拟色样也表现出颜色值相应的视觉效果。

明黄色由槐子染得，其染料的主要色素为芦丁，与明矾中的铝离子络合产生明亮的黄色。黄栌与槐子套染得到金黄色和杏黄色，由于黄栌的主要色素为硫磺菊素和漆黄素，通过明矾媒染，得到偏红的黄色。通过与表2中的模拟色样比较，我们推测图8中的a为明黄色、b为杏黄色、c为金黄色。中国丝绸博物馆的馆藏中有类似这三种颜色的清代中期实物，采用高效液相色谱法分析这三种颜色的纱线，可以检测出芦丁（明黄色），硫磺菊素和漆黄素（杏黄色和金黄色）。相关的分析和比对有待于进一步的研究与探索。

表2　三种黄色的颜色值和模拟色样

颜色名	颜色值			模拟色样
	L^*	a^*	b^*	
明黄色	77.48	0.28	69.89	
金黄色	69.17	18.09	75.42	
杏黄色	71.45	15.33	84.29	

乾隆时期织染局档案记载的染料只有9种，其中黄色系染料有槐子、黄柏、黄栌、栀子；红色系染料有红花和苏木；蓝色系染料有靛蓝；灰黑色系染料有五倍子、橡碗子；常用助剂有5种，明矾和黑矾、乌梅、杏仁油、碱。大黄是否为助剂还有待于进一步研究。根据档案中的记载，我们还尝试复制了其他30多种常见的乾隆时期服饰色彩，复原的33种颜色如图9所示，基本能够真实地反映清代中期宫廷丝织品染色的特征。

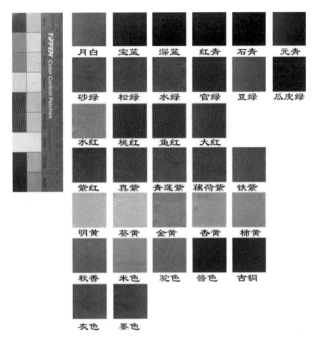

图9　根据乾隆时期染作销算档案复原的33种服饰色彩

四、结论

（1）经考证，故宫博物院所藏的两件文物故42151为舒妃吉服袍，故42484为舒妃常服褂。

（2）从舒妃遗物可见乾隆中期宫中的色彩时尚，以红、黄、蓝、紫、绿、白划分色系，多彩并不浓烈，精致明快。

（3）织染局的染色方法成熟稳固，所有色彩均以9种染料加不同助剂染所得。同种材料，用量或浸染时间、温度等工艺条件变化，或在此基础上添加其他材料，可以染制出同一色系不同深浅的颜色。

14 摘 考[1]

李　芽[2]　王永晴[3]

摘　要　　摘又名"掃"，是一种扁平细长且一端有细密长齿的发饰，由竹木、骨角、象牙或玳瑁制作而成。无论男女都可使用。摘诞生于周，自西汉以后便很少出现，其消失或与女子发髻由垂髻转向高髻而导致对束发器功能要求的转变有关。摘的制法往往是取整块的材料直接雕刻而成。其形制有方首与圆首之分，方首的摘往往还在首端绘制精致的花纹，圆首的摘则相对朴素。摘尾端的齿数多少不一，以七齿的为最多，但是也不乏多至十余齿者。摘的基本用途：一则为饰；二则搔头并束发；三则可以篦发垢。

关键词　　摘、掃、首饰、汉代

中国古人头部的簪戴，以簪、钗二者为最常见。其中簪起源最早（旧石器时代便已有之），流行时间最长，且男女皆可使用。钗则最早见于新石器时代墓葬，但真正开始普遍使用则要到西汉晚期，且多为女性使用，适用于挽束较高大的发髻。在钗普遍流行之前，实际上还曾经流行过一种介乎于簪、钗之间的代用品，那就是摘。摘诞生于周，流行于西汉，其也是男女皆用，但西汉以后便很少见，其名其式都逐渐湮没不闻。

摘，有三个读音："zhǐ""zhāi"和"tī"。摘，古又可写作"掃（tì）"或"摘"。《广雅疏证》中说："摘者：《说文》摘，搔也。《列子·黄帝篇》指摘，无痟痒。《释文》云：摘，搔也。摘，训为搔，故搔头谓之摘。《说文》云：儈，骨摘，之可会发者。《墉风·君子·偕老篇》：象之掃也。《毛传》云：掃，所以摘发也。《释文》：摘，本又作摘。《正义》云：以象骨搔首，因以为饰，故云'所以摘发'。摘、摘、掃，声

❶ 基金项目：本论文为 2014 年度国家社科基金艺术学项目"中国古代首饰史"（项目编号：14BG081）阶段性成果；上海市教委 2017 年曙光计划项目"中国古代妆容谱复原研究"（17SG49）阶段性成果；上海市高峰高原学科建设计划成果。
❷ 李芽，女，博士，上海戏剧学院舞台美术系，教授。研究方向：中国古代服饰。
❸ 王永晴，中国装束复原团队，独立学者。

近义同。"❶《诗经·魏风·葛屦》中有"好人提提，宛然左辟，佩其象揥"一句，《毛传》中对此"象揥"的解释是："象揥，所以为饰"。《释名·释首饰》亦云："揥，摘也，所以摘发也"。《广韵》："棣：棣枝，整发钗也。"马瑞辰《毛诗传笺通释》曰："揥者，搔头之簪。"

一、摘的功能

从以上文献可知摘的基本功能，其一是"为饰"，即佩戴于头部的首饰，说明它具有一定的装饰性。

其二是"搔头"。这里的"搔头"可以有两种理解，一是动词，抓、挠的意思，目的是使头"无痏痒"。如《西京杂记》载："武帝过李夫人，就取玉簪搔头，自此后，宫人搔头皆用玉，玉价倍贵焉。"二是名词，其意和簪类似。中国自汉代起就有把簪称为"搔头"的记载，如东汉繁钦《定情诗》："何以结相于，金薄画搔头。"唐白居易《采莲曲》："逢郎欲语低头笑，碧玉搔头落水中"，以及《长恨歌》中描写杨玉环首饰"花钿委地无人收，翠翘金雀玉搔头"。这些诗中提到的"搔头"，指的是一种头饰。《说文》中有"摘，搔也。""搔，括也。""括，絜也。"又段玉裁注："絜，束也。……絜束者，围而束之。"这几个字应该是可以相通的。另《说文》"髻"字下又云"骨摘，之可会发者……说曰：以组束发，乃箸笄，谓之桧。……盖由会发之器谓之髻，因之束发谓之髻，与仪礼之桧同。"❷这说明摘的另一种用途便是"束发"，即收束固定发髻，其功能和簪钗无二。

其三是"洁发"。《札朴》载："摘、搔，为会发絜发之具也。"❸"絜"除了通"係（系）"之外，也通"潔（洁）"。《礼记注疏》云：盥洗扬觯，所以致絜也。这里的"絜"便是清洁的意思。古人一般用什么工具洁发呢？用"栉（zhì）"。《说文通训定声》载："栉，梳比之总名也。……疏曰：比密曰栉。"❹《说文新附考》载："篦通作比，亦作枇。"❺也就是说，梳齿比较密的梳子叫"栉"，实际上就是篦子。古人洗发不便，常用栉来篦除发垢，这在古籍中多有记载。如宋戴復古《答妇词》中有："衣破谁与纫，发垢孰与栉"❻；广东《始兴县志》"列女"篇中有："面垢不洗，发垢不栉"❼。一般的束发之簪钗是不具有洁发功能的，而汉代出土的一种扁平细长且一端有细密长齿的束发之器，其造型结合了簪与篦的双重特征，便可兼具束发与洁发的双重功能。这似乎也可以解释，为何"摘"的三个读音中，有一读音与"栉"相同，也念"zhì"。

❶ 王念孙.广雅疏证[M].钟宇讯,点校.北京:中华书局,1983:63.
❷ 许慎,段玉裁.说文解字注[M].郑州:中州古籍出版社,2006:167.
❸ 桂馥.札朴[M].赵智海,点校.北京:中华书局,1992:33.
❹ 朱骏声.说文通训定声[M].北京:中华书局,1984:645.
❺ 钮树玉.说文新附考(续考札记1-2册)[M].北京:中华书局,1985:72.
❻ 陈梦雷.鼎文版古今图书集成·中国学术类编·家范典[M].台北:鼎文书局,1977:879.
❼ 成文影民国年石印本·卷之十三·列传中,摘自瀚堂典藏古籍数据库。

二、摘的材质与形态

基于以上功能分析，摘应当便是西汉墓葬中时常出土的一种扁平细长且一端有细密长齿的发饰。其首端有方首与圆首之分，但绝大部分出土的摘首端都没有坠饰，非常素朴。方首的摘，往往还会在首端绘制精致的花纹（图1）；而圆首的摘则朴素得多（图2）。摘尾端的齿数多少不一，以七齿的摘为最多，但是也不乏多至十余齿的。从侧面看，摘因其材质的特性，往往具有一定的弧度，而非笔直。

图1　连云港海州双龙西汉墓出土角摘
（西汉晚期）❶

牛角制成。体扁，长条状，一侧光素，
另一侧刻出细密的长齿。

图2　江苏扬州西汉刘毋智墓出土骨摘
（西汉早期）❷

四件。大、小各2件。器形相同，摘首双面磨光，
圆尖状，摘身呈篦齿形。

摘在先秦便已有之，但先秦关于摘之制度并无详细记载，这类遗物亦出土很少，目前只有为数不多的几例。如湖北江陵九店东周墓出土三件竹摘，其中一件由一块光素无纹的长竹片削出三齿，出土之时仍插于发髻上；一件则由三根竹签合成（图3）。可见这时的摘尚且比较简易。

图3　江陵九店东周墓出土竹摘❸

一件由一块光素无纹的竹片削成三齿，齿长14.1厘米、宽0.15厘米、摘长16.1厘米、宽1厘米、厚0.2
厘米。一件由3根竹签合成，竹签一端有穿孔，用丝线穿孔捆扎。涂黑漆，长14.8厘米，厚0.2厘米。

及至汉代，参照《后汉书·舆服志》中对于贵妇们首服的描述："太皇太后、皇太后入庙服……簪以瑇瑁❹为摘，长一尺，端为华胜，上为凤皇爵，以翡翠为毛羽，下有白珠，垂黄金镊。左右一横簪之，以安菡结。诸簪珥皆同制，其摘有等级焉。""公、卿、列侯、中二千石、二千石夫

---

❶ 图片摘自：武可荣，惠强，马振林，张璞，程志娟，项剑云．江苏连云港海州西汉墓发掘简报 [J]．文物，2012(3).
❷ 图片摘自：薛炳宏，王晓涛，王冰，束家平．江苏扬州西汉刘毋智墓发掘简报 [J]．文物，2010(3).
❸ 图片摘自：湖北省文物考古研究所．江陵九店东周墓 [M]．北京：科学出版社，1995:324–325.
❹ 瑇瑁即玳瑁。《后汉书·贾琮传》引广雅曰："瑇瑁形似龟，出南海巨延州"；《汉书·严朱吾丘主父徐严终王贾传第三十四下》："师古曰：瑇瑁，文甲也。瑇音代。瑁音妹。"

人，绀缯蔮，黄金龙首衔白珠，鱼须擿，长一尺，为簪珥。"❶可知这里的"擿"实际上是"簪"的一部分，其应该是特指插入头发内的簪身部分，而簪首则还要连缀"华胜""凤凰爵"等装饰品以显示身份。而且擿的长度和材质都会依着人物身份等级而变化。等级最高的擿约合汉尺一尺，为玳瑁所制；等级低一些的擿则用"鱼须"制成，这里的鱼须，或为一种海虾的须，也可能是鲸须❷。

从擿的材质来看，并无金属与玉石质地者，出土物少数以竹木制成，或许因竹木易腐，绝大多数则都是以玳瑁或骨角制成，与文献记载中提及的"骨擿""象揥""鱼须擿""瑇瑁"完全吻合。究其原因，应该和其也做为篦发工具有关。《礼记·玉藻》载："栉用樿栉，发晞用象栉。"并注曰："栉用樿栉者，樿，白理木也，栉，梳也。沐发为除垢腻，故用白理涩木以为梳；发晞用象栉者，晞，干燥也。沐已燥则发涩，故用象牙滑栉以通之也。"❸白理木因木质较涩，故洗头时用之篦发易于除垢腻。洗后发干则发涩，象牙梳因比较滑故便于梳通。擿也是同理。因此，用木和象牙做梳栉，在新石器时代便屡见不鲜。❹

擿的制法，往往是取整块的材料，直接雕刻出来。一些竹木材质的擿会略有不同，有一些是将数根细长的竹针束成一排，于其头部加以束系，又或简单地以丝线捆扎，或另附一个小巧的擿头。至于《后汉书》中记载的那类擿首连缀有装饰物的华丽类型，则可从马王堆一号汉墓女尸辛追夫人的头上看到。观察开棺时辛追夫人的头部状态，可见其发式为：前发中分，分别梳向耳后，与后发拢为一束，再于真发下半部缀连假发，松松反绾于头顶，编一平髻，再于髻上插3支长擿（图4）。伴随长擿同出的，还有29件绘漆涂金的木花饰片，只是出土时已散乱（图5）。而长擿的

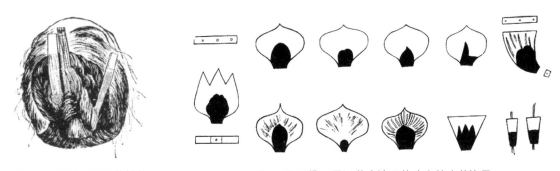

图4 马王堆一号汉墓轪侯夫人辛追，发髻上插玳瑁、角、竹擿各一

图5 马王堆一号汉墓辛追尸体头上的木花饰品

❶ 范晔. 后汉书 [M]. 郑州:中州古籍出版社,1996:212-213.
❷ 徐礼节《汉语大词典》商补四则 [J]. 井冈山大学学报:社会科学版,2016,37(4):112-115+130.
❸ 郑玄. 礼记注疏(卷二十六~三十)[M]. 上海:中华书局,1936:120-121.
❹ 如浙江平湖庄桥坟遗址就曾出土过木篦,见徐新民,程杰. 浙江平湖市庄桥坟良渚文化遗址及墓地 [J]. 考古,2005(7):10-14+99-100+2.
山东泰安大汶口遗址曾出土两把象牙梳,见山东省文物管理处,济南市博物馆. 大汶口:新石器时代墓葬发掘报告 [M]. 北京:文物出版社,1974:95.
江苏昆山绰墩遗址 M73 女性墓主的头顶残留有一把象牙梳,见嘉兴市文化局. 马家浜文化 [M]. 杭州:浙江摄影出版社,2004:184.
浙江海盐周家浜遗址 M30 出土了一把完整的玉背象牙梳,见浙江省文物考古研究所. 浙江考古精华 [M]. 北京:文物出版社,1999.

首端，一支竹摘以丝线缠成，另两支玳瑁摘与角摘，两侧面则均有3个深约0.2厘米的小孔（图6），这很可能是为了便于连缀木花饰片所钻。据此推想原本插戴的状态，应是两支长摘一左一右平插于鬓边，两侧分别垂下悬坠的涂金木质摇叶。而一支竹摘则插于发髻正中，首部以丝线将数片木花饰片缠扎出花形。可以说，墓中出土帛画上的老妇，其首饰与墓主人头部实际所戴基本是完全一致的（图7）。

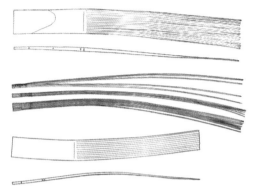

图6　马王堆一号汉墓出土玳瑁摘、角摘、竹摘
（西汉早期）❶

出土时尚插于墓主人辛追发髻之上。玳瑁摘与角摘均作长板形，
稍弯曲，顶端朱绘花纹，两侧面各有三个小孔，孔深约2毫米。

图7　马王堆一号汉墓出土帛画中
墓主人辛追的形象

从摘的出土年代来看，目前考古发掘出土有摘的墓葬，绝大多数所处时代都是西汉，东汉时代只有东汉初年朝鲜乐浪汉墓等出土过为数不多的几例（具体信息见下表）。从出土文物来看，自东汉起，除簪外，女子更喜好插戴钗，钗的流行与摘的没落恰好是前后相继的关系，这不应该是毫无理由的，大约是制作方便的两股钗取代了制作繁缛的多齿摘，而栉则以独立存在的形式与梳同置于妆奁之内，这在汉墓中出土有很多。而且，从发型的发展来看，西汉女子大多喜爱垂髻，而自西汉晚期开始，女子的发髻渐趋高耸，直到东汉出现了夸张的"城中好高髻，四方高一尺"。垂髻对于束发用品的支撑力要求不高，而摘因其细密的梳齿与竹木骨角材质的特性，本身的确并不具备很大的支撑力。而钗因其只有两齿，故齿可以做得比较结实，且钗大多用金属材质做成，便于支撑高大的发髻。如四川宝兴陇东东汉墓所出的数件发钗，其中一种为铜质钗，下部仍是两股弯折的钗脚，上部却被做成宽大突出的片状；又一种铁钗，以细长的铁丝缠绕制成，钗头弯折出扁平的弧度。❷这样的钗头设计，明显是为了便于承托沉重的发髻，而摘并不具备这样的功能。自东汉之后，高髻便一直是女子发髻中的主流，因此摘因其实用性的不足而逐渐消失便也在情理之中。

❶ 湖南省博物馆,中国科学院考古研究所.长沙马王堆一号汉墓(上)[M].北京:文物出版社,1973:28–29.
❷ 杨文成.四川宝兴陇东东汉墓群[J].文物,1987(10):34–53.

汉代墓葬中出土的代表性摘

序号	时期	墓葬	出土摘的形制、数量及尺寸
1	西汉早期	马王堆一号汉墓	玳瑁摘、角摘、竹摘。 三件。出土时尚插于墓主人辛追发髻之上。玳瑁摘与角摘均作长板形，稍弯曲，顶端朱绘花纹，两侧面各有三个小孔，孔深约0.2厘米。 玳瑁摘长19.5厘米，宽2厘米，厚约0.1厘米，齿11枚，齿长12.8厘米；角摘长24厘米，宽2.5厘米，厚约0.15厘米，齿15枚，齿长16.3厘米；竹摘系以竹签20支分三束，再在距顶端1.7厘米处用丝线缠扎而成。
2	西汉早期	马王堆三号汉墓	竹摘。 一件。长条形，由11根一端削尖的竹签并列，上端用丝线缠绕捆扎。长14.6厘米，宽1厘米。 湖南省博物馆，湖南省文物考古研究所：《长沙马王堆二、三号汉墓（第1卷田野考古发掘报告）》，北京：文物出版社，2004年，第236页。
3	西汉早期	湖北襄阳擂鼓台一号汉墓	竹摘。 一件。头端呈三角形，是以角质掏空套在首部。已断，残长16厘米，宽0.5厘米。 王少泉：《湖北襄阳擂鼓台一号墓发掘简报》，《考古》1982年，第2期，第147～154页。
4	西汉早期	安徽潜山彭岭西汉墓	角摘。 一件。牛角制作。黑色，素面，光滑透明。柄作锥形，下端有7根细密长齿，长21厘米，最宽1厘米。 杨鸠霞：《安徽潜山彭岭战国西汉墓》，《考古学报》2006年，第2期，第231～304页。
5	西汉早期	长沙咸家湖西汉曹（女巽）墓	角摘。 一件。通常21厘米，宽0.8厘米，厚0.1厘米，齿11个，齿长19.7厘米。 肖湘，黄纲正：《长沙咸家湖西汉曹（女巽）墓》，《文物》1979年，第3期，第1～16页。
6	西汉早期	江苏扬州刘毋智墓	骨摘。 四件。大、小各2件。器形相同，摘首双面磨光，圆尖状，摘身呈篦齿形。大摘，身作9根篦齿形。长14.6厘米，宽0.9厘米；小摘，身作5根篦齿形。长11.5厘米，宽0.5厘米。 薛炳宏，王晓涛，王冰，束家平：《江苏扬州西汉刘毋智墓发掘简报》，《文物》2010年，第3期，第16～36页。
7	西汉中期	山东临沂金雀山汉墓	木摘。 五件。扁长条形，齿数为7～10个不等，长16.4～22.7厘米，宽1.1厘米。最长的一件有7齿。 冯沂：《山东临沂金雀山九座汉代墓葬》，《文物》1989年，第1期，第21～47页。
8	西汉中期	安徽天长三角圩汉墓	角摘。 二件。一件青灰色，微弯曲。一件青灰泛黄。形制基本相同，齿部均为七股。只是前者更为细长。 安徽省文物考古研究所：《天长三角圩墓地》，北京：科学出版社，2013年，第374页。

续表

序号	时期	墓葬	出土摘的形制、数量及尺寸
9	西汉中期	安徽巢湖放王岗一号墓	角摘。 四件。器形相同，略有宽窄长短之分。原本均装于漆奁中。器呈长条形梳状，扁平柄，均7齿，黄褐色。一件长16厘米，齿长12.6厘米，厚0.15厘米。一件长18.8厘米，齿长15.3厘米，厚0.2厘米。 安徽省文物考古研究所，巢湖市文物管理所：《巢湖汉墓》，北京：文物出版社，2007年，第88页。
10	西汉中期	山东临沂金雀山周氏墓群	木摘。 三件。有长短两种。长的一件共10齿，长21.3厘米，宽1.3厘米；短的两件各有9齿，其一长18.4厘米，宽1.2厘米。 沈毅：《山东临沂金雀山周氏墓群发掘简报》，《文物》1984年，第11期，第41～58页。
11	西汉中晚期	扬州平山养殖场一号汉墓	牛角摘。 一件。有7齿，长24厘米，宽1.2厘米。 印志华：《扬州平山养殖场汉墓清理简报》，《文物》1987年，第1期，第26～36页。
12	西汉中晚期	山东诸城县西汉木椁墓	角摘。 三件。一件出自西棺，长21厘米、宽1.5厘米，牛角制作，一端为板状，下端为长齿，计有7齿，齿呈圆条状，略为弯曲。另一件出自东棺，长22.5厘米，宽1.8厘米，1齿断落，残存6齿，原仍为7齿。此外另有一件7齿完全断裂，仅存首部，长6厘米，宽0.9厘米。上绘云气图案。 任日新：《山东诸城县西汉木椁墓》，《考古》1987年，第9期，第778～785页。
13	西汉中晚期	山东莱西县岱墅西汉木椁墓	角摘。 三件。一种素面，有黑黄色自然花纹，光滑透明。通长16厘米，宽1.5厘米，厚0.5厘米；另一种形微弯曲，长22厘米，宽1.5厘米，厚0.2厘米。均有7根细密长齿。 王明芳：《山东莱西县岱墅西汉木椁墓》，《文物》1980年，第12期，第7～16页。
14	西汉中晚期	荆州高台秦汉墓	竹摘与角摘。 分别出于四座墓中，且均出于棺内。有竹质和角质两种。 其中六件为窄长方形，柄部较长，摘齿稍粗且稀疏。一件为竹质、6齿，残长19.3厘米，宽1.1厘米，厚0.1厘米；一件为角质，8齿，通常21.3厘米，宽1.7厘米，厚0.18厘米；另二件大小基本相同，为角质，保存完好。一件为窄长方形，11齿，细密整齐。摘齿直劈直柄部，柄部稍厚。在距柄端2.2厘米处用丝线绞缠于摘齿之上以作握手，且握手较短，通常17.1厘米，宽1厘米，齿厚0.1厘米，柄端厚0.2厘米。一件摘齿较粗稀，齿端尖圆，握手较短，通长14.6厘米，宽1.35厘米，厚0.1～0.15厘米。 湖北省荆州博物馆：《荆州高台秦汉墓 宜黄公路荆州段田野考古报告之一》，北京：科学出版社，2000年，第208页。
15	西汉中晚期	江苏连云港市海州西汉侍其繇墓	骨摘。 二件。分别位于男女墓主人头部。为扁条形，有7根长齿。 南波：《江苏连云港市海州西汉侍其繇墓》，《考古》1975年，第3期，第169～177页。

序号	时期	墓葬	出土摘的形制、数量及尺寸
16	西汉中晚期	山东日照海曲汉墓	角摘。 数十件。数据不详。 郑同修，崔圣宽：《北方最美的500件漆器：山东日照海曲汉墓》，《文物天地》2003年，第3期，第22～27页。
17	西汉晚期	江苏邗江姚庄101号西汉墓	木摘。 数据不详。 印志华，李则斌：《江苏邗江姚庄101号西汉墓》，《文物》1988年，第2期，第19～43，101～104页。
18	西汉晚期	江苏邗江县姚庄102号汉墓	骨摘。 二件。长方形，开7齿。其一长29厘米，宽1.5厘米。另一长22.5厘米，宽1厘米。 印志华：《江苏邗江县姚庄102号汉墓》，《考古》2000年，第4期，第50～65页。
19	西汉晚期	连云港海州双龙西汉墓	角摘。 三件。均用牛角制成。体扁，长条状，一侧光素，另一侧刻出细密的长齿。一件出自二号棺，略变形，长21厘米，宽1.5厘米，厚0.2厘米；另二件出土时插在三号棺女尸头发上，略变形，弯曲。长28厘米，宽1.5厘米，厚0.2厘米。
20	西汉晚期	山东日照市大古城汉墓	角摘。 一件。扁长条形，共七齿，长约27.4厘米、宽约2厘米。 杨深富，王仕安：《山东日照市大古城汉墓发掘简报》，《东南文化》2006年，第4期，第18～27页。
21	西汉末至东汉初	泗阳贾家墩一号汉墓	牛角摘。 三件。皆为7齿。一件长28.8厘米，宽1.8厘米；一件长24厘米，宽1.4厘米。 王厚宇：《泗阳贾家墩一号墓清理报告》，《东南文化》1988年，第1期，第59～67页。
22	西汉晚期	连云港市孔望山吴窑汉墓	角摘。 二件。一件已残。另一件长30厘米，宽1.5厘米，共7齿，每齿均有齿尖。 纪达凯：《连云港市孔望山吴窑汉墓发掘简报》，《东南文化》1986年，第1期，第21～23页。
23	西汉后期	山西大同天镇沙梁坡汉墓	骨摘。 一件。体扁长，头端分成7齿。长25.4厘米，宽1.8厘米。 张畅耕，李白军，等：《山西大同天镇沙梁坡汉墓发掘简报》，《文物》2012年，第9期，第23～34页。
24	东汉前期	乐浪五官掾王盱墓	玳瑁摘。 插于中棺男性墓主人头部。有5枚长齿。 [日]原田淑人：《田泽金吾.乐浪——五官掾王盱的坟墓》，《刀江书院刊》1930年，第65页。

三、摘的插戴方式

从汉代墓葬中出土的保存比较好的发髻来观察，摘最简单的插戴方式，便是束一个简单的发髻，再插上一支摘以固定，类似簪的功能。例如乐浪五官掾王盱墓中棺男性墓主人头部，便插有一支玳瑁摘；又如山东莱西县岱墅西汉木椁墓，出土时女性墓主人发髻尚保存完好，于头后结作简单的发髻，再横贯一支角摘（图8）❶。

较为复杂的插戴方式则让摘进一步发挥出了"为饰"的作用。如马王堆一号汉墓所见墓主人辛追的发式（图4），掺有假发的发髻反绾至头顶，再插上三支摘，摘首甚至增饰各类涂金涂朱的木花饰片，构成了华饰与摘的组合。又如连云港海州西汉晚期墓所见女性墓主人东海郡贵族凌惠平的发式，亦是插上了二摘一钗（图9）。但这些发髻的共同特点便是都不属于高髻。

四、结语

综上所述，可将本文研究结果总结如下。摘是一种扁平细长且一端有细密长齿的发饰，由竹木、骨角、象牙或玳瑁制作而成。无论男女都可使用。其诞生于周，自西汉以后便很少出现，它的消失或与女子发髻由垂髻转向高髻而导致对束发器具功能要求的转变有关。摘的制法往往是取整块的材料直接雕刻而成。其形制有方首与圆首之分，尾端的齿数多少不一，以七齿的为最多，但是也不乏多至十余齿者。其基本用途有三：一则为饰；二则搔头并束发；三则可以篦发垢。

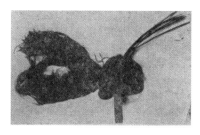

图8　山东莱西县岱墅西汉木椁墓出土发髻和摘
胶东国高官或宗室贵妇人发髻，髻上横插一支角摘。

图9　东海郡贵族凌惠平的出土发髻
上插二支角摘与一支角钗。藏于连云港市博物馆。

❶ 烟台地区文物管理组，王明芳．山东莱西县岱墅西汉木椁墓 [J]．文物，1980(12)：7-16+98．

15 六朝男子首服小冠、笼冠与纱帽考析

徐晓慧❶

摘　要　　六朝时期比较有特色的男子首服有小冠、巾子、笼冠、纱帽，还有受北方少数民族影响而服用的尖顶小帽和破后帽等，名目众多，但形制及使用尚不明晰。其中，小冠、笼冠和纱帽最具代表性，其形制、使用、区别、演变等都具有鲜明的时代特征。

关键词　　六朝、首服、小冠、笼冠、纱帽

一、小冠

六朝小冠源于帻，汉代就使用帻，且帻为地位低下者服用，蔡邕《独断》载："帻者，古之卑贱执事不冠者之服也。"《册府元龟》卷十二记载："九月，三辅豪杰共诛王莽。……一如旧章，时三辅吏士东迎更，始见诸将过，皆冠帻（汝汉官仪曰：帻者，古之卑贱不冠者之所服也）。"❷由于帻有压发定冠的作用，后来贵族也有使用，往往于帻上加冠，也有单独佩戴者，这就是平巾帻的雏形，东晋末年开始流行。《宋书》卷三十《五行志一》记载："晋末皆小冠，而衣裳博大，风流相仿，舆台成俗。……永初以后，冠还大云。"❸沈从文先生认为："就南北朝材料分析，所谓小冠，多已无梁，只如汉式平巾帻，后部略高，缩小至头顶，南北通行。北朝流行或在魏孝文帝改服制以后，直到隋代依旧不改。"❹孙机先生认为，其样式"逐渐向冠、特别是进贤冠靠拢。"❺

《后汉书·舆服志》记载：

古者有冠无帻，其戴也，加首有颊，所以安物。故诗曰："有颊者弁"，此之谓也。

---

❶ 徐晓慧，女，1983.3，山东沂南人，临沂大学，副教授，博士。研究方向为服饰文化。

❷ 王钦若.文渊阁四库全书:册府元龟[M].上海:上海古籍出版社,1987:8.

❸ 沈约.宋书·卷三十:五行志一[M].北京:中华书局,2003:890.

❹ 沈从文.中国古代服饰研究[M].上海:上海书店出版社,2006:210.

❺ 孙机.中国古舆服论丛[M].北京:文物出版社,2001:172.

三代之世，法制滋彰，下至战国，文武并用。秦雄诸侯，乃加其武将首饰为绛袙，以表贵贱，其后稍稍作颜题。汉兴，续其颜，却摞之，施巾连题，却覆之，今丧帻是其制也。名之曰帻，帻者赜也，头首严赜也。至孝文乃高颜题，续之为耳，崇其巾为屋，合后施收，上下群臣贵贱皆服之。文者长耳，武者短耳，称其冠也。尚书帻收，方三寸，名曰纳言，示以忠正，显近职也。……未冠童子帻无屋者，示未成人也。入学小童帻也。句卷屋者，示尚幼少，未远冒也。❶

这一段文字将汉以前帻的演变过程作了详细的描述，汉代帻是尊卑共服之物，但是据两汉书零断的记载，卑贱之人有帻无冠，尊贵之人帻上加冠，如《续汉书·礼仪志下》记载："佐吏以下，布衣冠帻，经带无过三寸，临庭中。武吏布帻大冠。……走卒皆布褠帻。"孙机先生认为，"身份低的不戴武冠的士卒，则只戴平上帻""不过自东汉中期以降，有些平上帻的后部加高""颜短而前低，耳长即后高；这种样式的帻又名平巾帻"❷。孙机先生认为，平巾帻由平上帻发展而来，帻的后部加高自东汉中期开始，到东汉晚期帻的后部继续加高。《续汉书·五行志》记载："延熹中，梁冀诛后，京师帻颜短耳长。"颜短耳长即前低后高。至西晋，帻的后部更高，长沙永宁二年（310年）墓出土陶俑之帻，其后部的高度几乎相当于其面部之半。在帻顶向后升起的斜面上，出现两纵裂，贯一扁簪，横穿于发髻之中。此时，单独佩戴的平上帻被称为小冠。

六朝帻的形制大抵有两种，皆为汉代平上帻和平巾帻的延续，但此时多称小冠，隋以后才只用平巾帻之名。六朝出土图像资料也显示，这一时期的小冠有长耳与短耳之别，且根据图像资料，长耳小冠后半部向上方升起一个斜面，斜面一般横贯一扁簪，双耳结合处略向内凹，下端有一方形突起，上面有一圆孔用来插笄，便于固定，而短耳小冠因无处插笄，则往往以两侧垂带系于颔下用于固定，但也有可插笄且系带者。如南京郭家山东晋温氏家族墓M10、M12出土持盾武吏俑服短耳小冠，而M13出土束手站立文吏俑则服长耳小冠。从图像资料来看，与汉代的帻相比，六朝时期的帻之所以称小冠，是因为帻更多地单独佩戴，样式上更多地向冠尤其是进贤冠靠拢，两晋以后，由于流行更为简易的帢帽，古之卑贱者服用的帻成为礼服，而把巾、帽作为燕服。如《北堂书钞》卷九十八引《俗说》："谢万与太傅共诣简文，万来无衣帻可前。简文曰：'但前，不须衣帻。'万着白纶巾、鹤氅裘、履板而前。"可证明这一点。东晋南朝时，不仅把帻看作礼服，更把它当成正式的官服，如《宋书·礼志》载："江左公府司马无朝服，余止单衣帻""今国子太学生……，服单衣以为朝服"❸。《南齐书·志第九·舆服》记载："文武官皆免冠，著赤介帻对朝服。赤帻，示威武也。"❹由此可见六朝时期小冠的流行程度。

南京石子冈出土的东晋男侍陶俑，河南邓县画像砖墓墓门壁画中的门官，南京郭家山东晋温氏家族墓出土武吏、文吏俑（图1），南京北固山东晋墓陶里俑（图2），南京富贵山东晋墓武吏俑，陕西安康市张家坎南朝墓仪仗俑（图3），南京尧化门南朝墓男侍俑（图4），南京幕府山南朝墓文

❶ 范晔.后汉书：下册[M].北京：中华书局，2007：2514.
❷ 孙机.汉代物质文化资料图说[M].北京：文物出版社，1990：231.
❸ 沈约.宋书·卷十八：礼志五[M].北京：中华书局，1983：513，520.
❹ 萧子显.南齐书·卷十七：舆服志[M].北京：中华书局，1983：342.

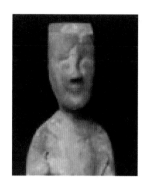

图1 郭家山温氏家族墓   图2 北固山东晋墓   图3 张家坎南朝墓   图4 尧化门南朝墓
武吏俑   陶男俑   仪仗俑   男侍俑

吏俑，南京灵山墓文吏俑，南京郊区板桥仙鹤门南朝墓男侍俑，镇江丁卯"江南世家"工地六朝墓陶男俑等皆戴形制相近的小冠，仅冠耳的高低有所区别。

二、笼冠

据《舆服志》或《礼仪志》记载，笼冠又称武冠，如《晋书》卷二十五《舆服志》："武冠，一名武弁，一名大冠，一名繁冠，一名建冠，一名笼冠，即古之惠文冠。或曰赵惠文王所造，因以为名。亦云，惠者蟪也，其冠文轻细如蝉翼，故名惠文。或云，齐人见千岁涸泽之神，名曰庆忌，冠大冠，乘小车，好疾驰，因象其冠而服焉。汉幸臣闳孺为侍中，皆服大冠。天子元服亦先加大冠，左右侍臣及诸将军武官通服之。侍中、常侍则加金珰，附蝉为饰，插以貂毛，黄金为竿，侍中插左，常侍插右。"❶《隋书·礼仪志》中也有相似记载。由此可知，惠文冠与一般武弁大冠（即武冠）的主要区别在于多了饰于冠前的金珰、金蝉及冠上的貂尾，侍中、常侍的武冠相对于一般武冠更加华丽。孙机先生认为，笼冠自汉代的武弁大冠演变而来。东汉末期以后，武弁大冠的造型也发生了一些变化，大概是由于武弁大冠退出了实战领域，不再需要关注其活动过程中的稳定性问题，本来结扎得很紧实网巾状的弁，遂变成了一个笼状硬壳嵌在帻上❷，这就是魏晋以后的笼冠。长沙出土晋永宁二年陶笼冠俑，由于展筩部分逐渐变大，前额部的平上帻露出的面积也逐渐变小，由于冠体的展筩部分逐渐加大并成为该冠的主要标志特征，因此后人更习惯将其称为笼冠。

虽然学界普遍认为，南北朝时，南北都在广泛地使用笼冠，且以《女史箴图》和《洛神赋图》中的笼冠形象可作为证明，然而，目前掌握的文献和图像资料并不能证明笼冠在南朝的广泛使用。据《梁书》卷二十《陈伯之传附褚緭传》记载，北魏宣武帝元恪景明三年（502年）自南方进入北魏的褚緭在参加元会时看到大臣们的着装而作诗讽刺："帽上著笼冠，袴上著朱衣，不知是今是，

❶ 房玄龄. 晋书·卷二十五：舆服志 [M]. 北京：中华书局，1987：768.
❷ 孙机. 中国古舆服论丛 [M]. 北京：文物出版社，2001：137.

不知非昔非。"❶宋丙玲认为褚绲的诗表明北朝笼冠与南方不同，笔者认为褚绲的意思更像是说笼冠在南方已很少有人使用而北朝的大臣们却仍然在广泛地使用。再来看《女史箴图》和《洛神赋图》，这两幅作品原作的作者及画作诞生的具体年代学界尚没有定论，因此凭借作品所绘人物服饰来判断人物所处时代或作者所处时代的服饰情形似乎有失偏颇。如杨新通过《女史箴图》的山水画法，推断其为北魏孝文帝时代的宫廷绘画作品，如此一来，画工在描绘人物时，虽然有古本作为参照，但是在孝文帝"革衣服之制"的大背景下，也不得不考虑孝文帝的观感，尤其是胡汉服饰的差别问题❷。《洛神赋图》的原创作者也尚无定论，只能确定其母本产生于东晋南朝时期，但是并不能完全仅凭此就判断东晋南朝的服饰样式如何。

因此，仅凭《女史箴图》和《洛神赋图》中的笼冠形象不能充分说明南朝人使用笼冠的情况，再结合褚绲访魏所作诗篇，笔者以为，两晋时期，南方还是普遍使用笼冠的，但是随着纱帽的流行，笼冠在南方使用者渐少，至南朝，最迟至梁，南方已很少使用笼冠了。虽然，南朝人很少使用笼冠，但是笼冠在六朝的东晋时期还是比较流行的，这一点可以从东晋墓葬中发现的大量笼冠配饰来证明，如蝉纹金珰等。

《晋书·舆服志》载汉晋时期侍中、常侍武冠前"加金珰，附蝉为饰，插以貂毛，黄金为竿，侍中插左，常侍插右。"仙鹤观6号墓出土的圭形蝉纹金牌饰就应是当时侍中等近臣貂蝉冠上的"金珰"，貂禅冠是根据装饰特征命名的一种笼冠，除此之外还有鹖冠、义鸟冠之名。东晋墓葬多处墓葬有此类蝉纹金珰发现，南京大学北园东晋墓、南京仙鹤观东晋高崧墓、南京郭家山东晋温氏家族墓、临沂洗砚池晋墓（初步定为西晋晚期东晋早期墓）均发现蝉纹金珰。而南朝墓葬中已很难发现类似的金珰了，这也说明南朝笼冠使用之少。再对比唐代画家阎立本所绘的《历代帝王图》宋代摹本，此图卷中之吴主孙权、魏文帝曹丕、晋武帝司马炎、以至隋文帝杨坚所戴之冠上，均有明显的山形蝉纹帽正。其中，南京大学北园东晋大墓出土的金珰背面残留一些漆纱，笔者推测或为漆纱笼冠上的冠饰，蒋赞初先生也认为这四件金珰"应是分列前后左右，可能是笼冠周围的饰物。"西汉墓葬中已有漆纱笼冠发现（汉时称为武弁大冠），湖南长沙马王堆3号墓出土一漆缅纱冠，与漆缅纱冠一道还发现了一些丝织物和小圆木棒，这些物件与漆缅纱冠的关系不甚明了。但根据简文"冠大小各一，布冠筒五采画一合"，推测"大冠"应为该漆缅纱冠，同出的这些丝织物和小圆木棒应为"小冠"的部件。❸

目前，除《女史箴图》和《洛神赋图》外，尚没有明确的六朝笼冠图像资料，这两幅图虽然不能完全证明六朝时笼冠的使用情况，但是结合文献资料，其所绘笼冠的形制还是比较准确的，可以凭此一窥六朝笼冠的形制（图5）。还可以与考古形象资料中的笼冠形制进行对比观察，如洛阳永宁寺影塑头像所戴之笼冠（图6）。

❶ 姚思廉. 梁书·卷二十：陈伯之传附褚绲传 [M]. 北京：中华书局，1987：315.
❷ 杨新. 从山水画法探索《女史箴图》的创作时代 [J]. 故宫博物院院刊，2001(3)：17–29.
❸ 湖南省博物馆，中国科学院考古研究所. 长沙马王堆二、三号汉墓发掘简报 [J]. 文物，1974(7)：39–48+63+95–111.

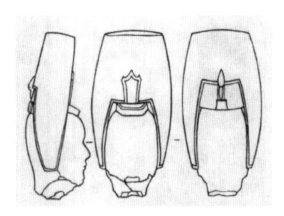

图5 《女史箴图》中的笼冠形象 晋（传）顾恺之 　　　　图6 洛阳永宁寺影塑头像之笼冠

北朝笼冠形象在北朝各石窟礼佛图、供养人像及陶俑中不乏其例，其下垂的双耳比西晋时加长，但顶部略收敛。敦煌第288窟及285窟供养人头戴的笼冠展筩部分如一平顶筒状扣于头上，下垂的护耳已不明显，平巾帻被完全掩在里面，额头前部留有少许发。北魏宁恕暨妻墓画像中人物所戴笼冠与敦煌288窟及285窟中笼冠的形状基本一致。而且由于其中人物有背身形象，可以清楚地看见有一短簪从笼冠后面插入，想必是固定平巾帻和笼冠之用。此外，该笼冠由脑后悬以钓竿式物体，由冠顶绕到前额，下垂一缨穗状装饰，似应名"垂笔"❶。

六朝时期见于文献记载的冠还有通天冠、远游冠、进贤冠、高山冠、樊哙冠、却敌冠、法冠、术士冠等，均是沿用汉魏衣冠服制，于祭祀、朝会，礼仪活动及其他正式场合中佩戴使用。但是随着时代的发展，这些冠冕形制亦略有变化，有的仅是一种理想，在现实中很难严格使用。

三、纱帽

据《晋书·舆服志》载："帽名犹冠也，义取于蒙覆其首，其本缏也。古者冠无帻，冠下有缏，以缯为之。后世施帻于冠，因裁缏为帽。自乘舆宴居，下至庶人无爵者，皆服之。……而江左时野人已著帽，士人亦往往而然，但其顶圆耳。后乃高其屋云。"❷可知，帽在三国两晋时期已广泛流行于中原地区，除平民施戴外，江左士人也喜着之，帽的形制也经历了由圆顶到高屋的演变。由于文化习惯，魏晋时期，中原文化更习惯将帽称为"帢""幍"。

纱帽，本是民间的一种便帽，官员头戴纱帽起源于东晋，但此时的纱帽与我们熟悉的明代的乌纱帽不同。南北朝时期，一般有白纱帽和乌纱帽之分，且尤以白纱帽为显贵，皇帝燕私之时可戴白纱帽，又称"白纱高顶帽""白高帽""白帽""高屋帽"，士大夫多戴乌纱帽。孙机先生认为南北朝时期纱帽很流行❸，且根据文献记载，纱帽在南朝时尤为盛行，南北朝初期，纱帽首先流行

❶ 贾玺增. 中国古代首服研究 [D]. 上海：东华大学，2006：259.
❷ 房玄龄. 晋书·卷二十五：舆服志 [M]. 北京：中华书局，1987：771.
❸ 孙机. 中国古舆服论丛 [M]. 北京：文物出版社，2001：412.

于南方,到南北朝后期才在北方政权上层颇为流行。南朝宋始有乌纱帽,《宋书》卷三十《五行志一》载:"明帝初,司徒建安王休仁统军赭圻,制乌纱帽,反抽帽裙,民间谓之'司徒状',京邑翕然相尚。休仁后果以疑逼致祸。"❶可见当时还视乌纱帽为妖服。

《隋书·礼仪志》记载:"案宋、齐之间,天子宴私,著白高帽,士庶以乌,其制不定。或有卷荷,或有下裙,或有纱高屋,或有乌纱长耳。……今复制白纱高屋帽,其服,练裙襦,乌皮履。"❷唐陆龟蒙《甫里集幽居有白菊一丛因而成咏呈知己》诗云:"陶令接篱堪岸著,梁王高屋好歌来。"自注:"梁朝有白纱高屋帽。"红紫在这时虽然依旧代表富贵,但宦官多喜穿浅素色衣服,甚至连帝王即位也戴白纱帽,赵翼《廿二史札记》卷十二载:"宋前废帝子业将杀湘东王彧,彧结左右寿寂之等弑帝于后堂,建安王休仁便称臣,引彧升西堂,登御座。事出仓猝,犹着乌纱帽,休仁呼主衣以白纱帽代之,乃即位,是为明帝。后废帝昱无道,萧道成使王敬则结帝左右陈奉伯等弑之。明旦,招大臣会议,敬则遽呼虎贲钑戟羽仪,手自取白纱帽加道成首,令道成即位,曰事须及热,道成呵之乃止。"

由此可见,南朝时,在某些特殊情况下,白纱帽是被作为皇帝的象征性服饰的,唐刘肃《大唐新语·厘革》卷一零记载:"故事,江南天子则白帢帽,公卿则巾褐裙襦。"亦可证明。然而令人遗憾的是,虽然从文献资料记载中我们可以肯定纱帽在南朝一度流行,然而至今发现的南朝纱帽的图像资料很少,仅江苏丹阳吴桥墓的画像砖人物所着或为纱帽,下文将进行详细分析。北朝的纱帽图像资料也有所发现,如东魏武定六年张天赐造像碑上的供养人之首服便为乌纱帽(图7),帽顶部有簪导和黑色带状物,贾玺增认为该带状物名称为"标",依据的是《晋志》"近世凡车驾亲戎,中外戒严……冠黑帽,缀紫标。标以缯为之,长四寸,广一寸"的记载。

图7 东魏武定六年 张天赐像

纱帽与笼冠的外形比较相似,那么它们的区别在哪里呢?贾玺增认为纱帽与笼冠最主要的区别之处在于纱帽里面没有束发用的小冠,笼冠由缅冠与平巾帻内外两部分组成,而纱帽则直接罩于戴者头上,其下无帻,横插簪导以起到束发固冠的作用❸。笔者对此持有异议,首先,从实用性角度考虑,单单一根簪导很难在束发的同时起到固冠的作用;其次,观察江苏丹阳胡桥南朝墓出土画像砖,冠帽的描绘方式与之前发现的图像资料对笼冠的描绘方式明显不同,没有黑色的细网格纹;最后,该冠帽两边没有"搭耳",即冠体两侧下垂之护耳。

图8为江苏丹阳胡桥吴家村墓出土画像砖执戟侍卫像和骑马乐队像,图中人物所戴冠帽笔者认为乃是纱帽,根据南朝纱帽佩戴规制,其应为乌纱帽。该墓的发掘报告认为人物所戴冠帽为广

❶ 沈约. 宋书·卷三十:五行志一 [M]. 北京:中华书局,1983:890.
❷ 魏征. 隋书·卷十二:礼仪志七 [M]. 北京:中华书局,1973:266–267.
❸ 贾玺增. 中国古代首服研究 [D]. 上海:东华大学,2006:257.

冕❶，《后汉书·舆服志》记载："爵弁（笔者注：即广冕），一名冕。广八寸，长尺二寸，如爵形，前小后大，缯其上似爵头色，有收持笄，……《云翘舞》乐人服之。"可见，该冠帽的尺寸、形制、佩戴场合与《后汉书》对广冕的记载是不相符的，故不应为广冕。乌纱帽与白纱帽形制相同，仅颜色各异，《新唐书·舆服志》白纱帽注云："亦乌纱帽也"，且文献记载白纱帽又称"白纱高屋帽""高

图8　执戟侍卫像和骑马乐队像（胡桥吴家村墓）

屋白纱帽""白高帽"等，可见其显著特征为"高"，该画像砖中人物所戴冠帽符合该特点。发掘报告将该墓的年代初步定为南齐，正是纱帽在南朝最为流行的时期，如上文《隋书·礼仪志》所载："案宋齐之间，天子宴私，著白高帽，士庶以乌，其制不定……"。基于以上理由，笔者认为，画像砖执戟侍卫像和骑马乐队像人物所着为南朝时流行的乌纱帽；纱帽与笼冠的主要区别在于是否有"搭耳"；南朝的纱帽在佩戴时也可以与小冠配合使用，并可插一簪导，起到束发固冠的作用。

　　北朝也有戴纱帽者，但并不多见，推测为南朝传至。北朝人物图像戴纱帽者见于敦煌莫高窟中的壁画人物，如285窟西魏壁画中的王者便头戴高耸的白纱帽，纱帽内显示发髻及小冠。东魏武定六年张天赐造像碑上的供养人则头戴乌纱帽，帽上头发部位亦有簪导。另外龙门石窟供养人形象中也有戴纱帽者，但其颜色尚难辨明（图9）❷。

图9　龙门石窟供养人

　　综上所述，小冠、笼冠、纱帽乃六朝最为常用的三种男子首服，小冠起源于帻，六朝时定名并定型，形制有长耳与短耳之别；两晋时期流行的笼冠在南方使用者渐少，至南朝，最迟至梁，南方已很少使用笼冠了；纱帽在南朝流行甚广，有乌纱帽和白纱帽，纱帽与笼冠的主要区别在于是否有"搭耳"；南朝的纱帽在佩戴时也可以与小冠配合使用，并可插一簪导，起到束发固冠的作用。

❶ 尤振克. 江苏丹阳县胡桥、建山两座南朝墓葬 [J]. 文物,1980(2)1–17+98–101.
❷ 宋丙玲. 北朝世俗服饰研究 [D]. 山东大学,2008:29.

16 孔府旧藏明代服装的形与制❶

蒋玉秋❷

摘　要　　由于明清易代之政治性原因等，传世至今的明代服装数量非常有限，幸运的是在山东存有一批孔府旧藏传世服饰实物。本文以这些传世服装为主要研究对象，对其收藏现状、文物信息、传承历史等内容进行综述，并探讨了这些服装所体现的"形"与"制"的互动关系。

关键词　　孔府、明代、服装、形制

孔府，也称衍圣公府，位于孔子故里山东曲阜，是孔子嫡孙长支的官署和私邸，历代衍圣公都生活在此，是目前中国最大的贵族府邸。孔子嫡系后裔因祖荫拥有"衍圣公"封号始于宋至和二年（1055年）❸，其爵位世袭罔替，历经金、元、明、清，至民国二十四年（1935年）改封为大成至圣先师奉祀官，共袭八百八十年之久。明朝时提倡崇儒尊孔，对孔府子孙恩渥备加，代增隆重，孔府家族因此进入鼎盛时期。洪武元年，孔子五十六代孙孔希学袭封衍圣公❹，其品秩由宋以来的五至三品改升为二品，朝贺时列文武班之首。"孔府旧藏明代服装"指山东曲阜衍圣公府所藏传世服装的明代部分，在历经三百余年的封存之后被发现❺，现保存于山东博物馆与曲阜文物管理委员会孔府文物档案馆，是研究明代服饰的珍贵传世实物。

---

❶ 基金项目：本文由"北京服装学院高水平教师队伍建设专项资金——明代服装研究"支持，项目编号为：BIFTXZ201806。
❷ 蒋玉秋，北京服装学院，副教授，博士。
❸ 宋至和二年(1055年)，宋仁宗接受太常博士祖无择的上书：不可以祖谥而加后嗣。三月丙子取"圣裔繁衍"之意为袭爵的孔子第四十五代嫡长孙孔宗愿正式定名"衍圣公"。见于《宋史·仁宗纪》《宋史·礼志·宾礼四》。
❹《明太祖实录》，卷三十六上，甲辰条。
❺ 1992年出版的《衍圣公府见闻》著者孔繁银记述有："这些'元明衣冠'过去均存于孔府前堂楼上，用两个明代的方形黑皮箱盛装，皮箱四周均钉有圆铜钉"。

一、孔府旧藏明代服装综述

对孔府旧藏明代服装最早的记录见于清代贡生黄文旸《埽垢山房诗钞》❶中的《观阙里孔氏所藏先世衣冠作歌纪之》(图1)："诗礼堂开朝日旭,文楷灵蓍香馥馥。广庭陈列古衣冠,冠镂黄金带琢玉。冠上金丝分八梁,绣草五段留春香。貂蝉想见笼巾护,五折四柱何辉煌。配此冠者有礼服,青䋎领缘仪肃穆。白纱中单赤罗衣,一色罗裳裁七幅。开箧明明辨等威,垂绅摺笏想风微。紫绶赤纹黄间绿,白鹤轩轩云四围。……是日同观者圣裔衍圣嗣公庆镕❷同其弟庆銮,二子皆从予授经遂为署证舆服志"。得以亲眼观览过衍圣公家先世衣冠的黄公,其诗歌颇具纪实性,对衣料、纹饰、颜色、配伍多予以笔墨,比对传承至今日的孔府旧藏服装与配饰,如"白纱中单赤罗衣""紫绶赤纹""盘领右衽""笼头纱帽""忠靖冠""大独科花"等,几乎都可与传世实物吻合匹配,为后世研究提供了一定依据。

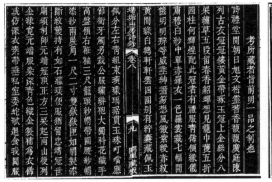

图1 黄文旸《埽垢山房诗钞》书影

孔府旧藏服装因2010年文物出版社出版《济宁文物珍品》❸一书与山东博物馆2012年举办的"斯文在兹——孔府旧藏服饰展"❹和2013年举办的"大羽华裳——明清服饰特展"❺而被公众所知。已公开展出或见于出版物的孔府旧藏明代服装分别藏于山东博物馆与曲阜文物管理委员会,山东博物馆藏33件、曲阜文物管理委员会藏33件,总计66件❻。值得一提的是,出版于1980年的《曲阜孔府档案史料选编》所载《孔府档案》明朝官服款式抄单(○○五九)对孔府旧藏服装的尺寸信息记述最早(图2)。《孔府档案》的记录时间起始于明中叶,讫于中华人民共和国成立初,但这份

❶《埽垢山房诗钞》卷八。黄文旸(1736—？)清代甘泉(今扬州)人,一作丹徒人,字时若,号秋平。《清史列传》有传,5973页载"黄文旸,贡生。工诗古文辞,通声律之学。乾隆时,两淮监运使设词曲局,延为总裁。中岁奔走齐、鲁、吴、越间,尝馆阙里衍圣公家,车服礼器,得纵观览。"

❷ 孔庆镕(1787—1841),字陶甫,一字冶山,孔子的第七十三代孙,山东曲阜人。乾隆五十九年(1794年)袭爵,诰授光禄大夫。

❸ 济宁市文物局.济宁文物珍品[M].北京:文物出版社,2010:101–132.

❹ 展览时间为2012年8月8日至9月9日,随展图册为《斯文在兹——孔府旧藏服饰》,明代服饰部分见于第10~81页。

❺ 展览时间为2013年5月18日至8月18日,出版有图册。故宫博物院,山东博物馆,曲阜文物局.大羽华裳——明清服饰特展[M].济南:齐鲁书社,2013:10–42.

❻ 这66件服装的图像及尺寸数据见于《斯文在兹——孔府旧藏服饰》(同名展览)、《大羽华裳——明清服饰特展》《中国织绣服饰全集4:历代服饰卷》《济宁文物珍品》四本图册。除此之外,在《孔府档案》与《山东省文物志》中也见有对这批文物相关的记载。

图2 《曲阜孔府档案史料选编》所载《孔府档案》
明朝官服款式抄单（部分）

清单的具体断代不详。这份清单以"尺、寸、分"为单位，记录了袍、衣、便服的尺寸，包括有衣长、袖长、袖肥、腰身、台肩、下摆、领子、后身、裙腰等部位，遗憾的是这份清单记录数量仅为9件。

孔府旧藏明代传世服装因其传承有序、数量众多、品类丰富、工艺精良等特征，极具学术价值。具体体现在：

第一，传承有序，保管慎重。已知的其他明代服装文物，多出土于墓葬，因服装材质的有机特质、时间环境等因素的影响，出土服装或色彩尽失，或残缺不全，或来源待考，很难获取完整的服装信息。而孔府旧藏明代服装明确作为衍圣公家族的"曾经衣裳"，历经明清之际汉民族"改易衣冠"等重大政治事件仍未被毁被弃，实属难得。相反，这些明朝衣冠在其家族中代代有序相传，且保存妥善，质料多完整如新，色彩鲜丽生动，是罕见的明代传世服装档案，它们所蕴含的文化、技术、历史、艺术等信息，是进行明代相关主题研究的有力物证。

第二，数量众多，品类丰富。已知公开的孔府旧藏服装共计66件，服用对象男女皆有。服装品类有圆领袍、道袍、直身、长衫、短袄、背子、褡护、曳撒、裳等，几乎涵盖明代服装大类，在形制细节上，领、袖、襟、摆等形式多样。而服装的用途从朝服、公服到日用常服，亦皆有之。最具代表性的是孔府旧藏的目前中国可见时代最早、保存最完整的一套朝服实物——由赤罗衣、赤罗裳、白纱中单（此外，还配有梁冠、玉革带、象牙笏板、夫子履等）共同组成，是孔府旧藏服饰中级别最高的服装，在明时用于大祀、庆成、正旦、冬至、圣节及颁降、诏赦、传制等重大政务礼仪活动（图3、图4）。

图3 朝服之赤罗衣、裳（《斯文在兹——
孔府旧藏服饰》，山东博物馆藏）

图4 朝服之白纱中单（《斯文在兹——
孔府旧藏服饰》，山东博物馆藏）

第三，工艺多样，技法多元。孔府旧藏明代服装，面料涉及丝、麻、葛等料，其中绝大部分为丝绸材质，有绸、缎、纱、罗等，在织造工艺上，可见明代典型的织金、织彩、织成技法。其色彩涉及蓝色系、红色系、黄色系、白色系、玄色系五大正色。服装的装饰纹样有蟒、飞鱼、斗牛、仙鹤、鸾凤、花卉等，实现手法有织、绣、印、画、盘、嵌等。在成衣制作工艺上，处理领、袖、摆、褶、省等细节处，均见精微。在服装结构上既有典型的传统平面成衣，也有加入今日称之为"省道"的局部立体造型。总之，与服装本身有关的织绣印染及成衣工艺，既体现出与明代其他服装文物相关的共性，又极具山东地域特色的个性（图5、图6）。

图5　彩织四兽红罗袍局部（山东博物馆藏）

图6　绿绸画云蟒纹袍部（山东博物馆藏）

二、从孔府旧藏服装看明代服装制度的顺与逆

有明一代自始至终，丝绸服装形制的规律有矩可循，服装的"形"与"制"彼此较量，彼此牵制。狭义的服装"形制"，是专门就物质性的服装本身而言，特指式样、形状。本文将"形制"拆解为"形"与"制"，一是"形而下"之可视的"形"，即明代服装外部式样、内部结构、图案布局、质料色彩配伍等；二是"形而上"之不可视的"制"，即明代服装制度变迁、风俗禁忌、律令约束等。孔府旧藏衍圣公家族明代服装之"形"体现了与明代服装之"制"的顺与逆。

1．孔府旧藏明代服装之"顺"体现于"顺乎礼"

孔府服装的来源，既有本府自制，亦有皇帝赐服❶，它们反映了统治者以衣冠"明贵贱，辨等威，别亲疏"的以"礼"治国之道：其"贵"体现在服装本身的材质之美、工艺之精；其"等"体现在朝冠之梁、品服之章；其"亲"则体现在明廷对衍圣公家族的赐服与频率。

1366年元明改朝换代之际，孔府衍圣公孔克坚在处理朱元璋的召见通知时选择了观望，他并未亲赴，而是派了长子孔希学替代前往。朱元璋看破其进退两难的用意，直接于洪武元年三月初

---

❶《孔府见闻录》中有："……以上除牙牌、笏、带、靴、帽外，服装均属自制。现存明代蟒袍中，除自制外还有大红、深蓝、墨绿、海蓝、黑色等，均为过去历代帝王赏赐官服。据《阙里文献考》记载，明代成化、弘治、正德、嘉靖、万历、天启、崇祯等代都赐有衍圣公官服和衣料等物"，第318页。

四日亲笔下了诏令："吾闻尔有风疾在身,未知实否？然尔孔氏非常人也, 彼祖宗垂教万世, 经数十代, 每每宾职王家, 非胡君运去, 独为今日然也。吾率中土之士奉天逐胡, 以安中夏。虽曰庶民, 古人由民而称帝者汉之高宗也。尔若无疾称疾, 以慢吾国, 不可也。谕至思之！"事关重大, 同年十一月十四日, 孔克坚亲赴南京朝见新帝❶, 由其子孔希学袭封衍圣公, 秩二品。自洪武元年孔子五十六代孙孔希学袭封衍圣公, 至明末最后一位衍圣公孔胤植由明入清, 衍圣公之位共历十代十一传, 明廷与孔府的互动历朝不断, 凡遇新朝开元、皇家盛事、视学之仪、册封诰命、贺节、朝会、辞归阙里等时机, 朝廷均会赐服于衍圣公。其"百世不祧""世卿世禄"的大宗主地位稳如泰山, 正如今日孔府宅邸大门对联所言："与国咸休, 安富尊荣公府第；同天并老, 文章道德圣人家。"

在赐服频率上, 明前期的赐赏明显高于中后期, 而这正是立国伊始, 亟需建立礼制规范的时期。在洪武朝衍圣公的数次朝见之时, 朱元璋均表现出对儒家之礼的重视, 如"阐圣学之精微, 明彝伦之攸叙, 表万世纲常而不泯也"（洪武六年）, "明纲常以植世教, 其功甚大, 故其后世子孙相承, 凡有天下者, 莫不优礼"（洪武十二年）。伴随着这些褒崇, 是对衍圣公的多次赐服。至永乐朝, 太宗朱棣更是提升了对孔子之道的认知, 永乐十五年孔庙讫工时甚至亲制碑文, 对孔子"参天地, 赞化育, 明王道, 正彝伦, 使君君臣臣、父父子子、夫夫妇妇, 各得以尽其分"之功大加赞颂, 期以"佐我大明于万斯年"（永乐十五年）❷。此后的宣德、正统、成化、弘治四朝, 明廷对衍圣公的赐服仍有络续, 互动不断。

孔府旧藏明代服装的"形"与"制"互为表里, 其形式承祖制、显规范, 其配伍循礼制、辨等威。从朝廷对衍圣公历年赐服记录中, 可以明确看到衍圣公家族在明代的重要地位, 即便是新朝伊始, 仍循旧例, 极力地优礼后裔。这些华美的赐服, 表面上是恩渥备加, 代增隆重的荣誉, 实则更是彰显国家礼法并重、尊孔崇儒的治世之道。儒家之"礼"讲究服饰与言谈举止、容姿仪表相一致, 服饰或敦厚俭朴或华章美饰, 都服从于场合的需要与等级的节制。"尽精微而致广大", 物质性的服装背后, 体现着精神性的"仁"与"礼"。结合孔府旧藏明代服装本身所传递的物证信息, 以及相关文献的书证与图像相互佐证, 这些服装以衣载道, 再现了明代衣冠的礼治。

2. 孔府旧藏明代服装之"逆"体现于"逆于形、越于等"

孔府旧藏明代服装之"逆"体现于其形制"逆于形"。明初各项制度初创时, 对带有游牧民族色彩的元代体制贬低, 如称前朝为"胡元""胡虏""胡逆""夷狄"等。洪武元年二月十一日, 明太祖下诏"复衣冠如唐制", 颁布了针对官员士民的冠服方案——"初, 元世祖起自朔漠, 以有天下, 悉以胡俗变易中国之制, 士庶咸辫发椎髻, 深襜胡俗, 衣服则为裤褶、窄袖, 及辫线腰褶, 妇女衣窄袖短衣, 下服裙裳, 无复中国衣冠之旧, 甚者易其姓名为胡名, 习胡语, 俗化既久, 恬不知怪。……不得服两截胡衣, 其辫发椎髻、胡服、胡语、胡姓, 一切禁止。斟酌损益, 皆断自

---

❶ 中国社会科学院历史研究所. 曲阜孔府档案史料选编(第二编)[M]. 济南:齐鲁书社,1980:5-6.
❷《明太宗实录》卷一百九十二,八月丁卯条,北京大学图书馆藏,国立北平图书馆红格钞本微卷影印本。

圣心。于是百有余年，胡俗悉复中国之旧矣。"❶如果按照明初服饰制度的破与立，前朝之服应皆严格禁止，然而历史的惯性难以彻底更改，有着明显元朝风格的服装形制仍在有明一朝延续，如半袖的褡护、有腰褶的贴里等服（图7、图8）。

图7　褡护（《济宁文物珍品》，曲阜文物管理委员会孔府文物档案馆藏）

图8　贴里（《济宁文物珍品》，曲阜文物管理委员会孔府文物档案馆藏）

孔府旧藏明代服装之"逆"还体现于其形制"越于等"。明代官修《明实录》记载有明一代与衍圣公袭封、赐服、朝贺、视学等互动条目，约60条有余，这些记录清晰勾勒出明廷对孔府后裔的优渥之始与赐服之盛。如明代皇帝在即位之后的前几年，都会择日到国子监视学，由衍圣公率领孔颜孟三氏子孙观礼❷。视学活动的基本流程是：释奠孔庙、幸彝伦堂、讲官讲经、幸学隆施。至隆施时，袭封衍圣公及三氏子孙、国子监祭酒学官、监生上表谢恩，皇帝则对其进行赏赐，赏赐的重要内容之一就是赐服❸。这些赐服多以"越等"的方式来表朝廷对衍圣公的重视。综合分析文献中关于衍圣公赐服的记录，比照现存衍圣公及夫人肖像画（图9、图10），可知赐服的内容有：衣（袭衣、罗衣、纻丝衣、金织纱衣、金织文绮袭衣、金织纻丝袭衣、麒麟纻丝衣）、冠带（纱帽、犀带）、靴袜、衣料（文绮、帛）等。

关于衍圣公的品秩，《阙里文献

图9　第六十四代衍圣公孔尚贤衣冠像

图10　第六十四代衍圣公侧室张夫人像

❶《明太祖实录》，卷三十，洪武元年二月。

❷孔子被奉为"万世之师"，其道"明纲常、兴礼乐、正彝伦"，衍圣公在皇帝视学中担当重要的导引之职，连脉三氏子孙，继而是国子监的教育，乃至是对天下的教化，皇帝视学赐服衍圣公正是向天下昭告了明廷尊孔崇儒之意。

❸视学赐服是明廷赐服衍圣公的重要项目。视学是明代每朝皇帝登基后的一项重要礼仪，其制最早发端于东汉，光武帝时称"幸学"，北宋哲宗时始称"视学"，到明代洪武十五年（1382年）在南京国子监行视学仪后，将其礼仪颁为定制。

考》❶中总结的极为精炼:"明太祖洪武元年初授正二品,资善大夫,班亚丞相,革丞相,令班列文臣之首。十七年又诏,既爵公,勿事散官,给诰用织文玉轴,同一品。景帝景泰三年,改给三台银印,如正一品,赐玉带、织金麒麟袍,遂为例。朝服、公服、常服皆同一品,冠八梁,带珮与绶俱用玉,笏用象牙。熹宗天启二年,始晋公孤等衔。"显而易见,衍圣公品秩虽为二品,但明廷对其优待甚隆,无论诰用织文玉轴,还是台印珮绶,抑或朝服、公服、常服皆"同一品",并且几乎圣圣相承,恩同一日。这种"褒崇"之赐,在其他人也已视之如常,明人王世贞在《弇山堂别集》中也专门记述了洪武、洪熙、天顺三朝对衍圣公的恩渥,以及景泰、弘治、嘉靖、隆庆四朝时的幸学赐服,其中《皇明盛事述》卷三"阙里恩泽"篇❷有:"洪武初年,衍圣公孔希学来朝,诏袭封,予诰,还其祭田,备礼器乐器乐舞。置属官,管句、典籍、司乐各一员。会班亚丞相。十七年,子讷嗣,来朝,特赐一品织文诰命,白玉轴。每岁入觐,得给符乘传,班序文臣首。"卷四"二品麟玉"篇❸中记载:"衍圣公正二品,诰命例用犀轴,常服鹤袍犀带。宣德请给玉轴诰命,景泰赐麟袍玉带,自是以为常。其大朝会宴享,在左班一品之上。"对衍圣公以二品之秩而服麟玉的现状,作者的描述心态已然是"见怪不怪"。衍圣公以"其祖之法具于君臣、夫妇、长幼、朋友,其功著于易、书、诗、礼、乐、春秋,立生民之极,开太平之运"❹而得历代帝王治国依赖,至明代更是有增无减,咸致尊崇,从赐服品秩可见一斑(图11、图12)。

图11 蓝纱交领袍之仙鹤补子(《济宁文物珍品》,   图12 红罗袍之"一品当朝"补子(《斯文在兹——
曲阜文物管理委员会孔府文物档案馆藏)   孔府旧藏服饰》,山东博物馆藏)

❶ 孔继汾.阙里文献考·卷十八[M].济南:山东友谊书社,1989:399-400.
❷ 王世贞.弇山堂别集[M].北京:中华书局,1985:39.
❸ 王世贞.弇山堂别集[M].北京:中华书局,1985:169.
❹ 中国社会科学院历史研究所.曲阜孔府档案史料选编(第二编)[M].济南:齐鲁书社,1980:5.成化修刊孔氏族谱关于历朝崇奉孔子、优礼后裔的记载。

三、孔府旧藏明代服装的相关问题

通过如上明廷赐服衍圣公的记录及已知孔府旧藏明代服装实物的综述分析，共同勾勒出了明代最大贵族之一服饰的立体信息。明廷与孔府，一个代表着皇帝之权（法与制），一个代表着孔子之道（礼），两者经由赐服等行为的互动，使"礼"与"法"、"形"与"制"相辅相成，互为表里。当"形顺于制"时，服装是"衣冠之治"的物化表现，这体现于开国后即确立的始自帝后宗室至品官庶民的完备服饰制度，并历几朝不断更定，它塑造了明代的主流服装模式，这从衍圣公家族在不同场合与时令的服饰换穿、赐服品类的优渥等例中可见一斑。当"形逆于制"时，一则形成了看似非主流但却真实存在的服装模式，如一些式样并未改变元朝服饰流传的历史惯性，有着典型游牧民族风格的服装仍逆于制度而行。二则服装跨越身份等级禁限，形成僭越之风，如服装实物与服装主人身份并不相符，尤其以丝绸衣料的花样僭越最甚。此外，服装形制的顺与逆有时并没有明确的分界，它们甚至可以出现在同一时期、同一地域、同一等级的服装之中。

从孔府旧藏的明代服饰，我们可以了解明代衍圣公家族服饰的大致风貌。较为遗憾的是，这些传世服装缺乏具体的时代、服用对象、服用场合、穿着配伍等信息的确切记载，并且已有的服装称谓与描述方式，乃至服装尺寸信息均有不准确或难以理解的地方。笔者在研究过程中，尽量从多渠道甄别已知信息。由于已知孔府旧藏文物的珍贵特性，只能在展览或图录窥其貌，尤其是只见于图录服装，对其内部构造只能一边想象，一边期待能够见到真正的文物。对孔府旧藏明代服装的研究还需要与未来发现的新资料作比较研究，以及近距离观测实物，才能得出更准确的结论。无论如何，经由如上的综述与分析，笔者对孔府旧藏明代传世服装作了初步的整理，对其形制等内容作了相关的梳理，或许在当下的研究限制下，能收集到这些材料也是幸运的。

17 丝绸之路早期裤装考略
——以新疆出土汉代以前的早期裤装为素材[1]

信晓瑜[2]

摘　要　　　本文以考古实物为基本素材，通过对新疆出土早期裤装实物的形制结构及装饰纹样的综合分析，对丝绸之路早期裤装进行了初步探讨，将其大致分为"裤管式""连胯无裆式""连胯满裆式"三类，其形制各异，均具备较强实用功能，在西北民族早期游牧迁徙活动中具有重要意义。丝绸之路早期裤装是中华优秀传统服饰文化的精髓之一，它们随着民族迁徙及文化融合现象逐步向东演进，对中原裤装形制的发展演变产生了重要影响。

关键词　　　丝绸之路、新疆、裤装、袴褶、胡服

大英百科全书中对于裤子的定义是："遮盖人体腰部至脚踝，并分别覆盖两腿的服装"[3]。早先人类并不穿着裤子，这种结构复杂又功能显著的服装款式是在人类历史发展到一定阶段的产物，其产生不仅与当时的纺织技术、金属工艺、裁剪技术密不可分，更是与当时人们的生产生活方式息息相关，可以说，裤装的出现和流行在服饰发展史中具有里程碑式的意义。

本文中所指丝绸之路早期裤装，主要以新疆出土的汉代以前的早期裤装实物为基本研究素材。考古证据显示，至迟在距今3000年前后，新疆的古代居民即已开始穿着裤装，出土实物主要见于哈密五堡、焉不拉克，且末扎滚鲁克，鄯善洋海、苏贝希等墓葬，其出土裤装形制各异，既有裤管式裤装，亦有连胯式裤装[4]。值得注意的是，新疆出土早期裤装除五堡出土胫衣为裤管外，均为合裆裤装，具有较强的实用功能，便利于马背骑行活动，从一侧面体现了这一时期新疆早期游牧人群生活方式的特征。

---

❶ 本文为国家社科基金艺术学青年项目(批准号 15CG160)、新疆大学博士科研启动基金项目(批准号 BS160124)。
❷ 信晓瑜，新疆大学纺织与服装学院，副教授，博士。
❸ 大英百科全书网，http://www.britannica.com/search?query=trousers，2018-8-30.
❹ 本文中"裤管式裤装"主要指仅有裤腿的裤装，"连胯式裤装"则指具有裆部以上部分的裤装。

一、形制与结构

从考古资料来看，新疆早期裤装的形制可分为"裤管式""连胯无裆式""连胯满裆式"三类。早期的裤装无腰无胯，仅由分别遮蔽左右腿部的两个裤管构成，穿着时通过绳带系缚在腿部或腰部使之固定，达到保护双腿的目的。随着社会生产力的进步和古代游牧民族生活方式的变迁，既有裤管又有裤腰的一体式连胯裤装出现，这种裤装可以方便骑行等活动，但其并未添加裆部结构，无法解决人体厚度的要求，穿着不够舒适。至迟在公元前一千纪，独立裆部结构的裤装开始出现，十字阶梯形或方菱形裆布将两裤管和裤腰相连，裤装更趋合体，其实用性和功能性有了质的飞跃。

（一）裤管式

裤管式裤装指的是只有两条裤管而无大腿上部遮盖腰腹的胯部结构的裤装。此类裤装，穿着时将其各自套入两腿，再用绳带系扎固定。中原地区自先秦时期已有"袴""胫衣"及"套裤"的说法，沈从文在其《中国古代服饰研究》一书中曾分析这几种说法的不同，认为"袴"不同于合裆的"裈"[1]，很多偏远的民族地区至今仍然保留着穿着套裤的服饰习俗。欧亚大陆发现的较早的裤装如阿尔卑斯山脉地区发现的距今5000多年冰人腿上所穿着的皮质膝裤，上部系于腰带上，下腹部围有腰衣。[2]

从现有的资料看，新疆出土的早期"裤管式"裤装仅见于哈密五堡墓地，其形制与中原所谓"胫衣"或"套裤"相似，穿着时直接套于腿部，再用系绳捆扎于膝部或系于腰带之上。距今约3000年的五堡墓地[3]出土的咖啡色刺绣毛布裤裤长约90厘米，宽17.5～22.8厘米，是用一副织成的完整平纹毛布对折缝合而成的一条裤管，裤腿中部在咖啡色地上以黑色毛线织成宽窄不同的横向条纹，横条纹饰上又用合股毛线刺绣形成上下三组阶梯状曲折纹饰[4]。制作时使用一片上宽下略窄的梯形面料两边相对拼合缝成筒状，梯形裤片上端中部通经回纬织成长方形小布片，两侧经线则加捻形成饰穗。长方形小布片顶端沿纬向缝缀有宽约1.5～2厘米的毛编织带，带两端部系结，观其形制与长度，应是为系缚于大腿根部固定裤管而用，其结构及制作工艺如图1所示。

部分学者认为裤管式裤装是裤装发展的初级阶段，本文以为裤管式裤装从根本上来说更注重人体腿部膝盖以下部分的保护，能否称之为裤尚值得商榷，极有可能裤管式裤装与连胯式裤装是在很长一段时期并存的两种下装品类。穿着裤管式裤装的哈密五堡古代居民是否已经掌握马的驯化技巧，又是否将这种裤管式裤装应用于骑行穿着，裤管之内又是否穿着其他服装保护下体，种

---

❶ 沈从文.中国古代服饰研究 [M]. 香港:商务印书馆,1992:94.

❷ Beck U, et al. The invention of trousers and its likely affiliation with horseback riding and mobility: A case study of late 2nd millennium BC finds from Turfan in eastern Central Asia[J/OL], Quaternary International (2014-05-22). [2014-06-30], http://dx.doi.org/10.1016/j.quaint.2014.04.056.

❸ 新疆文物考古研究所.新疆哈密五堡墓地 151、152 号墓葬 [J]. 新疆文物,1992(3) :1-11.

❹ 新疆维吾尔自治区博物馆.古代西域服饰撷萃 [M]. 北京:文物出版社,2010:16.

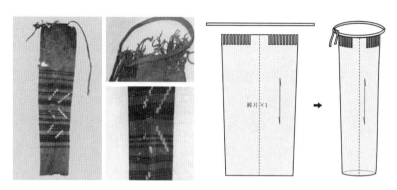

图1　哈密五堡出土裤管式裤装及制作工艺简图

种疑问仍需大量考古证据的证实。

（二）连胯无裆式

"连胯式裤装"指具有裆部以上腰腹结构的裤装，依据考古材料，又可将其分为无裆和有裆两类。本文所说的连胯无裆式裤装并非开裆，而是前后裆部相连，但不像现代裤装裆部设计有前后裆弯曲线来满足人体结构需求，其形制虽已覆盖腰腹，但未对裤子裆部进行专门处理，仅利用加长腰腹部长度或加宽臀围来实现下体运动所需松量，显示出一种早期裤装的原始特征。

连胯无裆式裤装的结构较为简单，一般以皮革或毛布为材料，先分别向内对折，合缝至裆底处，形成左右两只裤管，再将裆底以上部分分别与另一侧裤管上部两两相对缝合，形成前后中线，臀围以上合缝处并不另加裆布，因此这种裤装一般较宽大，通过增加裆长和臀围松量来满足人体活动需求，其结构和制作工艺如图2所示。此类裤装虽已能满足早期游牧人群马背活动的需要，但因没有合理解决人体厚度的问题，仅通过增加长度和松量来形成运动空间，且在裆部合缝，穿着起来不够合体舒适，其出现应与当时居民的生活方式变化有关。

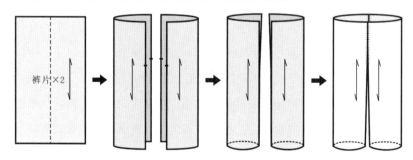

图2　连胯无裆式裤装的结构及制作工艺简图

依据现有材料，新疆保存下来的早期连胯无裆式裤装不多，所见仅哈密五堡出土皮裤1件，另有年代稍晚的扎滚鲁克毛布连胯无裆裤1件。五堡皮裤的发掘材料未见公布，仅见李肖冰在其文中摹绘过其形制，其直接由两块皮子相对拼合而成，裆部未加处理[1]。且末扎滚鲁克墓地曾出土1件

---

❶ 李肖冰.中国西域民族服饰研究 [M].乌鲁木齐:新疆人民出版社,1995:55.

连胯无裆裤（98QZIM136:11C）[1]，其形制也是先将两幅毛料对折缝合形成裤管，再将裆部以上前后相对缝合完成。该墓地属于扎滚鲁克三期文化，年代判定在3～6世纪[2]，略晚于本文讨论的主要时间范畴，但此类连胯无裆裤应该也是汉代以前的新疆早期居民常用的一种裤装形制。

（三）连胯满裆式

至迟在公元前1300年左右，一种连胯满裆式裤装出现在汉代以前的新疆地区。连胯满裆裤是一种发展相对成熟的裤装形制，其应用一直延续至新疆汉代以后的多处古代墓葬，是西域古代裤装走向实用化的重要表现。其最大特点是以一种织成的十字阶梯形或菱形裆布对折拼合于两裤管之间，这种裤装形制既很好地满足了游牧民族马背骑行对人体活动松量的需求，又实现了对人体下肢及生殖器官的有效保护，在人类裤装发展史上具有里程碑式的意义。

迄今为止新疆出土最早的连胯满裆裤见于鄯善洋海早期文化墓葬，该墓出土的毛布裤2003SYIM21:19由两片棕地黄色几何纹缂毛织物缝制而成，其做法是先利用两块织成面料缝制出两条裤管，再在两裤管之间加入织成的十字阶梯形或方菱形裆布，从而增加裤装在大腿根部的活动空间，形成裆部宽松的合体裤服。德国考古学家贝克（Ulrike Beck）等与吐鲁番考古工作者合作曾对该裤结构进行过深入分析。研究表明，洋海M21出土的缂毛裤满裆裤（2003SYIM21:19）由三片斜纹织成的完整毛布织物合缝而成，两片为左右裤管，呈上宽下窄的梯形，长约104厘米，顶部宽约60厘米，底部宽约48厘米，另一片为两裤管间加裆用的十字阶梯形裆布，长58厘米，宽35.5厘米，三片毛布均直接织成，未见裁剪痕迹。根据碳14测定的数值，该裤年代约在公元前13世纪至公元前10世纪，被认为是迄今为止全球发现的最古老的裤子[3]。左右裤腿面料织造时在顶端中部预留长约21厘米的缺口，面料对折合缝后，将缺口翻至胯骨两侧作为大腿侧面顶端的开口，合缝处翻至大腿内侧，在顶端将左右裤管缝合一定的宽度形成连腰，再将两裤管分开，将阶梯状十字裆布拼缝入两裤管之中。侧缝开口处预留系绳，穿着时先将开口打开套入双腿，裤子提至胯上后，两侧腰部用系绳绑缚，合理地解决了人体腰臀差值在着装中的适体性问题（图3）。

无独有偶，在年代稍晚的且末扎滚鲁克墓地，也发现类似满裆裤装。如扎滚鲁克M4出土的蓝色斜褐缂花毛布裤，裤长124厘米，裤腰处宽55厘米，腰部宽而裤腿较窄，是用幅宽55厘米的两幅蓝色毛布分别对折缝缀而成，接缝在两裤管内侧及前后中部，裆部为一块十字阶梯形毛布料，对折后缝合在两裤管之间[4]（图4）。此外扎滚鲁克一号墓地出土的黑棕色斜褐毛布裤形制与上述蓝色缂花毛布裤相似，只是腰线更高，裤长和裤腰尺寸更大，裆部同样为十字阶梯形织成毛料，对折

---

[1] 王博,王明芳.扎滚鲁克毛布服装的"裁"[C].// 包铭新.丝绸之路图像与历史.上海:东华大学出版社,2011:119.

[2] 新疆维吾尔自治区博物馆,巴音郭楞蒙古自治州文物管理所,且末县文物管理所.1998年扎滚鲁克第三文化墓葬发掘简报[J].新疆文物,2003(1):18.

[3] Beck U, et al. The invention of trousers and its likely affiliation with horseback riding and mobility: A case study of late 2nd millennium BC finds from Turfan in eastern Central Asia[J/OL], Quaternary International (2014-05-22). [2014-06-30], http://dx.doi.org/10.1016/j.quaint.2014.04.056.

[4] 新疆维吾尔自治区博物馆.古代西域服饰撷萃[M].北京:文物出版社,2010:29,32.

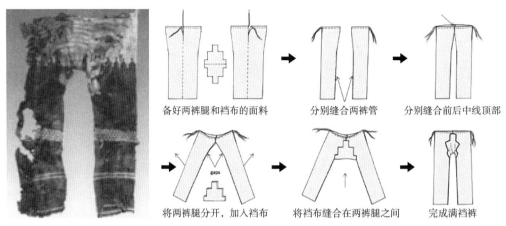

图3　洋海早期墓葬出土连胯满裆式裤装（2003SYIM21:19）及制作工艺简图❶

图4　扎滚鲁克M4出土蓝色绨毛裤❷　　　图5　扎滚鲁克出土黑棕色毛布裤❷

后拼缝在裤裆部位❸（图5）。类似的十字阶梯形满裆裤在扎滚鲁克墓地并不罕见，其侧缝未预留开叉，腰线也明显高于洋海M21出土满裆裤，裆部织成面料大小较洋海裤裆布小，阶梯也略多，裆部深度明显加深，其结构有助于在腰部不开口的情况下解决腰臀差值问题，应是古代车尔臣河流域的一种特色裤装形制，此类裤装的结构及制作办法如图6所示。

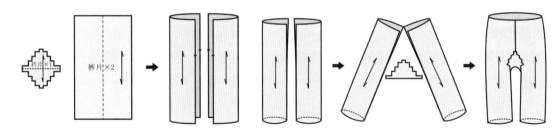

图6　扎滚鲁克出土十字阶梯形满裆裤结构及制作工艺简图

❶ Beck U, et al. The invention of trousers and its likely affiliation with horseback riding and mobility: A case study of late 2nd millennium BC finds from Turfan in eastern Central Asia[J/OL], Quaternary International (2014–05–22). [2014–06–30], http://dx.doi.org/10.1016/j.quaint.2014.04.056.
❷ 图片采自《古代西域服饰撷萃》。
❸ 新疆维吾尔自治区博物馆. 古代西域服饰撷萃 [M]. 北京：文物出版社，2010：29，32.

此外，这一阶段还见有方菱形织成面料作为裆布的满裆裤出土，其形制与十字阶梯形裆布满裆裤基本一致，主要区别仅在于裆布形状的不同。如洋海墓地出土的一件原白色平纹毛布裤，就是用两幅平纹毛布分别对折缝合形成两裤腿，再将裆部以上部分分别在前后中部缝合，最后在两裤腿之间加缝对折好的菱形裆布，形成满裆裤❶（图7）。此类裤服在扎滚鲁克（图8）、苏贝希等墓地也有发现，应也是新疆汉代以前的一种流行裤装形制，其结构和制作方法如图9所示。

图7　洋海墓地出土方菱形裆部的满裆裤装❷　　　图8　扎滚鲁克136号墓地出土红色毛布满裆裤❸

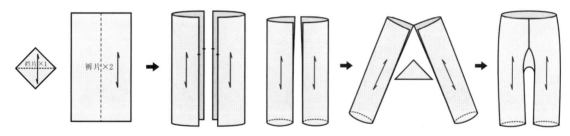

图9　扎滚鲁克出土方菱形裆布满裆裤结构及制作工艺简图

整体看来，十字阶梯形裆布的使用似乎略早于方菱形裆布满裆裤装，这点除了可从洋海出土十字阶梯形满裆裤年代较早得以推断，也可从稍晚的新疆出土汉晋裤装得到佐证。如汉晋尼雅古墓出土"长乐大光明"锦裤、"王侯合昏"锦裤等，均是使用方形裆布对折合缝制成连裆满裆裤。织锦中的吉祥汉字铭文以及传统汉式织锦结构特征与早期西北民族特有的连裆满裆裤装形制交相辉映，反映了中华传统服饰文化强大的向心力。

二、装饰风格

新疆出土早期裤装纹饰主要以几何纹为主，条格等纹样较为流行，在其基础上出现雉堞纹、勾

❶ 赵丰. 纺织品考古新发现 [M]. 香港：艺纱堂服饰工作队，2002：33.
❷ 图片采自《纺织品文物考古新发现》。
❸ 图片采自《扎滚鲁克毛布服装的"裁"》。

连纹等略复杂纹样，水平二方连续成为最常用的纹样布局形式。色彩多见黄、褐、红、蓝等，纹样的显花方式多使用平、斜纹缂织或缝绣等工艺，裤腿根部、膝部及裤口成为最常见的装饰区域。

洋海M21号墓地出土的满裆裤的裤腿装饰最具典型性，该裤裤腿上部用斜纹缂织出的阶梯状塔形纹饰，以此为界，其上为黄棕色，其下为褐色，膝盖处以黄棕色纬纱在褐色地上水平缂织勾连纹样，膝部与裤口缂织黄棕色折线纹，极具特色［图10（1）］。新疆早期裤装装饰重点在裤腰及裤口处，常通过在这些位置更换纬纱颜色形成条纹或缂织成绚丽的装饰纹样。如1985年扎滚鲁克M4号墓地出土的蓝色缂花毛布裤，其裤腰和裤脚边缘处分别更换纬纱形成红色饰边，再用通经断纬的方法在裤腰缂织出红、蓝、黄、褐等彩色锯齿纹及方角螺旋纹饰（考古报告中称水波纹❶），具有强烈的视觉冲击力［图10（2）］。

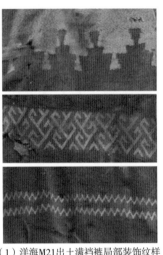

（1）洋海M21出土满裆裤局部装饰纹样　　（2）扎滚鲁克M4出土蓝色缂花毛布裤局部装饰纹样

图10　新疆出土早期裤装装饰纹样

值得注意的是，洋海M21满裆裤上的勾连纹样与黄河流域商周青铜器中广泛运用的雷纹装饰极其相似，如商代"亚受斿"铜方鼎上就刻有与洋海毛织裤腿几乎一模一样的满地勾连雷纹，其年代应不晚于洋海勾连回纹裤腿，再如殷墟武官村出土青铜瓿等表面亦刻有类似勾连雷纹。此外，河南安阳殷墟出土石人服饰的衣领、袖和下摆等部位所刻画的勾连雷纹缘饰与洋海裤腿上的方角回旋纹具有异曲同工之处，更直观地体现出此类勾连回旋纹样在中国古代服饰中的应用❷（图11）。

雷纹是商周青铜器中常见装饰母题，在黄河流域出土的青铜器中大量发现，青铜器造型和装饰整体上体现出来的庄严凝重等审美特征正是这种均衡稳定的方角回旋纹饰产生和发展的沃土。新疆早期裤装上的方角回旋纹与其东部黄河流域出土商周青铜器雷纹的惊人一致性显示，二者的装饰母题最初很可能来源于同一个文化系统，这说明早在汉代张骞出使西域之前，已存在沟通中原和西域的东西交通孔道，新疆史前居民自古就与中原地区保持着密切的文化交往。

❶ 新疆博物馆文物队.且末县扎滚鲁克五座墓葬发掘报告 [J].新疆文物，1998(3):1.
❷ 中国社会科学院考古研究所.殷墟的发现与研究 [M].北京:科学出版社，1994:340.

（1）商代"亚受斿"铜方鼎

（2）殷墟武官村出土青铜甒

（3）河南安阳殷墟出土石人

图11 黄河流域商周青铜器中的雷纹

三、余论

通过考古实物的分析可知，新疆出土汉代以前的早期裤装主要以动物毛皮、毛织物为主要原材料，形制所见有裤管式、连胯无裆式和连胯满裆式三类。新疆史前晚期服饰遗存出土的裤装绝大部分为连胯满裆裤装，表明满裆裤装在这一阶段已得到广泛应用。一般认为，满裆裤装的产生与早期马背民族的骑行迁徙活动有关，逐水草而生的游牧生活常常需要马背上的长途跋涉，因为裤装能够保护躯体的关键部位，有利于长途骑行活动，因此首先出现在游牧民族中。

挖掘报告显示，裤装多为男性穿着之下衣，可能与当时的社会分工使男子较多的参与马背活动有关。考古证据表明最迟在公元前1000年前后，新疆远古居民已经开始畜养马匹作为家畜。伴随着家马在新疆地区的驯化以及早期游牧民族的迁徙活动逐渐兴起，连胯式满裆裤装也逐步登上新疆早期居民的服饰舞台。新疆早期裤装的出现与流行可能与这一阶段天山以北的游牧人群南下，向天山南部绿洲迁徙和流动有关。北方的游牧文化向南渗透，使原来南部的绿洲定居居民的生活日益走向半农半牧的道路，某种角度上也使满裆裤装从天山以北地区南下至东部天山地区的哈密五堡、吐鲁番洋海等地区，再西进至塔里木盆地腹地的扎滚鲁克等地。

新疆早期裤装最显著的结构特点是使用"织成"面料制作裤腿及裆布，所有部件均直接在织机上织造成形，其经纬边缘均可见光滑的转经回纬痕迹（图12）。这种不施裁剪的制衣方式很可能与当时的金属冶炼技术水平有一

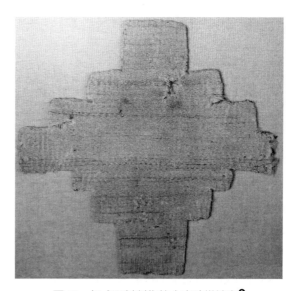
图12 织成面料制作的十字阶梯裆布 ❶

---

❶ 图片采自《扎滚鲁克纺织品珍宝》。王博,王明芳,等.扎滚鲁克纺织品珍宝 [M].北京:文物出版社,2016:282.

定联系。新疆发现最早的剪刀出土于汉晋时期的营盘墓地，铜质和铁质剪刀均见❶，在这之前的青铜时代，新疆地区并未见金属剪刀随葬，因此服装制作中多使用几何形"织成"式衣料。目前我们很难推断此时新疆早期居民是否已掌握金属剪刀的铸造技术，这一问题的答案尚需更多考古证据来揭晓。

与连裆满裆裤相搭配的，是一种便于马背骑行的短装上衣。如扎滚鲁克M4墓地出土白地棕条纹毛布开襟短上衣（图13）、苏贝希一号墓地出土毛织短上衣（IM10:8）（图14）等，衣长均在膝部以上，形制短小合身，穿着时与连裆满裆裤及皮靴相配，行动方便利落，极利骑马游猎活动。这类上衣下裤的装扮，古代文献中常将其称为"袴褶"，为西域胡人服饰习俗之一。王国维《胡服考》一文曾详细考证文献记载胡服袴褶的形制及其在中原的传播，认为裤褶装自赵武灵王"胡服骑射"时引入中原，至汉而为近臣及武士之服，汉末军旅数起，服之者多，始有"袴褶"之名，魏晋时传至长江中下游区域，天子士庶均有服之，隋唐以来亦较流行。其材质缣锦绫罗、毛褐粗布均见，色彩各异，又以绛、朱为主，形制有大袖亦有窄袖，随时代不同而不同❷。由此可知，袴褶装原起于西域，战国赵武灵王引入中原，起先为军戎服饰，后来发展至民间，成为时服。伴随着袴褶装在中原地区的流行，上衣尺寸变短，导致裤装结构变化，中原裤装形制逐步从开裆走向合裆，裤装也开始从贴身内衣逐步外衣化，日趋走向现代。本文所提及的新疆出土的早期连裆满裆裤装与短装上衣的搭配，应该就是西域胡服袴褶最初之雏形，它的出现和后来在丝绸之路上的流行与传播，为中国古代裤装形制的发展奠定了基础。

图13　扎滚鲁克出土白地棕条纹毛布短上衣

图14　苏贝希出土开襟短上衣（IM10：8）

四、结语

本文主要以新疆出土的汉代以前早期裤装实物为基本素材，分析了"裤管式""连裆无裆式""连裆满裆式"三种不同形制早期裤装的风格特征。新疆早期裤装结构具有典型的西北游牧风格，而勾连纹等装饰纹样又具有浓郁的中原青铜文化特色，显示出文化交流的属性。从考古证据的梳理可知，新疆早期裤装的产生与发展与新疆早期居民骑马游猎的生活方式密不可分，其形制

❶ 王博,王明芳.扎滚鲁克毛布服装的"裁"[C].// 包铭新.丝绸之路图像与历史.上海:东华大学出版社,2011:121.
❷ 王国维.观堂集林[M].石家庄:河北教育出版社,2003:528-550.

在防寒保暖、方便人体行动等功能性上具有进步意义。新疆早期裤装与短装上衣相搭配的"袴褶"风貌在西域地区传承变迁，并于战国时期由赵武灵王"胡服骑射"引入中原，对中原服装形制的发展和裤装结构的变化产生了重要影响。汉代以前的新疆早期裤装是中华优秀服饰文化的重要组成部分，其在丝绸之路上的传播和发展是各民族文化融合的写照，反映出中华文明的巨大凝聚力和向心力。

18 《仪礼》诸侯之士玄冠考

罗婷婷[1]

摘　要　　礼经中数见玄冠一词，但对其具体形制却鲜有论及。本节在《仪礼》丧冠与汉代冠制的基础上，推拟出玄冠基本形制特征，如冠、武有纰，冠、武不相属；通过文献整理，对历代礼图对"缩缝""横缝"的理解提出质疑：认为礼图对《礼记》经文理解有误，玄冠应先缩缝再横缝；又解释了緌与缨的关系，对影响力较大的孔颖达、黄以周的两种说法提出商榷，认为緌是与缨别材，另结于颔下的装饰物。

关键词　　《仪礼》、玄冠

周代贵族服饰是研究周代礼仪与周代社会生活非常重要的材料，但由于文献材料与出土实物的匮乏，先秦礼仪服饰研究始终停留在对《三礼图》《礼书通故》等礼图的解读上，难有突破性进展。虽然《仪礼》成书年代始终存在争议，其记载的服饰制度也可能并不是西周社会服制的真实写照，而是构建起来的一套并未真正推行的体系。但不可否认的是，其中记载的服饰应是以先秦时代真实使用的服饰为原型，并加以损益的。同时，《仪礼》作为六经之一，对后世具有深远影响，是每个朝代重新规定服饰制度时都必须奉行的圭臬。甚至可以说，《仪礼》所记载的服饰制度，远远超过西周真实服饰体系对后世的影响。因此，研究《仪礼》一书中的服制问题，也就是是研究中国礼服制度的源头。

玄冠是诸侯之士玄端服、朝服之首服，是周代士阶层最常用、最重要的首服。《仪礼》经文习见"玄冠"二字，但其形制则均无描述，仅提及冠为玄色，后世礼图所绘玄冠迥然各异，细节处亦较为模糊。考证玄冠形制，唯有通过《仪礼》对丧冠的记载进行类推，《礼记》《诗》《书》等其他经典亦有只言片语可供寻觅玄冠的蛛丝马迹。

本文以《仪礼》诸侯之士玄冠为考证对象，试图还原礼经所记玄冠原貌。但由于《仪礼》行文简省，西周服饰状态虽有《周礼》《礼记》《诗经》《春秋》等诸多先

---

❶ 罗婷婷,清华大学中国礼学研究中心,研究助理员,清华大学历史系硕士。

秦文献可以参考，然而这些先秦典籍的记述本身便多有抵牾之处，此外还有诸多细节在各文献中都没有明文记载。因此，在研究时，必须首先明确文本利用的基本原则：即以《仪礼》经文为圭臬，辅以郑注贾疏，注疏未提及之处，优先参考先秦其他经典与考古材料，此外再参考后世学者研究著作。

一、历代研究简述

对于玄冠的形制，在礼书中有如下记载。《仪礼·士冠礼》："主人玄冠，朝服。"郑注："玄冠，委貌也。"贾疏："此云玄冠，见其色。"❶玄冠又名委貌，冠体为玄色当无疑义。《礼记·玉藻》："玄冠綦组缨，士之齐冠也。"❷知玄冠有组缨，为綦色。又《礼记·檀弓》："古者冠缩缝，今也衡缝。"❷知玄冠有缩缝、横缝。

此外，由于经文直接材料的缺乏，礼家多根据凶冠形制与郑玄"委貌"的解释进行推论，虽有不严谨之处，但确为材料不足时不得已之法，也是礼家常用的推证方法之一。据凶冠形制推论的思路有两种：其一，凶冠之文，吉冠亦当有之，如据《礼记·玉藻》："缟冠素纰，既祥之冠也"❷，知玄冠有纰；其二，凶冠有质胜文之处，吉冠反之，如据《仪礼·既夕礼》"冠六升，外毕"❸，知玄冠为吉冠，当内毕。

汉代以后，委貌与缁布冠、皮弁冠常常混为一谈。《后汉书·舆服志》："委貌冠、皮弁冠同制：长七寸，高四寸，制如覆杯，前高广，后卑锐，所谓夏之毋追，殷之章甫者也。委貌以皂绢为之。皮弁以鹿皮为之。"❹将委貌与皮弁冠混同。

郑玄在注"缁布冠"时云："缁布冠，今小吏冠其遗象也"。又《后汉书·舆服志》："进贤冠，古缁布冠也，文儒者之服也。前高七寸，后高三寸，长八寸。公侯三梁，中二千石以下至博士两梁，自博士以下至小史私学弟子，皆一梁。"❹《新定三礼图》："旧图云：委貌，进贤冠其遗象也。"❺至宋代聂崇义时，已将委貌、进贤冠、缁布冠混同。

由于缁布冠、玄冠、委貌、皮弁冠、进贤冠五种冠制关系的混淆，造成后世礼家的礼图中对玄冠的描绘形象迥异，五者关系也混淆不清。

聂崇义《新定三礼图》所绘士玄端服，所戴之冠为玄冠，又有委貌图（其自注云：委貌即玄冠），将玄冠几种混淆的说法一一罗列，仅有基本的长宽高比例，细节处则基本没有依据，全凭想象绘制（图1）。

---

❶ 郑玄,贾公彦.仪礼注疏[M].北京:北京大学出版社,1999:6.
❷ 郑玄,孔颖达.礼记正义[M].北京:北京大学出版社,1999.
❸ 郑玄,贾公彦.仪礼注疏[M].北京:北京大学出版社,1999:777.
❹ 司马彪.后汉书[M].北京:中华书局,2010:3665.
❺ 聂崇义.《新定三礼图》卷三,宋淳熙二年刻本.

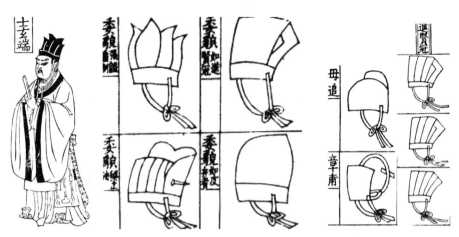

图1 《新定三礼图》所绘玄冠、委貌、进贤冠等❶

江永《乡党图考》对玄冠形制有了更准确的考证（图2），其中冠梁、冠武的论证较为清晰，但对冠梁缩缝、横缝这一问题，江氏认为玄冠仅有横缝，尚有可商榷之处（下文详论）。另外，冠武连属方法及武上加笄都与礼经文意相悖。

张惠言《仪礼图》所拟玄冠形制更进一步，冠梁、冠武的相对位置关系更加清晰（图3）。

黄以周《礼书通故》专辟一卷《衣服通故》讨论服饰细节问题，是清代服饰名物考证集大成者，但其仍沿袭了江永对"缩缝""横缝"的理解，并针对"緌"提出了与孔数相左的意见，认为緌并非结缨之余，而是连接冠梁与冠武之物。故所绘制的礼图与前代礼图相距甚远（图4）。

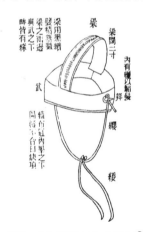

图2 《乡党图考》玄冠图❷　　　图3 《仪礼图》玄冠图❸　　　图4 《礼书通故》玄冠图❹

陈瑞庚先生《士昏礼服饰考》总结了前代礼图的成果，其绘制的玄冠与文献最为贴合（图5）。但冠梁、冠武尺寸画的过窄，尺寸比例有误；另外，也沿用了清代学者对"缩缝""横缝"的理解。

❶ 聂崇义.《新定三礼图》卷一、卷三，宋淳熙二年刻本。
❷ 江永. 乡党图考・卷二 [M].// 续修四库全书（第 0157 册）. 上海：上海古籍出版社，2002.
❸ 张惠言. 仪礼图・卷一 [M].// 续修四库全书（第 0090 册）. 上海：上海古籍出版社，2002.
❹ 黄以周. 礼书通故 [M]. 北京：中华书局，2007：2302.

王关仕《仪礼服饰考辨》是当代学者研究《仪礼》服饰的代表性著作，认为玄冠形制为："冠梁左辟积，皆直，士三，直缝……冠顶长八寸，内緟……前高七寸，后四寸……冠圈与冠顶前后缝合……缨以组……緌长五寸……缨、緌二物，垂緌且緌如丝穗。"❶其推拟玄冠形制时，将三礼经、注、疏，及多条后世史书材料杂糅起来，未做仔细甄别（图6）。如直接以《后汉书》所记进贤冠长宽高尺寸为玄冠尺寸，忽略了礼经中对"直缝""缩缝"、冠宽度，以及冠、武有纰等问题的讨论，反而离礼经本义越来越远。

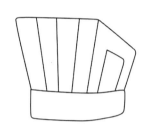

图5 《士昏礼服饰考》玄冠图❷　　　　图6 《仪礼服饰考辨》玄冠图❸

二、形制考证

（一）采色考

玄冠共涉及两种颜色：玄色和綦色。

1. 玄色

《士冠礼》"玄端"，郑注云"凡染黑，五入为緅，七入为缁，玄则六入与？"❹玄色染法先秦经典均无记载，郑康成推测其为六入而成，颜色介于緅色与缁色之间，暂从之。

《周礼·考工记·钟人》"三入为纁，五入为緅，七入为缁"，郑注云"染纁者，三入而成。又再染以黑，则为緅。緅，今礼俗文作爵，言如爵头色也。又复再染以黑，乃成缁矣。"❺古染黑法，皆三染绛得到纁色，再染以黑。因此，爵色三入赤两入黑，红色的属性最为明显，郑注云"赤而微黑"。玄色三入赤三入黑，比爵色更黑，故《说文·玄部》"玄，黑而有赤色者为玄。"❻《诗经·豳风·七月》"载玄载黄"，毛传云"玄，黑而有赤也"。❼玄色三染绛、三染黑而成，是一种黑中带

❶ 王关仕.仪礼服饰考辨[M].台北:文史哲出版社,1977:149.
❷ 陈瑞庚,张景明.士昏礼服饰考:先秦丧服制度考[M].台北:中华书局,1971:34.
❸ 王关仕.仪礼服饰考辨[M].台北:文史哲出版社,1977:243.
❹ 郑玄,贾公彦.仪礼注疏[M].北京:北京大学出版社,1999:6.
❺ 郑玄,贾公彦.仪礼注疏[M].北京:北京大学出版社,1999:1117.
❻ 段玉裁.说文解字注[M].上海:上海古籍出版社,1981:159.
❼ 郑玄,孔颖达.毛诗正义[M].北京:北京大学出版社,1999:497.

赤的色彩。

2．綦色

《礼记·玉藻》云："玄冠綦组缨，士之齐冠也。"[1]可知玄冠以綦色丝织物为缨。而綦色究竟
是什么颜色？经典中的解释主要有三种：

其一，《诗·郑风·出其东门》："缟衣綦巾"，注云："綦，苍艾色"。疏云："苍艾即青艾，谓
青而微白，为艾草色也。"[2]认为綦色是指青而微白的艾草色。

其二，《礼记·玉藻》："世子佩瑜玉而綦组绶。"郑注："綦，文杂色也。"陆德明"顾命"下云：
"綦音其，马本作骐，云：'青黑色。'"[3]认为綦色为青黑交杂的颜色。

其三，《尚书·顾命》："四人綦弁，执戈上刃。"孔传："綦文鹿子皮弁。"[4]又以綦色为鹿子
自生花纹的色彩。

后世礼家作礼书礼图或忽略此问题，或直接沿袭以上三说之一，鲜有辩证。而笔者认为，这
三种说法看似互不相关，甚至有所抵牾，实为互文见义。

孔颖达五经正义凡"綦""骐"皆释作青黑色，唯《出其东门》"缟衣綦巾"的疏文无法统一，
故云："然则綦者，青色之别。《顾命》为弁，色故以为青黑。此为衣巾，故为苍艾色……笺亦
以綦为青色，但綦是文章之色，非染缯之色，故云'綦，綦文'，谓巾上为此苍文，非全用苍色为
巾也。"[5]认为綦色与青色相近，用于冠弁时青而黑，用作衣巾时青而白。《说文》"綥"即"綦"
字，云"綥，帛苍艾色"，段注"苍艾者，谓苍然如艾色是为綥"。[6]《说文》"苍，艸色也"，段注
"引申为凡青黑色之称"。[7]故无论青而黑还是青而白都是綦色，用作衣巾之青而白色，亦当是青黑
色而泛白，且綦色更强调纹样，并非整块布帛统为一色。经典"綦""骐"二字常通用，《诗经》
中多次出现"骐"字。《诗·秦风·小戎》"驾我骐駬"，毛传"骐，骐文也"，孔疏"色之青黑者名
为綦。马名为骐，知其色作綦文。"[8]又《诗·鲁颂·駉》"有骓有骐"，孔疏"骐者，黑色之名。'仓
骐曰骐'，谓青而微黑，今之骢马也。《顾命》曰：'四人骐弁。'注云：'青黑曰骐。'引《诗》云：
'我马维骐。'是骐为青黑色。"[9]

"骐"从马，《说文》解释为青骊马，因此可以通过考证骐马的毛色来确定玄冠组缨所用的
"綦"色。

《尔雅》亦有"骐"字，却皆为"麒麟"之"麒"，与青黑色马无关，而有"騏"字，云"青
骊"。则"騏""骐"当同指青黑色马可知，那么，《尔雅》之"騏"是否即《诗经》之"骐"？《说

---

❶ 郑玄,孔颖达.礼记正义[M].北京:北京大学出版社,1999:892.
❷ 郑玄,孔颖达.毛诗正义[M].北京:北京大学出版社,1999:317.
❸ 郑玄,孔颖达.礼记正义[M].北京:北京大学出版社,1999:914.
❹ 孔安国,孔颖达.尚书正义[M].北京:北京大学出版社,1999:508.
❺ 郑玄,孔颖达.毛诗正义[M].北京:北京大学出版社,1999:318.
❻ 段玉裁.说文解字注[M].上海:上海古籍出版社,1981:651.
❼ 段玉裁.说文解字注[M].上海:上海古籍出版社,1981:40.
❽ 郑玄,孔颖达.毛诗正义[M].北京:北京大学出版社,1999:415.
❾ 郑玄,孔颖达.毛诗正义[M].北京:北京大学出版社,1999:1389.

文》"骐"下云"马青骊，文如博棋也。"又有"骃，青骊马。"❶骊指深黑色马。可见《说文》并未将二者互训："骃"是指青黑色马；而"骐"是指青黑色棋纹马。《尔雅》邢疏引孙炎曰"色青之间，青毛黑毛相杂者名骃，今之铁骢"。❷析言之，骢乃青白色杂毛马；混言之，则两色驳杂马皆可云骢。《说文·马部》"骢，马青白杂毛也"，段玉裁注"白毛与青毛相间则为浅青，俗所谓葱白色"。❸而"骐"下段注云："青骊文如綦，谓白马而有青黑纹路相交如綦也。"❶"青骊"所谓的青黑色当是指青色和黑色的毛混杂生长，而在肉眼看来混为一种介于两色之间的颜色，如今所谓蓝黑色。故骃是蓝黑色马，而骐是指蓝黑色棋纹马。

"文如博棋"又当作何解？《说文》"骐"下段注云："青骊文如綦，谓白马而有青黑纹路相交如綦也。"❶似将棋纹理解为如棋盘的网格状花纹。然而，网格状花纹的马匹至今还未得见。又《尚书·顾命》"四人綦弁，执戈上刃"，孔传"綦文鹿子皮弁"。❹以綦文为鹿子文。鹿子即幼鹿，我国最主要的鹿种为马鹿（图7）和梅花鹿（图8），其幼年时期毛皮皆呈现一种青黑色底，白色斑点纹样。

洛阳博物馆亦藏有唐三彩蓝釉白斑马，花色与鹿子如出一辙（图9）。这种青黑色为底，带白色斑点花色的马或即是"骐"。故所谓棋纹可能并不是如棋盘般的网格状纹路，而是如棋子落于棋盘上的斑点状花纹。

图7 幼年马鹿

图8 幼年梅花鹿

图9 洛阳博物馆藏唐三彩蓝釉白斑马

因此，不论青黑还是青而微白，凡青色而带有白色斑点的色样皆可称为"綦"。

（二）冠

玄冠冠体可分为冠和武两个部分，《礼记·玉藻》"缟冠玄武"❺，析言之，冠是指武上从前至后，覆盖发髻的部分，混言之，则冠武亦统称为冠。

---

❶ 段玉裁.说文解字注 [M].上海：上海古籍出版社,1981:461.
❷ 郭璞,邢昺.尔雅注疏 [M].上海：上海古籍出版社,2010:589.
❸ 段玉裁.说文解字注 [M].上海：上海古籍出版社,1981:462.
❹ 孔安国,孔颖达.尚书正义 [M].北京：北京大学出版社,1999:508.
❺ 郑玄,孔颖达.礼记正义 [M].北京：北京大学出版社,1999:892.

《士冠礼》"大古冠布"❶，则今之冠或不以布。黄以周云："冠之用布者，曰大古冠，曰缁布冠，以麻为之。其余冠皆用丝，不用麻。麻冕，特以麻布为板之表里，其冒于首者，亦用缯也。"❷且《礼记·玉藻》"缟冠玄武，子姓之冠"，缟冠为未全吉冠，尚用缟而不用布，故吉冠当用丝无疑。故冠梁当以玄色丝织物制成。《后汉书·舆服志》云："委皃以皂绢为之。"❸汉时委貌亦用玄色丝织物。

玄冠之冠的宽度经文无明文。《仪礼·丧服》贾疏："冠广二寸，落顶前后，两头皆在武下，乡外出，反屈之，缝於武而为之。"❹言丧冠广二寸。江永《乡党图考》因之，"丧冠广二寸，盖吉冠亦如之"❺。谨以丧冠宽度推之，则玄冠梁亦当宽二寸。聂崇义《三礼图》："冠广三寸，落顶前后，两头皆在武下，向外出，反屈之，缝于武。"❻认为冠广三寸。然而，从文字可以看出，聂氏对冠的描述是引用贾疏，而与诸版本《仪礼注疏》贾疏文字不合，是聂氏之讹。后世礼书凡言三寸者，考其文皆引自聂氏《三礼图》，传其讹也。故凡言冠广三寸者皆不可从，当以二寸为宜。

梁的高度在礼经与后世礼书中都难以考证。《后汉书·舆服志》"委貌冠、皮弁冠同制，长七寸，高四寸。"❸可暂从之。

争议最大之处为冠的辟积方法。《礼记·檀弓》"古者冠缩缝，今也衡缝。故丧冠之反吉，非古也"，孔疏："殷以上质，吉凶冠皆直缝，直缝者，辟积摄少，故一一前后直缝之。周世文，冠多辟积，下复一一直缝，但多作摄而并横缝之。"❼

后世礼家绘制礼图时，于"今也横缝"有两种理解：其一，纵向无辟积，只横向辟积而缝之，如《礼书通故》玄冠（图4）；其二，纵向辟积，横向缝之，如聂崇义《三礼图》云："今即周也……其吉冠则左辟积而横缝之。"❻（图10）。

然而从《礼记》经、注、疏来看，吉冠有缩缝，亦有横缝，两者同时存在。其中，左缝右缝皆据直缝而言，《礼记·杂记》"三年之练冠，亦条属，右缝"，郑注"右缝者，右辟而缝之"，孔疏"吉冠则福上，辟缝向左，左为阳，阳，吉也。而凶冠缝向右，右为阴，阴，丧所尚也。"❽故吉冠直缝而右辟积，黄氏图无缩缝，未知何据。

若按聂氏所言，只纵向多作辟积而横向缝之，则难以解释"下复一一直缝"之意。横向辟积，则下不需直缝；纵向辟积，已直缝则不需横缝。且冠梁仅两寸，丧冠三辟积，吉冠多作摄

图10 《新定三礼图》玄冠横缝图

---

❶ 郑玄,贾公彦.仪礼注疏[M].北京:北京大学出版社,1999:54.

❷ 黄以周.礼书通故[M].北京:中华书局,2007:109.

❸ 司马彪.后汉书[M].北京:中华书局,2010:3665.

❹ 郑玄,贾公彦.仪礼注疏[M].北京:北京大学出版社,1999:550.

❺ 江永.乡党图考[M].//续修四库全书(第0157册).上海:上海古籍出版社,2002:480.

❻ 聂崇义:《新定三礼图》卷三,宋淳熙二年刻本。

❼ 郑玄,孔颖达.礼记正义[M].北京:北京大学出版社,1999:200.

❽ 郑玄,孔颖达.礼记正义[M].北京:北京大学出版社,1999:1177.

亦难以多出几个。陈祥道《礼书》云："一幅之材，顺经为辟积则少而质，顺纬为辟积则多而文。顺经为缩缝，顺纬为横缝。"❶左为阳，右为阴；上为阳，下为阴。故玄冠冠梁顺经顺纬皆有辟积，当先顺经向左作辟积而直缝之，再顺纬向上作多个辟积而横缝（图11）。

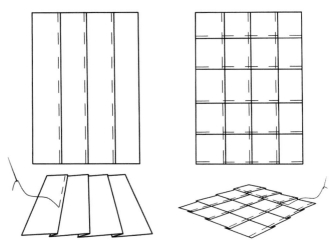

图11 玄冠先缩缝、后横缝示意图

综上，梁宽二寸，高或四寸，纵向左辟积又横向上辟积。

（三）武

武又称冠卷，冠卷围发际，连接冠梁与组缨。《礼记·玉藻》云"缟冠玄武，子姓之冠也。"郑注："武，冠卷也，古者冠、卷殊。"孔疏："玄武者，以黑缯为冠卷也。……玄武是吉，缟冠为凶，明吉凶兼服也。"❷缟冠玄武，为未全吉冠，则玄武为吉，缟冠为凶，吉冠则玄冠玄武。又《逸周书》："玄冠组武卷、组缨。"❸知武用组。玄冠武亦用玄组无疑。

冠卷宽度无文。《仪礼·既夕礼》："冠六升，外縪，缨条属，厌。"郑注："縪，谓缝著於武也。"贾疏："古者冠吉凶皆冠、武别材，武谓冠卷，以冠前后皆缝著於武。若吉冠，则从武上乡内缝之，縪馀在内谓之内縪。"❹《说文》"縪，止也"❺，此处引申为缝著之意。丧冠外縪，贾疏之意以此推之，认为玄冠之冠当从武上向内，与冠卷缝合在一起。

然《礼记·玉藻》："居冠属武。"郑注："谓燕居冠也。著冠於武，少威仪。"孔疏："燕居之冠，属武於冠，冠武相连属，燕居率略少威仪故也。又不加绥，若非燕居，则冠与武别，临著乃合之，有仪饰故也。"❻按郑注及孔疏之意，则玄冠的冠梁与冠卷并不缝合在一起，而是在需要佩戴时再合起来，与贾疏矛盾。

❶ 陈祥道. 礼书·卷八 [M].// 文渊阁四库全书(第 0129 册).上海:上海古籍出版社,2003.
❷ 郑玄,孔颖达. 礼记正义 [M]. 北京:北京大学出版社,1999:892.
❸ 黄怀信.逸周书汇校集注 [M].上海:上海古籍出版社,1995:1186.
❹ 郑玄,贾公彦.仪礼注疏 [M].北京:北京大学出版社,1999:777.
❺ 段玉裁.说文解字注 [M].上海:上海古籍出版社,1981:647.
❻ 郑玄,孔颖达.礼记正义 [M].北京:北京大学出版社,1999:894.

冠与武究竟该如何连接,后世礼家以意解之,不一而是。江永《乡党图考》云:"吉冠内緷,冠梁从武上向内缝之。"[1]认为冠梁与冠卷需缝合,理由是以防行礼时有脱落之忧虑。而燕居之冠,与行礼时用冠的区别在于燕居之冠不用绥。又任大椿《弁服释例》以"临著乃合之"为"事未至,先冠常著之冠以待事,其时当别具一未著新冠以备行礼,其未著新冠必临时乃合冠于武。"[2]认为行礼时用新冠,行礼前临时将冠梁与冠卷缝合。礼经文法分明,若依江氏之意,居冠与礼冠仅有绥无绥之别,则为何只在居冠下言"属武"二字;任氏说法更不可取,玄冠搭配玄端、朝服使用,是士相见、朝见所穿礼服,若礼冠皆临著乃合,岂非每日都需换一新冠?

吉冠"内緷",经注无明文,乃贾疏据丧冠外緷之推论。据《礼记·曲礼》"厌冠不入公门"[3],仅可知吉冠不可厌伏,即冠梁应当从外向内反屈,而是否缝著于武为未可知。又考《礼记·玉藻》,知吉冠"冠与武别,临著乃合之"[4],则冠梁向内反屈,而不缝著于武可知。《礼记·丧大记》:"弔者袭裘,加武。"[5]《礼记·玉藻》:"缟冠玄武,子姓之冠也。"郑注:"谓父有丧服,子为之不纯吉也。武,冠卷也。古者冠、卷殊。"[6]冠武不相属明也。

《仪礼·既夕礼》"缨条属",郑注"缨条属者,通屈一条绳为武,垂下为缨,属之冠"。[7]丧冠以绳为武,结于脑后,再垂其余为缨结于颐下。以此推之,吉冠冠、武不相属,佩戴时当用武固定冠,继而结于脑后。

《礼记·玉藻》:"缟冠素纰。"孔疏:"谓缘冠两边及冠卷之下畔,其冠与卷身皆用缟,但以素缘耳。"[8]丧冠有缘,则吉冠亦有缘可知。其色未闻,以缟冠用素推之,吉冠当用玄纰,即用玄色丝绸缘饰冠梁的两侧和冠卷的下侧。

(四)缨绥

玄冠用綦色组缨。《礼记·檀弓》"丧冠不绥",郑注"去饰"[9],则吉冠有绥可知。《礼记·檀弓》云"成人有其兄死而不为衰者,闻子皋将为成宰,遂为衰。成人曰:'蚕则绩而蟹有匡,范则冠而蝉有緌,兄则死而子皋为之衰。'"[10]范即是蜂,蚕吐丝要用匡,蟹壳形似匡却与蚕无关,蜂有头冠应当有緌,而蝉喙像緌却与蜂冠无关,用此讽刺兄长死后弟弟没有穿孝服,后来穿了孝服却并非为兄长之死。这个比喻恰是其时冠有緌之证。

绥究竟为何?《礼记·檀弓》孔疏云:"结缨颐下以固冠,结之余者,散而下垂,谓之緌。"[10]

❶ 江永. 乡党图考 [M].// 续修四库全书(第 0157 册). 上海:上海古籍出版社,2002:480.
❷ 任大椿. 弁服释例 [M].// 续修四库全书(第 0108 册). 上海:上海古籍出版社,2002:190.
❸ 郑玄,孔颖达. 礼记正义 [M]. 北京:北京大学出版社,1999:112.
❹ 郑玄,孔颖达. 礼记正义 [M]. 北京:北京大学出版社,1999:894.
❺ 郑玄,孔颖达. 礼记正义 [M]. 北京:北京大学出版社,1999:1246.
❻ 郑玄,孔颖达. 礼记正义 [M]. 北京:北京大学出版社,1999:892.
❼ 郑玄,贾公彦. 仪礼注疏 [M]. 北京:北京大学出版社,1999:777.
❽ 郑玄,孔颖达. 礼记正义 [M]. 北京:北京大学出版社,1999:893.
❾ 郑玄,孔颖达. 礼记正义 [M]. 北京:北京大学出版社,1999:176.
❿ 郑玄,孔颖达. 礼记正义 [M]. 北京:北京大学出版社,1999:327.

礼家多从孔说，以緌为结缨之余。然缁布冠无緌，若緌为结缨之余，则缁布冠亦必有緌，故孔说似有不当。

黄以周以"緌者，系属冠武之物也"驳孔疏，云"冠武既别，易于散脱，故用緌以结之。緌者，所以系联冠武，而垂其组以为缨，非谓缨之结余也。"❶认为緌是固定冠梁与冠卷的部件，故缁布冠有缺项不须用緌，凡有武且冠武不相属则有緌以固之。又黄氏引孔疏以证緌为系联冠武之物。《礼记·杂记》："大白冠、缁布之冠，皆不蕤。委武，玄、缟而後蕤"，孔疏"率、缟二冠，既有先别卷，後乃可蕤，故云'而后蕤'也。而大祥缟冠亦有蕤。何以知之？前既云'练冠，亦条属，右缝'，则知缟不条属。既别安卷，灼然有蕤也。"❷

孔以緌为缨之余，故丧冠条属，无缨则自无緌，而玄、缟二冠别安卷，则有缨有緌。梳理孔疏之意，仍以緌为缨余，与黄氏说法截然不同，是孔疏不能成为黄氏说法之证。故黄氏之说有待商榷。

又据上文提及的《礼记·檀弓》"范则冠而蝉有緌"，郑注云"范，蜂也"，孔疏"緌谓蝉喙，长在口下，似冠之緌也"。❸《说文》云："緌，系冠缨也。"❹《尔雅·释水》云"缡，緌也"，郭注"緌，系也"，邢疏"緌犹系也，取系属之义"。❺緌有系属之义。则緌当系属于冠缨。观察蜂（图12）与蝉（图13）可知，蜂头突起有绒毛，似人戴冠之像，而蝉头则似无冠，但蝉喙恰在颐下之处似緌，所谓缨之饰也。故緌当是独立于缨之饰物，佩戴时系于颐下结缨处。

图12 蜂

图13 蝉

❶ 黄以周. 礼书通故 [M]. 北京：中华书局，2007：104.
❷ 郑玄，孔颖达. 礼记正义 [M]. 北京：北京大学出版社，1999：1171.
❸ 郑玄，孔颖达. 礼记正义 [M]. 北京：北京大学出版社，1999：327.
❹ 段玉裁. 说文解字注 [M]. 上海：上海古籍出版社，1981：653.
❺ 郭璞，邢昺. 尔雅注疏 [M]. 上海：上海古籍出版社，2010：371.

三、结论与礼图

　　玄冠为玄色丝质冠，无固冠笄。冠梁宽二寸（6.7cm），高或四寸（13.3cm），长或七寸（23.3cm），冠武宽度无文，长度为绕发髻一圈后便于在项中相结即可。冠梁两侧、冠武下际有纮。冠梁于纵向向左三辟积，后横向向上辟积无数。冠梁、冠武不缝属，佩戴时冠梁绕过冠武向内卷折，冠武结于项中。有纂色——即青黑色底带白色棋子花纹——丝织缨带缝属于武，结于项中，另有緌结于缨余为饰（图14）。

图14　新定玄冠图

19 宋代全套公服的结构与穿着层次
——以新发现的南宋赵伯澐墓服饰为例

陈诗宇❶

摘　要　中国古代成套服装包括很多层次，每种服装的结构样式均有不同，各种形式错综复杂。本文通过近年完整出土的南宋赵伯澐墓全套公服，结合文献和实物、图像，对宋代公服包括内层的穿着和结构做一探讨，并梳理其演变源流。

关键词　宋代、公服、男装、赵伯澐墓

中国古代成套服装通常包括多层、多件，如唐代一套完整的男性常服，便包括外层衣袍、衫，中层衣半臂、长袖、袄子，内层衣汗衫，下服袴、裈，首服幞头、巾子，足服鞋、靴、袜等❷。由于反映穿着层次的资料相对较少，各种服饰使用的位置、结构、定名，往往是研究中容易被忽视的部分和难点。宋代男装以往出土极少，长期以来相对完整者仅江苏镇江南宋景定二年（1261年）周瑀墓一例，但穿着层次未有详细记录发表，难以明确其组成结构。

2016年5月2日，浙江省考古研究所和黄岩博物馆抢救发掘了黄岩南宋嘉定九年（1216年）赵伯澐墓，此墓未被盗掘，初步清理出丝绸服饰76件组，由中国丝绸博物馆进行清理修复揭展，记录了敛葬时的层次❸。2018年蒙允参观了部分服装的实物，在此就以赵伯澐墓所出实物为例，结合宋代文献线索以及其他考古实物、图像，对其中一些发现及其源流做一梳理。

宋代男装包括祭服、朝服、公服以及若干种类的日常便服，每一种均包括首服、身服、足服、佩饰四大部分，单其中的身服，又包括穿在外的衣裙，穿在内的中衣、内衣等层次，总数不少。不同层次、属性的服装，其形制结构尤其是襟摆开合方式

---

❶ 陈诗宇，《汉声杂志》编辑，曾任《艺术设计研究》服饰研究栏目主持，《国家宝藏》服饰顾问。从事古代服饰文化以及传统工艺美术相关题材研究十余年，曾参与研究数百项传统工艺技艺，参与、组织多项服饰复原与博物馆展出策划，并在十余家期刊发表系列服饰考证文章数十篇。

❷ 关于唐代常服层次、结构，可详见陈诗宇，王非.唐人四时衣物 [J].紫禁城，2013(8)：86–106.

❸ 张良.宋服之冠·黄岩南宋赵伯澐墓文物解读 [M].北京：中国文史出版社，2017.
中国丝绸博物馆：《丝府宋韵——黄岩南宋赵伯澐墓出土服饰展》，2017.

均有差异，如何处理是否开衩、方便活动、遮身蔽体三者间的关系一直是历代男装形制演变中尤为重要的一个问题，也因此发展演变出了各种形制的男装袍服类型。

大约在唐至宋初，形成了三种基本的下摆处理方式：一、周身不开衩（除了衣襟交掩处）；二、后摆开衩重叠；三、侧身开衩。之后上千年的历代男装，尽管各种下摆处理方式层出不穷，但主要都以这三种基本方式为主线进行演变。从赵伯澐墓所出土的服装中看，也包括了这三种基本的类型，通过文献梳理，还可以对部分服饰的定名做更准确的对应。

一、宋代文献中的全套公服构件

属于礼仪性场合使用的祭服、朝服等礼服，作为国家礼法的象征，是律令规范的重点，也是《舆服志》《礼仪志》不厌其烦详细记录的部分，组成部分和搭配方式相对明晰，极其烦琐累赘，一套多者可达十数件。公服则是帝王百官使用较为频繁的正式服装，有时也被称为"盛服"[1]。其表露在外的组成部分记录相对明确，包括了公服、幞头、腰带、鱼袋、笏、靴，公服"其制，曲领大袖，下施横襕，束以革带，幞头，乌皮靴。自王公至一命之士，通服之。"

而在外套之内还包括了哪些衣物，则在《宋史·舆服志·诸臣服》《宋会要辑稿》中的"赍赐"与"赐服"篇中有详细记载。王公百官在五月五日、十月一日、诞圣节、生日、朝见、受外任、出使等场合，以及各国国王、使者贺正、贺生辰时，均能获得不同等级的赐服，"宋初因五代旧制，每岁诸臣皆赐时服，然止赐将相、学士、禁军大校。建隆三年，太祖谓侍臣曰：'百官不赐，甚无谓也。'乃遍赐之。岁遇端午、十月一日，文武群臣将校皆给焉。"在赐服记录里，长篇累牍地使用了巨大的篇幅，一一记录各身份者在每一场合所获得的赐服详细清单，里面除了外套部分，还提及了大量穿着在内的衣物，身份越高级者，获得的衣物越完整，低品级者仅可获得外套一件。

比如诞圣节（皇帝生日）赐服，最高级的"六事"包括"紫润罗公服、红罗绣襜、抱肚、小绫汗衫、勒帛、熟线绫夹绔"；盛夏的五月五日，高级者可以获得赐服"五事"，包括"润罗公服、红罗绣抱肚、黄縠汗衫、熟线绫夹绔、小绫勒帛"，以下件数依次递减，逐渐去除相对不重要的抱肚、夹裤、勒帛、汗衫，直至最低等级仅赐"罗公服"一件；入秋以后的十月一日赐服，则增加一件各种花色的"锦袍"，诸军的外衣则是"锦旋襕"；赐外任初冬衣袄"五事"包括"晕锦旋襕、大绫背子、夹绔、小绫汗衫、勒帛"。对于当时的各国使者，所赐衣服也相当丰富，比如最受重视的"金国使"，正使在朝见时可获得数量最多的"衣八事"："紫春罗夹公服、淡黄罗绵袄子、绵背子、勒帛、熟白小绫宽汗衫、宽夹绔、红罗软绣夹抱肚、三襜"，以及相应的配件"金二十二两御仙花腰带、金五两数鱼袋、牙笏、靴、幞头"，其余等级的使者以及射弓、朝辞等场合，则还会获得各种"旋襕""窄四袄"等服装。

---

[1] 朱熹《家礼》："凡言盛服者，有官则幞头、公服、带、靴、笏；进士则幞头、襕衫、带；处士则幞头、皂衫、带。"

总结下来，衣物部分包括"公服""旋襕""锦袍""袄子""四襻""背子""勒帛""三襜""汗衫""抱肚""袴"等品种，配件则有"幞头""腰带""鱼袋""笏""靴"等。

这些衣物中，指代最明确的主要为外层衣物，如"公服"即宋代常见的大袖圆领襕袍，"幞头"即展角官帽，"腰带"即宋式单铊尾革带。其余衣物有些相对也容易分辨，如"勒帛"即长条织物束腰带，在金齐国王墓以及赵伯澐墓、周瑀墓均有出土，"汗衫"即贴身单衫，"抱肚"应如后世之肚兜，即赵伯澐墓及周瑀墓所出。有些则需进一步考证，如"袴"应为开裆之裤，"三襜"应即金齐国王墓所出"蔽膝"❶，"旋襕"似为后摆交叠之袍衫，"背子"很有可能为交领开衩衫。下面结合赵伯澐墓所出土情况做一大体分析。

二、赵伯澐墓中出土的几类衣物

（一）接襕的大袖公服

赵伯澐身着外层衣为一件素罗圆领大袖袍，通袖230厘米，衣长140厘米，袖阔95厘米。下接横襕，横襕两侧无开衩和褶裥❷。符合公服"大袖曲领、下施横襕"的描述，即一件标准的宋式公服袍（图1）。宋代公服袍的如唐代一样，自上而下有也有赭黄、紫、朱、绿、青几个等级。

结构图（正面）

结构图（背面）

图1　赵伯澐墓出土素罗大袖圆领袍及正背面结构示意图（蔡欣、孙培彦绘）

这种接襕的公服，毫无疑问源自唐代的"襕袍"。唐代正式的常服袍衫不开衩，膝下用一整幅布接成一圈横襕，又可称为"襕袍""襕衫"（夹称袍、单称衫）。袍服下摆接裳、不开衩，是一种古老的长衣形式，先秦时代上衣下裳相接的深衣即为此类。圆领袍自南北朝进入中国以后，也在袍下接横襕，《隋书·礼仪志》称"宇文护始命袍加下襕"，《新唐书·车服志》称"太尉长孙无忌

❶ 此件衣物在原报告中被称为"蔽膝"，但墓中所穿为圆领常服，而蔽膝为汉式交领礼服构件，非是。由于赵伯澐墓未有出土此类衣物，本文中暂不展开。
❷ 中国丝绸博物馆：《丝府宋韵——黄岩南宋赵伯澐墓出土服饰展》，2017.

又议，服袍者下加襕"，有附会古深衣衣裳相连之意。襕袍在隋唐进入官员常服制度，是唐代官员士人穿着最多的代表性服装。中国丝绸博物馆所藏一件蓝色菱纹窄袖圆领罗袍，即标准的唐代襕袍（图2）。窄袖襕袍在中晚唐逐渐演变为阔袖袍，到了北宋，定型为袖阔三尺的大袖袍服，上升为公服，成为帝王百官更加正式的服装。

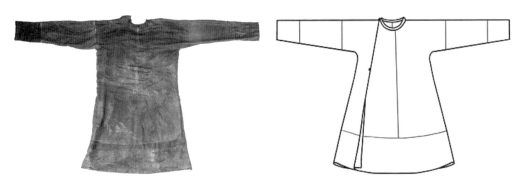

图2　中国丝绸博物馆征集唐代襕袍及唐代襕袍示意图（王非绘）

由于不开衩同时还要满足便于活动的需要，此类服饰的下摆一般有两种处理形式：或极其宽大；或是在腰侧打有褶裥。《宋史·舆服志》："襕衫以白细布为之，圆领大袖，下施横襕为裳，腰间有襞积"。在五代、宋绘画陶俑中的一些公服襕衫形象，能看到从接襕部分往下描绘了一些褶裥，如成都竹林村后蜀墓中的襕衫陶俑［图3（1）］●，陆仲渊《十王图·泰山王图》中的襕袍［图3（2）］。襕侧打褶的方式也影响到了日本，日本平安时代中期以来形成定制的公卿束带装束，其圆领衫分为两种，文官和三位以上的武官使用不开衩的"缝腋袍"，在下接襕的两侧内有数道褶裥，被称为"入襕の袍"［图3（3）］。

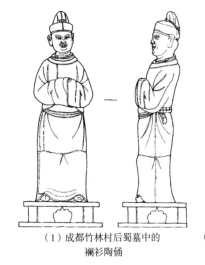

（1）成都竹林村后蜀墓中的　　（2）陆仲渊《十王图·泰山王图》　　（3）日本平安时代前期束带
　　　襕衫陶俑　　　　　　　　　　中的襕袍　　　　　　　　　缝腋袍"入襕"式

图3　襕衫的打褶方式

● 陈剑,等.成都双流籍田竹林村五代后蜀双室合葬墓 [C].// 成都文物考古研究所.成都考古发现 2004.北京:科学出版社,2006.

（二）后身重叠的窄袖圆领衫

墓主外衣大袖公服之内，穿着一件梅花纹罗圆领衫。通袖长194厘米，衣长127厘米，袖阔50厘米，后腰缝有一条勒帛。此件圆领衫特别之处在其后摆。后摆自腰以下为双层，外层右侧与内襟右侧缝合，内层左侧与外襟左侧缝合，两层上端在后腰处缝合，形成可开合的双层重叠结构❶（图4）。

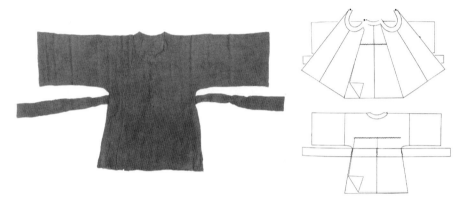

图4　赵伯澐墓出土圆领衫，打开衣襟及背后示意图（据实物自绘）

这种后摆交叠的方式，应可远溯隋唐时的"开后袄子"。中国丝绸博物馆收藏有一件晚唐宝花纹绫圆领袍，在后摆正中有开衩，衩高48厘米❷；新疆吐鲁番阿斯塔那216号墓出土唐代彩绘俑，其后摆正中也有开衩。后开衩应当来自于马上民族习惯，方便骑马活动，唐代军戎服饰常用，普通百姓也用之，一度还因戎庶无别而被禁止，"坊市百姓甚多着绯皂开后袄子，假托军司。自今以后，宜令禁断"（《唐会要·卷七十二·军杂录》）。

开后袍袄为后世继续沿用，但开衩部分的重叠程度不断扩大，在方便马上行动的同时，御寒和遮蔽功能进一步得到加强。北方寒冷风沙大，而马上活动又需要袍服开衩，若在两侧开衩，上马之后会导致衣服前后身分离过远不便保暖，若采用后身开衩并重叠相掩的方式，在保暖的同时也便于马上活动。

晚唐至宋初的北方游牧民族多用后开交叠式袍袄，辽代壁画中所反映的契丹人形象，绝大多数两侧均无开衩，少数表现后侧形象的壁画中，如内蒙古巴林左旗滴水壶辽墓❸、库伦2号辽墓壁画❹中，我们可以看到其开衩处在后身（图5）。考古出土的几件辽代实物中，还可以更为清晰地了解具体样式，与壁画所反映的契合。如内蒙古阿鲁科尔沁旗罕庙苏木辽耶律羽之墓出土的一件

---

❶ 其结构 2018 年于中国丝绸博物馆库房据王淑娟见示。

❷ 2010 年据中国丝绸博物馆徐铮介绍。

❸ 王未想. 内蒙古巴林左旗滴水壶辽代壁画墓 [J]. 考古，1999(8)：53-59.

❹ 王健群，陈相伟. 库伦辽代壁画墓 [M]. 北京：文物出版社，1989.

（1）滴水壶辽墓壁画　　　（2）库伦2号辽墓壁画　　　（3）身后开衩示意图（自绘）

图5　开衩在后身的交叠式袍袄

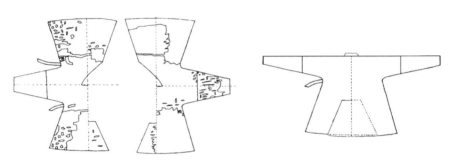

图6　辽耶律羽之墓出土绵袍裁片复原图及后身开衩示意图（据复原裁片绘制）

盘球纹绫绵袍（图6）❶，以及赤峰巴林左旗辽上京遗址西北部出土的一件獬豸纹紫绫绵袍❷，这两件袍服均在后身中线的下半部开衩，并在衩口处分别往右内、左外接两块梯形接片，遮挡开衩处❸。

为适应游牧的生活方式，后开衩交叠式袍袄在辽金时期为北方各游牧民族所普遍接受，如青海阿拉尔曾出土一件袍服（图7）❹（时间约相当于北宋至南宋初，在当时应属黄头回纥、吐蕃诸部等），再如黑龙江阿城金代齐国王墓出土的紫地云鹤金锦绵袍（图8）❺，均为此类。有时为了便于

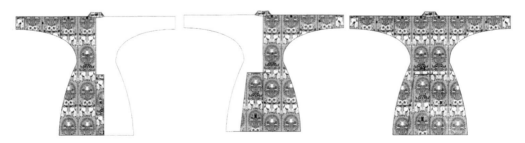

图7　青海阿拉尔出土锦袍后身开衩示意图

❶ 黄俐君.辽代盘球纹绫绵袍的修复[C].//中国化学会应用化学会学科委员.文物保护与修复纪实——第八届全国考古与文物保护（化学）学术会议论文集.中国化学会应用化学会学科委员会:中国化学会,2004:253-256.
❷ 似暂未发表简报，但从网上所公布的彩色照片中能够清晰的看到这一结构。
❸ 关于契丹服饰，还可以参考王青煜.辽代服饰[M].沈阳:辽宁画报出版社,2002.书中对于此类开衩也有详细考证。
❹ 赵丰,王乐,王明芳.论青海阿拉尔出土的两件锦袍[J].文物,2008(8):66-73.
❺ 赵评春,迟本毅.金代服饰:金齐国王墓出土服饰研究[M].北京:文物出版社,1998.

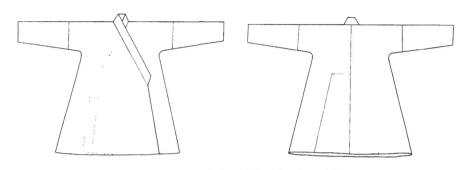

图8　金齐国王墓出土绵袍后身开衩示意图

活动，辽金人还把这双层下摆分别束扎，垂于后身两侧，在一些传世宋画中所描绘的辽金人形象中可以很清晰地看到这种做法，如台北故宫博物院所藏南宋陈居中《文姬归汉图》中的胡人形象。

以上所举时代较早的后开襗袍服，重叠部分大多只在后身中部，主要作用只是遮挡中线开衩。但在宋金时代重叠部分进一步延伸，金代齐国王墓中还出土了几件袍服，如齐国王身上所着的紫地金锦襕绵袍（图9）和褐地翻鸿金锦绵袍，接片重叠部分延伸至腰侧，从外观上看开衩处几乎移到了后身左腰，形如双层后摆。

这种后身双层下摆，外开衩口在左侧的下摆形制在汉人地区也很快得到流行。四川成都北宋元祐八年（1093年）张确夫妇墓❶中出土的幞头文吏俑，腰两侧无开衩，但后身左侧却刻画了一条自腰到裾底的线，即为此类做法（图10）。

图9　金齐国王墓出土后身重叠的绵袍　　　　图10　北宋张确夫妇墓出土陶俑

在传世宋画中，我们也可以看到一些在唐代原本周身不开衩的襕衫或圆领衫，竟然也在后身左腰处出现了重叠开衩下摆，年代较早者如故宫博物院藏北宋徽宗《听琴图》❷，其右下一坐于叠石之上的听琴红袍者，可以看到后身左侧的一道开口和重叠下摆（图11）。另外上海博物馆藏南宋梁楷《八高僧图》、南宋《望贤迎驾图》，南宋《高宗书孝经马和之绘图》❸，南宋初《瑞应图》❹，

❶ 翁善良,罗伟先.成都东郊北宋张确夫妇墓[J].文物,1990(3):1-13+98-99.
❷ 细节图来自故宫博物院"基于影像的中国古代书画研究系统".
❸ 邓嘉德.宋高宗书孝经马和之绘图册[M].成都:四川美术出版社,1998.
❹ 中国嘉德2009春季拍卖会图录:《中国古代书画》,2009.

图11　徽宗《听琴图》局部

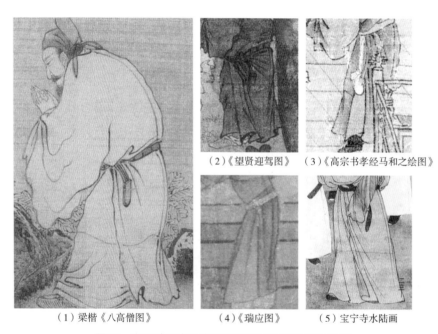

（2）《望贤迎驾图》　（3）《高宗书孝经马和之绘图》

（1）梁楷《八高僧图》　（4）《瑞应图》　（5）宝宁寺水陆画

图12　宋元绘画中的袍衫身左侧开衩重叠部分细节

山西右玉宝宁寺水陆画之"往古儒流贤士丹青撰文众"（图12）❶，大都会博物馆藏元《明皇观马图》（图13）中均能找清晰的形象，这些形象中大多是非正式官服性质的窄袖袍衫。由此可见，至少从北宋中期以来，除了大袖公服可能继续采用不开衩的传统形制外，一般的士人窄袖衫则很可能更多采用这种在后身左侧开衩重叠的形制。

除了赵伯澐墓所出的这件实物外，在南宋墓葬中还出土了同形制的实物。江苏金坛南宋景定二年（1261年）太学生周瑀墓中有两件圆领单衫（图14），尽管简报和其他图录中均没有后背图或

❶ 山西省博物馆.宝宁寺明代水陆画[M].北京：文物出版社，1988.水陆画大多依据宋元粉本绘制，此本水陆画的绘制年代可能在明初，但其中表现了较多的元至明初世俗人物形象甚至宋代形象。

图13　《明皇观马图》襕衫后身侧开衩细节　　　　图14　金坛南宋周瑀墓出土圆领衫

结构线图，但文字中指出"后襟里面自腰部向下另夹一层"，也证实了宋代这种做法的实际使用情况，由于详细结构没有展示，以往未引起注意。这种袍衫下摆处如两大片旋转相接交叠，其有襕者在宋代有可能即称为前节所列的"旋襕"。

（三）侧开衩的窄袖交领衫

赵伯澐衣着第二层之内，为四件形制相似的交领衫，如其中的第五层火焰纹花绉夹衫（图15），通袖长292厘米，衣长125厘米，右衽交领，领缘、袖缘有窄条镶边。两侧开衩至腋下。除了腋下有系带外，有的还附有勒帛。

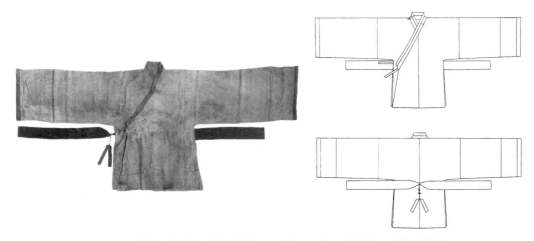

图15　赵伯澐墓出土火焰纹夹衫及正背面示意图（蔡欣、孙培彦绘）

两侧开衩的衣物在北朝到唐代前期已经逐渐出现，但主要在庶人、胡服侍女、以及胡人、武士等形象中。《新唐书·车服至》"请加襕袖褾襈为士人上服，开骻者名曰缺骻衫，庶人服之"，不开衩的襕衫是"士人上服"，而缺骻衫仅"庶人服之"。但缺骻衫比不开衩的袍衫更加方便实用，所以中唐以来，两侧开衩的袍衫使用越来越普遍而广泛。唐代开衩称"开胯"，而宋明有时称之为"开裤"，开衩衣称"裤衫""开裤圆领"。明张自烈《正字通》："裤，上马衣分裾曰裤……开胯者名缺胯衫，庶人服之，胯衫即裤衫也。"

但此类侧开衩的交领衣物，在宋代男装中的称呼，可能与"背子""长背子"有关。"背子"一词唐至明代均常见，但其形制指代演变极复杂。在唐代，"背子"一词本指一种半臂衣，《中华古今注》《事物纪原》中均将背子释为"袖短"者，唐代同期的日本文献《倭名类聚抄》中有"背子"条，引汉语辞书"《辨色立成》云：'背子，形如半臂，无腰襕之袷（夹）衣也。'"这个观念在宋人文献中也有体现，宋《石林燕语》："背子，本半臂，武士服，何取于礼乎？"提及背子源自半臂衣，但又说到当时背子已经变成长袖："而背子又引为长袖，与半臂制亦不同。……古礼之废，大抵类此也。"可见背子的形制在宋代尤其是南宋以后，已经有了很大变化，成为一种长袖衣。

更详细的宋代文献描述，则描述背子为交领、两侧开衩的衣物，而且作为公服的衬衣。如南宋程大昌《演繁录》卷三"背子中禅"："今人服公裳，必里以背子。背子者，状如单襦袷袄，特其裾加长，直垂至足焉耳，其实古之中禅也，禅之字或为单，皆音单也，古之法服、朝服，其内必有中单，中单之制，正如今人背子，而两腋有交带，横束其上，今世之慕古者，两腋各垂双带以准禅之带，即本此也。"说到当时公服之内必衬以一种和中单类似的交领长衣。

同书卷八"褐、裘、背子、道服、襦裙"中述及道服，又以"背子"为对比："裘，即如今之道服也。斜领交裾，与今长背子略同。其异者，背子开拢，裘则逢合两腋也。然今世道士所服，又略与裘异，裘之两裾，交相掩拥，而道士则两裾直垂也""详今长背，既与裘制大同小异，而与古中单又大相似，殆加减其制而为之耳。中单腋下缝合，而背子则离异其裾。中单两腋各有带，穴其披而互穿之，以约定里衣，至背子则既悉去其带，惟此为异也。至其用以衬借公裳，则意制全是中单也。今世好古而存旧者，缝两带缀背子腋下，垂而不用，盖放中单之交带也，虽不以束衣，而遂舒垂之，欲存古也。"再次明确提及"斜领交裾，与今长背子略同"，并且说明背子在两侧开衩，而裘两侧缝合。说明至少在南宋当时所称的男装背子，指的是一种"斜领交裾""开胯"的交领开衩长衫，并且衬在公服之内。

我们看南熏殿旧藏宋代帝王肖像和一些宋代官员公服像（图16），均可以看到在大袖公服之内，领口和袖口都露出内衬的一件交领小袖衣，有的也有窄

图16　包拯像和宋理宗坐像，大袖公服之内均露出一件交领窄袖衬衣，或即背子

缘边。很可能即赵伯澐墓中衬在圆领袍内的这种交领开衩衣，即"背子"。其指代或与当时的女装背子不尽相同，但有一共同特征，即两侧开衩。《大明会典》称"四襈袄子，即背子"，而在《明宫冠服仪仗图》中所描绘的"四襈袄子"，便是一种两侧开衩并缘边的交领长衣。可见"背子"在北宋以后，形制的核心特征便是开衩与交领。

三、宋代公服的穿着层次总结

赵伯澐敛葬时身穿八层衣物，上身最外层为大袖公服、其内为窄袖圆领、再内为四件交领衫、最内为一件半臂衣与贴身交领衫。下身也为八层，头四层为开裆裤，接下来为三件合裆裤以及一件开裆裤（图17）❶。这种多达八层的穿着层次显然并非当时日常穿着，而与古代敛葬时的葬俗有关，如北宋《政和五礼新仪》载，逝者入殓时"陈殓衣九称，于东房西领南上（谓朝服、公服各一称，余皆常服，不足各随所办）"，近代民间下葬也有"七领五腰""五领三腰"等说法，正式的外衣之内会套穿多件重复的四季日常衣物。但从墓中的内外套穿逻辑中，结合文献也可以大体归纳出宋代公服实际的穿着层次习惯。

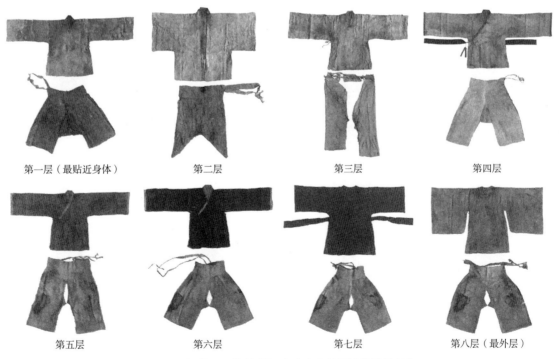

第一层（最贴近身体）　　　第二层　　　第三层　　　第四层

第五层　　　第六层　　　第七层　　　第八层（最外层）

图17　赵伯澐服饰着装顺序（中国丝绸博物馆整理）

在宋代司马光所著《书仪·冠仪》中，对冠礼三次加冠所使用的冠服进行了描述，礼前"陈服于房中西牖下东领北，上公服、靴、笏（无官则襕衫、靴）；次旋襕衫；次四襈衫（若无四襈

❶ 中国丝绸博物馆：《丝府宋韵——黄岩南宋赵伯澐墓出土服饰展》，2017.

衫，止用一衫），腰带"，需要用到三套服装，即公服、旋襕、四䙆衫。将冠者首先头梳双髻，身穿最简易的内衣袄子"袍（今俗所谓袄子是也，夏单冬复）、勒帛、素屦……取箅掠发"；始加礼，戴头巾，"服四䙆衫（无四䙆衫止用衫勒帛）、腰带"；再加礼，戴帽子，"服旋襕衫、腰带"；三加礼，戴幞头并脱下旋襕更换"公服、靴"。袄子、四䙆衫、旋襕、公服之间有着明确的递进关系。

首先，最外层为明确的大袖公服袍，头戴展角幞头，束腰带，挂鱼袋，足穿靴。从前文提及的各种赐服清单中看，旋襕衫往往不与公服袍同列于一套，而是作为其他场合或等级的赐服外套，宋代壁画、绘画中也常见单着旋襕为外衣的情况，所以旋襕和公服都应属于外层衣，赵伯澐敛葬时有可能是将两件外套同时套穿。

中层衣应包括衬锦袍、背子或四䙆衫，即宋代画像、绘画中领口、袖口常常露出的衣物，两侧开衩，文献中也多提及背子作为公服之衬。赵伯澐墓中即在外层衣内套穿四件款式接近的"背子"作为衬衣。

内层衣包括贴身的袄子、汗衫、抱肚，有时还增加一件裹在腰腹的"三襜"，增加保暖之用。下身外穿开裆之裤，内套合裆之裈，与唐代情况类似，赵伯澐墓中大体上也遵循这一规律，虽套穿了八条裤子，但开裆者大多位于外层，最贴身也为一件合裆裈。

20 闺阁绣中的男性身影

王 薇[1]

摘 要　　刺绣属女红范畴，书画属精英文化范畴，闺阁刺绣与文人书画在形式上相结合并被精英文化所接纳的现象是本研究关注的重点。闺阁绣在形式上对文人书画崇拜和追随，呈现出艺术样式上的统一和本质上的差别。其反映了技术与文化相互建构的规律，更反映了社会意识、阶层文化互为作用的复杂关系。

　　闺阁绣参与精英文化对话并获得成功，其中，女性艺术、工艺技术所具有的委婉的表达方式和特殊的媒材质感起了主要的作用；而男性文人的参与、共谋则是重要的因素之一。

关键词　　闺阁绣、精英文化、闺秀

一、闺阁绣

　　闺阁绣又称"画绣"，成型于宋代，是由名门闺秀创制的以摹绣文人书画为主的刺绣欣赏品。闺阁绣以刺绣女红独特的工艺技法和媒材特质，追求书画的笔墨意趣和物象神韵，得以在尺素之间焕发出"胜似书画"的表现力、装饰趣味和艺术魅力。

　　明代著名的收藏鉴赏家项子京的收藏著录《蕉窗九录》中，将闺阁绣收于"画录"一类，并赞叹曰："山水、人物、楼台、花鸟，针线细密，不露边缝。其用绒一二丝，用针如发细者为之，故眉目毕具，绒彩夺目，而丰神宛然；设色开染，较画更佳。"[2]明代书画巨擘董其昌，同样对闺阁绣评价极高，称赞其："设色精妙、光彩夺目，山水分远近之趣，楼阁得深邃之体，人物具瞻眺生动之情，花鸟极绰约逸唼之态，佳者较画更胜。"[3]经由历代的辉煌，闺阁绣更是在清代以"画绣"的名目被收入皇室钦定的书画著录《秘殿珠林》和《石渠宝笈》，列入书画艺术的分类加以

---

❶ 王薇,北京服装学院,副教授。
❷ 项子京. 蕉窗九录 [M]. 台北:广文出版社,1968.
❸ 朱启钤. 存丝堂绣录 [M]. 东京:日本东京座右宝刊行会,1935.

讨论。❶

闺阁绣以"女红末技"的身份，却在成型之初即被推上了艺术成就的高峰，跻身于文人士大夫欣赏、流通、收藏的范围内。这在中国封建社会的文化壁垒下可谓是一个特殊的现象。

闺阁绣与其他刺绣品类的本质区别在于它在形式和内容上脱离了实用性，强调绣品的艺术性和欣赏性。闺阁绣的出现既反映了刺绣工艺技术的提高，更反映了社会文化环境、社会关系和审美趣味的变化。历代以来优秀的作品和具有创新性的名家或流派都备受重视。例如宋代之院体画绣，明代之顾绣，清代之仿真绣等品类；明代韩希孟、清代沈寿等名家；顾绣、苏绣、湘绣、粤绣等流派，都因在闺阁绣历史上占有重要地位而备受推崇。

二、闺秀

"闺秀"是中国古代女子中的特殊群体，通常指出身富贵人家，拥有较高社会地位的才情女子。这些女子因优渥的出身环境，得以生活在一个以家庭为主体的经济富足、追求清雅的类文人生活圈子，从而接受到来自家庭的精英文化浸染。诗书画绣共同构成了她们的日常生活和文化方式，而她们对精英文化的熟稔、认同和追求，也逐渐在她们身上内化为一种参与和对话的需求。

但是，传统封建礼教对女性思想意识的否定和限制是严密而残酷的，即使是出身上流社会，共享精英文化的才女闺秀们，也只能在有限的范围内小心翼翼地展示自己的才华。纵观中国的女性艺术和女性表达方式，都是以收敛、压抑、转换的特点展现的。特殊的社会环境造就了中国女性特殊的表达方式，而女性的才情则往往转化为日常生活中精湛的工艺技能和装点生活的情致雅趣得以表现。

封建农业文明的中国，刺绣作为一种广泛的社会生产劳动和"女教"规范，是早已被广泛掌握和普及的内容。对于传统社会和大多数女性而言，刺绣从不意味着形而上的创造，而是一种形而下的技能和劳动。普通民间妇女以女红刺绣参与社会生产，创造经济价值和实用价值。而对于生活富足的闺秀们而言，她们不需再考虑绣品的经济性和实用性，刺绣劳作于她们而言，更像是某种修身养性的手段。她们将刺绣题材转为文人书画正反映了她们的艺术品位和驾驭能力，大多数绣制刺绣作品的闺秀，本身就是造诣极高的书画家。她们的绣制在女红劳动和艺术创作之间游走，在静静流动的光阴中，她们往往不惜工本力求追摹再现书画的笔墨意趣和风采气韵，在社会允许的空间范畴内展现自己的审美雅趣和文化追求。这也是历代流传的闺阁绣在题材、立意、绣工、技法上都属刺绣品之上乘的原因。闺秀们在刺绣这一普遍的女性活动中追求文化身份和艺术表达的空间。

闺秀们以针为笔，以自身的审美和艺术追求为出发点，选择书画图样；并基于丝线的色彩、

❶ 单国强.织绣书画[M].上海,上海科学技术出版社,2005:14.

针法的疏密、丝理的走向和排列等因素进行二次的经营和设计，使得闺阁绣在情态上呈现出绘画所不及的工艺质感。艺术和技艺在这样的选择、改造、创作、再现过程中被转换和模糊了边界，成就了闺阁绣的精英文化地位。

对于闺阁绣的品评，以清代著名刺绣家、女性文人丁佩的刺绣理论专著《绣谱》最为完整客观："工居四德之首，而绣又特女工之一技耳。古人未有谱之者，以其无重轻也。然闺阁之间籍以陶淑性情者，莫善于此。……至于师造化以赋形，究万物之情态，则大与才人笔墨名手丹青同臻其妙。"❶文中阐明刺绣因技艺的本质被排除在主流文化之外的客观事实。但是文中又认为：在摹物传情方面，女性手中的刺绣实际上是和文人的笔墨丹青具有相同的性质和意义的。从某种程度上说，闺阁绣不仅为闺秀们提供了寄托情感、修身养性、陶冶情操的场域，更成为她们参与精英文化对话、彰显文化身份的手段。丁佩在《绣谱》中称赞闺阁绣为闺中之翰墨，并建设性地借由文品、画理的品评标准来作为闺阁绣的品评标准。"以针为笔，以缣素为纸，以丝绒为朱墨、铅黄，取材极约，而所用甚广，绣即闺阁中之翰墨也。""绣近于文，可以文品高下衡之，绣通于画，可以画理之浅深评之。"❷这样的衡量标准，实际上自闺阁绣创立以来已经开始在欣赏和品评中应用。由此可见闺阁绣的艺术特点和文化属性是与精英文化艺术极其接近的。

三、闺阁绣来自男性主流社会的审美趣味

"画绣"是闺阁绣的一个特点。在中国传统的社会文化里，画与绣在一定程度上体现着截然不同的性别因素。书画属于精英文化的范畴，掌握在当权阶级手中，被打上了男性的、阶级的烙印；而刺绣则是普遍的女性社会劳动，被看作"女红末技"，历来为文人雅士所不齿。在这样的社会文化背景下，闺阁绣得以突破女红末技的局限，被纳入精英文化的欣赏、收藏、馈赠范畴中，是各个方面因素共同起作用的结果。

"画"的特质在闺阁绣中得到了明确的突显，而这一特质，实际上来自于由男性主导的社会精英文化。首先，闺阁绣中用来代替通常"绣样"的文人书画直接来源于占据主流文化地位的男性文人作品。其次，闺秀们所崇拜和浸润的文化和审美体系，归根究底也来自于男性主导的精英阶层。由此，闺秀们对于绣样的主观选择和审美，实际上是来自于社会上层精英文化的价值观和审美品性。还有更直观可见的一点：闺阁绣的欣赏和流通主要是在男性群体中进行，而非为女性所使用。因此说，闺阁绣实际上更接近于当时男性文化的审美表达，而非那个社会典型的女性生产者的文化认知反应。闺阁绣和文人书画艺术实际上拥有相同的审美取向和价值观。当闺秀们寻求精英文化对话的时候，她们所采取的形式、风格、内容以及文化认知，实际上皆来自于男性社会。

这也是闺阁绣相对于传统刺绣在形式和内容上发生变化的根本原因，它反映了社会意识、阶

---

❶ 丁佩.绣谱[M].上海,中华书局,2012:8.
❷ 丁佩.绣谱[M].上海,中华书局,2012:32.

层文化的复杂作用关系。

四、闺阁绣中的男性身影

除了宏观层面上的性别文化影响外，文化精英体系中的男性文人还直接参与到闺阁绣的创作过程中。他们的参与和支持为闺阁绣的成功和风格确立起到不可忽视的作用，他们的作用广泛地表现在对作品的设计、品评；对作者和作品的关注、支持、推荐等诸方面。

（一）宋徽宗的美学追求对宋代闺阁绣的影响

刺绣在宋代最终脱离实用品的范畴，成为纯欣赏性的艺术，并达到很高的艺术成就，这与皇家官府的提倡以及宋徽宗的个人爱好是分不开的。

宋代时，丝织业得到了皇家官府的重视和大力支持，发展到宋徽宗赵佶的崇宁年间，更于翰林图画院设立了绣画专科。这里，以宫廷画院画家的画稿为绣稿，甚至有宫廷画家供稿。翰林院中专门设立了奖励政策，鼓励绣工的画绣绣制。当时画院绣画科内多专业绣匠，画绣精品辈出，刺绣书画遂得以大力提倡和广泛传播。与此同时，宋代书画艺术也在此时确立了风格和艺术特色，为画绣提供了审美规范和丰富的素材。文人士大夫这一特殊的阶级出现，他们的审美情趣和文化追求深深地影响到家里的女眷，诗书画绝、才艺出众的才女佳人一时辈出。由此可见宋代闺阁画绣的创立，实际上与政府权力财富的支持，以及宋代文人文化底蕴的熏陶有直接关系（图1、图2）。

图1 《瑶台跨鹤图》（辽宁省博物馆藏）　　　　图2 《秋葵蛱蝶图》（台北故宫博物院藏）

（二）婚姻生活中的伴绣男性

古来文人才子不仅以女红劳作为欣赏和描写的对象，更是常常参与到女红的场景中来，构成了两情缱绻的生活场景。由于闺阁绣本身的绣制特点，以及雅趣和审美追求，文人男性的参与表现得更为突出，此处举出几例，他们的参与对闺阁绣产生了重要的影响。

1. 韩希孟与顾寿潜

"顾绣"是明代声名大作的闺阁绣品种。海上名门顾氏一家女眷皆精于刺绣，其中以创始人顾名世之次孙顾寿潜之妻韩希孟最为有名。韩希孟随夫习画，将画理融合在绣技中，画绣结合，相得益彰，并最终创立画绣一宗而留名。韩希孟的刺绣被文人士大夫们追捧，"列诸彝鼎，珍若璆璧"，世人赞誉其为"天孙织锦手，出现人间"。而其作品多藏于帝王将相、达官贵人之家。

韩希孟在刺绣方面取得的艺术成就与顾寿潜的参与和推动是分不开的。顾寿潜本身出身文人世家，工诗善画，师法董其昌，具有极高的书画涵养。面对妻子在"画绣"领域的才华建树，他不仅在家庭内部支持和欣赏，更怀着对画绣艺术的认同和共鸣而尽己所能的奔走扶持。顾寿潜的奔走，对于韩希孟的刺绣和整个顾绣都起到了不可忽视的推动作用。

顾寿潜曾为韩希孟《宋元名画方册》做跋文，文中写道："……余内子希孟，另具苦心，搜访宋元名迹，摹临八种，一一绣成，汇作方册，观者无不抃舞也。见所未曾见，而不知殚精运巧，癚瘵经营，盖已穷数年之心力矣。宗伯师见而心赏之，诘余技至此乎？余无以应，谨对以含铦、暑溽、风冥、雨晦、弗敢从事，往往天晴日霁，鸟悦花芬，摄取眼前灵活之气，刺入吴绫。窃谓家珍，决不效牟利态，而一行一止，靡不与俱。伏冀名锯，加之鉴赏，赐以品题，庶彩管常新，色丝永播，亦艺苑之嘉闻，特余夸耀于举案而已也。"

文中对韩希孟的绣制过程和细节无不了熟于心，并拜托自己的老师一代鸿儒董其昌欣赏题字，增加绣品的价值，从中可见其对于韩希孟刺绣的欣赏和推崇。顾寿潜在这篇跋文中更做出了自己的解释：自己这样做"匪特夸耀于举案而已"，这不仅仅是夫妻关系上琴瑟和鸣的表现，更是以共同事业和作者的姿态，乃至整个顾氏家族的事业的信念和认同，而奔走于社会，倾注自己的心血。

2. 管仲姬与赵孟頫

元代的管仲姬是中国文化艺术史上的一位杰出女性。管仲姬名道升，字仲姬，元代书画家赵孟頫之妻，工诗善画之外还精于刺绣，延祐四年封"魏国夫人"。她与赵孟頫在诗词书画、艺术追求上亦师亦友，在夫妻书画唱和的同时成就了极高的艺术修养和地位，是中国历史上是令人羡慕的佳偶绝配。

管仲姬的成就除了来自于她的天分、悟性和勤奋外，赵孟頫的认可、赞赏和支持是很重要的因素。阅尽古今名作、品鉴能力超凡的赵孟頫曾称赞管仲姬的作品巧夺天工，并经常得意地向朋友展示管仲姬的作品并邀其共同进行品评，赞叹惬意之情溢于言表。也正因为此，管道升的作品中经常有当时文人大家的题赞，黄公望、高克恭、陈基绮、倪瓒、丁立、熊梦祥等人的墨迹均位列其中。

二人在艺术活动和爱情生活中，体现了中国历史上难得一见的协作范式，共享着文化活动和交际圈，这是管仲姬得以达到艺术成就的基础（图3）。

图3　管仲姬绣《观世音像》
（南京博物院藏）

3．沈寿与余觉

清末民初卓有贡献的刺绣艺术家沈寿，因受到西方外光派绘画的影响发明了"仿真绣"，把我国的传统刺绣推向了一个划时代的新阶段。沈寿七岁学绣，十二岁便能把沈周、唐伯虎、文徵明、仇英等名家的绘画仿绣的惟妙惟肖，十五岁名扬刺绣艺术的故乡苏州城，并于十六岁与浙江绍兴举人余觉结婚。

余觉懂得沈寿的刺绣成就和价值，多为沈寿绘制绣稿，并将沈寿的作品作为社交工具而全力的推行。光绪年间，慈禧七十寿辰之时，余觉将沈寿主绣的一堂八幅《八仙上寿图》通景寿屏和《无量寿佛》托人呈献进宫，获得了慈禧的大加赞赏。慈禧进而任命沈寿为农工商部女子绣工科总教习，余觉为外事总办，并派沈寿夫妇赴日本考察。沈寿正是在这次考察中看到了西方绘画的光线和透视表现方法，深受启发，创造了"仿真绣"。她受到世界性赞誉的绣作《意大利帝后肖像》《全世界救世主耶稣像》《美国歌舞明星贝克像》等作品，都是仿真绣的代表作。

可以说，沈寿的刺绣成就是在个人的天赋努力和政府的支持下成就的，这其中不能忽略余觉对其艺术成就的欣赏、认同和社交政策，使得她可以借由政府的支持达到划时代的艺术高度。

（三）文人名士的欣赏和支持

1．董其昌

董其昌是明代后期书画巨擘，诗、书、画皆名重一时。董其昌对于以顾绣为代表的闺阁绣所表现出的关心、支持和赞赏，是成就顾绣巨大声誉的重要因素。甚或在董其昌笃信道释，深居简出的暮年生活，还是为韩希孟绣制的八件宋元名迹——题赞，推崇之心可见一斑。

当弟子顾寿潜携八件其妻韩希孟新绣成的《宋元名迹方册》求老师品题。董其昌以对闺阁绣独到认可的权威，以其阅尽天下名画的资历，观赏这八件精品，不由发出"技至此乎！"的感慨和疑问。顾寿潜在《宋元名迹方册》跋文中记录了董其昌的反应："师宜诧叹、以为非人力也。欣然濡毫，惠提赞语。"时年，董其昌早已谓为大家，其所出的题志赏鉴之文成为时下明雅俗辨真伪的标志，更增加所提作品的价值。当时求其品题者可谓络绎不绝，品题之文千金难求。在这样的情况下，他却为《宋元名迹方册》的每一件都题写了赞语，并纵谈文人画审美思想、宋元名迹精髓和"画绣"绣艺，可见其对闺阁绣的赞赏，并对闺阁绣的推动倾注了很大的热情。

董其昌在一套八件《宋元名迹方册》中提写：

第一幅《洗马图》（图4）提曰："一鉴涵空，毛龙是浴，鉴逸九方，风横散玉，屹然权奇，莫可羁束，翦电追云，万里在目。"

第二幅《白鹿图》（图5）提曰："六律分精，苍迺千岁，角峨而斑，含玉献瑞，拳石天香，咸具灵意，针丝生澜，绘之王会。"

图4 《洗马图》

图5 《白鹿图》

第三幅《女后图》（图6）题曰："龙衮煌煌，不阙何补，我后之章，天孙是组，璀璨五丝，照耀千古，娈兮彼姝，实姿藻黼。"

第四幅《鹌鸟图》（图7）题曰："尺幅凝霜，惊有鹌在，毳动羝张，竦峙奇彩，啄唼青芜，风摇露洒，啼视思维，谁得其解。"

图6 《女后图》

图7 《鹌鸟图》

第五幅《米画山水图》（图8）题曰："南宫颠笔，夜来针神，丝墨盒影，山远云深，泊然幽赏，谁入其林，徘徊延伫，闻有啸音。"

第六幅《葡萄松鼠图》（图9）题曰："宛有草龙，得之博望，翠幄珠苞，含浆作酿，文鼯睨之，翻腾遇上，慧指灵孄，玄功莫状。"

图8 《米画山水图》

图9 《葡萄松鼠图》

第七幅《扁豆蜻蜓图》（图10）题曰："化身虫天，翩翩双羽，逍遥凌空、吸露而舞，豆叶风清，伺伏何所，影落生绡、驻以仙祖。"

第八幅《花溪渔隐图仿黄鹤山樵笔》（图11）题曰："何必萤萤，山高水空，心轻似叶，松老成龙，经纶无尽，草碧花红，一竿在手，万叠清风。"

图10 《扁豆蜻蜓图》

图11 《花溪渔隐图仿黄鹤山樵笔》

董其昌还在韩绣题跋中写道："观此册有过于黄荃父子之写生，望之似书画，当行家迫察之，乃知为女工者。人巧及天工，错奇矣。"这件作品之外，上海博物院的另一幅顾绣人物卷，其后的董其昌题字说："……海上顾氏多绣工，成此卷，儿子权持赠省兹大中承年丈。"可见，顾绣因董其昌的赞赏而成为当时的官场中酬谢之礼品。董其昌作为画坛之泰斗对刺绣的重视与赞赏无疑大大提高了顾绣的身价。

2. 张謇

张謇是我国著名的中国近代实业家、教育家、政治家，辛亥革命后曾任实业部长、农商总长等职。张謇任职期间即对沈寿的刺绣技艺十分推崇。辛亥革命以后，张謇在南通设立"女工传习所"，邀请沈寿为女工传习所所长及中华织造局局长。

这是沈寿刺绣艺术生涯的又一个重要转折点。沈寿的刺绣艺术进入了一个新的阶段。沈寿在南通的七年以其所知所学，推动了中国织造事业的辉煌和对外交流，终因绣制和教学的呕心沥血病逝于南通。沈寿培养了大量刺绣人才，其中大多成为后来刺绣行业中的中坚力量。沈寿本人许多享誉海外的刺绣名作也是在此时绣制成功并出现于国际视野中。她花两年时间创作的《全世界救世主耶稣像》获得巨大成功，在巴拿马国际博览会上荣获一等奖，时值1.3万美金。1919年沈寿在病中完成她最后的杰作《美国歌舞明星贝克像》。这两件作品是我国绝世绣品，至今我国肖像绣仍未有出其右者。

沈寿在南通期间，与张謇共同完成了具有重要意义的刺绣技法文集《雪宧绣谱》，对我国刺绣艺术起了重大的促进作用。后人称这部著作"无一字不自謇书，实无一语不自寿出"。张謇的赏识和帮助将沈寿的刺绣艺术，乃至女红画绣和女教推向一个新的高度。

五、小结

中国的织绣史实际上是一部女性艺术史，作为创作主体的中国传统女性以其特有的生活方式和劳动智慧，使这一历史久远的手工艺不断焕发出艺术和创造的生机，并不断和主流艺术形式以及主流审美发生着时近时远，却从未割断的关系。闺阁绣是其中绚烂的一笔色彩，其中包含了复杂的社会关系和文化建构，才女文化、士人文化，甚至文人官宦之间的艺术审美和消费都可从中得到体现。本文从闺阁绣中的男性行为作用加以分析，以期得到一个不同角度的视角和解读。

21 新疆且末县扎滚鲁克墓地出土毛织物类别及纹样研究❶

毛小娟❷

摘　要　　　新疆且末县扎滚鲁克墓地出土的毛织物数量众多，且毛织物的种类丰富，编织技艺高超。从考古发掘的这些毛织物遗存来看，其中不乏精品。文章以新疆且末县扎滚鲁克墓地出土的毛织物种类及其纹样为研究对象。这些毛织品大都是扎滚鲁克先民的日常生活用品，也是其物质文化生活的重要组成部分。本文试对该墓葬毛织物主要种类进行分析，并试着找出这一墓葬毛织物纹样的特色。

关键词　　扎滚鲁克墓地、毛织物 、毛织物纹样

扎滚鲁克墓地位于且末县西南5公里扎滚鲁克村西的戈壁上。墓葬分为南、北两大区：南区墓葬较多，且集中；北区的墓葬相对较少，也较分散。❸扎滚鲁克共发掘墓葬167座，出土了不少毛织物，其年代为公元前8世纪至2世纪。因靠近扎滚鲁克村而得名。

通过查找扎滚鲁克墓地出土的毛织物资料，笔者整理出具有针对性的相关毛织物加以分析。这些毛织物的年代为距今2800年左右，与周朝基本同期。扎滚鲁克墓地出土的毛织物制作工艺也比较丰富，除了编织以外还有印染。正是由于这些不同的制作工艺才有了风格迥异的毛织物纹样。这些毛织物主要以服饰用为主，包括上衣、裙、裤、帽、袜、围巾等。

一、扎滚鲁克墓地出土的毛织物

扎滚鲁克出土的毛织物种类十分丰富，不仅编织技术精湛，而且还出现了采用

❶ 本文为新疆维吾尔自治区社科项目"新疆塔里木盆地周缘出土的毛织品装饰纹样艺术特性研究"（项目批准号：2016BYS115）阶段性成果。
❷ 毛小娟，新疆大学纺织与服装学院，讲师。
❸ 贾应逸.新疆古代毛织品研究 [M].上海:上海古籍出版社,2015:47.

毛绣、印染及画缋等装饰技法的毛织物。本文这里主要从两方面进行分析说明，第一部分为不同的编织技法，褐、缂毛和嵌织等，第二部分为不同的装饰技法，如毛绣、绞缬、画缋等。

（一）编织技法

1．褐

褐，一种粗糙的毛织物。《金史·舆服志下》："兵卒许服无纹压罗、绅绸、绢布，毛褐。"《天工开物》："褐者为贱者服，……褐有粗而无精"。❶新疆出土的褐类毛织物主要有平纹褐和斜纹褐两种。

（1）平纹组织的褐。平纹组织的褐是毛织品中结构最简单的组织，也是新疆出土的毛织品中，使用最多最普遍的一种技法。这类毛织品是由一组经线和一组纬线，采用一上一下（一浮一沉）相互交织而成，其组织较为紧密，正反面纹理差距不大，手感结实，强力较好。❷在已整理记录的且末县扎滚鲁克68件毛织品中，有30多件织物组织为平纹组织❸。大多被人们用来缝制成外衣、长衣、短衣（图1）、裤子、裙子等，此外，还有的被做成了枕头、头巾等服饰品和日用品。该墓葬出土的平纹毛织品占到全部毛织品的1/2。

图1　白棕色条纹褐短上衣（85QZM4:26）

（2）斜纹组织的褐。且末扎滚鲁克墓地出土的斜纹组织毛织物共有29件，它们被缝制成衣、裤、长袜等。还有的披巾也用这种织物织成。其斜纹组织的褐观其表面是有一定角度斜向纹路的。其斜向有的是左斜，有的是右斜（图2）。新疆古代先民们已经懂得用延长织物组织点、增加提压经纬线数目、改变斜向方向等方法使得斜纹组织产生了各种各样的神奇变化。从而也使斜纹组织褐的表面纹样、纹理变化有了更多的可能性，如折向斜纹、破斜纹、菱形斜纹以及山形斜纹等。此外，新疆的考古工作者还在山普拉、营盘、托库孜萨来、尼雅遗址中也发现了不少斜纹组织的褐，但数量和丰富度都还是不及扎滚鲁克墓地出土的这类毛织物。

❶ 赵承泽. 中国科学技术史(纺织卷)[M]. 北京:科学出版社,2002:308.
❷ 贾应逸. 新疆古代毛织品研究 [M]. 上海:上海古籍出版社,2015:114.
❸ 贾应逸. 新疆古代毛织品研究 [M]. 上海:上海古籍出版社,2015:115.

图2 白色地绘野猪斜纹褐残片
（85QZM4:23-1）

新疆扎滚鲁克墓地出土的褐类毛织物（平纹组织与斜纹组织的品类还可进一步进行的细分，由于本文侧重不同，故不一一展开说明）均可反映出这种毛织物品种的发展演变及其特点的形成，也向今天的人们展示了在装饰纹样上如此变化多端的古代毛织物。

2．缂毛

扎滚鲁克墓地出土的缂毛织物有8件。笔者在本文沿用大多数专家学者对此类毛织品的称谓"缂毛"。这种极具特色的编织方法为"通经回纬"，主要通过彩色纬线来显现图案纹样。据考证这些出土的很多缂毛织物并非"断纬"，实际上只是回纬而已。它是在平纹或斜纹组织法的基础上用小梭子以"通经回纬"法挖织设计好彩色图案纹样，俗称"挖花"。这类技术最早出现于地中海地区，与唐代缂丝工艺相同。它织出的纹样通常都装饰在上衣的衣摆、裙子裙摆或裤子的裤腰及裤脚上。

扎滚鲁克出土的缂毛织物根据不同装饰需要分为：满幅缂花毛布（图3）、局部条式缂花毛布（图4）和缂织毛绦三种形式（图5）。

图3 动物纹缂毛提袋（98QZIM147:26）

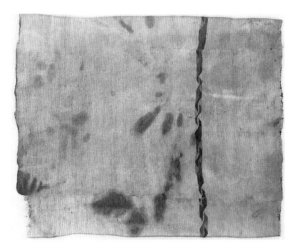

图4 白色缂毛筒裙（98QZIM136:13D）

图5 蛇纹缂毛绦（98QZIM139:53-6C）

从以上的这些缂织毛织物可以看出，做工比较细致，织物表面表较平整。虽然这些缂毛织物大都残缺，但是仅存的部分就已经可以看到当时纺织工艺的高超。

3.嵌织

扎滚鲁克出土的嵌织毛织物有2件，均是在平纹组织上再织出纹样，使其具有较为突出的装饰效果，是一种显花编制方法。专家贾应逸认为嵌织法应是缂毛织法的前身，后渐渐被其代替（图6）。

4.彩色编织带

采用彩色编织带做成的缀接裙是扎滚鲁克墓葬里非常有特色的毛织品之一。其主要用多种颜色的毛线编织出彩色编织带，再把它们缝制在一起成为美丽的裙装（图7）。

（二）装饰技法

扎滚鲁克墓地出土的毛织物另一大类是在编织成形的毛织物表面上用相应的技法处理产生不一样的纹样肌理效果，如毛绣、绞缬、画缋等。

1.毛绣

毛绣是新疆出土的毛织物中，较为常见的一种装饰手段。主要形式就是在毛织物上用毛线以不同绣法绣出纹样，比较常见的毛绣针法有锁针绣、钉针绣等。

图6　棕地嵌织羊、骆驼纹披巾
（85QZM3:10）

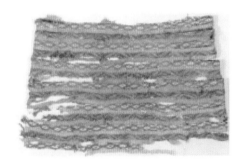

图7　编织毛绦裙（85QZM2:38）

（1）锁针绣。如扎滚鲁克出土的棕地螺旋三角纹毛绣毯残片（图8），在棕地毛织物上施以蓝、红、黄、棕黄、白五色毛线绣出螺旋三角纹。这种绣法也是新疆出土毛织品上常用的绣法。

图8　棕地螺旋三角纹毛绣毯残片及局部（85QZM3:12）

（2）钉针绣。如扎滚鲁克出土的红地回菱纹毛绣残片（图9）和红色毛绣矮腰毡靴（图10）。前者是将棕、白两色毛线摆成回菱纹，再用这两种毛线作为钉线将其缝缀在毛织物上；后者用白、蓝两色细毛线，以两白一蓝的排列沿着靴边绣出波浪纹。这两种绣法均属钉针绣但又有所不同，前者是在后者的基础上改良而来的，即在缠绕时裹进一根毛线将其缝缀在毛织物表面形成纹样。如此使纹样更加突出，但也易脱落，从文物图片上便可看出。而后者的纹样依然完好如初。

图9　红地回菱纹毛绣残片
（98QZIM124:8-6）

图10　红色毛绣矮腰毡靴及局部（96QZIM34:16-21）

这些毛绣方法被扎滚鲁克的先民们灵活运用，给那些原本普通单一的毛织物增添了无限生机和乐趣。

2．绞缬

绞缬是一种古老的印染方法。我们通常见到的绞缬织物大都是以较为轻薄的丝绸面料做绞缬底布的，最终染出的布，纹样十分精美。而在遥远的新疆出土的绞缬织物中竟也不乏绞缬毛织物。这不禁令人惊讶，古人是如何将毛织物进行绞缬处理的呢？这在扎滚鲁克墓地中给了我们较为明朗的答案。

扎滚鲁克古墓出土的绞缬毛织物最为突出，无论是数量、绞缝方法还是纹样都最为典型。主要以的缝绞、捆扎、夹缬三种方式染色来呈现不同风格的纹样。图11、图12均是缝绞染绞缬毛织物，这两件缝绞染毛布衣服残片染色为朱红色，留白纹样为白色，第一件为菱格纹样，第二件则是枝叶纹样，整体效果更像是扎染的风格。扎滚鲁克出土的绞缬方格圆圈纹残毛布单（图13）则是采用了捆扎方式进行的染色处理。该方法比较缝绞方法染色稍显复杂，要在每个浅棕色小方格内进行捆扎处理，并在每个扎起的部分顶端进行染色，最终出现小圆环的纹样效果。这种捆扎效果也类似于扎染纹样。在查阅资料过程中，还发现一件夹缬锯齿纹毛布裙，在这件毛布裙的裙摆处有锯齿纹，该纹样便是通过夹板染色形成的（图14）。裙身1/2左右的面积均为缂织的三色小波浪纹样有层次地连续排列而成。由此可以看出这三种方式的染色纹样除了造型各异，纹样的复杂度也是依次加大的。绞缬方法的由来，可待考证，或许是得到了丝绸夹染的灵感吧。

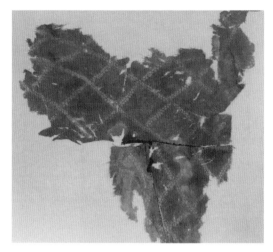

图11　绞缬菱格纹样毛布衣残片
（96QZIM69:1-33）

图12　绞缬枝叶纹毛布残片（96QZIMQ9:1）

图13　绞缬方格圆圈纹残毛布单（96QZIM65:24-20）

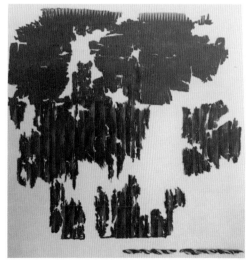

图14　夹缬锯齿纹毛布裙（96QZIM64:20H）

3．画缋

所谓缋就是古时在纺织品上用颜料直接绘制出当时人们喜爱的纹样。画缋毛织物，主要集中在扎滚鲁克墓葬，这里出土的画缋毛织物很有特点，基本以动物纹、鱼纹、涡旋纹等为主，但多为残片。其主要制作过程为：先将毛布染好，待其通风干透再用染料在其上面绘制纹样，如黄地野猪纹缂罽袜残片（图15），在黄色地毛布上直接绘制了红色写意变化的虎及野猪造型，纹样十分生动。另一件保存相对完整的画缂毛织物是黄地涡旋三角纹缂罽单。绘制原理及方法同前，线条十分流畅自然。可见当时工匠们的扎实绘画功底。画缂的特色之处主要在绘制的纹样题材多样，如黄地绘变体鱼纹缂罽裙残片（图16），毛织品残片上用笔绘制的大头卷身鱼虽大小不一却动感十足。此外还有龙纹（图17）、螺旋三角纹（图18）等。这一装饰方式在扎滚鲁克墓地非常特别，它是一种较为原始的显花工艺。

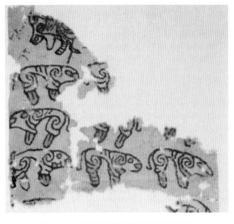

图15　黄地野猪纹缂罽袜残片
（85QZM4:56）

图16　黄地绘变体鱼纹缂罽裙残片局部
（85QZM4:23-1）

图17　黄地绘龙纹残片（98QZM113:26-1A）

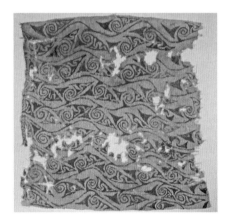

图18　黄地螺旋三角纹缂罽单
（85QZM4:79）

二、扎滚鲁克出土的毛织物纹样

扎滚鲁克出土的毛织物品类丰富，纹样题材多样，主要以几何纹和动物纹为主。这些纹样有些比较完整，有些则是残缺不全的。它们主要呈现在出土的毛织服饰品和毛织物残片上。

（一）几何纹样

几何纹在扎滚鲁克出土的毛织物应用较为普遍，色彩鲜艳。纹样造型多以锯齿纹、勾连纹、勾连雷纹、螺旋纹、格纹、席纹、菱纹等为主，多装饰在外衣衣摆、裤腰、裤腿处，如下表所示。

扎滚鲁克出土毛织物典型几何纹纹样

纹样名称	文物编号	纹样图片	纹样摹绘
锯齿纹	85QZM4:79		
勾连纹	85QZM2:34		
螺旋纹	85QZM4:79		
格纹	96QZIIM2:149-1		
席纹	96QZIIM2:73-3		
星纹、波纹	96QZIM14:63D		

注：表中纹样摹绘均由笔者绘制完成。

几何纹样在扎滚鲁克出土毛织物上的广泛运用，多以二方连续和四方连续排列为主。充分说明先民们对于具有一定逻辑的纹样的掌握已达到成熟。这在同墓葬出土的一些陶罐、木纺轮、木桶上的几何纹样也得到了印证。这些几何纹样有些延至今日依然被人们所使用。

（二）动物纹样

扎滚鲁克出土的毛织物中动物纹样有羊、猪、鱼、龙、鹿等造型。它们大多都是通过嵌织、缂织和画缋完成的。如扎滚鲁克二期34号墓地出土的动物纹缂织毛绦残长26.3厘米，宽13厘米。纹样地部由红绿两色相间人字形宽条纹带织成，每一个条纹带上缂织对称的两只呈奔跃回首眺望的似羊或鹿的变体动物纹样，图案色彩艳丽，内容生动，如图19所示。嵌织技法中以出土的羚羊纹毛布最为典型，其长81厘米，宽41厘米，棕红地，红、蓝、淡黄色线嵌织羚羊和对三角纹样。另有说法认为对三角纹似汉隶"五"字纹样，如图20所示。

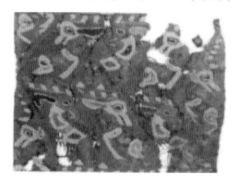

图19　蓝地动物纹缂毛绦局部（96QZIM34:50）　　图20　棕地嵌织羚羊纹披巾（85QZM3:10）

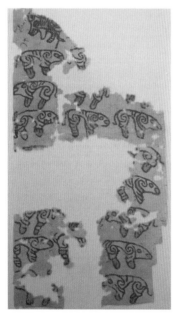

图21　黄地绘虎纹毛织毛袜残片
（85QZM4:56）

之前提到的画缋即手绘毛织物纹样是扎滚鲁克墓葬特有的一种纹样表现形式。主要是在淡黄或原白平纹、斜纹毛织物上选用红色绘制主要纹样，或加以黑色、黄色进行局部点缀，起到较突出的装饰效果。在出土的这些手绘毛织物中只有一件是在原白织物上手绘纹样，其他的都是先织好织物再进行染色（以淡黄色为多），最后手绘纹样。纹样题材多样以动物纹为主，有野猪纹、骆驼纹、虎纹、变形鱼纹等。如黄地绘虎纹毛织毛袜残片（图21），在黄地毛布上，用红色线条勾绘出老虎的形象轮廓，再用红色螺旋纹画出老虎的耳部和腿根部，虎尾下垂，尾尖上卷，以焦黄色点缀虎口和蹄爪。现在保存的毛织物残片纹样有横向3排，纵向9排。老虎呈行走状，相邻两排为反方向行走。绘画的线条较为流畅，用比较写意的表现手法使得老虎的形象更加优美。又如原白地骆驼野猪纹童裤残片（图22），在原白色地上，形象地描绘红色骆驼和野猪造型，每排的骆驼、野猪朝向一致，呈动态行走状。相邻两排的方向相反。野猪用红色线条绘制出大头，尖嘴，圆眼，垂尾。在臀部饰以螺旋纹表现，背部显示出横向斑纹，并在其背部、两蹄上点缀黄色斑点、线。骆驼也是以相同手法表现其造型特征。骆驼是生活在沙漠绿洲人们的重要交通工具，与当地的人民生活密切相关，因此，人们很自然就会把它描绘在毛织物上，或雕刻在木桶等生活用品上，从而使这一形象成为一种传统的装饰纹样元素。还有一件是前面提到的黄地绘变体鱼毛织裙残片（图23）。纹样是在黄色地上，用红色线条勾出鱼的轮廓，轮廓内有的没有填色，有的以酱紫色填充。图中展示的部分保存有完整的两面幅边，绘四行鱼纹。中间的两排，鱼腹相对，头向相反。上下两边排列的鱼则表现出鱼背相对、鱼头相反的形式（图24）。该鱼纹造型显然是写意变化后的效果，且这些鱼纹大小不一。鱼纹不是凭空出现的，很有可能表示在当时，人们生活的地方有河流的存在。白地"虫"纹画缋残上衣（图25）上绘制的是类似波状排列的"虫"纹，每个单位纹样比较大，在其红色轮廓里均有线条装饰，使纹样有一定动感。

图22　原白地骆驼野猪纹童裤残片
（85QZM4:23）

图23　黄地绘变体鱼毛织裙残片
（85QZM4:23-1）

图24　黄地绘变体鱼毛织裙残片局部

图25　白地"虫"纹画缋残上衣
（96QZM103:1-1B）

专家贾应逸提出，表现动物纹的毛织品，最早出现在新疆且末扎滚鲁克墓葬，就是上面提到的前三件手绘毛织服饰残片。由此可见，扎滚鲁克的先民们在毛织品制作和装饰上拥有娴熟高超的技艺。专家阿丽娅·托拉哈孜还提出这种手绘纹样还是当地土著文化的一种表现。

动物纹一直都是草原居民比较喜欢的一种装饰纹样，广布于亚欧草原。扎滚鲁克墓葬出土的这些毛织品动物纹样，有绵羊、羚羊、骆驼、野猪、鹿等。动物的姿态有立式、半立式、反转式和卧式。

三、小结

扎滚鲁克史前的经济以畜牧业为主，畜养的牲畜有马、牛、羊、驴、鹿等。手工业里包括木刻、纺织、皮革制作等，毛纺织在当地都有着很重要的地位。从出土的毛织物特别是毛织服饰可以看出十分鲜明的游牧文化色彩。

从出土的毛织物来看，很多是以服饰形式呈现的。由此不难看出扎滚鲁克出土的毛织服饰款式较多、毛织面料品种丰富。这些毛织物很好地反映出当时人们的智慧和较高的纺织技艺。

扎滚鲁克墓地出土的毛织物纹样题材具有多样性，纹样造型大多表现出人们日常生活对审美的追求。由于出土的毛织物残缺比较严重，对于进一步研究毛织品纹样的构图、排列方式有较大影响。

参考文献

[1]王博，王明芳，等.扎滚鲁克纺织品珍宝[M].北京：文物出版社，2016.

[2]王博，王明芳.扎滚鲁克墓地出土缋罽研究[J].新疆师范大学学报：哲学社会科学版，2009,30(3)：85-91.

[3]阿丽娅·托拉哈孜.洛浦山普拉和且末扎滚鲁克古墓出土刺绣品的比较研究[J].新疆文物，2002(1)：72-77.

[4]阿丽娅·托拉哈孜.1985年且末扎滚鲁克出土的毛织物手绘纹样浅析[J].新疆文物，1997(1)：88-93.

22 《急就篇》纺织服饰信息考辨三则

韩 敏[❶]

摘 要　　《急就篇》里蕴含了丰富的纺织类名物信息，但学界多从注解和内容等角度来审视，从技术史和纺织服饰史的角度来检审则相当缺乏，导致一些错误的解释盛行。笔者结合文献和考古材料，提出《急就篇》"锦绣缦旄离云爵"句中之"爵"是"朱雀"而不是注解中常见的"孔雀"；马王堆汉墓出土之"隐花波纹孔雀纹锦"应依据《急就篇》"春草鸡翘兔蔧灌"一句释读为"隐花水波兔纹锦"；此外，《急就篇》第十二章"旃裘韎韐蛮夷民"中的"裘"也并非华夏乃至汉族的鄙夷之物，而为华夏民族推崇之物，释文错误皆因未对"旃裘"做出正确的解读。

关键词　　《急就篇》、朱雀、兔、旃裘

　　《急就篇》又名《急就章》，作者史游，成书于西汉元帝时期，为我国现存最早的识字课本[❷]。今本《急就篇》共三十四章，凡2144字，其中第七、第三十三、第三十四章为东汉人所补。其内容，南宋王应麟将之分为三大部分：其一，"姓氏名字"，罗列了汉代常见的132个姓名；其二，"服器百物"，举凡锦绣、饮食、衣物、用具、虫鱼、服饰、音乐、庖厨、人体、兵器、车舆、宫室、树木、六畜、飞鸟、野兽、疾病、药品等方面的内容，共列举了600多种名物；其三，"文学法理"，包括职官、制度、刑罚等内容[❸]。该书内容之丰富，可以说是描述汉代日常生活的一面镜子[❹]。故而，在编成之后，迅速流传[❺]，成为汉以后直至隋唐六百余年间通行的启蒙教材。

　　《急就篇》中的相关信息涵盖了著书时代的方方面面。古今学者对该书的研究成

---

❶ 韩敏，华中师范大学历史文化学院 2017 级博士研究生，研究方向为中国文化史。
❷ 史游. 急就篇 [M]. 杨月英，注. 北京：中华书局，2004：1.
❸ 史游. 急就篇 [M]. 颜师古，注. 王应麟，补注. 曾仲珊，校点. 长沙：岳麓书社，1989：331–335.
❹ 沈元《急就篇》研究 [J]. 历史研究，1962(3)：61–87.
❺ 近年来与《急就篇》有关的文字资料先后有居延汉简残本、敦煌汉简残本、东汉砖刻残本、东汉墓砖残字、魏刻古文残字、晋人书纸本、吐鲁番真书古注本、吐鲁番真书白文本等八种文本出土，足见《急就篇》流传之广。

果层出不穷。从注解的研究情况来看，自东汉的曹寿以降，历代有多位学者对《急就篇》进行过注解工作，其中贡献较大的有唐代颜师古的《急就篇注》和南宋王应麟《急就篇补注》，当代著名的文献学家张舜徽先生亦从义例和注疏两方面入手，写就《急就篇疏记》，认为《急就篇》"分别部居不杂厕"，"实为后来字书据形系联之先驱"❶；从版本校勘的研究情况来看，又先后有孙星衍《急就章考异》❷、王国维《校松江本急就篇》❸等著述；从其内容的研究情况来看，又包括蒙学教育、生活百科、全书编排结构、书法、医学等方面的研究。❹此外，还有考述《急就章》的硕博士论文十篇❺，该书还蕴含有丰富的纺织服饰信息，但这些并没有得到学界的重视，仅在部分学者的著述和论文中偶有提及，如张传官的《试论〈急就篇〉的新证研究》❻，该文对《急就篇》中"緰紶"的含义进行了释读，系统的研究和考据《急就篇》纺织服饰文化的著述还没有。幸赖丰富的文献和考古材料，为笔者提供了丰富的考辨信息，故作此文以补遗阙，求教于方家。

一、"爵"为"朱雀"之辨

《急就篇》第八章有"锦绣缦旄离云爵。"对于"爵"，有学者直接解释为"爵"，通"雀"，也即孔雀纹❼，此说来自颜师古，《急就篇注》："爵，孔爵也。"后人多从其说。然而，关于"锦绣缦旄离云爵"之"爵"的解读，笔者认为释读为"孔雀"有待商榷，此处"爵"解释为"朱雀"或许更贴近作者原意。理由如下：

其一，秦汉时期神仙思想盛行。自秦始皇统一六国后，方士得到重用，人们也大多沉迷于赴海外仙山求仙活动中。西汉时期，大一统的中央集权帝国的政治格局，使得原有的成仙思想进一步丰富和发展，人们对于仙境的憧憬和企盼长生的渴望，特别是汉武帝等帝王的提倡，造就了汉代极富神秘色彩的织锦纹样，朱雀纹则是其中较为常见的类型。

朱雀纹来源于当时盛行的道教文化中的"四神"崇拜，"四神纹"指的是由青龙、白虎、朱雀、玄武四种神像组成的一组纹样，它们各自代表一方，又兼具色彩的含义。依次为青龙，主东方，青色；白虎，主西方，白色；朱雀，主南方，红色；玄武，主北方，黑色❽。其形象在汉代的陶器、青铜器、玉器、砖石、瓦当等物品上都有比较丰富的体现。典型的有四神纹瓦当、四神纹玉铺首、规矩四神纹铜镜、博局纹四神镜、四神纹炉、镶嵌四神纹带钩、四神纹印张等❾。同时，

❶ 张舜徽. 汉书艺文志通释 [M]. 武汉：湖北教育出版社，1990：90.
❷ 孙星衍. 急就章考异 [M]. 嘉庆三年影印本.
❸ 王国维. 校松江本急就篇 [C].// 王国维. 王国维遗书（六）. 上海：上海书店出版社，2011：1-34.
❹ 陈璐《急就篇》研究综述 [J]. 世纪桥，2015(10)：95-96.
❺ 笔者检索知网数据库，共发现刘伟杰.《急就篇》研究 [D]. 济南：山东大学，2007.《急就篇》文字研究 [D]. 青岛：青岛大学，2017. 等十篇论文.
❻ 张传官. 试论《急就篇》的新证研究 [J]. 复旦学报：社会科学版，2012(3)：119-127.
❼ 史游. 急就篇 [M]. 杨月英，注. 北京：中华书局，2004：53.
❽ 田自秉，吴淑生，田青. 中国纹样史 [M]. 北京：高等教育出版社，2003：146-147.
❾ 庞进. 中国凤文化 [M]. 重庆：重庆出版社，2007：72-73.

作为汉宫帝王居所的未央宫，也有关于朱雀的记录，如《三辅黄图·未央宫》记载："青龙、白虎、朱雀、玄武，天之四灵，以正四方，王者制宫阙殿阁取法焉"，足可见朱雀在汉代的广泛流行。加之，汉代民间将朱雀形象视为亲神好巫、求长佑佳的精神寄托，使得朱雀的形象成为当时主流文化中羽化升天思想的象征符号，迎合了人们对仙境的向往和对长生的追求❶。反观孔雀的形象，在同时期古代典籍中记录较少，如《汉书·西南夷两粤朝鲜传》曰："赵佗……献孔雀两双"❷，仅见于朝贡之中。与朱雀在民间的广泛流行不可同日而语。因此，作为蒙学读物的《急就篇》，首先向孩童普及介绍的应为民间广泛信仰的朱雀而非孔雀。

其二，有学者认为《急就篇》中反映的名物信息，从地域来看，应归属于中原地区❸，加之《急就篇》还是汉代直至唐代数百年里长期流传的综合性蒙学教材❹，笔者赞同此说，认为其记载的名物应为中原地区常见之物。而孔雀，据笔者前文所引《汉书》的材料可知，为南越王赵佗进贡之物，非中原物产。此外，晋人陆翙《邺中记》记载了后赵时期邺城官府手工业机构"作锦署"的织锦情况，其文曰："锦有大登高、小登高、大明光、小明光、大博山、小博山、大茱萸、小茱萸、大交龙、小交龙，蒲桃文锦、斑文锦、凤凰锦、朱雀锦、韬文锦、核桃文锦……不可尽名也。"❺这一引文亦表明公元4世纪初期，邺城朱雀锦的常见和盛行，蒙书中取材更易见的朱雀纹饰而不是极少见到的孔雀，也顺理成章。

文焕然、何业恒二位先生在其《中国历史时期植物与动物变迁研究》一书中曾讨论了我国历史时期孔雀的地理分布，他们认为："可分为三个区：（一）长江流域；（二）岭南，（三）滇西南……历史时期中国的孔雀主要分布在长江流域及其以南地区。"❻同时，他们还对典籍中记录的西北塔里木盆地有孔雀出现持怀疑态度，并未作为一个孔雀分布的分区来讨论。王子今先生《龟兹孔雀考》❼一文引用《汉书·西域传上》，"罽宾地平，温和，有目宿，杂草奇木，檀、槐、梓、竹、漆。种五谷、蒲陶诸果，粪治园田。地下湿，生稻，冬食生菜。其民巧，雕文刻镂，治宫室，织罽，刺文绣，好治食。有金银铜锡，以为器。市列。以金银为钱，文为骑马，幕为人面。出封牛、水牛、象、大狗、沐猴、孔爵、珠玑、珊瑚、虎魄、璧流离。它畜与诸国同。"且又引用《急就篇》中孔爵为孔雀的唐人颜师古的释文，亦忽视了《汉书》写作时代较《急就章》偏晚，存在误读的现象，况且出土孔爵之物，亦可为刻画朱雀升仙之图景，并无确定禽鸟之说。

其三，《急就篇》是教导适龄儿童的蒙学读物，字句间讲求朗朗上口，容易诵读。"锦绣缦旄离云爵。"一句之"离"，一说为"长离"，"长离"见于东汉张衡《思玄赋》，唐人李贤释为"长

---

❶ 李茜，吴卫. 秦汉时期朱雀纹艺术符号形式语言探析 [J]. 郑州轻工业学院学报：社会科学版，2012，13(2)：34–38.
❷ 班固. 汉书·卷九十五：西南夷两粤朝鲜传 [M]. 北京：中华书局，1962：3851–3852.
❸ 张传官. 试论《急就篇》的新证研究 [J]. 复旦学报：社会科学版，2012(3)：119–127.
❹ 如《北齐书》中即记载李绘、李铉等人都曾在幼年时期学习过《急就篇》，且唐人颜师古在其《急就篇注序言》也曾提到："至如蓬门野贱，穷乡幼学，递相承禀，犹竞学之"，可知，直至唐代，此书仍作为蒙学读本使用。
❺ 因该书原书已亡佚，笔者参见徐坚等撰《初学记》卷二十七《锦第六》所引之《邺中记》，北京：中华书局，1962：655.
❻ 文焕然，等. 中国历史时期植物与动物变迁研究 [M]. 文榕生，选编整理. 重庆：重庆出版社，2006：167.
❼ 王子今. 龟兹"孔雀"考 [J]. 南开大学学报：哲学社会科学版，2013(4)：81–88.

离，朱鸟（凤）也"，同笔者前文所引"凤凰朱雀锦"类似，故而此处之爵应释读为朱雀，更为贴近当时人的阅读习惯。

综上所述，《急就篇》中的"爵"，应是汉人精神世界所幻想的能得道升天、羽化成仙的神鸟——朱雀形象的反映。考之当代考古发掘中所见之朱雀形象，其大气洗练的王者之风、矫健有力的线性特征[1]，饱含了浓烈的人神合一的情感，是汉代风尚的反映。但是至唐时，《急就篇》已成为高深难懂的读物，尽管有颜师古这样的大家来做注释，受限于时代因素和唐人喜爱孔雀的风尚[2]便不自觉为颜师古所注入到《急就章》中，引起了千百年的误读。

二、"隐花波纹孔雀纹锦"之"孔雀纹"是为"凫纹"之辨

长沙马王堆一号汉墓和江陵凤凰山出土有考古学者命名的"隐花波纹孔雀纹锦"，如下图所示，但研究纺织服饰史的学者却依据《急就篇》第八章之"春草鸡翘凫翁濯"称之为"凫"纹锦[3]，二者孰对孰错呢？

马王堆汉墓出土之"隐花波纹孔雀纹锦"

笔者查阅《马王堆一号汉墓出土纺织品的研究》一书，发现命名为"隐花波纹孔雀纹锦"的图案被描述为：以线条为主，组成满地网状的横波纹。在这满地横波纹中，按平纹式嵌入两种不同形状的模纹，一排模纹是展翅的"孔雀"图案，形状较大。另一排横纹是不规则八角形，形状略小，以横列上下交替相间排列，布满绸面[4]。考古学者凭借纹样上类似孔雀的外形，便命名为孔雀纹锦。但动物学者告诉我们，孔雀多栖息于树上或阴凉之地，其性喜温热，多生活在热带、亚热带地区。而这件"隐花波纹孔雀纹锦"却将"孔雀"置身于粼粼波光中，是难以让人信服的。但如果我们将其看作是一只只水禽，悠悠于波光粼粼的湖面，才更符合生活中的真实境况。

《急就篇》中的"春草鸡翘凫翁濯"这句指的是古代织工在织物里绣上春草、鸡翅等图案，

---

❶ 李茜，吴卫.秦汉时期朱雀纹艺术符号形式语言探析 [J].郑州轻工业学院学报（社会科学版），2012，13(2)：34–38.

❷ 如唐人段公路在其《北户录》中称孔雀为"真神禽也"。

❸ 赵丰，樊昌生，钱小萍，吴顺清.成是贝锦——东周纺织织造技术研究 [M].上海：上海古籍出版社，2012：120.

❹ 上海市丝绸工业公司，上海市纺织科学研究院.长沙马王堆一号汉墓出土纺织品的研究 [M].北京：文物出版社，1980：37–38.

"濯"可理解为水鸭（野鸭）在水中回旋嬉戏的样子，更贴近凫的生活习性，并无体现孔雀习性的叙述。

凫在先秦典籍中多有出现，如《诗经·大雅·凫鹥》中即有关于凫的叙述。从凫的外貌特征来看，三国吴人陆玑在其《毛诗草木鸟兽虫鱼疏》中言道："凫，大小如鸭，青色，卑脚，短喙，水鸟之谨愿者也。"❶这句话详细地描述了凫的外貌特征：大小和鸭近似，羽毛为青色，腿和嘴巴都较短。《尔雅》有言："凫雁丑，其足蹼，其踵企。"❷晋人郭璞释读为："凫雁之类，脚指间有幕蹼属相着，飞则伸其脚跟企直。"❸从上述文献我们可以看出凫的外貌特征与《现代汉语词典》中所描述的鸭的外形相似❸。

从凫的生活习性来看，陆佃言道："《楚辞》曰：'泛泛若水中之凫。'盖沉浮善没而又容与，与波上下。"❹罗愿亦说："今江东有小凫，其多无数，俗谓之冠凫，善飞。"❹清人毛奇龄在其《续诗传鸟名》中说："凫，水鸟，一名沉凫。凫者，浮也、尝浮水面，第见人，则没入水中，故曰沉。"❺明代著名医药学家李时珍在其《本草纲目》中对凫的生活特性亦有描述，其文曰："（凫）东南江海湖泊中皆有之。数百为群，晨夜蔽天而飞，声如风雨，所至稻梁一空。"❻从这些引文来看，凫的生活区域比较广泛，在江河湖海中均可生存，且喜群居，常以谷物为食物。

综上所述，从文献记载来看，野鸭（水鸭）的外貌特征和生活习性均符合《急就篇》中"凫"的特性，而孔雀的生活习性却无法与水中嬉戏相符，尽管上述汉锦上的鸟纹外形酷似孔雀，然则以凫纹释读更能表现原意。因此笔者认为长沙马王堆一号汉墓和江陵凤凰山墓出土的"隐花波纹孔雀纹锦"应命名为"隐花水波凫纹锦"。

三、"旃裘"与"裘"之辨

《急就篇》第十二章有"旃裘韖鞮蛮夷民"句❼。旃同"毡"，是一种通过物理加压、加湿等方式，将兽毛加工成片状的毛制品。裘则指的是毛皮的衣服❽。故而，有学者将旃裘两字分开，解释"旃裘蛮夷民"为"毡、裘的使用是不文明的蛮夷所为"；或将毡裘不分开，直释为"裘"❾，依然是指不文明的蛮夷行为。笔者查阅其他典籍，发现《论语·公冶长》第二十六章有"颜渊、季路侍。子曰：'盍各言尔志？'子路曰：'愿车马衣轻裘，与朋友共，敝之而无憾。'"另外，《论语·雍也》第四章也有"……子曰：'赤之适齐也，乘肥马，衣轻裘。吾闻之也，君子周急不继

❶ 陆玑.陆氏诗疏广要[M].//文渊阁四库全书(第70册).毛晋,注.台北:台湾商务印书馆,1986:97.
❷ 阮元.十三经注疏·尔雅注疏(附校勘记)卷十[M].北京:中华书局,1980:2650.
❸ 中国社会科学院语言研究所词典编辑室.现代汉语词典[M].7版.北京:商务印书馆,2016:1499.
❹ 何凯.诗经世本古义·卷八[M].//文渊阁四库全书(第81册).台北:台湾商务印书馆,1986:159.
❺ 毛奇龄.续诗传鸟名·卷三[M].//文渊阁四库全书(第86册).台北:台湾商务印书馆,1986:285.
❻ 李时珍.本草纲目·卷四十七[M].北京:中国书店出版社,1988:62.
❼ 史游.急就篇[M].杨月英,注.北京:中华书局,2004:80.
❽ 中国社会科学院语言研究所词典编辑室.现代汉语词典[M].7版.北京:商务印书馆,2016:1075.
❾ 史游.急就篇[M].颜师古,注.王应麟,补注.曾仲珊,校点.长沙:岳麓书社,1989:153.

富．'"的表述，这两条的表述，使后世将"乘肥衣轻""乘肥马，衣轻裘"看成奢侈生活的象征。上述两种对"裘"的不同解读，会使一些学者包括笔者在内不禁产生这样的疑问：既然裘是华夏文明（其后逐渐演变为汉文明）所鄙视的蛮夷之人穿戴之物，那么一生强调"克己复礼"的孔子为何会让他的学生公西华（引文中的赤）去穿戴呢？这着实令人费解，到底是《论语》还是《急就篇》的解释错了呢？

有学者认为假若将"旃裘"两字合起来解读的话，即可得出合理的解释。其原因如下：《急就篇》中"旃裘鞶鞮蛮夷民"一句中"旃裘"后"鞶鞮"二字应作为一个词使用，颜师古注："鞶鞮，胡履之缺前雍者也"❶，即露出脚趾的皮制鞋子。而《急就篇》是用于蒙学教育的读物，字句间讲求对仗工整，因此"旃裘"与"鞶鞮"应是并列的两个词语❷。笔者赞同其说，认为此处的"旃裘"应指的是毡衣，因毡子制作粗糙、气味浓烈，才会被华夏文明的士人鄙视。

再单看"裘"，《周礼》中记载有"司裘掌为大裘，以共王祀天之服，献良裘，王乃行羽物。季秋，献功裘，以待颁赐。"❸从中我们可以知道天官中设置有司裘的职位，从其职权来看，一方面可以说明在周代，制裘具有重要的政治或经济意义；另一方面也可说明在周代政治体系中，皮裘作为一种重要的政治工具和手段，维系着政治秩序，因为它是作为周天子祀天和赏赐诸侯臣下必备之物而存在的。故而，这时期裘的华服形制和质量绝非少数民族制作的裘服、旃裘能比。

因此，笔者认为华夏文明及其后的汉文明自始至终都没有歧视过裘服，甚至裘衣还被大量使用，不然也不会有华夏文明始祖伏羲"冬裘夏葛"的记载。而《急就篇》中的"旃裘"，只是北方民族的"毡衣"，并非皮服。而所谓华夏文明"歧裘"的观点，可能源于《急就篇》在解释"旃裘"时未将"裘"与"旃裘"作出正确的区分造成的。

四、结语

历代《急就篇》的注疏有利于我国古代蒙学教育的普及和发展，但对于其所蕴藏的纺织服饰的相关信息解读却有"以今观古"的误解，导致其背离作者史游生活的年代及《急就篇》成书年代的纺织服饰技术背景，形成错误的技术认识，一直影响到当下。通过文献考释及考古材料的结合研究，笔者认为：《急就篇》第八章中"锦绣缦旄离云爵"中"爵"为"朱雀"；马王堆汉墓出土之"隐花波纹孔雀纹锦"应依据《急就篇》第八章"春草鸡翘凫翁濯"一句释读为"隐花水波凫纹锦"；此外，《急就篇》第十二章"旃裘鞶鞮蛮夷民"中的"裘"也并非华夏乃至汉族的鄙夷之物，而为华夏民族推崇之物，释文错误皆因未对"旃裘"作出正确的解读。

❶ 史游．急就篇 [M]．颜师古，注．王应麟，补注．曾仲珊，校点．长沙：岳麓书社，1989：153．
❷ 李强，李斌，梁文倩．《论语》中的纺织服饰考辨 [J]．丝绸，2019，56(2)：96–101．
❸ 孙诒让．周礼正义 [M]．王文锦，陈玉霞，点校．北京：中华书局，2013：491–496．

23 清代及民国时期汉族道教服饰造型与纹饰释读
——以武当山正一道、全真道教派法衣为例

夏　添❶　王鸿博❷　崔荣荣❸

摘　要　　　道教法衣因其独特形制及宗教寓意为道家各流派之祭祀及修行用服，并为自春秋始"黄、老"哲学思想宗教化之具体体现，且融入儒、释、阴阳以及民间多神崇拜使之世俗化，进而合乎于道家教义之宣慰及布道。基于武当博物馆、北京白云观、国内外博物馆及私人收藏的20件清代及民国时期武当山正一道、全真道教派法衣，梳理其形制、纹饰源流，从而总结道教法衣中蕴含的"天圆地方"之宇宙观、"一生二、二生三、三生万物"之哲学观，进行道教法衣纹饰符号中"天人感应、道法自然"之规律探寻。

关键词　　　武当道教、法衣、道教符号、纹饰

　　　因践行"暂借衣服，随机设教"❹，道教斋醮科仪中高功身着的法衣工艺精湛、形制简约、纹饰规整，是对道教宗法教义及审美价值的基本体现。对于道教服饰，姜生以史料、道教经典为基础探讨了两汉及魏晋南北朝的道教服饰伦理思想❺；孙齐认为道教法服制度的兴起、普及与确立预示着道观制度的兴起、普及、确立❻；田诚阳道长对道教服饰源流及类别、形制进行了梳理❼；蔡林波简析了道教常服中道巾的源流❽；学界对清代及民国时期道教法衣的研究缺乏立足存世实物的考析。本文以武当博物馆、北京白云观，国内外博物馆、美术馆及私人收藏的20件清代、民国时期的道教法衣为基础，进行形制、结构、色彩、纹饰方面的比较分析，试图解析清代及民国时期道教法服的造型、纹饰特征，挖掘其蕴含的宗教文化内涵。

---

❶ 夏添,江南大学博士研究生,湖南工程学院讲师。
❷ 王鸿博,江南大学,教授、博士生导师。
❸ 崔荣荣,江南大学社会科学处副处长,江南大学博物馆筹建办公室主任,教授,博士生导师。
❹ 道藏(第18册)[M].文物出版社、上海书店、天津古籍出版社联合出版,1988:229.
❺ 姜生.汉魏两晋南北朝道教伦理论稿[M].成都:四川大学出版社,1995:175.
❻ 孙齐.中古道教法服制度的成立[J].文史,2016(4):69-94.
❼ 田诚阳.道教的服饰(一)[J].中国道教,1994(1):40-41.
❽ 蔡林波,杨蓉.早期道巾源流辑考[J].中国道教,2015(1):58-61.

一、清代及民国武当山正一道、全真道教派法衣形制与色彩

明代帝王对宗教信仰的实用主义态度使得重方术的正一道贵盛一时。[1]明成祖朱棣基于政治需求异常重视武当道教，命正一天师直接掌管武当宫观。因循明制，清代武当道教中正一道长期居主导地位，在清初龙门派传入时，仍是这样，但随着时间的推移，龙门派实力逐步增长，渐次超过正一派而上之。[2]至清末，武当山九宫八观在咸丰前为"三山符箓派"与嗣汉天师府联系在一起，咸丰六年爆发了高二先等领导的红巾军起义，以武当山为战场，战争中诸宫倾圮。全真龙门派十三代传人杨来旺到武当山后，修复诸宫并传龙门派于各宫观、庵堂，正一道与全真道两大道派融合、共存。[3]

近代传统道袍有大褂、得罗、戒衣、法衣(天仙洞衣)、花衣（班衣）、衲衣六种。[4]北宋道书《玉音法事》记载宋真宗时《披戴颂》的有关规定，道士所穿法服包括"云履""星冠""道裙""云袖""羽服""帔""朝简"七部分；[5]其中"羽服"应指鹤氅法服。"披鹤氅以朝真，戴星冠而礼斗"是道教法服准绳，清代武当山正一道、全真道高功在道教科仪（祈福禳灾、祈晴祷雨、超度亡生等）中穿着法衣与花衣，均为鹤氅样式，花衣纹饰较法衣少。清代道教法服色彩承袭了明代道士、道官"法服、朝服皆赤"的传统，并反映于存世实物及明清笔记、小说记载之中。值得注意的一点是，虽然几乎在所有论述教戒的道经中都有明确的压抑性、限制性的规定，且诸多道教经典记载道教禁戒之一即"不得身着五彩"，[6]但是这种禁戒更多地贯彻于质朴的道教常服之中，法衣即名"天仙洞衣"（明朱权云洞衣系寇谦之所制），必然要凭借精湛的织绣技艺与丰富的纹饰符号以彰显其作为道教科仪中人神交通的重要媒介。

将清代史料与道教科仪图像、传世法衣实物结合，能客观地考察法衣的形制、色彩、纹饰特征。图1（1）为美国芝加哥艺术学院藏清代《金瓶梅》"黄真人发牒荐亡"丝质彩版画（1700年），38.5cm×31cm；图1（3）为美国亚瑟·萨克勒画廊藏清代焦秉贞绘《宫廷道教科仪》丝质彩版画（1723～1726年），358cm×157cm。图1（1）刻画的是世情小说中民间道教度亡法事场景，图1（2）放大示出"黄真人"所服"大红金云白百鹤法氅"——刺绣白鹤纹饰的氅服衣长及踝、衣身宽博、敞袖，袖缘、底摆缘均镶皂边，图中高功、经师、乐师均外穿绛色法衣、经衣，内着白色下裳；图1（3）刻画的是清廷建醮场景：法官娄近垣亦服绛红色法衣、袖缘镶皂边，立于三层高台之上。一名清廷官员头戴凉帽、身着补服，跪于法官身侧，台下经师、乐师服绛色、青色经衣，各司其位。两图中高功法衣的形制、色彩与美国波士顿美术馆藏元代陈芝田绘《吴全节十四像并赞图卷》（图2）元代法官吴全节的法服形象一致。据画中题字："延祐五年（元代，1318年）戊午夏，奉旨

❶ 潘显一,李裴,申喜萍,等.道教美学思想史研究[M].北京:商务印书馆,2010:17.
❷ 湖北省博物馆.道生万物——楚地道教文物展[M].北京:文物出版社,2012:4.
❸ 王光德,杨立志.武当道教史略[M].北京:中国地图出版社,2006:152.
❹ 田诚阳.道教的服饰（二）[J].中国道教,1994(2):31-34.
❺ 张振谦.北宋文人士大夫穿道服现象论析[J].世界宗教研究,2010(4):93-105.
❻ 湖北省博物馆.道生万物——楚地道教文物展[M].北京:文物出版社,2012:174.

（1）　　　　　　（2）　　　　　　（3）

图1　清代道教科仪场景

（采自芝加哥艺术学院官网：http://www.asianart.com/exhibitions/taoism/ritual.html）

图2　《吴全节十四像并赞图卷》之"朝元象"

（采自美国波士顿美术馆官网：http://www.mfa.org/collections/asia）

建大醮于上京，作朝元象。"可证其服饰为宫廷斋醮科仪用法衣。综观清代存世道士画像与实物法衣色彩（见下表），可知清代道教法师在科仪中多穿用绛红色绣花法衣。

存世道教法服款式与色彩（部分）

法衣编号	款式特征	时期	色彩	装饰工艺	闭合形式	收藏地点
1	氅衣	清初	红、黄、金	缂丝	无	纽约大都会艺术博物馆
2	氅衣	清代	砖红、浅黄、黑、金、银	盘金绣	一直扣、一襻带	北京服装学院民族服饰博物馆

续表

法衣编号	款式特征	时期	色彩	装饰工艺	闭合形式	收藏地点
3	氅衣	清代	青、深蓝、黄、金	平绣、盘金绣	一直扣、一襻带	北京，李雨来先生收藏
4	氅衣	清代	红、浅褐、黑	平绣、盘金绣	一襻带	北京，李雨来先生收藏
5	氅衣	清代	砖红、石青、金	平绣、盘金绣	一直扣、一襻带	北京，李雨来先生收藏
6	氅衣	清代	蓝、黄、湖蓝、黑、金	平绣、盘金绣	无	北京，李雨来先生收藏
7	氅衣	清代	白，红、金	缂丝	未见	北京，中国嘉德2005年春季拍卖会"锦绣绚丽天工——耕织堂藏中国丝织艺术品"，图录编号：1938
8	氅衣	清代	黑、金	盘金绣	二直扣（后补）	十堰，武当博物馆
9	氅衣	清代	蓝、金	平绣、平金、盘金绣	一直扣、一襻带	普罗维登斯，罗德岛设计学院博物馆
10	对襟袍	清代	砖红、绿、黄、金	平绣、片金、盘金绣、钉珠绣	一直扣、一襻带	普罗维登斯，罗德岛设计学院博物馆
11	氅衣	清代	红、黄、蓝、金	平绣、盘金绣	一直扣	普罗维登斯，罗德岛设计学院博物馆
12	氅衣	清代	黄、黑、金	平绣、盘金绣	一直扣、一襻带	普罗维登斯，罗德岛设计学院博物馆
13	氅衣	清代	红、黑、金	平绣、片金、盘金绣	一襻带	纽约大都会艺术博物馆
14	氅衣	清代	蓝、砖红	平绣、贴布绣、盘金绣	一直扣、一襻带	纽约大都会艺术博物馆
15	氅衣	清末	紫、黑、橙	平绣	未见	北京白云观
16	氅衣	民国	红、棕	提花缎	二直扣、二补扣	北京白云观
17	对襟袍	民国	红、金、银	纳纱绣	缺损	北京，李雨来先生收藏
18	氅衣	民国	绛红、蓝、黄、绿、金	平绣，盘金绣	一襻带	十堰，武当博物馆
19	对襟袍	民国	绛红	平绣	缺损	十堰，武当博物馆
20	对襟袍	民国	肉粉、蓝、紫	盘金绣、毛线绣、打籽绣	一纽扣	台州，廖春妹女士收藏

　　道教法衣结构符合中华服饰"十字型、整一性、平面化"的特征。法衣主要特征为：直领、直身、平敞袖、底摆略收、摆缘呈圆弧状。款式为鹤氅法衣与窄袖对襟袍，鹤氅法衣平面结构呈"矩形"，对襟袍平面结构呈"十字型"，衣长随身，通常衣身横向宽度大于纵向长度，面料以绸、缎、纱为主，里料采用与面料异色的棉、麻衬布，门襟为一字直扣与襻带结合的闭合形式。周身加刺绣，领缘、底缘加边饰。图3黑底绣花法衣的刺绣工艺与纹饰风格较粗犷、张扬，不似清廷赐服（江南三织造制）工艺精致、细腻，该法衣应为民间匠人制作。

　　清代武当道教鹤氅法衣的色彩与武当山奉祀神祇所象征的易学"五行、五色"相符。武当博物馆藏一件黑底绣花法衣（图3），系清代高功行道教科仪时穿用的上衣，长140厘米，宽183厘米，对襟、直领、广袖，黑色缎料上以捻金线刺绣盘金龙纹。法衣为黑金二色，其"黑色"服色依循武当山奉祀神祇真武大帝"披发、跣足、皂袍"的形象设计而成。《淮南子·天文训》载："北方，水也。"武当山为玄武道场，主北，五行中北方属水，尚黑，故而武当此件法衣从玄武之色。❶明朱权《天皇至道太清玉册·冠服制度章》卷六载："鹤氅，凡道士皆用，其色不拘，有道德者，以皂为之，其寻常道士不敢用。"可见鹤氅法服不拘用色，而唯独皂色（黑色）鹤氅仅为有道德者服用，因自成祖始，明代统治者因对"玄武"的崇奉进而尊尚"水德–皂色"服色。笔者在考察法衣实物过程中发现图3法衣的金线多处脱散、破损，龙、云、蝙蝠纹饰显得凌乱，亟待修缮。

图3　武当博物馆藏黑底绣花法衣
（采自湖北省博物馆：《道生万物：楚地道教文物》，北京：文物出版社，2012年，第176页）

　　与清代黑底绣花法衣相比，武当山民国时期的红底绿（蓝）边绣花法衣的形制并无二至，衣身长短相差无几，仅纹饰方面有所区别：黑底绣花法衣底摆有边饰，红底绿（蓝）边绣花法衣则在袖缘、门襟、底摆等部位饰蓝色缎料。如图4所示该法衣长138厘米，宽182厘米，直领广袖，周身用五色丝线刺绣"紫霄宫""新大胜会"字样及郁罗箫台、八卦、星宿、凤、云、团鹤、菊花、牡丹、江崖海水等纹样。清代及民国时期汉族民间道教法衣常于衣服里料上书写、刺绣法服所属宫观名称以及该法服制作者的姓名（便于法服的使用、保存以及法服破损时寻找原制作者织补），

图4　武当博物馆藏红底绿（蓝）边绣花法衣
（采自湖北省博物馆：《道生万物：楚地道教文物》，北京：文物出版社，2012年，第178页）

---

❶ 湖北省博物馆. 道生万物——楚地道教文物展 [M]. 北京：文物出版社，2012：177.

但是宫观与法会的名称同时刺绣在法衣后领处（重要位置）则实属罕见，"紫霄宫"为武当山明代存续至今较为完整的道教宫观，此件法衣系该宫观"新大胜会"所置。

《尚书·益稷》载："以五采彰施于五色，作服，汝明"。[❶]在法衣上用"五色"丝线刺绣"五彩"纹饰，蕴涵了深刻的吉利与祥瑞含义，武当山民国时期的法衣在纹饰方面比清代法衣更丰富，在满足信众世俗功利愿望的驱动下装饰了大量的吉祥图案。图5示出民国时期武当道教绛红色江崖海水团龙法衣，其形制借鉴了宋代汉族民间传统对襟褙，长136厘米，宽155厘米，重0.9千克，直领、对襟、接袖、衣身前短后长、周身刺绣有云、龙、江崖海水、牡丹等纹饰。

图5 武当博物馆藏绛红色江崖海水团龙法衣
（采自李发平：《太和武当》，北京：文物出版社，2011年，第200页）

清代武当道教首服也反映着当时宗教信仰中"佛道融合"趋势。道士通常戴五岳冠、星冠、偃月冠、三台冠、莲花冠、五老冠等首服。图6（1）示出武当山道教协会藏清代道教"五老冠"，长42.5厘米、宽20.5厘米，系武当道教"铁罐施食"科仪中高功所戴。纸质"五老冠"上刺绣神祇为道教仪式中代表东、南、西、北、中五个方位的天尊，即东极宫中救苦天尊、南极朱陵度命天尊、西极黄华荡形天尊、北极玉眸炼质天尊、中极九幽拔罪天尊。图6（2）~（4）示出清代佛教"五佛冠"，纹饰较武当"五老冠"复杂，采用了拉锁子、平绣、钉金绣等多种装饰手法。其形制与道教"五老冠"相仿，仅冠叶上刺绣的五方神祇、符号（梵文）不同。

|（1）|（2）|（3）|（4）|

（采自湖北省博物馆：《道生万物：楚地道教文物》，北京：文物出版社，2012年，第178页）　（采自李雨来：《明清绣品》，上海：东华大学出版社，2012年，第335页）　（采自黄能馥：《服饰中华：中华服饰七千年》，北京：清华大学出版社，2013年，第528页）

图6 纸质刺绣"五老冠"及丝缎质刺绣"五佛冠"

---

❶ 李学勤. 十三经注疏 [M]. 北京:北京大学出版社,1999:116.

二、武当山道教法衣纹饰与寓意

道教法服中的纹饰符号具有深刻的象征意义。清代及民国道教法衣纹饰精美，一方面在纹饰构图中反映了道教"天圆地方"的宇宙图景观，而另一方面于织绣中融入了大量的大众化、世俗化的民间吉祥图案，直接借用纹饰符号的象征寓意来表达法服的威仪、华丽、神秘。

首先，通过观察、比较、归纳道教存世法衣纹饰特征，发现存世法衣的后身纹饰远较前身华丽、复杂。

究其原因有三。一则因为法师在斋醮科仪中演示禹步［图7（1）］的腾挪、转身等动作中必然展示服饰背面。如云梦秦简《日书》、长沙马王堆汉墓出土的《五十二病方》均记载，楚地巫医以禹步为舞，以北斗七星的位置行步转折可聚七星之气，故又称"步罡踏斗"。葛洪《抱朴子·内篇·仙药》❶与《云笈七签》卷六十一《服五方灵气法》❷于"禹步"的步法作了详尽的阐释。图7（2）示出苏州玄妙观正一道派科仪中的"二十八星宿"步法，法师行仪时持圭踏遍四方星宿，多须转腾。❸二则因为在仪式空间中，法师、经师们通常面对法坛，同跪同起，观仪者位于法师后方，或跪，或立，因此观仪者的视线极易落在法师背部（图8），在受众的长期视觉停留点（服饰背面）构制更为系统、完整的道教符号能更有效地传递宗教思想感情。三则法衣"前简后繁、前疏后密"的纹饰布局一方面强调了均衡、统一的形式美感，另一方面凸显了道家易学中"阴阳"对比、调和的哲学思想。

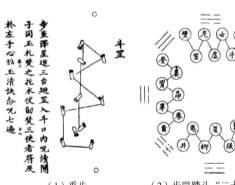

（1）禹步
（采自《灵宝无量度人上经大法》卷六十六.《道藏》第三册，文物出版社，1988年，第977页）

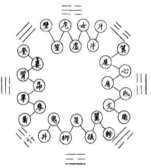

（2）步罡踏斗"二十八星宿"
（采自中国舞蹈艺术研究会研究组：《苏州道教艺术集》上海：上海社会科学院出版社，第44页）

图7 "禹步"与"步罡踏斗"简图

图8 武当山道教科仪场景
（采自湖北省博物馆：《道生万物：楚地道教文物》，北京：文物出版社）

法衣纹饰多于后身呈现"满饰"状态，并且纹饰位置的经营多遵循"天圆地方"的章法。法衣纹饰的构制规则既反映了"道法自然"的哲学思想，又表明了法衣制作者与服用者对天、地、

---

❶ 王明.抱朴子内篇校释（增订本）[M].北京：中华书局，1986：209.

❷ 湖北省博物馆.道生万物——楚地道教文物展[M].北京：文物出版社，2012：176.

❸ 中国舞蹈艺术研究会研究组.苏州道教艺术集[M].上海：上海社会科学院出版社，2009：44.

自然的敬畏。在《文子》《庄子》《淮南子》等道家典籍中对于“天圆地方”的记载也颇为常见。此外，湖北省博物馆藏一件罕见的东汉道教文物“神仙人物釉陶匣”：其端面刻画手持“规”的女娲及手持“矩”的伏羲，匣两侧刻画两对羽人（持规）、神仙（持角）、力士。此匣集合了东王公、西王母、伏羲、女娲、羽人、飞天、乌鹊、鹿跷、不死药等战国晚期至东汉时期的大多数神仙符号。[1]由此可见，“规矩、方圆”概念经诸子百家相互融合之后已成为重要的道教符号。清代道教法衣的平面结构与纹饰经营位置中所遵循的“规矩、方圆”结构如图9所示。图9（1）为清代缎质绣神祇鹤氅法衣，位于衣身纵横中轴线相交处的三清尊神居位最高，玉皇大帝、三官大帝、四大元帅等共350尊神祇均从上到下分班排列，井然有序，神祇身侧原刺有名号，后经穿用磨损所剩无几。图9（2）为清代石青缎八卦仙鹤纹对襟法袍，基础八卦纹饰沿服饰后中轴心“太极”旋转，并呈“米”字形均匀分布。基础八卦纹与莲花、如意、双鱼、蝙蝠、金钱、石榴、寿桃、瓜瓞绵延等吉祥纹样组成团纹，隙地填仙鹤衔灵芝、红蝙蝠（洪福）、多头云纹。此袍在太极、八卦符号构成的“米”字形框架中包容象征世俗美好愿景的各式吉祥纹样，从而构成了一幅完整、稳定、丰富的清代道教服饰图景。

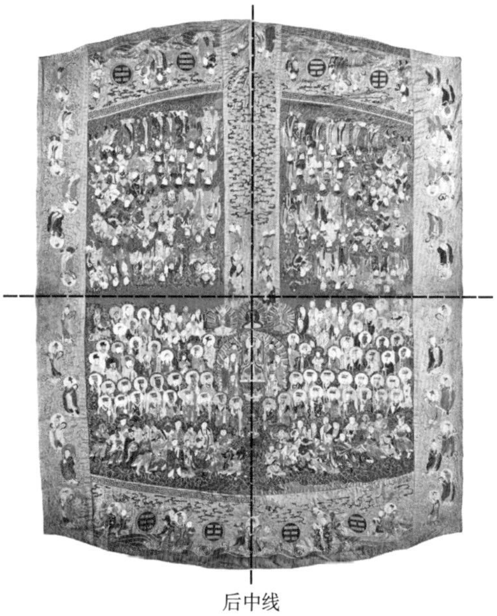

（1）

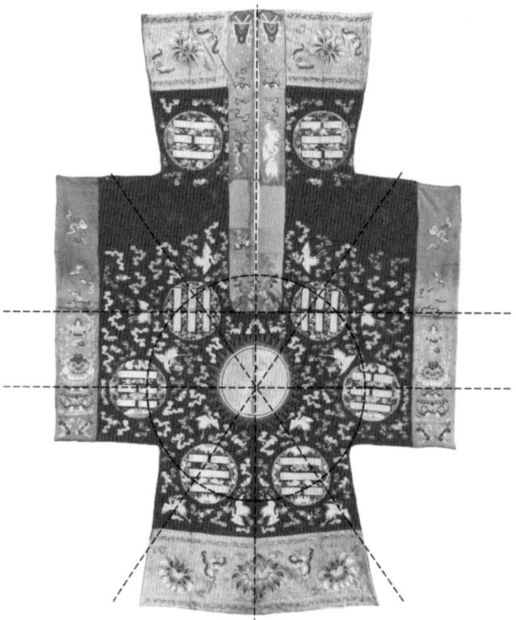

（2）

图9　伦敦维多利亚和阿尔伯特博物馆藏清代鹤氅法衣与对襟法袍“方、圆”构形
（采自Wilson, Verity:“*Cosmic Raiment: Daoist Traditions of Liturgical Clothing*” *in Orientations*，1995年，第42–49页）

武当博物馆藏道教法衣纹饰分为两种形式。一种是以龙纹为核心纹样。例如清代黑底绣花法衣与民国绛红色江崖海水团龙法衣（图10），均以正龙与团龙为后中心主纹，辅以海水纹、江崖海水牡丹纹为下摆纹饰，散点分布的云纹、蝙蝠纹点缀于主纹间隙之中。另一种是以郁罗箫台、日、

[1] 湖北省博物馆．道生万物——楚地道教文物展［M］．北京：文物出版社，2012：18．

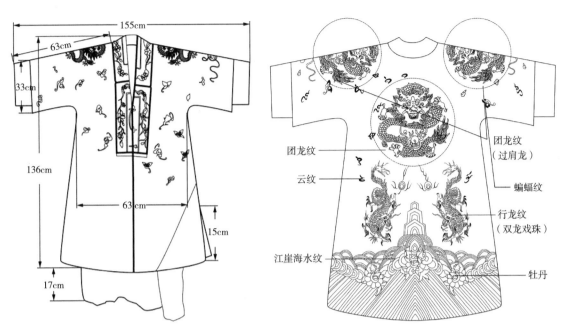

图10 武当博物馆藏绛红色江崖海水团龙法衣纹饰结构（笔者绘）

月、二十八星宿组成核心纹样。这种纹饰构形也是绝大多数存世法衣的纹饰形式。如图11所示，红底绿（蓝）边绣花法衣矩形前片中双凤纹样对称分布在"圆"骨骼的两侧，矩形后片二十八星宿围合的"内圆"之中是郁罗箫台、双龙蟠柱、北斗七星、南斗六星，上悬三清宫阙、"右"日（金乌）"左"月（玉兔）及"紫霄宫""新大胜会"字样；第二层"外圆"以一正龙、四行龙、双鹤衔灵芝、寿桃、五岳真形图及道教符箓围合；"外圆"下方的"立水"与"平水"纹样之间以五彩丝线等距刺绣三朵牡丹花，并与底摆"双龙抢珠"纹饰构成第三个"圆"。清及民国时期武当道教法衣强调的龙纹主题既与封建统治阶级的皇权崇拜心理相合，又是对先秦道教传统"四象""龙跷"符号的继承与发扬。清代及民国时期汉族民间服饰"图必有意、意必吉祥"的审美取向也充分贯彻于武当道教法衣辅助纹饰中。明、清传统龙袍、官服底摆的江崖海水纹以及祈求"福、寿"的仙鹤衔灵芝、蝙蝠、寿桃（福寿双全）等辅助性纹样的组合使用将道教服饰的神圣性与世俗性、宗教性与艺术性在"天圆地方"的构形中融合一体。

笔者以武当山正一道、全真道教派法衣的纹饰结构为基础，具体考察20件清代及民国时期的道教法衣纹饰构形细节，概括出以下五点法服纹饰特征：

第一，"四象"中"青龙""白虎"常饰于门襟垂带处。法衣门襟敞开，仅用直扣、襻带于胸前系合，前门襟双垂带上饰"左青龙、右白虎"纹样，与道教宫观山门常列青龙、白虎二神像镇守之例暗合。另据观察，不同法衣前身的"青龙、白虎"及后肩的"日、月"左、右位置常常互换，多因从法衣制作者与穿用者视角观察前身图案的左、右位置颠倒所致，后身"日、月"二纹位置互换应是对清代帝服"左肩日、右肩月"固定章纹位置的借鉴、避忌所致。

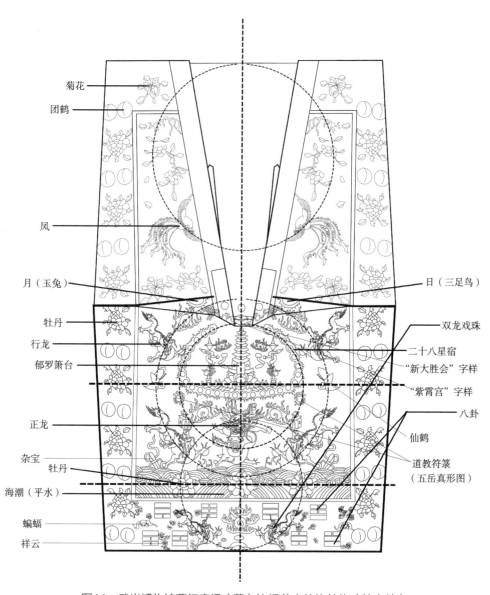

菊花
团鹤
凤
月（玉兔）
牡丹
行龙
郁罗萧台
正龙
杂宝
牡丹
海潮（平水）
蝙蝠
祥云

日（三足鸟）
双龙戏珠
二十八星宿
"新大胜会"字样
"紫霄宫"字样
八卦
仙鹤
道教符箓
（五岳真形图）

图11 武当博物馆藏红底绿（蓝）边绣花衣纹饰结构（笔者绘）

第二，太极、郁罗萧台、日月、北斗七星、南斗六星、二十八星宿、五岳真形图常呈圆形分布。太极、郁罗萧台居后身中心位置，日月悬于上方，北斗、南斗分列左右，二十八星宿环绕郁罗萧台，五岳真形图则拱列于底弧。法衣织绣纹饰以郁罗萧台为核心的构图程式贯彻了道教包罗万象、兼容并蓄的宇宙图景。

第三，道教经典符号"八卦"的六十四卦象常用作"点状线"沿法衣四周镶边装饰，从而形成矩形框架将种种具象、抽象的纹饰符号藏纳其中。因为在古人的心目中，八卦往往代表了整个宇宙，具有无限包容性，因之便能产生丰富的符号语言效应。❶

---

❶ 詹石窗. 道教符号刍议 [J]. 厦门大学学报（哲学社会科学版），2000(2)：33-40+143.

　　第四，道教神仙谱系虽复杂但是出现在法衣纹饰中时仍循章法。正如卿希泰先生批驳道教神仙"杂乱无章论"时指出："道教诸神并非杂陈无序，而是按照一定的模式进行整合，并且形成系统。"[1]清代及民国道教神祇纹饰法衣分两类：其一，当法衣上的道教神祇尊数较多时（超过300尊）按照道教神仙谱序以三清尊神为中轴，沿法衣后中心从上到下、从中间到两边排列，观者可从神祇站位、身后有无"背光"及神祇所着冠、服式样、色彩推断天神、地祇、人仙之属；其二，清代及民国时期八仙常以暗八仙（法器）形态出现在汉族民间服饰上，绝少有直接刺绣仙人图像的，但是道教法衣却常常装饰缂丝、刺绣八仙像。

　　第五，清代及民国时期道教经典教义发展几近停滞，道教符咒禁忌、去病禳灾、祈晴止雨等方术，都成了人们信仰中实际的需求。[2]故而法衣纹饰内容除沿袭道教传统"养怡长生"主题之外，受汉族民间世俗、功利文化与"佛道融合"趋势影响，出现了大量融汇、杂糅的衍生符号。

三、结语

　　清代及民国时期武当山正一道、全真道教派法衣乃道教法衣之集大成者，现为道教传道、宣扬、修行之通行用服。既承袭了汉民族因满清入关以来遭受毁灭的衣冠文化，又在道教传播发展的过程中实现了哲学思想与民俗文化的融合，使之作为布道及祭祀载体在宗教仪式中具有独特的专有性和神秘性。道教法衣作为宗教工具直接承担与民众的视觉交流，因而向其植入特殊的纹饰图样以体现道教教义中的宗教观、宇宙观、世界观以及生死观，为道家思想宗教化、道教传播世俗化之直观媒介。因此，挖掘及梳理道教法衣形制与纹饰源流，进而分析其蕴藏的文化及宗教意义，利于对汉族服饰文化的理解与传承，也可尝试性地解读历史进程中道家思想和道教教义之变迁及其在法衣中的世俗化呈现。

❶ 卿希泰.中国道教思想史：第1册[M].北京：人民出版社，2009：17.
❷ 潘显一，李裴，申喜萍，等.道教美学思想史研究[M].北京：商务印书馆，2010：18.

24 北魏冠服制度形成略论

刘 芳❶

摘 要　　　拓跋鲜卑建立的北魏政权从建立之始即开始了服饰制度的建设。本文主要以现有古籍文献为依托，以时间为线索，梳理并分析北魏历代帝王建立服饰制度的过程，进而对孝文帝时期建立起来的较为完备的冠服服制形态进行归纳阐释，以期更好地理解北魏之后的北齐、隋唐时期服饰制度，同时展示北魏独特的文化内涵及有容乃大的文化气派。

关键词　　北魏、冠服制度

冠服制度是中国古代礼制和等级的象征，强调必须遵循古法，表现为贵贱有等，服饰有别，从周代始便成为国家政治文化生活的重要组成部分。战国时期，赵武灵王为顺应战事需要，推行"胡服骑射"，带来对中原传统衣冠制度冲击的同时，也为中原传统服饰文化注入新鲜成分，出现了中国有史以来首次胡汉服饰的互动与融合。七百年后，作为我国历史上第一个由少数民族建立起来的、统一北方中国的北魏政权，不断改革本族（鲜卑族）紧窄简便的服饰，全面推行中原冠服制度，通过另一种方式再次书写了中国服饰向多元化迈进的新篇章。

北魏先后定都盛乐、平城与洛阳，其缔造者拓跋鲜卑在入主中原的过程中，从最初接触和学习汉文化到不断实行汉化政策，最终蜕变为与中原其他各民族全面融合、高度汉化的中央集权的封建制国家。在其一百四十九年的发展历程中，各代帝王对于显示国家典章礼仪的服饰制度都异常重视，其实质是对汉文化的仰慕及统治秩序的维护。其中，孝文帝时期对于服饰制度的建设及服制改革，为北魏服饰制度的全面建立奠定了基础，后经宣武、孝明两朝的进一步完善，被后世的北齐、北周所采用，成为隋唐时期冠服制度组成部分之一。

---

❶ 刘芳,北京服装学院,博士研究生。

一、北魏冠服制度的初建

北魏建立之初，服制上以鲜卑服为基础，《隋书·礼仪志》称其为"多参胡制"的服饰制度。《隋书·礼仪志》："且后魏以来，制度咸阙。天兴之岁，草创缮修，所造车服，多参胡制。"❶

天兴元年（398年）七月，北魏开国皇帝拓跋珪将都城从最初的盛乐迁往平城（今山西大同），开始对平城进行大规模营建。就在同一年，也开始了舆服制度的议定。有关记载见于《魏书·礼志》和《隋书·礼仪志》中，前者说："太祖天兴元年冬，诏议曹郎董谧撰朝觐、飨宴、郊庙、社稷之仪。六年，又诏有司制冠服，随品秩各有差，时事未暇，多失古礼。"❷显然是将以"礼"为核心的中原汉族服饰制度作为评判标准。然而，就是从这时起，鲜卑人的服饰就已从原始的传统服饰中解脱出来，开始向中原汉族服饰的衣冠迈进。

关于北魏初期制定服冠的实际情形，《资治通鉴》"晋安帝隆安二年"条下记载：拓跋珪登基的时候，曾"命朝野皆束发加帽"❸。所谓"帽"，按《说文》："小儿蛮夷蒙头衣"，可见不是中原的制度，有了束发的命令，这对以辫发为习的鲜卑族不得不说是个进步。

在拓跋部发展壮大的过程中接触到先进的汉族文化，促使其社会及文化发生变化。拓跋珪之前，拓跋部因收用汉族士人，以及与汉族王朝交往，其政治和经济制度已经受到中原先进文化的影响，拓跋珪进兵中原后，所统治地区和对象发生变化，便逐步建立起以中原王朝统治方式为主、拓跋鲜卑原来的统治方式为辅的制度，因此在服制的确立上，采用了汉族政权的礼仪："圣人南面而治天下，必自人道始矣。立权、度、量，考文章，改正朔，易服色，殊徽号，异器械，别衣服，此其所得与民变革者也。"❹拓跋珪在定都平城后，与群臣"定行次，正服色"，确立了"从土德，数用五，服尚黄"的服饰制度❺，祭祀之礼采用了周典。《魏书·礼志》："事毕，诏有司定行次，正服色。群臣奏以国家继黄帝之后，宜为土德，故神兽如牛，牛土畜，又黄星显曜，其符也。于是始从土德，数用五，服尚黄，牺牲用白。祀天之礼用周典，以夏四月亲祀于西郊，徽帜有加焉。"❻

服色的确定是北魏冠服制度建设迈出的第一步，虽然在后来进行了重定，但表明了北魏政权建设向汉文化的发展方向，这也是北魏政权转向封建化的一个重大步骤。太祖天兴二年（399年），拓跋珪对于车辇种类又有所增加，"命礼官捃采古制，制三驾卤簿"❼，即大驾、法驾和小驾，规定了皇帝出行以及奉引、陪乘所乘之车制。对于拓跋珪制定的车舆制度，《魏书》评价为："太祖世

---

❶ 魏征.隋书·卷十二:礼仪志七 [M].北京:中华书局,1973:254.
❷ 魏收.魏书·卷一八四:礼志四 [M].北京:中华书局,1973:2817.
❸ 司马光.资治通鉴·卷一百一十:晋纪三十二 [M].北京:中华书局,2007:1322.
❹ 见《礼记·大传》。
❺《史记·历书》记载:王者易姓受命,必慎始初,改正朔,易服色",认为秦灭六国,是获水德,而五行学说认为,水克火,周朝是"火气胜金,色尚赤",秦灭周,是水德胜,水在季节上属冬,颜色是黑色,因而秦代服色尚黑。汉朝时,统治者认为汉承秦后,当为土德。五行学说认为土胜水,土是黄色,于是服色尚黄。王鸣.中国服装史 [M].上海:上海交通大学出版社,2013:39.
❻ 魏收.魏书·卷一八一:礼志一 [M].北京:中华书局,1973:2734.
❼ 魏收.魏书·卷一八四:礼志四 [M].北京:中华书局,1973:2813.

所制车辇，虽参采古式，多违旧章。"❶看来总体还是比较粗略的。

明元帝拓跋嗣在位的十余年间，一方面通过战争掠夺和强迁其他政权和少数民族人口，一方面积极迎接、吸纳东晋投奔官员。在尚武的北魏初期，明元帝对文臣同样重视，如对降魏的东晋旧臣袁式，命其协助崔浩制定朝仪和典章制度，对北魏典章制度的完备和发展做出了贡献，其中便包括车舆制度，《魏书·帝纪·太宗纪》："己酉，诏泰平王率百国以法驾田于东苑，车乘服物皆以乘舆之副。"

到太武帝时代（423～452年），拓跋焘北讨柔然，南伐刘宋，西征夏国，攻灭北燕与北凉，终于完成统一黄河流域的大业，结束了历时一百三十余年十六国分裂割据的局面。由于这段时期征尘未绝，忙于护土，对于服装制度所形成的尊卑差别并不十分在乎，所以在战争与经济拮据的双重困境中，要求有关方面坚持朝服制度时，"取于便习而已"。《魏书·礼志》："世祖经营四方，未能留意，仍世以武力为事，取于便习而已。"❷

在太武帝的执政实践中，认识到"为国之道，文武兼用"的为政理念，提出了"偃武修文"的治国方针，吸收数百名汉族人士参政。卢玄、崔绰、高允等报效北魏后，"于是人多砥尚，儒学转兴"，❸对提高北魏官员的素质，促进北魏政权的进一步汉化，都具有积极意义。

在北魏初期，由于北魏统治者的主要精力是军事征服战争和扩大统治疆域，因此，这一时期北魏制度建设大多属于草创，服制建设也属其中，道武帝"虽冠履不暇，栖遑外土，而制作经谟，咸存长世。"❹北魏早期官服形制可从大同沙岭北魏壁画墓中壁画得出某些推断。该壁画正中端坐着男女二人，应是墓主人夫妇，均头戴垂裙黑帽，身着交领窄袖袍衫。根据出土报告，铭记所记载的墓主人去世的时间为太武帝拓跋焘太延元年（435年），身份官职为侍中、主客尚书、太子少保、平西大将军，据《魏书·官氏志》所载太和官制，属二品中阶品级❺。壁画反映出在北魏早期，拓跋鲜卑是以本民族服饰为主，同时也吸收了汉民族服饰的一些特点（图1），显示出拓跋鲜卑在定都平城后，继承了汉魏以来的传统，但并未形成完整的规制，尚处于吸收变化阶段，民族融合和文化交流在此得到了很好的展示，其服饰在一定程度上是北魏早期冠服形制的反映。

图1　北魏早期官服：墓主人着鲜卑帽、交领袍
（大同沙岭北魏壁画墓东壁壁画）

❶ 魏收.魏书·卷一八四：礼志四 [M].北京：中华书局，1973：2811.
❷ 魏收.魏书·卷一八四：礼志四 [M].北京：中华书局，1973：2817.
❸ 魏收.魏书·卷八四：儒林传序 [M].北京：中华书局，1973：1842.
❹ 李大师，李延寿.北史·卷一：魏本纪一 [M].北京：中华书局，1974：36.
❺ 张志忠，古顺芳.大同考古 [M].太原：北岳文艺出版社，2015：149-154."大同北魏壁画墓"之"沙岭北魏壁画墓"。

二、中期对汉族服饰的追求和尝试

北魏大规模的礼乐制作发生在北魏中期，其中就包括服饰制度。文成帝时期，北魏的对外战争减少，整顿政治秩序，完善政治体制成为其主要任务，处理与少数民族的关系也是北魏统治者面临的问题。对于周边各族，文成帝以"养威布德"为主，虽与柔然、吐谷浑等发生战争，但与周边各族关系的主流是互派使节，友好往来，而与南朝刘宋政权则是有战有和。从和平元年（460年）开始，双方每年互派使节，促进了南北经济和文化的交流。

从承明元年（476年）冯太后临朝称制开始，恢复礼乐成为北魏汉化内容的一项重要措施。作为统治阶级维护封建秩序的必要工具的"礼"，严格规定了等级、贵贱、尊卑的秩序，车马、服饰自然包括其中，不得有丝毫越轨。"皇太后平日以朝仪阙然，遂命百官更欲撰辑"[1]。为推动拓跋族进一步封建化，改变旧习俗、旧制度成为当务之急，从太和七年（483年）起，北魏始禁同姓联姻，这为后来孝文帝实行汉化政策提供了一个台阶，汉化政策是这次禁绝拓跋氏同姓为婚的继续与延伸。

文成帝以后，北方的民族矛盾已趋缓和，民族之间的战争出现较少，然而由于对中原农民征收租调采取"九品混通"的办法，对农民极端不利而引发农民不满，因此，国内的农民阶层并不安定。孝文帝即位后，农民暴动几乎年年发生。而此时，北魏同南朝力量已趋均衡，漠北的柔然力量也很衰弱，北魏太和年间冯太后和孝文帝所进行的各种改革就是在这种情形下出现的，先后于太和八年（484年）颁行俸禄制，太和九年（485年）颁布均田法令，太和十年（486年）实行三长制，有效地缓解了社会阶级矛盾。

需要说明的是，冯太后从承明元年（476年）被尊为太皇太后到太和十四年（490年）病逝，其执政达十五年之久，期间，孝文帝于太和五年（481年）开始参与执政，对北魏冠服制度的建设与确立跨越北魏中后两个时期。《隋书》卷十一《礼仪志六》记载较为详细："自晋左迁，中原礼仪多阙。后魏天兴六年，诏有司始制冠冕，各依品秩，以示等差，然未能皆得旧制。至太和中，方考故实，正定前谬，更造衣冠，尚不能周洽。"[2]

孝文帝从小接受汉文化教育，养成雅好读书、手不释卷的良好习惯，对于儒家经典，不仅读后便通，且能开卷便讲。受汉族传统文化影响，孝文帝特别尊崇汉民族历史上的先圣先贤，尤其对儒家学派创始人孔子，不仅以其学说治理北魏，还数次到孔庙祭祀。在孝文帝独立执掌政权后，便着力恢复旧典，对冠服制度的建设尤为重视，于太和六年（482年）下诏众臣定祭服冠履[3]。《魏书·礼志》："太和中，始考旧典，以制冠服，百僚六官，各有差次。"[4]又《魏书·礼志》："（太和）

---

❶ 魏收.魏书·卷二一上:咸阳王禧传[M].北京:中华书局,1973:534.
❷ 魏征.隋书·卷十一:礼仪志六[M].北京:中华书局,1973:238.
❸ 祭服为祭祀时所穿的礼服，为各类冠服中最贵重的服饰。周代视祭礼之轻重，分别有数种形制，后世各朝代形制也各不相同。古以祭祀为吉礼，故亦称祭祀之服为"吉服"。周汛,高春明.中国衣冠服饰大辞典[M].上海:上海辞书出版社,1996:6.
❹ 魏收.魏书·卷一八四:礼志四[M].北京:中华书局,1973:2817.

六年十一月，将亲祀七朝，诏有司依礼具议。于是群官议曰：'……大魏七朝之祭，依先朝旧事，多不亲谒。……臣等谨采旧章，并采汉魏故事，撰祭服冠履牲牢之具……'制可。"❶

对于这次祭服的制定，孝文帝非常重视并持谨慎态度，下诏礼官商议具体细节的过程也相当漫长，于四年后即太和十年（486年）四月，首次服所定祭服"祀于西郊"。《魏书·礼志》："（太和）十年四月，帝初以法服御辇，祀于西郊。"❷

就在同一年，孝文帝又"制冠服制度"并"服衮冕以朝"。《魏书·礼志》："太和十年，始考旧典，制冠服制度，服衮冕以朝。"❷

大同北魏司马金龙墓中出土朱漆彩绘屏风漆画人物较为真实地展现了北魏太和年间车舆与冕服形式。漆画是根据西晋著名文学家张华《女史箴》一文的图解，故事来源出于西汉末年刘向所编《列女传》中的"班姬辞辇"❸一段。就画中人物冠巾、衣着、器物分析，有些保留汉代旧稿，有些则明显是魏晋南北朝时人有所补充❹。根据司马金龙墓墓志铭和《魏书》记载，司马金龙官至吏部尚书，太和八年（484年）薨，赠大将军、司空公、冀州刺史，赠绢一千匹❺。画面中，可见四舆夫着裤褶服，褶衣为宽袖且下摆有缘边，但裤口束紧，脚着靴。仔细观察，四舆夫所着裤褶服色彩各异，再次表现出拓跋鲜卑对色彩的敏感与追求。四人所抬乘辇装饰豪华，上张布蓬、伞盖，乘辇中乘坐者头戴冕冠，垂旒，服装风格为褒衣博带，腰系革带，后随一妇女（图2）。漆画中裤褶服与褒衣博带的服饰同处一个画面，反映出北魏中期胡汉交融与并存的服饰面貌。按墓志，司马金龙入葬时间为太和八年（484年），而孝文帝实施"班俸禄"改革就在这一年。

图2　北魏中期乘舆与冕服
（大同北魏司马金龙墓出土屏风局部）

❶ 魏收.魏书·卷一八一：礼志四 [M].北京：中华书局，1973：2740.
❷ 魏收.魏书·卷一八一：礼志四 [M].北京：中华书局，1973：2741.
❸ 典出《汉书·外戚传》。汉成帝刘骜欲与充妃班婕妤同辇游后宫，班婕妤坚辞不就，以所见历史图画为据，认为贤明之君左右应为能臣贤才。余辉.秀骨清像——魏晋南北朝人物画 [M].北京：故宫出版社，2015：50.
❹ 沈从文.中国古代服饰研究 [M].北京：商务印书馆，2011：246.
❺ 张志忠，古顺芳.大同考古 [M].太原：北岳文艺出版社，2015：227."石家寨司马金龙墓".

三、冠服制度的确立与完善

拓跋鲜卑从公元3世纪开始接触汉文化，公元4世纪到5世纪，经过道武帝、太武帝、献文帝的推动，汉化的程度和范围日益扩大，不仅经济、政治统治制度逐渐采用汉族的传统方式，穿汉族服饰、学汉语、模仿汉族生活方式也逐渐成为风尚。到孝文帝时期，北魏政权意识到本民族的落后与汉族先进文化的差别，"思易质旧，式昭惟新"便成为孝文帝的政治志向，表现为一方面参照汉魏服制典章，一方面结合本民族生活环境及特点。从重新议定服色开始，同时实施服制改革，最终确立了以汉族服饰为基础并具有本族特色的祭服、朝服与公服制度，完成了北魏政权的封建化。

（一）服色的重新议定

太和十四年（490年），孝文帝下诏对北魏立国之初所制定的"服色尚黄"进行重新议定，为北魏王朝的正统加注脚，认为北魏承西晋大统应为水德。《魏书·礼志》："（太和）十四年八月诏曰：'丘泽初志，配尚宜定，五德相袭，分叙有常。然异同之论，著于往汉，未详之说，疑在今史。群官百辟，可议其所应，必令合衷，以成万代之式。'"❶

经议定，于太和十四年（490年）重新定行次、正服色，确定了从水德、服色尚黑。《魏书·礼志》："诏曰：'越近承远，情所未安。然考次推时，颇亦难继。朝贤所议，岂朕能有违夺。便可依为水德，祖申腊辰。'"❶

"晋氏金行，而服色尚赤"❷，是北魏重定服色的依据。西汉末年，刘向、刘歆父子改变五行相克为五行相生，为王莽篡权提供了理论依据，被后世所沿用。

晋为金德，金生水，故为水德，尚黑色。古代冠服制度体系主要体现和维护了上下尊卑、亲疏等差的社会政治和礼仪秩序，服饰色彩从周代始就被纳入礼制的一个重要方面，周代礼制的完善直接促成了古代冠服制度的确立，是基于殷商以来礼文化发展的结果。更为重要的是，这一套衣冠服制皆在为适应"礼仪"之规矩而制定，如祭天地之时有祭祀之服；朝会之时有朝服。从历史发展来看，尽管有"易代必易服"的传统，但历代服制的整体风貌一直相沿承袭着以"周礼"为基础的冠服制度体系，因为这套冠服制度体系体现和维护了周代礼制所强调的"差序格局"，按不同礼仪的需要各式人等都可以找到符合自己的服饰。孝文帝下诏重新议定服色，不仅为北魏政权的正统找到注脚，同时也为之后北魏的全面汉化做好了积极准备，冠服制度作为彰显礼的重要部分而逐步建立起来。

---

❶ 魏收.魏书·卷一八一：礼志四 [M].北京：中华书局，1973：2744.
❷ 房玄龄.晋书·卷二五：舆服志 [M].北京：中华书局，1974：766.

（二）祭服制度的确立与实行

孝文帝于太和六年（482年）便下诏众臣定祭服冠履，并于太和十年（486年）首次服所定祭服"祀于西郊"。冕服作为祭服的重要组成部分，由冕冠、上衣下裳、佩饰和舃履构成，在祭祀中扮演着重要角色。对于冕服的制定，孝文帝参照《周礼》以及两汉、魏晋礼仪，下诏于太和十一年（487年）："朝集公卿，欲论圜丘之礼。今短暑斯极，长日方至。案周官祀昊天上帝於圜丘，礼之大者。两汉礼有参差，魏晋犹亦未一。我魏氏虽上参三皇，下考叔世近代都祭圜丘之礼，复未考周官，为不刊之法令。"❶

为了尽快建立完备而正统的服饰制度，孝文帝于太和十五年（491年）"革衣服之制"，下诏停止小岁朝贺，首次将胡服逐出大雅之堂，实行多年的裤褶被彻底逐出北魏宫廷❷。《南齐书》对这一事件作了记载："（孝文帝）又诏：'季冬朝贺，典无同文，以袴褶事非礼敬之谓，若置寒潮服，徒成烦浊，自今罢小岁贺，岁初一贺。'"❸同年，孝文帝服衮冕，群臣服朝服于太和庙举行祭祀礼。《魏书》中记载了孝文帝几次频繁服衮冕的情形："十一月已未朔，帝释祖祭于太和庙。帝衮冕，与祭者朝服。既而帝冠黑介帻，素纱深衣，拜山陵而还宫。庚申，帝亲省齐宫冠服及郊祀俎豆。癸亥冬至，将祭圜丘，帝衮冕剑舄，侍臣朝服。辞太和庙，之圜丘，升祭柴燎，遂祀明堂，大合。既而还之太和庙，乃入。甲子，帝衮冕辞太和庙，临太华殿，朝群官。既而帝冠通天，绛纱袍，临飨礼。帝感慕，乐悬而不作。丁卯，还朝，陈列冕服，帝躬省之。既而帝衮冕，辞太和庙，之太庙，百官陪从。"❹

衮冕为六冕❺之一，是画龙卷于衣的冕服，用于祭祀先王，其等级仅次于大裘冕。六冕分别用于不同的祭祀场合，《周礼·春官》："王之吉服：祀昊天上帝则服大裘而冕，祀五帝亦如之；享先王则衮冕；享先公、飨、射则鷩冕；祀四望、山川则毳冕；祭社稷、五祀则希冕；祭群小祀则玄冕。"❻凡冕服形制均为上衣下裳，即上玄衣下纁裳，是中国古代礼仪中最为重要的部分，也是中国古代服饰制度最主要的代表。对于冕服的使用，除了大裘冕为天子专用之礼服外，其他五冕的使用均有等差，《周礼·司服》规定：公之服，自衮冕而下如王之服；侯伯之服，自鷩冕而下如公之服；子男之服，自毳冕而下如侯伯之服；孤之服，自希冕而下如子男之服；卿、大夫之服，自玄冕而下如孤之服。此指以官位高下而定的等差冕服，这样公与天子则可同服衮冕，侯伯可同服鷩冕等，但还存在区别，这是以亲疏贵贱或职位高下而定各官的冕服形制，表现在冕冠及冕服的章纹上。冕冠等差主要体现在冕旒的使用数目和所饰玉的材质上，以周代为例，如公与天子虽

❶ 魏收.魏书·卷一八一：礼志四 [M].北京：中华书局,1973:2752.
❷《资治通鉴》卷一三七《齐纪三》第二十一条："魏旧制,群臣冬季朝贺,服裤褶行事,谓之小岁;丙戌,诏罢之." 司马光.资治通鉴 [M].北京：中华书局,2007:1662.
❸ 萧子显.南齐书·卷五七：魏虏传 [M].北京：中华书局,1973:991.
❹ 魏收.魏书·卷一八一：礼志四 [M].北京：中华书局,1972:2749.
❺ 冕服的种类有六种,叫六冕,即大裘冕、衮冕、鷩冕、毳冕、希冕和玄冕. 周锡保.中国古代服饰史 [M].北京：中国戏剧出版社,1984:13.
❻ 徐正英,常佩雨.周礼·春官宗伯第三·司服 [M].北京：中华书局,2017:459.

同为衮冕，他所戴的冕旒虽也是九旒，但每旒是用九玉而不是王所用的十二玉，且所用玉为苍、白、朱三彩❶。

（三）朝服的制定

在上述孝文帝祭太和庙、祭圜丘的记载中，孝文帝服衮冕，与祭者则服朝服。孝文帝临太华殿、朝群官时戴通天冠、着绛纱袍，即通天冠服，是皇帝的朝礼服，主要用于冬至朝贺、祭还等活动。冕服有时也当朝服用，但主要功能是祭服。通天冠是典型的帝王之冠，为大多数帝王所沿用，对其冠形较早的记载见于《后汉书·舆服下》："通天冠，高九寸，正竖，顶少邪却，乃直下为铁卷梁，前有山，展筒为述，乘舆所常服。"❷《晋书·舆服志》于制度有所补充，以为"前有展筒，冠前加金博山述……"❸绛纱袍为上衣下裳不分的深衣制，因所用质料多为绛色纱，故称"绛纱袍"。

东汉时期，上至帝王，下至小吏，皆以袍作为朝服，《后汉书·舆服下》云："今下至贱更小吏，皆通制袍，单衣，皂缘领袖中衣，为朝服云。"❷朝中品官的朝服在北魏时始称为"具服"，其形制如《隋书·礼仪六》云："（北魏）朝服，冠、帻各一，绛纱单衣，白纱中单，皂领袖，皂襈，革带，曲领方心，蔽膝，白笔，乌袜，两绶，剑佩，簪导钩𢃠，为具服。"❹

北魏朝服的形成伴随着祭服制定和服制改革的进程。太和十八年（494年），孝文帝加快汉化步伐，将都城从平城迁到洛阳后，实行了一系列改革鲜卑旧俗的措施：以汉族服饰代替鲜卑旧服；朝廷上禁用鲜卑语；规定迁洛的鲜卑人以洛阳为籍贯，死后不得归葬平城；沟通鲜卑贵族和汉人士族的婚姻关系；改革鲜卑旧姓为音近或义近的汉姓；规定鲜卑人和汉人贵族姓氏的等第并使鲜卑贵族门阀化，等等。经服饰改革后，北魏宫廷建立了较为完整的服饰制度。《资治通鉴》：太和十九年，"魏主引见群臣于光极堂，颁赐冠服"❺《资治通鉴》卷一四一记载，到太和二十一年（497年），北魏"朝臣皆变衣冠，朱衣满坐"，说明北魏冠服范围已扩大到公卿百官。

新制定的冠服，以汉族服饰为基调，广泛吸取南北之长，官服宽袍长裙，雍容雅观，而便服袭用裤褶，交领大裤，与南朝无异。最终，北魏服饰经孝文帝改制，在之后孝明帝的继续改革后，着装样式不仅为南朝士大夫所认可，并深为其所羡慕。永安二年（529年），萧衍遣陈庆之送北海王元颢入洛阳，其间向以"正朔相承"自居的南朝士大夫也为北方"礼仪富盛""衣冠士族"所折服。陈庆之自此"钦重北人，特异于常"，且"羽仪服式，悉如魏法。江表士庶，竞相模仿，褒衣

❶ 冕旒等级使用参见赵连赏. 中国古代服饰图典 [M]. 昆明：云南人民出版社，2007：70.
❷ 范晔. 后汉书·志第三十：舆服下 [M]. 北京：中华书局，2007：1043.
❸ 房玄龄. 晋书·卷二五：舆服志 [M]. 北京：中华书局，1974：766.
❹ 魏征. 隋书·卷一一 [M]. 北京：中华书局，1973：242. 白笔于汉代形成制度，为官吏上朝随身所带记事用之笔，后演化成只具有装饰作用的头饰或冠饰。簪导指男子用于束发固定的首饰，以玉石、犀角、象牙或玳瑁为之。孙晨阳，张珂. 中国古代服饰辞典 [M]. 北京：中华书局，2015：327.
❺ 司马光. 资治通鉴·卷一百四十：齐记六 [M]. 北京：中华书局，2007：1694.

博带，被及秣陵。"❶

孝文帝所推行的北魏服制改革并非一帆风顺，期间屡屡面临诸多困难。例如，迁都洛阳之初，太子元恂就率先发难，据《南齐书·魏虏传》记载："宏初迁都，恂意不乐，思归桑干。宏制衣冠与之，恂窃毁裂，解发为编服左衽。"❷《资治通鉴·齐记六》也有："魏太子恂不好学，体素肥大，苦河南地热，常思北归。魏主赐之衣冠，恂常私著胡服。"❸太子元恂最终因"欲叛北归"的罪名被孝文帝所杀并"以庶人礼葬"，成为北魏服制改革的牺牲品。

（四）公服的制定

孝文帝在制定祭服、朝服的同时，结合本族生活环境及特点，从实际需求出发，于太和十年（486年），命礼官依照官职级别分为五等，首次为各级官员制定了专为处理日常公务的服装——公服❹，并首次着相应的礼服，乘御辇祭祀于西郊。《魏书》："夏四月辛酉朔，始制五等公服。甲子，帝初以法服御辇，祀于西郊。"❺

依据《南齐书》记载，孝文帝将官职分为五等，分别为公第一品，侯第二品、伯第三品、子第四品、男第五品。❻对于新制定的五等公服，孝文帝进一步将之细化，给尚书以上五个品爵的官职人员规定了具体颜色及配饰，即上衣服色为朱色❼，下裳配相应的玉珮及组绶。《魏书》："八月乙亥，给尚书五等品爵已上朱衣、玉珮、大小组绶。"❺

至此，公服自北魏始形成制度，北魏成为中国古代历史上公服的第一个制定者。由于公服较朝服、祭服等礼服简单，方便穿着，又较日常家居所穿便服正式，遂被之后隋、唐、宋、明时冠服制度所继承和采用，"因隋是自北向南统一，其间不免掺杂了北族的形制"❽。对此，宋朱熹评价道：古今之制，祭祀用冕服，朝会用朝服，皆直领垂之。今之公服，乃夷狄之戎服，自五胡之末流入中国，至隋炀帝巡游无度，乃令百官戎服从驾，而以紫、绯、绿色为九品之别。本非先王之法服，亦非当时朝祭之正服，今杂用之，亦以其便于事而不能改也❾。自北魏确定五等公服，其后制度繁多，历代形制不一，通常以冠服款式、质料、数量、颜色及纹样等辨别等级，如隋代公服之制用朱衣裳，素革带，去鞶囊、佩绶而偏一小绶；唐代公服由冠、帻、簪、绛纱单衣，白襦裙、革带钩鲽、假带，方心、袜履，纷、鞶囊、双佩，乌皮履等组成。而唐统一中国后，在前已略具的冠服制度上，经过长时间的承袭、演变和发展，上承历代的冠服制度，下启后世冠

---

❶ 尚荣.洛阳伽蓝记·卷二：城东·景宁寺[M].北京：中华书局，2012：182.

❷ 萧子显.南齐书·卷五七：魏虏传[M].北京：中华书局，1972：996.

❸ 司马光.资治通鉴·齐记六[M].北京：中华书局，1992：4400.

❹ 亦名"从省服"，是帝王、百官从事公务时所穿的服装，等级不同服饰不同，较朝服、祭服等礼服穿着简单方便，较日常家居所穿便服正式。北魏时期开始形成制度，其后历代形制不一。孙晨阳，张珂.中国古代服饰辞典[M].北京：中华书局，2015：380.

❺ 魏收.魏书·卷七下：高祖纪第七下[M].北京：中华书局，1974：161.

❻ 萧子显.南齐书·卷五七：魏虏传[M].北京：中华书局，1973：991.

❼ 指大红色，在古代属于间色，即大赤。

❽ 周锡保.中国古代服饰史[M].北京：中国戏剧出版社，1984：174.

❾ 朱熹.朱子全书[M].上海：上海古籍出版社，2002：3063-3068.

服制度之径道，成为中国冠服制度的一个重要时期。可以说，隋、唐的以服色定等级，都受此影响。

四、结论

冠服制度是古代服饰文化最为核心的内容。北魏冠服制度的建设贯穿于北魏社会发展的整个进程，从太祖拓跋珪"诏有司制冠服，随品秩各有差，时事未暇，多失古礼"[1]到世祖拓跋焘"经营四方，未能留意，仍世以武力为事，取于便习而已"[1]，再从高祖孝文帝"始考旧典，以制冠服，百僚六官，各有差次。早世升遐，犹未周洽"[1]到肃宗元诩时"条章粗备焉"[1]。北魏冠服由初期的窄袖紧身、着靴戴帽，经中期对汉族服饰的逐步接纳与尝试，到后期发展到高冠博带、足上着履的汉族衣冠形象。各朝帝王中，高祖孝文帝根据前人的历史铺垫，全面主动接受汉族先进文化，在冠服制度的建设中成为真正的实施者，不仅建立了用于祭祀、朝会的祭服和朝服制度，还根据本族生活环境特点，制定了方便穿着、用于公务的公服制度，成为北齐乃至隋唐冠服制度之先声。

---

[1] 魏收.魏书·卷一八四:礼志四 [M].北京:中华书局,1973:2817.

25 "突变"与"滞后"
——从末代皇帝看20世纪上半叶中国男装变迁

李兆龚❶

摘　要　　20世纪上半叶的中国是一个嬗变的时代,服饰作为生活必需品也突破了实用和艺术的范畴,成为社会形态、政治、经济、技术、观念、民俗、文化等要素综合的视觉呈现。末代皇帝爱新觉罗·溥仪(1906—1967)作为那时不多的有照片完整记录一生的历史人物,历经晚清、中华民国以及中华人民共和国三大历史时期,其着装一定程度上代表了所处时代风貌和水平。本文希望在政治"突变"与观念"滞后"相互作用的背景下,借此个案窥探20世纪上半叶男装变迁的过程和中国社会现代转型的一个侧面。

关键词　　末代皇帝、着装配饰、男装变迁、服饰时代风貌、上层社会

一、引言

本文以图文互证的方法,通过整理与溥仪相关的历史文献以及服装史研究著作,并结合现存溥仪历史照片,分析溥仪在不同时期的服装特征(图1),总结其穿衣思想和态度的变化。进一步从末代皇帝这一特殊历史人物窥探20世纪上半叶中国男装的变迁,尤其是上层社会男装的基本面貌,同时考察其形成原因。

学界在该题目上鲜有针对性研究。在关于溥仪本人的文献中,权威性的主要有溥仪本人所著《我的前半生》,王庆祥所著《溥仪的后半生》《溥仪日记全本》,贾英华所著《末代皇帝

图1　民国溥仪漫画❷

---

❶ 李兆龚,清华大学美术学院,博士研究生。
❷ 此漫画恰包含了溥仪戎装、中式服装和西式服装三种形式。

的后半生》以及长春伪满皇宫博物院、长春溥仪研究会的研究文献，主要着眼于溥仪生平，以人物传记为主，同时，溥仪的着装经常作为范例出现在各类近代中国服装史当中，但都未有对溥仪着装的专门性研究。

二、末代皇帝服饰变迁

溥仪的服饰变化大致可以分为如下五个阶段：传统清代着装阶段（1906～1919年）、中西交替着装阶段（1919～1932年）、西式着装为主阶段（1932～1950年）、囚装阶段（1950～1959年）、人民装阶段（1959～1967年）。溥仪个人的服饰变化与整个时代的着装变化基本吻合，同时存在个别差异性。服饰的变化主要包括发型头饰、服装和配饰等方面。

（一）传统清代着装阶段（1906～1919年）

1906～1918年的14年间，中国社会经历了辛亥革命的风云变幻，在政治革命的浪潮下，社会风俗发生着翻天覆地的变化，但是由于清室优待条件的存在使得紫禁城内的皇族生活并未受到真正的影响。生活在"小朝廷"中的末代皇帝溥仪年龄尚小，也鲜有机会亲身了解紫禁城外的世界❶，他的言行多受清朝遗老的影响，所以这一时期的着装仍旧以传统清代着装为主（图2）。

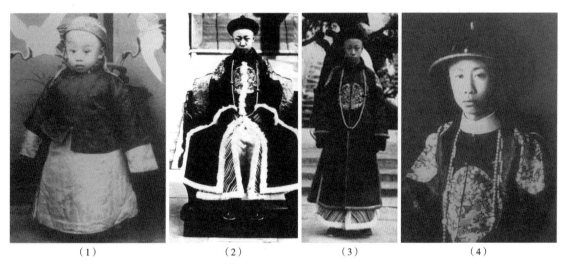

（1）　　　　　（2）　　　　　（3）　　　　　（4）

图2　溥仪传统清代着装阶段

发型上，依旧是清代特有的辫子头：剃光前额，将其余的头发编成辫子置于脑后。平时佩戴瓜皮帽、凉帽、暖帽，着朝服时佩戴顶戴花翎。服装上，大致可以分为两种：第一种着长袍马褂，从图2（1）可以看到两岁的溥仪身着长袍、马褂，头戴瓜皮帽；第二种为着朝服，1917年张勋复

---

❶ 庄士敦在1919年3月7日写给英国当局的情报中这样写道："他能够阅读中文报纸，十分有兴趣了解当日新闻……但他从未走出过紫禁城。"

辟时溥仪二次登基时的照片中［图2（2）、（3）］身着棉毛质龙袍，头戴顶戴花翎，佩挂朝珠。庄士敦在在1919年3月7日写给英国当局的情报中这样描述："3月3日，我被正式引见给小皇帝，他身着引人注目的朝服，在许多身着制服的官员簇拥下到场。"❶龙袍的种类有"黄贡缎绣流云十二章全龙立水袍、天清江绸绣流云四章四正全龙褂"❷等。配饰上，值得一提的是在1917年春节时溥仪和端康太妃、溥杰、毓崇御花园合影当中佩戴圆镜片的茶墨镜，此时溥仪并无近视，这种眼镜主要是用于在宫中玩耍，清宫帝王早有配镜历史，康熙、雍正、乾隆都曾配有眼镜，但都是单镜片或单腿老花镜。

这一阶段的中国社会，自1911年起早已剪掉辫子，民众的着装呈现出"中西莫辨，伦类难分"❸的特征。"中"式着装中，上层贵族与溥仪衣着无异，普通劳动阶层主要为长裤短褂，俗称"短打"。更重要的是，"西"式着装被中华民国以法律形式确定下来，1912年中华民国临时政府和参议院颁布了第一个正式的服饰法令《服制》，对国民正式礼服的颜色、式样、材质做出了具体规定❹。在天津、上海等沿海开埠地区，西式服装的影响更为明显，"新政权文武官员换上新装，意味着顶戴花翎的终结"❺，而由于所处环境和人物的特殊性，溥仪的着装已然落后于时代的步伐。

（二）中西交替着装阶段（1919～1932年）

生活在森严的内宫，溥仪本人在思想上还是极其向往新鲜事物的，只是缺少一个契机，这个契机就是庄士敦。作为溥仪的外国老师，庄士敦1919年进宫，到1924年离开溥仪，这五年间是溥仪思想上巨变的时期，醉心于新鲜事物的溥仪可谓与庄士敦一见如故，这段时间也是他着装、生活、思想加速西化的阶段。我们可以看到这一时期的溥仪在着装上的变化是非常繁多的（图3）：中式、西式、中西结合、运动装、戎装等。

衣着上，远远滞后的溥仪极力开始追赶服饰时尚，却亦步亦趋，常常适得其反。溥仪在《我的前半生》第三章《紫禁城内外》第三节"庄士敦"中这样写道："我十五岁那年，决心完全照他的样来打扮自己，叫太监到街上给我买了一大堆西装来。我穿上一套完全不合身、大的出奇的西装，而且把领带像绳子似地系在领子的外面。当我这样的走进了毓庆宫，叫他看见了的时候，他简直气的发了抖，叫我赶快回去换下来……祝了酒，回到养心殿后，脱下我的龙袍，换上了便装长袍，内穿西服裤，头戴鸭舌帽。"❻我们从溥仪一张摄于20世纪20年代的照片可以看到身着长袍马褂的他却戴了一副西式墨镜和手套［图3（2）］。一位侍奉溥仪多年起居的仆人严桐江回忆："溥仪在北京故宫时，经常是便服、便鞋、长衫、马褂。1927年在天津时开始穿用西装，尤其对于领

❶ 庄士敦. 紫禁城的黄昏 [M]. 北京：紫禁城出版社,2010:116.
❷ 王庆祥. 溥仪的后半生 [M]. 北京：人民出版社,2012:154.
❸ 袁仄,胡月. 百年衣裳:20 世纪中国服装流变 [M]. 北京：生活·读书·新知三联书店,2010:87.
❹ 袁仄,胡月. 百年衣裳:20 世纪中国服装流变 [M]. 北京：生活·读书·新知三联书店,2010:73.
❺ 袁仄,胡月. 百年衣裳:20 世纪中国服装流变 [M]. 北京：生活·读书·新知三联书店,2010:75.
❻ 爱新觉罗·溥仪. 我的前半生 [M]. 北京：群众出版社,1982:125,129.

（1）　　（2）　　（3）　　（4）　　（5）　　（6）

（7）　　（8）　　（9）　　（10）　　（11）　　（12）

图3　溥仪中西交替着装阶段

带一项十分讲究，花色条纹必须与西装相符合，因此每次穿西装时，都要捧出一大抽屉领带来挑选。"❶

　　发型上，这一阶段最大的变化就是1920年溥仪剪掉了辫子，最初的一段时间是光头、寸头，后来是向右的三七开分头（也偶见中分以及向左的三七分头），这一发型也一直伴随溥仪终生（图4）。溥仪剪掉辫子与那一时期对于庄士敦的过分崇拜有直接关系，他在《我的前半生》第三章《紫禁城内外》第三节"庄士敦"写道："只因庄士敦讥笑说中国人的辫子是猪尾巴，我才把它剪掉了……现在，经庄士敦一宣传，我首先剪了辫子。我这一剪，几天工夫千把条辫子全不见了，

（1）　　（2）　　（3）　　（4）　　（5）　　（6）　　（7）　　（8）　　（9）

图4　溥仪发型及眼镜的变化

❶ 摘自严桐江档案资料（未刊），王庆祥.溥仪的后半生[M].北京:人民出版社,2012:154.

只有三位中国师傅和几个内务府大臣还保留着。"❶所佩戴的帽子也开始出现圆顶礼帽、绅士礼帽、鸭舌帽［图5（4）～（8）］。

（1）　　（2）　　（3）　　（4）　　（5）　　（6）　　（7）　　（8）

（9）　　（10）　　（11）　　（12）　　（13）　　（14）　　（15）　　（16）

图5　溥仪头饰的变化

配饰上，最大的变化就是佩戴近视眼镜［图4（3）～（9）］。溥仪配戴眼镜可以追溯到1916年，但主要用于玩耍，真正佩戴近视眼镜到了1921年。1919年庄士敦入宫之后，在学习英语的时候，庄士敦发现溥仪看时间总是看身后的大钟而不看面前的小钟，这时庄士敦就怀疑溥仪可能有近视，希望找医生治疗，却遭到内务府和太后的极大反对。溥仪在《我的前半生》第三章《紫禁城内外》"内部冲突"一节中，有这样的记述："在这些王公大臣们眼里，一切新的东西都是可怕的。我十五岁那年，庄士敦发现我眼睛可能近视，建议请个外国眼科医生来检验一下，如果确实的话，就给我配眼镜。不料这个建议竟像把水倒进了热油锅，紫禁城里简直炸开了。这还了得？皇上的眼珠子还能叫外国人看？皇上正当春秋鼎盛，怎么就像老头一样戴上'光子'（眼镜）？从太妃起全都不答应。后来费了庄士敦不少口舌，加之我再三坚持要办，这才解决。"❷1921年11月7日，庄士敦邀请北京协和医院眼科系主任、美国人H.J.霍华德博士，次日霍华德携助手李景模入宫，同时北京精益眼镜店总经理周云章和副经理王翔欣二人为溥仪验光，并很快配好了眼镜。根据精益眼镜店开给内务府的票据中我们可以看到溥仪在1921年11月17日一共配了两副眼镜，共花去七十五元三角，这些眼镜均为当时流行的美国款式：圆形深茶色克罗克司镜片，金属折角镜框。其中一副是真金如意脚克罗克司复光近视镜（该眼镜在20日又重新配了一副），一副是真金玳瑁边如意脚克罗克司复光近视镜。1994年第1期《中国眼镜科技杂志》中的《精益老字号今朝更青春——北京市精益眼镜公司》记载："溥仪首次配镜光度为-4.25，-0.75×90"。这个数据表示，近视425度，散光75度，散光轴向90度。"本次配镜之后，溥仪戴上了第一副近视镜，从此再未离开，而为其诊治、配镜的霍华德、王翔欣也因此名声大震。从现存历史照片中我们可以看到，这一阶段溥仪除了佩戴近视镜，佩戴墨镜的机会也不在少数，甚至在家中也不例外。

❶ 爱新觉罗·溥仪.我的前半生 [M].北京:群众出版社,1982:127.
❷ 爱新觉罗·溥仪.我的前半生 [M].北京:群众出版社,1982:138.

另外，溥仪在《我的前半生》第三章《紫禁城内外》第三节"庄士敦"写道："至于外国人手里的棍子，据太监说叫'文明棍'，是打人用的。"可以看到溥仪对文明棍的态度是新奇、不安甚至有一点惧怕，可是我们却看到了20年代中期寓居天津的溥仪手持文明棍的照片［图6（3）］。

（1）　　　　　　　　　（2）　　　（3）　　　（4）

（5）　　　　　　　　（6）　　　　　　　　（7）

图6　溥仪配饰的变化

这一时期的中国社会，在服饰上仍然是"新旧并存"，长袍马褂和西服均为男性的礼仪服装，"20世纪20年代国人的穿戴日趋开放，归纳起来为三种着装方式，即土、洋、土洋结合三种。"[1]一新《中庸之道》中说道："不中不西，亦中亦西，谓之为中西合璧可，谓之为文化进步也，然而这合璧的进化，不发生于外国而独见于中华者，固由于中人之善模仿，然而主要的理由不能不说是中国人常于'中庸之道'。"[2]溥仪在20年代初期对西装的偏执追求下的穿衣效果正是这种"中庸之道"的具体体现。政治上无力而被冯玉祥赶出紫禁城的溥仪，在着装上却赶上了时代的潮流，代表了这一时期上层社会的穿衣特征。

（三）西式着装为主阶段（1932～1950年）

这一阶段穿衣特征的形成，最主要的主要原因是溥仪北上长春做了伪满洲国傀儡皇帝（最初为伪满洲国执政），一切都要听命于日本关东军，而关东军极力强调伪满洲国是一个全新的国家，对于溥仪把大清国和伪满洲国划等号的做法非常敏感。作为礼仪的象征，已经成为伪满洲国皇帝的溥仪穿衣风格受到直接影响，所以1932～1945年的十四年间我们几乎看不到溥仪身着传统满族

❶ 袁仄,胡月.百年衣裳:20世纪中国服装流变 [M].北京:生活·读书·新知三联书店,2010:87.
❷ 一新.中庸之道 [N].新天津画报,1934-5-6.

服饰，代以西式的伪满洲国大元帅帅服、西服和军服（图7）。而从历史照片中还可以看到遗老后妃们（如郑孝胥、婉容等）身着传统的满族服饰。1945～1950年在苏联囚居的五年间，缺乏史料佐证，但从1946年溥仪出席远东国际法庭为审判日本甲级战犯审判作证的历史照片中，我们可以看到他仍旧身着西装［图7（6）、（7）］。

| （1） | （2） | （3） | （4） | （5） | （6） | （7） |

图7　溥仪西式着装为主阶段

在着装上溥仪与关东军最大一次冲突发生在1933年10月溥仪就任伪满洲帝国皇帝前夕，溥仪要求身着"清朝龙袍"［图7（4）］登极，而关东军要求身着"伪满洲国陆海空军大元帅正装"［图7（2）、（3）］，双方各不相让，作为妥协，最终的结果是"龙袍祭天，正装登极"。溥仪在《我的前半生》第五章《潜往东北》第五节"第三次做'皇帝'"中写道："一九三四年三月一日的清晨，在长春郊外杏花村，在用土垒起的'天坛'上，我穿了龙袍行了告天即位的古礼。然后，回来换了所谓大元帅正装，举行了'登极'典礼。"❶这件"清朝龙袍"是光绪皇帝穿过的，正一品珊瑚顶和三眼花翎。

头饰上，身着伪满洲国大元帅帅服时佩戴形制多样的帅帽［图5（10）、（11）］，身着军服时则配以军帽［图5（12）、（13）］，其他时候有见佩戴礼帽。

衣着上，正式活动时身着伪满洲国大元帅帅服［图7（1）～（3）］、日式军服［图7（5）］或西式礼服，日常生活中多身着西服。在身着军服时配穿皮靴［图8（9）］或皮鞋［图8（8）］，其他着装则以皮鞋为主。另外，1931年底溥仪由天津北上长春时，由于天气转凉，在西装外还披上了披风［图3（12）］。随侍严桐江回忆说："在长春时也穿西装，但更多的时候是穿陆军军服，而溥仪最喜欢穿的是一种军服颜色的学生装。"❷毓嶦先生补充了这种学生装的式样出自溥仪亲自设计："藏蓝色的裤子、草绿色的上衣，西服式，绿领带，在黑色大绒地的领章上还镶着由金丝银丝织就的领徽。"王庆祥先生说："这充分证明溥仪对穿衣原有一整套自己的审美观点。"❷

伪满洲国的十四年加上苏联囚居的五年间（1932～1950年），溥仪本人在着装上完全的政治化和西化。这一阶段的中国社会已经进入南京国民政府时期（1927～1949年），"西服、长袍马褂、

❶ 爱新觉罗·溥仪. 我的前半生 [M]. 北京：群众出版社，1982：337.
❷ 摘自严桐江档案资料（未刊），王庆祥. 溥仪的后半生 [M]. 北京：人民出版社，2012：154.

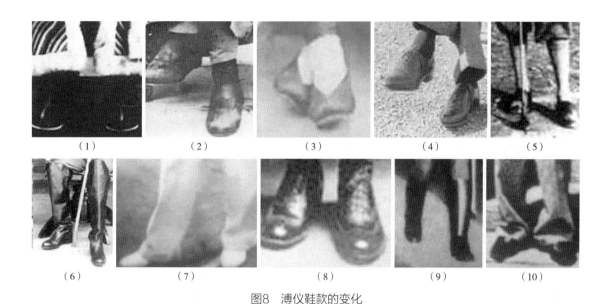

(1)　　　　　(2)　　　　　(3)　　　　　(4)　　　　　(5)

（6）　　　　　（7）　　　　　（8）　　　　　（9）　　　　　（10）

图8　溥仪鞋款的变化

中山装和军服逐步成为正式礼仪服饰"❶，而沦为日本人傀儡的溥仪在着装上与整个中国社会有着明显的不同。

（四）囚装阶段（1950～1959年）

1950年8月1日，溥仪被苏联当局移交回国，关押在著名的抚顺战犯管理所，开始了长达十年的囚徒生涯。

同一时期，1949年中华人民共和国成立，一个以工农大众为主体的新生政权并未制定具体的服制，但却潜移默化地改变着中国人的穿衣方式。从1949～1956年，人们的穿着仍然中西兼有，沿用了1949年之前的衣着，1956年以后，奢华的衣着逐渐为人所不齿，加之这一时期的节俭之风，很快人们的服装进入"补丁时尚"❷和工农服装、苏联装扮为主的时代。随着囚徒生涯的开始，溥仪在十年的时间里也多以囚装示人，进入了衣着上与外界的隔离期。

溥仪在《我的前半生》第八章《由疑惧到认罪》第二小节"初到抚顺"写道"同时还发了新的黑裤褂和白内衣"❸，最为标志性的是在他上衣左胸前用白底黑字缝了他的名字和编号［图9（4）］，"来这里的初期，看守员一般总是叫号码的（我的号码是'981'）"❹。我们可以看到，作为特殊的历史人物，溥仪不免会接受媒体访谈和外出参观活动，这些场合当中他多身着"制服"，即中山装，见图9（1），这与中国20世纪50年代的着装习惯相一致。这一时期由于囚徒身份的限制，多配以解放帽［图5（15）］，并无配饰，别外他还曾向政府上交自己的珠宝首饰和怀表等物件。

❶ 袁仄,胡月.百年衣裳:20世纪中国服装流变 [M].北京:生活·读书·新知三联书店,2010:196.
❷ 袁仄,胡月.百年衣裳:20世纪中国服装流变 [M].北京:生活·读书·新知三联书店,2010:261.
❸ 爱新觉罗·溥仪.我的前半生 [M].北京:群众出版社,1982:405.
❹ 爱新觉罗·溥仪.我的前半生 [M].北京:群众出版社,1982:413.

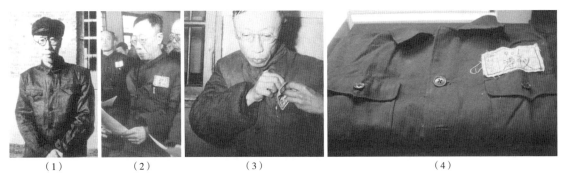

（1）　　（2）　　　　（3）　　　　　　　　　（4）

图9　溥仪囚装阶段

（五）人民装阶段（1959~1967年）

　　1959年12月4日，溥仪被中华人民共和国特赦，12月9日上午，回到了阔别35年的北京，开始了自己的公民生涯。

　　这一时期溥仪均身着中山装和制服（图10）。配饰上一个细微的变化就是左上衣兜常挂有一支笔［图6（7）］，这种情况初见于其囚徒生涯末期，究其原因可能是其文史研究员的身份，或是改造学习之后的习惯。此时溥仪多配以皮鞋［图10（4）］，在有关文献中我们也看到"男士亮面牛皮鞋"的记载。❶

（1）　　　　（2）　　　　（3）　　　　（4）　　　　　　（5）

图10　溥仪人民装阶段

---

❶ 王庆祥《溥仪的后半生》第154页："1964年3月，在上海一家有名的大商店里，李淑贤相中一双男士亮面牛皮鞋，想给溥仪买下，可他说什么也不要……"

接受改造后的溥仪在经济困难时期从不添置新衣,在他人生最后十年的日记手稿中记载"添置衣物"的仅有两处❶,且全部为爱人李淑贤添衣。而其本人则表示"自己的衣服够穿,应把布票送到国家急需的地方去",可以看到末代皇帝在成为公民之后不仅穿衣风格由于历史变革发生巨大变化,而且穿衣习惯和态度也发生翻天覆地的变化。

三、结语

作为与日常生活关系最为密切的艺术门类之一,服饰是反映时代流变的一面镜子。一部显性的服饰史,就是一部隐性的社会形态、政治、经济、技术、观念、民俗、文化的变迁史。对于个体而言,无论是主动选择抑或被动接受,服饰变化某种程度上也是身份认同的过程。

近代中国,社会制度变化、政权更迭和强势文化入驻常会带来服饰风貌的"突变"。"服制者,立国之经",封建统治者向来将服饰视为民众教化和等级划分的手段。1912年中华民国政府也同样通过颁布《服制》,以法律形式确定了以西服为蓝本的着装样式,溥仪由清代着装、西装,到囚装、人民装的服饰变迁即是政治影响的结果。穿衣观念的形成与改变需要过程,所以一定时空内便会造成服饰发展的"滞后"。比如民国初年中西着装并行于世、"小朝廷"里的溥仪直到1920年才剪掉辫子、中华人民共和国成立伊始代表民国摩登文化的旗袍依然流行,如同当初接受蓄辫、马褂和旗袍一样,时人在面对放弃的时候也无法一蹴而就。与其说这是一种时间和空间上的滞后,不如说是个体自发地接受和妥协的过程,也逐渐形成了时局主导下的审美观念。

20世纪上半叶的中国服饰史恰好反映了在自上而下的社会"突变"与自下而上的观念"滞后"中所形成的时代风貌,若这种上下合力发生失衡,便有可能发生新的服饰变革。溥仪所展现的半个多世纪斑斓的服饰变迁早已超越了个人意志的范畴,成为折射这段历史的载体,见证了近代中国的曲折发展和现代转型。

参考文献

[1] 贾英华. 末代皇帝的后半生[M]. 北京:人民文学出版社,2004.

[2] 爱新觉罗·溥仪. 溥仪日记全本[M]. 天津:天津人民出版社,2009.

[3] 李立夫. 从皇帝到公民[M]. 长春:吉林文史出版社,2005.

[4] 爱新觉罗·溥仪. 溥仪十年日记(1956—1967)[M]. 北京:同心出版社,2007.

[5] 黄士龙. 中国服饰史略[M]. 上海:上海文化出版社,2007.

❶ 爱新觉罗·溥仪《溥仪十年日记(1956—1967)》:"2月10日,和贤取衣;6月9日,和贤到王府井买裙子。"

附录：溥仪衣着变化简表

时期	发型	头饰	服装	配饰	鞋	穿衣理念	个人身份	社会服饰风格
传统清代着装阶段（1906~1919年）	辫子头	瓜皮帽、凉帽、暖帽、顶戴花翎	长袍、马褂、朝服	圆镜片茶墨镜（偶尔）	厚底布鞋	懵懂无知、受传统理念支配	末代皇帝、清逊帝	固守其旧、服制立法、中西莫辨
中西交替着装阶段（1919~1932年）	光头、三七分头	圆顶礼帽、绅士礼帽、鸭舌帽	便服、长衫、马褂、西装、运动装	圆形克罗克司近视镜、墨镜、文明棍	厚底布鞋、皮鞋	追求时尚和西化、亦步亦趋	清逊帝、天津寓公	中西不悖、土洋结合
西式着装为主阶段（1932~1950年）	三七分头	伪满洲国大元帅帅帽、军帽、礼帽	伪满洲国大元帅帅服、日式军服、西式礼服、西服	近视镜、军刀、文明棍、勋章、白手套	皮靴、皮鞋	受日控制（正装）、亲自设计（便装）	伪满洲国傀儡皇帝、苏联囚居	民国模式
囚装阶段（1950~1959年）	三七分头	解放帽	黑裤褂和白内衣、中山装	近视镜	布鞋	无	囚徒	民国装和工农装
人民装阶段（1959~1967年）	三七分头	解放帽	中山装、制服	近视镜、钢笔	皮鞋、布鞋	勤俭持家，从不添置新衣	公民	工农干部装

26 传统丝织品中鸟纹的历史演变与文化内涵❶

宋春会❷ 崔荣荣❸

摘　要　　　鸟纹作为中国古老的一种纹样，承载着华夏民族数千年的文明，在青铜器、瓷器、丝织品等方面广泛应用。本文以鸟纹为核心出发点，就传统丝织品中鸟纹纹样的演变历程及其在生活中的应用做重点论述，总结出各个时期的代表性鸟纹及其时代特征，并试图探析鸟纹背后的文化内涵。

关键词　　丝织品、鸟纹、纹样、历史演变、文化、内涵

一、鸟纹的起源及概念界定

鸟纹是中国传统的吉祥寓意纹样，最早在河姆渡文化和仰韶文化半坡类型的遗存陶器上出现。鸟纹的形成与鸟图腾崇拜有很大关联。古代氏族社会中，不同部落都有自己的图腾，将其奉为"祖先"加以崇拜。图腾崇拜是原始社会中先民们祖先崇拜与自然崇拜、动植物崇拜结合而成的一种宗教形式或信仰。❹

氏族部落对鸟图腾的原始崇拜和抽象信仰渗入到生活的诸多方面，表现在日常生活器皿、房屋、兵器、服饰等方面。先民们的审美观念受图腾崇拜的影响，对古代文化艺术的产生与发展有重要作用。自此，发源于鸟图腾崇拜的鸟纹纹样渐渐走进人们的视野，在生活中广泛应用。

鸟纹作为一种传统的装饰纹样，广义上包含由鸟纹与其他内容组合而成的纹饰，如花鸟纹；狭义上则仅指纯粹鸟纹或以鸟纹为主体的纹饰。神话性质的凤纹或其他瑞禽纹也可归在鸟纹类属，常见于青铜器、玉器和陶瓷器的表面。鸟纹在发展过程

❶ 本文为2015年度国家社会科学基金艺术学重点项目"中国汉族纺织服饰文化遗产价值谱系及特色研究"（项目编号：15AG004）及江苏省社科项目"江苏省江淮地区民间服饰技艺的活态保护与传承研究"（项目编号：16YSB007）阶段性成果之一及2018年江苏省研究生科研创新计划项目（项目编号：KYCX18_1876）阶段性成果之一。
❷ 宋春会，江南大学设计学院，博士研究生。
❸ 崔荣荣，江南大学社会科学处副处长，江南大学博物馆筹建办公室主任，教授，博士生导师。
❹ 史延延. 鸟图腾崇拜与吴越地区的崇鸟文化 [J]. 社会科学战线，1994(3)：109–113.

中受所处时代背景、社会环境、经济盛衰和审美观念的影响，不断积淀新的历史文化内涵，成为具有中国特色的艺术纹样。

二、传统丝织品中鸟纹的发展与演变

鸟纹最早在陶器、玉器、青铜器上作为装饰纹样出现，很少出现在纺织品中。商周时期随着青铜器纹饰上大量出现凤鸟纹，促进了丝织品中凤鸟纹的流行。凤纹作为鸟纹的一种代表性纹样，在楚文化中备受推崇，丝织品中的凤鸟纹大量应用，如湖北荆州马山1号墓出土的"凤龙虎纹绣罗禅衣"等丝织品薄如蝉翼，轻若笼烟。蟠龙飞凤纹绣、舞凤舞龙纹绣、一凤二龙相蟠纹绣、一凤三龙蟠纹绣、凤鸟纹绣、舞凤逐龙纹绣、花卉飞凤纹绣、凤龙虎纹绣、三首凤鸟纹绣、花冠舞凤纹绣、衔花凤鸟纹绣、凤鸟花卉纹绣等都较为多见。[1] 到了秦汉时期，"凤纹"得到长足发展。凤是古代传说中的一种祥瑞神鸟，传至秦汉时代，受秦始皇求长生不老的影响，寄予其羽化升仙之意，当时的叫法也是千奇百怪，除"凤凰"外，还有"朱雀""鸾鸟""赤鸟""长离""鹏""雏"等叫法，他们与凤凰形象大同小异，多为神话中的美丽巨鸟，将其归为一起，统称之为"凤鸟"。

魏晋南北朝时期，北朝图案简练鲜明，纹样种类少，形象单纯，组合也不复杂，同一纹样反复连续即为边饰，几种边饰相联，中置一莲花即为藻井。纹样主要有莲荷纹、忍冬纹、几何纹、云气纹、祥禽瑞兽纹等，还有光焰纹、鳞甲纹、散点花草纹等，纺织品中的鸟纹类型相对较少。

到了唐代，花鸟画独立成科并趋于成熟，促进了崇尚花鸟社会风气的流行。加之丝绸之路的畅通及唐代佛教的盛行，西域胡风及佛教题材的花鸟装饰类型极为流行。唐代的花鸟纹种类繁多，主要为鸟衔绶带纹，唐代的鸟类，如雀，凤，燕等飞禽，在纹样中常表现为口衔绶带，绶带即飘带，因绶与寿同音，故取其吉祥长寿之意。鸟中口衔着绶带，或飞行，或站立，意趣盎然，在布局中也增添了动感和装饰美。唐代花鸟纹常以各种鸟雀站在花枝或花朵上，称鸟踏花枝纹，是花鸟纹的一种组合，富于诗情画意，除了鸟雀外，还有瑞兽踏花枝或人物神仙踏花枝。此外，陵阳公样、鹦鹉纹、孔雀纹、鸳鸯纹、鸿雁纹等也是纺织品中常见的花鸟装饰纹样（图1～图3）。

图1　五代隋唐对雁对含绶鸳鸯纹锦（北京服装学院民族服饰博物馆藏）

---

❶ 洪京. 中国传统装饰纹样凤鸟纹及其在现代设计中的应用 [D]. 石家庄: 河北师范大学, 2011.

图2　敦煌莫高窟138窟晚唐壁画
女供养人上衣大袖之鸾凤衔花纹
（黄能馥临摹）

图3　苏州瑞光塔出土五代孔雀
纹纬锦（苏州博物馆藏，
黄能馥复原）

宋代随着国力的衰退，服饰文化不再艳丽奢华，而是简洁质朴。宋代花鸟画的持续发展引领了当时的社会风尚，丝织品上的装饰纹样受花鸟画的影响，鸟纹广泛应用，流行的纹样有双窠云雁纹、孔雀纹、云鹤纹等，纹样构图严密，造型写实，并在造型与题材上引领了明清时期的社会风尚。

明清时期，花鸟草虫是明清传统装饰纹样中的一大门类，象征忠贞不渝爱情的鸳鸯、描绘细腻的孔雀和草虫等自始至终都是明清丝织品装饰纹样中常见的表现题材。此时广泛应用的花鸟草虫纹饰有鸳鸯纹、鹤纹、鹊纹、孔雀纹、雉鸡纹、雁纹、鹌鹑纹、鹰纹、鹭鸶纹、翠鸟纹、绶带纹、燕纹、鸧鸹纹、鹦鹉纹、黄鹂纹、白头翁纹、鸡纹、蝴蝶纹、草虫纹、其他花鸟纹等。服装上鸟纹图案的运用讲究吉祥寓意，图必有意，意必吉祥。在吉祥图案上看到的是形象，心中感受到的除了形象美、形式美之外，还有寓意美、语言美。[1]此时，流行于明朝时期的"百褶裙"，有一种名为"凤尾裙"，每条选用一种颜色的缎，每条色缎上绣出花鸟纹饰，带边镶以金线可成为独立的条带，将数条这样的彩条拼合在腰带上，就成为彩条飘舞的裙子，因此取名"凤尾裙"。这一时期是花鸟纹发展的鼎盛时期，应用范围更加广泛，装饰手法更加复杂，是人们借以寄情达意的常用素材。鸟纹经过数千年的发展，最初作为图腾出现，是人类社会早期蒙昧意识的产物，最后作为装饰性图案广泛应用于生活的诸多方面，鸟纹经历了从具象到抽象、从单一到复杂的转变。

---

❶ 吴聪. 古代女性肚兜中性别意识解读 [J]. 服装学报，2017，2(1)：50−54.

装饰性鸟纹结合所处时代的审美倾向和时代特征，形成了特定时期的典型风格和代表性鸟纹，体现着人类社会思想意识的进化和社会文明的进步。

三、鸟纹的社会文化内涵

文化是特定历史条件下特定结构的复合体，由图腾崇拜衍生而来的鸟纹文化所体现的社会文化内涵亦是以图腾观念为核心的各种文化元素构成的复合体，是随着生产力的进步不断发展完善的文化体系。具体而言，鸟纹的社会文化内涵主要表现为以下几个方面。

（一）鸟纹带有生殖崇拜的印记

人类社会早期，鸟纹作为图腾崇拜出现，是一种被神化了的自然形象。不管是传说中鸟类为人类带来了火种，衔来了粮食，能躲避凶险的自然灾害，还是《山海经》中人鸟组合的诸多形象，亦或是他们认为鸟类是自己的先祖，都是先民鸟崇拜的具体化，是根植于先民心中的宗教信仰。他们认为鸟是神，能为他们消灾解难，带来祥瑞吉祥。早期先民们对鸟的崇拜更多是源于图腾崇拜而非生殖崇拜，由此产生很多诸如"玄鸟生商"的神话故事，远古先民们经历了很长一段时期的蒙昧期。随着生产力的进步和人类社会认知的不断完善，先民们认识到男性在生育中起到的重要作用，这样在观念上终结了女性的生殖崇拜并产生了男性生殖崇拜，虽是由女性崇拜转为男性崇拜这一生殖观念上的转变，但却经历了一个漫长的历史发展过程。新的历史文化现象出现了，但是女性生殖崇拜的文化现象并没有就此消失，而是在异化中得到发展，对鸟的崇拜发生根本性变化并得到适应性发展。

（二）鸟纹寄予幸福生活的祈盼

鸟纹是一种统称，包含有许多具体的鸟类形象，这些鸟类形象一般都具有美好的象征寓意，并与不同的动植物图案组合应用于生活的诸多方面。随着生产力的发展和人类认知水平的提高，鸟纹的使用范围更加广泛并逐渐发展为一种传统的寓意纹样，使用范围也更加广泛化和生活化。人类社会早期的鸟纹形象来源于图腾崇拜的自然形象，远古先民对此怀有敬畏之心。各个时期都有一些典型的代表性鸟纹，先民们借此来表达对美好生活的祈盼，原始社会时期鸟纹主要应用在陶器和玉器上，商周时期则在青铜器上得到广泛应用，而到汉代及以后各代时，鸟纹在织绣品及日常生活用具上比较多见。

目前出土的汉代鸟纹实物也较多，如长沙马王堆汉墓出土的黄色对鸟菱纹绮衣物，新疆营盘出土的汉代缂毛鸟织物等，唐宋时期花鸟纹流行一时，明清时期瓷器、织绣品、家具上的鸟纹图案都屡见不鲜，鸟纹作为吉祥图案在日常生活中得到广泛应用。不同的鸟纹与不同的动植物组合使用表达不同的吉祥寓意，如蝴蝶、牡丹、猫的组合应用谐音表达"耄耋富贵"；牡丹、雄鸡组合表达"功名富贵";牡丹、白头翁表达"白头富贵";绶带鸟、代代花、寿石或桃表达"代代寿先";松、鹤组合表达"松鹤长春"或"松鹤遐龄";月季花、寿石、白头翁表达"长春白头";杏花、燕组合应用表达"杏林春燕";竹、香橼、绶带鸟组合表达"状元祝寿";一只公鸡立于石上表达"室上大吉"……由此可见,常用的代表性吉祥鸟纹有喜鹊、鹤、鸳鸯、绶带鸟、凤凰、鸭、蓬鸟、黄雀、燕、喜鹊、雄鸡、白头翁等,这些鸟纹与不同的动植物图案组合表达"富贵""长寿""喜庆"等吉祥寓意的主题。

鸟纹形象体现出某个特定时期的社会流行和审美倾向,并随着社会生产力的发展逐步完善,是特定历史时期社会环境的综合产物。鸟纹的吉祥寓意一旦产生便经久流传并以吉祥图案的形式表现出来,人们将对幸福生活的美好祈盼寄予在变化丰富的鸟纹纹样中,借以表达对幸福生活的美好祈盼。

(三)鸟纹表达政治色彩的内涵

1. 鸟纹成为图腾标志和象征官员品级地位

鸟纹产生之初,作为一种图腾崇拜现象,带有一定的政治色彩。早期图腾制度是最早的社会制度,图腾主要出现在旗帜、族徽、柱子、衣饰、身体等地方,拥有相同旗帜或族徽等象征标志的族群为同一个氏族或部落。图腾制度在维护集团内部稳定、团结氏族部落方面起到重要作用。鸟纹的政治色彩也体现在官员命妇的服饰图案和官员补服上。鸟纹在明朝礼服霞帔中占有重要地位,霞帔是明代以后妇女的重要服饰品和装饰品,是汉族女士礼服必不可少的装饰物。[1]命妇着霞帔时,在用色和图案纹饰上都有规定。一般在大红底色的大袖衫上披挂霞帔时,要用深青色绣花霞帔,品级的差别主要表现在纹饰上,一、二品命妇霞帔用蹙金绣云霞翟(即长尾山雉)纹,三、四品命妇霞帔用金绣云霞孔雀纹,五品命妇霞帔用绣云霞鸳鸯纹,六、七品命妇霞帔用绣云霞练鹊纹,八、九品命妇霞帔用绣缠枝花纹。官员命妇的礼服用不同的鸟纹图案代表不同的官阶等级,将鸟纹图案与政治权利挂钩。再者,明清时期的补服官服上也以不同的飞禽鸟纹来区分文官等级,此时鸟纹由抽象化为具象,带有权利象征意味。

2. 典型鸟纹——凤纹象征女性与众不同的权利

凤纹作为鸟纹的一种代表性纹样,被认为是由原始彩陶上的玄鸟演变而来,一直被认为是美丽幸福的化身,是一种象征吉祥的神秘瑞鸟,是天下太平的象征。古籍对凤鸟有各种描述,如"龙文虎背""燕颔鸡喙""五色备举"等。鸟纹不断发展的过程中,凤纹作为一种典型性纹样在具备吉祥寓意的同时逐渐具有皇族烙印和女权色彩。

凤凰被认为是百鸟之王,有"百鸟朝凤"之说,古人认为凤凰出现代表祥瑞,代表着政通人和,因此,与统治阶级相关的事物都与凤相关,凤成为统治阶级权利的标志。古代将帝王的都城

---

[1] 牛犁,崔荣荣.明代以来汉族民间服饰变革与社会变迁:1368—1949年[M].武汉:武汉理工大学出版社,2016:38-39.

称为"凤城"，宫廷称"凤阙"，诏书称"凤举""凤诏"，轿子称"凤辇"，华盖称"凤盖"。凤凰也是中国皇权的象征，女性权利达到巅峰时常以凤凰作为代表纹样与帝王之龙相提并论，凤从属于龙，用于皇后嫔妃，龙凤呈祥是具有中国特色的吉祥图案。唐武则天以"群臣上言，有凤皇自明堂飞入上阳宫，还集左右梧桐之上。"❶为由登上帝位，国号"凤仪"。将行政机构中书省改称"凤阁"，门下省改称鸾台。自此，凤成为封建王朝尊贵女性的代称。此外，清末慈禧也常以凤自居，自称"凤胎""凤体"，陵寝石雕也采用"大凤引小龙"，以此来彰显自己至高无上的权利地位。从丰富多彩的凤纹造型中可以感知到不同时代的历史印记和文化脉络，随着凤纹的不断发展，凤纹成为皇权的标志，成为统治阶级服务的工具。凤纹的造型结构丰富，寓意吉祥，成为政治祥和、社会清明的象征，发展至后世更是成为女性特有权利的代表性图案。

四、总结

鸟纹在几千年的发展历程中，由最初的图腾崇拜、具象的鸟纹图样，到后来人类意识的觉醒，慢慢认识到自身的力量，鸟纹变得抽象化，体现出人类可以干预自然，认识自然的意识转变，这是人类文化逐渐进步的一个过程。同时，鸟纹也是隶属于所处时代的鸟纹，受所处时代政治、经济、文化等各方面的影响。不同时代的鸟纹有不同的风格，早期具象，商周时慢慢变得抽象化，再到唐宋以后的具象化，这是时代发展的结果，也显现了不同时代的审美倾向。

鸟纹也承载着一定的社会文化内涵。鸟纹产生之初作为刻画符号表达某种特殊意义，从仓颉造字的历史记载到有关鸟的神话传说，从作为图腾图案到后来典型鸟纹图案凤纹的阶层化使用，逐渐发展成为国人喜闻乐用的一种典型性代表纹样。鸟纹体现着人类思想意识的进化和文明程度的提高，表现着不同时代的社会文明。

❶ 司马光. 资治通鉴 [M]. 长沙：岳麓书社，2007：200.

27 古代首服中"插羽"之俗

宋晓薇❶　詹炳宏❷

摘　要　从远古时期到明清之际，羽毛作为一种特殊的装饰存在于首服之上，不同时期的羽饰在材质、形式及象征意义上存在差异。但是由于出土实物较少，且地域时代分散的特殊性，学术界对其的关注度不高，相关研究几乎为空白。本文从羽饰产生的源头追溯，梳理其发展历程，由原始时期美的装饰到封建社会末期身份、地位的象征，探讨其背后的社会意义。

关键词　首服、羽饰、羽冠、花翎、帽顶

一、引言

高春明在《中国服饰名物考》中指出："古代首服有三大类别：一类为冠，一类为巾，一类为帽。三种首服用途不一：扎巾是为了敛发，戴帽是为了御寒，戴冠是为了修饰。巾、帽二物注重实用，冠则注重饰容。"本文的首服多指帽类。

羽毛是禽类特有的表皮衍生物，质地轻盈、色彩斑斓、极富装饰效果，远古的先民用鸟羽作为装饰，最初是源于对美的追求和对自然界的崇拜，随着生活方式的转变，社会活动的增加，羽饰衍化出"分贵贱，别等威"的象征意义。

二、自然崇拜的精神

据《后汉书·舆服下》记载："上古穴居而野处，衣毛而冒皮，未有制度……见鸟兽有冠角髯胡之制，遂作冠冕缨蕤，以为首饰。"说的就是远古时期的人们，从自然界中吸取灵感满足自身对美的追求，而受鸟兽羽冠的启发，模仿制作带有装饰性的冠帽。

---

❶ 宋晓薇,北京服装学院,博士研究生。
❷ 詹炳宏,北京服装学院,博士研究生。

早期用于首服的装饰材料大多就地取材，自然界的树枝藤蔓、海贝卵石等都被充分应用，后期先民通过打猎等方式获取鸟类的羽毛，并将其作为装饰品插在头上，甲骨文的"美"字字形，就像头上插着羽毛的舞人之态（图1）。

新石器时代晚期的良渚文化遗址出土的一件神人兽面纹玉器（图2），神人头戴羽冠，尽管无法辨认是何种鸟类的羽毛，但是可以看出羽冠是佩戴在前额位置，羽毛的排列十分紧密。这种羽冠同印第安人的一种由鹰尾部长羽毛做成的传统头饰十分相似（图3），据说冠上的羽毛数量与佩戴者的战功一致，冠上的羽毛越多越密，就表示功绩越大，是勇敢和荣誉的象征，时至今日，在重要的场合印第安人还是会佩戴这种羽冠。

图1　甲骨文"美"字　　　图2　浙江余杭良渚文化　　图3　印第安人羽冠
　　　　　　　　　　　　　　　戴羽冠神人玉器

贺兰山是古代匈奴、鲜卑、回鹘等北方游牧民族生息繁衍之地，这些原始氏族在贺兰山的岩石上凿刻记录了当时各种生活劳动的场景，岩画上的人物头上插羽毛作为装饰（图4），与良渚文化的羽冠神人不同，岩画上所反映出的羽饰长而稀疏，固定部位由前额移至头顶，这样插羽舞人形象在云南沅江原始岩画（图5）上也曾出现。

图4　贺兰山原始岩画　　　　　　　图5　云南沅江原始岩画

原始时期，工具和技术水平落后，羽毛获取不易，因此就显得珍贵和特别，用鸟羽作为头饰有财富、勇气等美好寓意，其中还包括人们对飞天的憧憬和向往，期盼通过鸟类的羽毛去探索未知的宇宙。

非洲土著民（图6）和毛利人（图7）原始部落中依然保留这种在头上直接插羽毛的习俗。而且，在明清时期的地方志书籍，关于西南地区少数民族服饰有"首戴骨圈，插鸡毛，缠红藤"的

图6　非洲土著民　　　　　图7　毛利人头上插北岛垂耳　　图8　商周时期盔帽
　　　　　　　　　　　　　　　　鸦的尾羽

记载，因此，说明插羽是世界范围内原始先民的共同装饰特征。

商周时期，铜盔顶部通常留有一个插羽毛的孔（图8），对于羽毛的选择，也非常讲究，因鹖鸟凶猛好斗，至死方休，因此常用鹖羽插至铜盔顶部，来激励出征的将士们。西周时期，政府设有专门管理服装纺织业的作坊，负责征收管理用于装饰盔帽、车、旗等的羽毛的官吏被叫作羽人。

三、胡汉之分的理念

进入封建社会，羽饰在北方少数民族的冠帽上得以保留，在中原地区却并不多见，因此在一段时期内，插羽毛的尖顶帽是作为区分胡汉民族的标志而存在。

新疆且末扎滚鲁克墓地出土的毛编织帽（图9），属于早期铁器时代，地处高纬度地区，冬季气候寒冷，人们为了御寒戴上了帽子，但是仍然保留了早先的传统，在帽身的一侧插上羽毛作为装饰。

新疆若羌县小河墓地出土的距今3800年的两件毡帽（图10），材料以羊毛为主，顶部圆润，帽身缠绕多股毛线，在一侧插一簇羽毛作为装饰，帽口处左右两边各坠一条系带，具有浓郁的民族特色。

图9　新疆且末扎滚鲁克墓地　　　　　图10　新疆若羌县小河墓地出土的毡帽
　　　出土毛编织帽

新疆罗布泊楼兰遗址出土毡帽（图11），在展示时帽身与羽饰是分开的，在羽饰原有位置处还有些残留，可以确定插羽的位置与小河墓地出土的毡帽相似。值得关注的是，插在毡帽上的羽饰经过后期人工处理，将几根羽毛为一组与一端有尖头的木签捆在一起，既保证了羽饰的稳固性，也为搭配时提供了多种可选择的效果。

收藏在中国丝绸博物馆的辽代对鸟麒麟纹锦虎皮帽（图12），帽檐、帽身前片使用虎皮制作，帽身后片为一块黄地对鸟麒麟纹锦，帽顶之上还插有一个红色羽毛，对于以狩猎为生的游牧民族来说，虎皮制品也彰显着佩戴者的英武。

  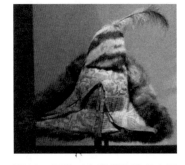

图11　新疆罗布泊楼兰遗址出土毡帽　　　　图12　辽代对鸟麒麟纹锦虎皮帽

这种兽皮帽在古代北方少数民族中被广泛使用，究其原由，与其本身的民族传统、生产生活方式密不可分。正如《后汉书·西羌传·滇良》中记载："羌胡被发左衽，而与汉人杂处。"北方民族多以游牧为生，生活的地域干旱寒冷，因此他们的发式以散发或髡发为主，而汉人多梳髻不便于戴帽，因此汉人常戴巾、冠这类首服。

四、身份标识的象征

姑姑冠，又称罟罟冠、顾姑冠等，始于成吉思汗统治时期，盛行于元代，并影响周边汗国，有严格的佩戴制度，是专属于已婚皇室贵族女子的头饰。

朵朵翎儿，装饰在姑姑冠的顶部，染以五色，如飞扇样，在元代皇后肖像（图13）中可见这

图13　元世祖忽必烈皇后纳罕（南必皇后）肖像

种装饰。帖木儿王朝是由突厥化的蒙古人帖木儿于1370年建立，深受蒙古族文化影响，尤其体现在服饰上，这一时期的细密画上的贵族妇女（图14）头上依然戴着姑姑冠，只是上面的朵朵翎儿变得更大更醒目，成为冠上的主要装饰。

鲁不鲁乞在《东游记》中记载："在头饰顶端的正中或旁边插着一束羽毛或细长的棒，同样也有一腕尺多高；这一束羽毛或细棒的顶端，饰以孔雀的羽毛。"由于画幅的限制，元代画作中很少有露出冠顶的长羽，伊儿汗国是蒙古帝国时期四大汗国之一，由伊儿汗国宰相拉希德丁主持编纂的《史集》记录了14世纪以前的蒙古族历史，书中一幅插图（图15）中贵族女子头上所戴的姑姑冠顶的中间插着一根长长的羽毛。

除了孔雀羽，级别略低的人则用野鸡毛，《析津志辑佚》中记："罟罟以大红罗幔之……顶有金十字，用安翎筒以带鸡冠尾。出五台山，今真定人家养此鸡，以取其尾，甚贵。"在伊儿汗国时期细密画上还可见另一种满插羽毛的头饰（图16），与后来巴洛克时期男帽上的羽毛装饰颇为相似。

图14 帖木儿王朝细密画　　　　图15 《史集》插图　　　　图16 伊儿汗国时期细密画

台北故宫博物院的《元人射雁图》（图17）中两位骑马射猎的元人头戴厚帽，帽檐处的兽皮翻折过来，顶端的帽顶下缀一束厚密的羽毛。帽顶是元代首服中的一种特色装饰品，从这件出土的元代玉顶金座镶杂宝帽顶（图18）来看，其制作工艺精细，底座为金镶宝石的重瓣覆仰莲花，玉顶的刻工细腻入微，应为元代蒙古贵族所用，非寻常百姓之物。

图17 元人射雁图　　　　　　　图18 元代玉顶金座镶杂宝帽顶

　　元代皇帝肖像中绘制的帽顶都是金镶宝石的底座与玉或宝石顶花组合的形式，可见这种样式在当时十分受欢迎，其中元成宗和元文宗末子燕帖古思像（图19、图20）中都隐约可见缀在帽顶下方的小巧的羽毛。

　　明代梁庄王墓出土了一件帽顶（图21），由金质莲花形底座和玉雕或宝石顶饰构成，莲瓣上镶有彩色宝石，底座后面有插翎羽的金管，用来固定羽毛，形制与上文中提及的元代帽顶相似，因此，有一部分学者认为这件梁庄王墓出土的帽顶属于故元遗物。

图19　元成宗肖像

图20　元文宗末子燕帖古思肖像

图21　明代梁庄王墓出土的帽顶

　　其实，明代的首服大体继承了元代服饰制度，这种带翎管的帽顶在当时也普遍使用，《明实录》中还有关于云南镇守太监数次向京城进贡金宝石帽顶而不成的记载。明初制度中以不同材质的帽顶、帽珠来区别官员品级，并规定庶民帽不用顶。明仁宗曾将先帝的黑毡直檐帽赐给汉王和赵王，帽顶上还有翎管，可缀天鹅翎、孔雀翎，对清代顶戴花翎制度有重要影响。

图22　明末版画
《瑞世良英》

　　明末版画《瑞世良英》（图22）里的人物头戴缠棕大帽，帽顶上插了三根羽翎，明代《出警入跸图》（图23）和明人狩猎图（图24）中的侍卫头戴各式沿帽佩两根羽翎，除了帽顶、帽珠的材质，羽翎的多寡或许也要与佩戴者的身份地位相匹配。

　　清代官方礼帽缨帽也被称作"顶戴花翎"，顶戴就是帽顶，依照佩

图23　明代《出警入跸图》

图24　明人狩猎图
（图片来源：《故宫书画图录》）

戴者的身份选择不同的材质（图25、图26），从一品大员至进士监生，有红宝石、珊瑚、蓝宝石、青金石、水晶、砗磲、素金、花金之别。花翎是插在帽顶上的孔雀羽，是皇帝的特赏之物，分为蓝翎和花翎，六品以下的官员使用由鹖羽做成的蓝翎，也被称作"野鸡翎子"；孔雀羽毛做成的花翎（图27）不可擅自佩戴，需通过皇帝的特赐，孔雀翎上圆形的纹样被叫作"眼"，根据圆的个数被分为一眼、二眼和三眼，其中三眼孔雀翎最稀少也最尊贵，清代最重花翎，不同级别的花翎使用上有严格的规定，不得逾分滥用，成为"昭名分，辨等威"的工具。

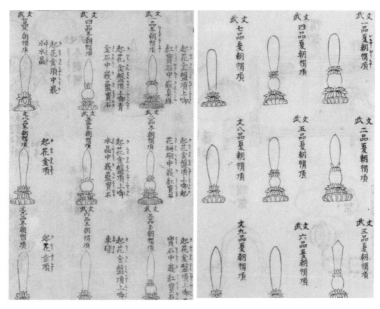

图25　清代文武官员冬夏朝帽帽顶

图26　清代一品朝官红宝石顶戴　　　图27　清代花翎
（左：二眼，右：一眼）

五、结语

以羽为饰起源于原始先民对美的追求、对自然的征服，进而延伸出勇猛、强大的寓意，除了装饰作用本身，其社会作用逐渐占据主导地位，封建社会等级森严，体现在服饰上，官员需根据官职的大小佩戴不同的帽顶和羽饰，羽毛的种类品相、羽量的多寡、固定羽毛的帽顶的形制等都被人为划分出级别，这是统治者规范制度、巩固政权的工具和手段。传统戏剧里保留了羽饰的装饰性和社会性，京剧中有种五六尺（1.67～2m）长的头饰——"翎子"，也称"雉翎"，由多根野鸡尾毛相接而成，通常为雄健、英俊的青年将帅或是智勇双全的女将等角色使用。

参考文献

[1]高春明. 中国服饰名物考[M]. 上海：上海文化出版社，2001.

[2]吴苏仪. 画说汉字：1000个汉字的故事[M]. 西安：陕西师范大学出版社，2011.

[3]金维诺. 中国美术全集[M]. 合肥：黄山书社，2010.

[4]黄能馥，陈娟娟，黄钢. 服饰中华——中华服饰七千年[M]. 北京：清华大学出版社，2011.

[5]王金华. 中国传统服饰：清代服装[M]. 北京：中国纺织出版社，2015.

[6]台湾故宫博物院编辑委员会. 故宫书画图录[M]. 台北：台湾故宫博物院，2017.

[7]李肖冰. 中国西域民族服饰研究[M]. 乌鲁木齐：新疆人民出版社，1995.

[8]常沙娜. 中国织绣服饰全集·历代服饰卷[M]. 天津：天津人民美术出版社出版，2004.

[9]包铭新，李薇，曹喆. 中国北方古代少数民族服饰研究6：元蒙卷[M]. 上海：东华大学出版社，2013.

[10]贾玺增. 中国古代首服研究[D]. 上海：东华大学，2006.

28 "八团红青褂子"女性礼服探微❶

王中杰❷ 梁惠娥❸

摘　要　　依据图像和实物观察，"八团红青褂子"作为一种女性礼服曾在清末至民国时期广泛流行，兼具礼服与婚服功用并一度成为女性礼服制式化、商品化的时尚符号。"八团红青褂子"是满汉服饰文化交流的产物。随着服饰等级性的弱化以及西风东渐的影响，"八团红青褂子"也随之逐渐商品化。虽然曾流行一时，但也在新式婚礼的浪潮下逐渐落寞。本文就"八团红青褂子"的命名、穿着功用、搭配形式、形制、种类、面料等相关问题进行初步探讨。

关键词　　八团红青褂子、女性、婚服、礼服

在对近代婚礼照片、婚服实物、小说以及西方早期影像资料的观察中发现，有种女性服饰曾在清末至民国时期婚礼中常常出现，说明在一段时间内曾广泛流行。这种服饰周身绣有团纹图案，衣袖及下摆多绣有潮水图案。在自身检索能力范围内发现较少有相关专题类文献、著作对其进行较为深入的研究。孙彦贞老师在《清代女性服饰文化研究》中认为这种女装形式来源于满族妇女中的一种外褂形式的礼服，称为"八团"❹。至后期满汉文化的交融与趋同，汉人娶亲中出现了绣有八团纹样的短褂礼服❺，俗称"八团红青褂子"。在徐珂《清稗类钞》、崇彝《道咸以来朝野杂记》、金受申《老北京的生活》、张宝瑞所著小说《翡翠如意珠》中都有"八团红青褂子"名称的记载，但对于"八团红青褂子"的形制、面料等相关信息并未进行相关讨论。因此本文针对已搜集实物及相关视觉媒体材料，对"八团红青褂子"中命名、穿着功用、搭配形式、形制、种类、面料等相关问题进行初步探讨。

❶ 基金项目：教育部关于江南大学自主科研资助项目(2017JDZD05)；国家社科基金艺术类重点项目(15AG004)；中央高校基本科研业务费专项资金项目(JUSRP51417B)。
❷ 王中杰，江南大学，博士研究生。
❸ 梁惠娥，无锡工艺职业技术学院，名师工作室。
❹ 孙彦贞.清代女性服饰文化研究[M].上海：上海古籍出版社,2008:85-87.孙彦贞老师对于八团进行了溯源与解释，为后续研究提供了宝贵的研究素材。
❺ 金受申.老北京的生活[M].北京：北京出版社,1989:113.

一、"八团红青褂子"的命名

清中期以后，女褂成为一种重要的礼服形式。清代女褂主要特征为圆领、直身、平袖，多为两开衩，款式有对襟、大襟和琵琶襟三种，袖口有挽袖、舒袖两类，衣身有长短肥瘦的流行变化❶。"八团"是清代旗妇外褂中的一种特殊形式的礼服❷。"八团"纹样的布局形式，即在衣服的胸背、两肩及两襟前后各绣一组圆形图案，整件衣服共有八个团纹❸。

其实"八团"礼服先前并不用于女性婚嫁。《道咸以来朝野杂记》记载："女褂有八团者，亦天青色，下无丽水，以组绣团光八个嵌诸玄端上下左右，即前后胸各一，左右肩各一，前后襟各二，内不穿袍，以衬衣当之，其色或绿，或黄，或桃红，或月白，无用大红者。年长者则不用绣八团。"❹从这看出女褂为天青色，下摆无潮水纹样，周身绣有八团图案。作为一种外褂形式，但内不穿袍，直接穿在衬衣外面，并且年长者的服饰不用八团形式。而后约为清末时期才用于新妇礼服，《清稗类钞》中记载有："八旗妇人礼服，补褂之外，又有所谓八团者，则以绣花或缂丝为彩八团，缀之于褂，然仅新妇用之耳。"❺❷

"八团红青褂子"中存在一种满汉文化的交融❷，但并不完全局限于由"八团"外褂的演变，因为由上述可知八团中并不绣丽水，另一方面还可能来自于补褂与吉服褂的结合。据记载，清代品官夫人的礼服主要为补褂，"品官之补服，文武命妇受封者亦得用之，各从其夫或子之品以分等级。惟武官之母妻亦用鸟，意谓巾帼不必尚武也"❺，这种补褂礼服的使用标准完全是受汉族传统命妇服制影响而确立的❷。《道咸以来朝野杂记》中也有相关记述，而且指出当时满官与汉官命妇的补褂形制略有不同。满官夫人为圆形补子，而"汉官夫人则仍是方补，与男子无别"。至晚清"光绪中叶，汉族命妇补服皆改方为圆矣"❹。据《大清会典》规定，这种女用吉服褂是以不同的纹样来辨别等级的高低，君后大臣的吉服褂皆为石青色，并在其上绣与其身份、地位相符的"补子"。总体看来，吉服褂的补纹有龙、蟒蛇、夔龙、禽、兽、花卉等❻。

在清末民初之际，北京汉族的婚嫁礼俗中首先出现了娶亲太太穿绣八团红青褂子的现象，后来"八团"还作为一种图案纹饰在汉装衣衫中流行一时。不过与满族外褂不同的是这种"八团红青褂子"为短款，下面还要配汉族流行的百褶大红裙子❷。

二、"八团红青褂子"礼服功用与搭配形式

从传世照片中可看出，八团红青褂子在清末至民初时期，兼具女性婚服与礼服功用并曾在全

❶ 牛犁,崔荣荣,王忆雯.清代女褂的纹饰艺术——以石青色江崖海水牡丹纹女褂为例[J].纺织导报,2017(6):99–101.
❷ 孙彦贞.清代女性服饰文化研究[M].上海:上海古籍出版社,2008.
❸ 周汛,高春明.中国衣冠服饰大辞典[M].上海:上海辞书出版社,1996.
❹ 崇彝.道咸以来朝野杂记[M].北京:北京古籍出版社,1982:83.
❺ 徐珂.清稗类钞·第十三册[M].北京,中华书局,1986:6199.
❻ 廖军,许星.中国设计全集（卷五）服饰类编:衣裳篇[M].北京:商务印书馆,2012:70.

国流行一时，成为具有时代特征的女性礼服时尚。

　　在女性婚服方面，这一婚嫁现象首先在北京逐渐发展并成为影响全国的女性婚服形式。类似这种婚嫁现象在《翡翠如意珠》小说中记载：轿内新娘银狐身穿八团红青褂子，百褶大红裙子，梳时式头，头戴凤冠霞帔，又多了几分神韵❶。同时北京宋庆龄故居所收藏的宋庆龄母亲倪桂珍于1887年在上海三马路与泥桥之间的监理会新教堂举行婚礼所穿的婚服，同样也是黑色或石青色仙鹤团纹礼服与大红百褶裙的婚服搭配。这一婚嫁穿着形式也与《点石斋画报》中描绘上海婚俗"哭嫁"中新娘着装相吻合。1908年125期与126期的上海《时事报图画杂俎》，题为《亦是文明结婚》一文以连载的方式刊登了上海松江诸行街上新式嫁娶情形："用柏枝为舆巧扎花球异常华丽，迨新娘登堂则首戴黑晶镜，身穿天青披风，气度从容。❷"图中新娘头戴兜勒，侧鬓戴花，身着对襟长褂，左右开衩，胸前绘有圆形团纹图案，下着马面百褶裙。佩戴了黑色墨镜，披天青色披风。这里所描绘新娘的着装与八团红青褂子婚服类似。如图1（1）为中国国家博物馆藏民国初年的结婚礼服照片，新娘头戴凤冠，上身穿着绣有团纹与立水纹样的婚礼服，此衣裙形式与图1（2）中苏州丝绸博物馆收藏清末文官一品夫人礼服（黑色彩绣团鹤对襟女礼服与大红彩绣镶边礼服裙）的搭配形式相似。

（1）结婚礼服照片（中国国家博物馆藏）　　　（2）清末文官一品夫人礼服（苏州丝绸博物馆藏）

图1　"八团红青褂子"礼服

❶ 张宝瑞. 翡翠如意珠 [M]. 深圳：海天出版社，1993：272.
❷ 亦是文明结婚 [J]. 时事报图画杂俎，1908(125–126).

图2为1941年袁家宸与王家璐结婚照片，袁家宸为袁克桓（袁世凯子）和陈徵的长子，王家璐为国民政府农商总长王迺斌的女儿。图中新娘王家璐也穿着绣有团纹与海水纹的女褂，只不过此时衣袖长度均有变化。

图3为中国国家博物馆藏近代照片"结婚喜堂前身着绣花软缎礼服的贺喜女宾客"。图片中有两位女性宾客穿着八团短褂配绣花百褶裙形式的礼服。

同时全球知名图片网站Gettyimages发布的照片中，1924年5月法国巴黎，中国驻法国大使的女儿郑洛小姐与中国驻瑞士部长之子、伯尔尼公使馆武官王永昌的婚礼照片（图4）。在使馆外拍摄的照片中家眷有穿着八团红青褂子礼服，可能是新娘的母亲。

图2 袁家宸与王家璐结婚照片❶

图3 身着"八团红青褂子"礼服的女宾客
（中国国家博物馆藏）

图4 身着八团红青褂子礼服的家眷❷

三、"八团红青褂子"礼服形制

对已有博物馆传世品与拍卖行拍品信息的收集与统计，将目前的9件"八团红青褂子"进行整理，如表1所示，可见"八团红青褂子"的形制均为对襟形式，领型多为圆领、立领，颜色多为黑色、深蓝色、深青色，也有紫色和红色。衣长60～85cm，通袖长108～138cm。

❶ [EB/OL].http：//www.360doc.com/content/15/0617/04/5139114_478650631.shtml.
❷ Bettmann.Chinese Wedding Party Standing [EB/OL].https：//www.gettyimages.co.uk/.

表 1 八团红青褂子汇总图

实物图	形制描述	年代	来源
	牡丹花纹刺绣立领礼服褂： 袖长135cm，衣长72.5cm 立领、对襟、直身式褂，牡丹团纹，八团，底襟、衣袖为花卉立水纹，袖宽27cm，下摆70cm	清末民初	江南大学民间服饰传习馆
	黑色团花缎海水江崖鹤穗纹对襟倒大袖女褂： 衣长120cm，通袖长62cm（对于此尺寸，作者存疑，是否为袖长120cm，衣长62cm） 圆领、对襟、直身式褂，八团，仙鹤团纹，黑色素缎为面，蟹蓝色素绸为里。袖口宽31.5cm，衣身底摆宽59cm，左右开裾高13cm	清末民初	北京服装学院民族服饰博物馆（[EB/OL]. http://www.biftmuseum.com/collection/info?sid=15371&colCatSid=2#atHere）
	黑色缎地彩绣对襟女袄： 袖长138cm，衣长68cm 清末文官一品夫人的礼服，立领、黑色、八团、团鹤纹样，下摆及袖口绣有江水海崖纹	清末	苏州丝绸博物馆（[EB/OL]. http://www.szsilkmuseum.com）
	青色绣八团仙鹤纹女褂： 袖长116cm，衣长66cm 立领、对襟、宽挽袖，八团，团鹤纹样，青色面，桃红色衬里，蓝色织金缎衣缘，如意盘扣	清光绪	2014春季拍卖会（雅昌拍卖实录）
	深蓝地花卉鸳鸯刺绣短褂 袖长108cm，衣长60cm 立领、对襟、宽挽袖、四开裾，深蓝色，八团，花卉团纹，底襟、衣袖为鸳鸯、花卉立水纹，领口、衣袖以黑缎花边修饰	清	2010春季艺术品拍卖会（雅昌拍卖实录）
	黑地锦鸡花卉刺绣短褂 袖长116cm，衣长67cm 立领、对襟、宽挽袖，青色素缎拴系扣襟三枚，八团，锦鸡花卉团纹，衣襟四周及挽袖以黑缎花卉边修饰，底襟左右绣蝙蝠水纹图	清末	2010春季艺术品拍卖会
	青色绸绣团鹤女褂 袖长135cm，衣长84cm 立领、对襟、平阔袖，前襟缀黑色盘花扣，下部配万字纹系带。青色素绸面，八团，仙鹤麦穗团纹，底襟左右两幅均绣花卉	清光绪	2014秋季拍卖会（雅昌拍卖实录）

续表

实物图	形制描述	年代	来源
	紫色缎凤凰牡丹刺绣短褂 袖长138cm，衣长85cm 立领、对襟、宽挽袖、紫色缎面、十团、凤凰、牡丹团纹。底襟、衣袖为花卉水纹图	清	2010春季艺术品拍卖会
	大红缎仙鹤花卉刺绣短褂 袖长126cm，衣长74cm 立领、对襟、宽挽袖、红色缎面、八团、仙鹤、花卉团纹。底襟、衣袖为海水花卉纹样	清	2010春季艺术品拍卖会

在团纹图案方面，团纹图案多以仙鹤为主，也有锦鸡、凤凰与牡丹等。以八团为主，其中服饰的团纹也包含十团。如图5所示紫色缎凤凰牡丹刺绣短褂，其正面为五团，反面为五团，其中肩部两团共用，总计十团。

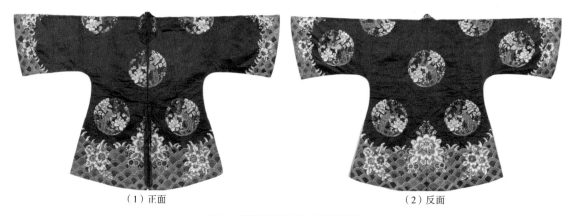

（1）正面　　　　　　　　　　　　　　　　（2）反面

图5　紫色缎凤凰牡丹刺绣短褂

苏州私人收藏家李品德老师所收藏的两件黑色婚服也与上表服饰形制相似，以黑色或深蓝色缎为底，上面绣有团纹。如图6所示，从形制上看为立领对襟形式，两端侧缝与后衣片开衩，衣长84cm，通袖长139cm，下摆宽70cm，衩高10.8cm。十团，团纹图案为仙鹤与稻穗，下摆及袖口绣有海水江崖与时花纹样，团纹图案的直径约为14cm。但团纹的位置有所改变，不排除是在演变过程中的变化。如图7所示，此件褂子为直领对襟形式，虽有团纹，但团纹布局形式已与上文不同，此件服饰形式可能为披风。领宽6.5cm，总领长76cm，衣长77cm，通袖长131cm，下摆宽70.5cm，衩高25cm，袖口宽27cm，团纹图案的高度为11～12cm。

（1）正面 　　　　　　　　　　　　　　　　　　　（2）反面

图6　女礼服1（李品德老师收藏）

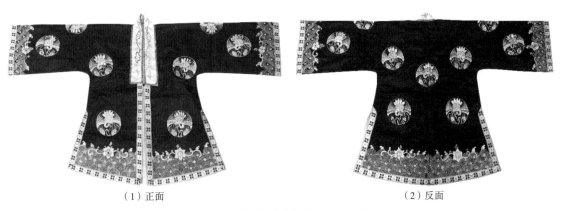

（1）正面 　　　　　　　　　　　　　　　　　　　（2）反面

图7　女礼服2（李品德老师收藏）

四、"八团红青褂子"礼服种类与面料

根据私人收藏家李品德老师收藏的民国初期杭州丝绸厂的面料概况说明书，也有对此形式女子礼服的记载：绣花女礼服分为五彩时花礼服、八团花无潮水礼服与八团花有潮水礼服三种。从实物照片看，礼服形式多集中在八团花有潮水礼服款式。其中八团花有潮水礼服价格最高，也最为隆重。同时杭州丝绸厂所列的价目表以大洋（银圆）作为货币形式，由此可推断1914～1935年杭州女性礼服面料的价格情况（表2）。

表2　女礼服衣裙名称价目表

类别	名称	价格		
		副号	正号	特号
上衣	各色库缎五彩时花礼服	13元	14元	15元
	各色库缎绣八团花无潮水礼服	14元	15元	16元
	各色库缎绣八团花有潮水礼服	17元	18元	19元

续表

类别	名称	价格		
		副号	正号	特号
下裙	各色库缎绣时花礼裙	13元2角	14元2角	15元2角
	各色库缎马面绣团花带潮水拣小花礼裙	15元2角	16元2角	17元2角
	各色库缎绣九大品级团花带潮水礼裙	18元2角	19元2角	20元2角
	各色库缎绣时花套裙	11元2角	12元2角	13元2角
	各色库缎马面绣团花带潮水拣绣小花套裙	12元2角	13元2角	14元2角
	各色库缎绣品级八团花带潮水套裙	17元2角	18元2角	19元2角

依据1929年浙江各市、县各工厂工人工资数额调查表中显示❶，以普通工人家庭计算，设定家庭人数为父母子女四人，假定能工作者为男女工各一人。依上述纱厂男女工平均工资计之，二人所入每日为9角6分2厘，每月以二十六日计，总收入为25元1分2厘。同时普通工人家庭每月生活必需品最小限度开销约为28元，其中包含米9元，菜6元，燃料灯油3元，房租4元，添衣3元与杂费3元。就生活必须费减去此数，每月不足之数为2元9角9分8厘。依照此类标准，女礼服衣裙的价格对于普通工人家庭来说是奢侈品了，同时也显现出女礼服裙所代表的场合隆重。在服装面料方面，多以缎类面料为主，同时杭州丝绸厂面料概况说明书中记载礼服的价格均以洋板绫作为里料、以花丝边镶边，若里料改为华丝葛或小纺，花边改为金花边或彩花缎边，则需要另加价钱。由此可看出"八团红青褂子礼服"上衣最隆重的为库缎绣八团花有潮水礼服，下裙最隆重的为库缎绣九大品级团花带潮水礼裙，礼服里料包含洋板绫、华丝葛与小纺等，礼服花边包含花丝边、金花边与彩花缎边等。

五、结语

"八团红青褂了"作为一种女性礼服曾在清末至民国时期广泛流行，兼具礼服与婚服功用。在目前研究阶段，其形制多为对襟形式，领型多为圆领、立领形式，颜色多为黑色、深蓝色、深青色，也有紫色和红色。衣长范围为60～85cm，通袖长范围为108～138cm。在礼服面料中多包含库缎类、缎类面料，上衣最隆重的为库缎绣八团花有潮水礼服。礼服里料多包含洋板绫、华丝葛与小纺等；礼服花边多包含花丝边、金花边与彩花缎边等。对于"八团红青褂子"的研究中还有很多不完善之处，例如流行时间的变化、服饰演变的规律与市场经济的关系都有待进一步深入。

---

❶ 中国国民党浙江省执行委员会民众训练委员会.浙江市、县各工厂工人工资数额调查表 [J].浙江党务,1929(44).

29 诨砌随机开笑口
——宋杂剧首服"诨裹"考

张 彬[1]

摘 要　　由唐代的参军戏发展到宋代杂剧，戏剧的演出结构、脚色行当、服饰均发生变化。在首服方面，唐代参军戏的首服幞头，来源于日常生活服饰，正所谓艺术源于生活；而宋代杂剧的首服"诨裹"，经过了艺术夸张、变形处理，成为固定脚色特有的首服形制，又体现了艺术高于生活的特征。宋杂剧艺人所使用的首服"诨裹"在中国戏剧服饰史上具有独特的面貌和重要性，但迄今为止，这种首服"诨裹"尚未引起学者足够的重视，笔者尝试追溯其源流及其流行原因。

关键词　　诨裹、幞头、唐参军戏、宋杂剧、脚色

一、"诨裹"初见

所谓"诨裹"，与市民的首服幞头不同，正如王国维所说："宋人杂剧，固纯以诙谐为主，与唐之滑稽剧无异。"[2]可见"诨裹"是为了宋杂剧演出的需要，把巾子随意加工，缠裹成各种滑稽样式以达到逗乐取笑的目的。沈从文先生认为："宋人所谓'诨裹'，多指巾子结束草草，不拘定例。"[3]周锡保先生说："诨裹亦是头巾一类的东西，大多为教坊、诸杂剧人所戴用。……一般人则是不用的。"[4]可见宋杂剧艺人头戴"诨裹"的目的在于增加人物造型滑稽调笑的特征，进一步推动戏剧情节的展开。

目前，我们还不清楚中国戏剧艺人最早是从什么时候开始在表演中使用首服"诨裹"，但最晚在宋代已经出现。如表1中所示，通过笔者检讨宋代二十余座墓葬的考古报告（整理出其中典型的九座），出土的宋杂剧文物中艺人头戴"诨裹"的数量不算少。[5]

---

❶ 张彬,西安工程大学服装与艺术设计学院,副教授,北京服装学院博士研究生,研究方向:中国传统服饰文化研究。
❷ 王国维.宋元戏曲史[M].北京:外语教学与研究出版社,2017:29.
❸ 沈从文.中国古代服饰研究[M].北京:商务印书馆,2011:525.
❹ 周锡保.中国古代服饰史[M].北京:中国戏剧出版社,1984:266.
❺ 此统计数据只是让读者对宋代墓葬出土文物中的脚色以及服饰穿戴有一个大致的印象,并非完全精确。

表 1　宋代墓葬出土文物中的杂剧脚色以及服饰穿戴

文物名称	时间	脚色	服饰名目（首服/服装/足服）
河南偃师市酒流沟水库宋墓杂剧砖雕①	北宋	末泥色	东坡巾/交领内衣、圆领窄袖长袍，腰束带/履
		引戏色	簪花幞头/交领内衣、圆领窄袖长袍，腰束带/履
		副末色	幞头诨裹簪花/中袖开襟长衫，腰束带，行缠/鞋
		副净色	牛耳幞头/圆领窄袖短袍，腰束带/鞋
		装孤色	展角幞头/圆领大袖长袍，腰束带/履
河南荥阳市东槐西村北宋石棺杂剧线刻图②	北宋	末泥色	东坡巾/圆领窄袖长袍，腰束带/不详
		副末色	诨裹/圆领窄袖短袍，腰束带/靴
		副净色	幞头/圆领长袍，腰束带/不详
河南温县前东南王村宋墓杂剧砖雕③	北宋	末泥色	东坡巾/圆领窄袖长袍，腰束带/鞋
		引戏色	簪花幞头/交领内衣、圆领窄袖开衩长袍，腰束带/履
		副末色	诨裹簪花/圆领窄袖开衩短袍，腰束带/靴
		副净色	簪花幞头/交领内衣、圆领窄袖长袍，腰束带/鞋
		装孤色	展角幞头/圆领大袖长袍，腰束带/履
河南禹州市白沙宋墓杂剧砖雕④	北宋	引戏色	幞头簪花/圆领长袖长袍，腰束带/鞋
		副末色	诨裹/圆领窄袖短袍，腰束带/靴
		副净色	诨裹/交领窄袖短袍，腰束带/靴
		装孤色	展角幞头/圆领大袖长袍，腰束带/履
河南温县西关宋墓杂剧砖雕⑤	北宋	末泥色	东坡巾/圆领窄袖短袍，袍角掖进前腰带/靴
		引戏色	短脚幞头/交领内衣、圆领窄袖长袍，腰束带/鞋
		副末色	诨裹簪花/交领内衣、圆领窄袖短袍，腰束带/鞋
		副净色	短脚幞头/交领内衣、圆领窄袖长袍，腰束带/靴
		装孤色	展角簪花幞头/曲领大袖长袍，腰束带/靴
河南温县博物馆藏宋杂剧砖雕⑥	北宋	末泥色	平巾帻/圆领窄袖长袍，腰束带/靴
		引戏色	幞头/圆领窄袖长袍，腰束带/靴
		副末色	幞头/曲领窄袖长袍，腰束带/靴
		副净色	诨裹/坦胸露腹长袍，腰束带/靴
		装孤色	展角幞头/圆领大袖长袍，腰束带/靴
宋杂剧丁都赛砖雕⑦	北宋	不详	诨裹簪花枝/圆领窄袖开衩衫，腰束带，吊敦/靴
《打花鼓》绢画⑧	南宋	副净色	诨裹/小袖对襟旋袄，吊敦/弓鞋
		副末色	幞头簪花/小袖对襟旋袄，裤/弓鞋

续表

文物名称	时间	脚色	服饰名目（首服/服装/足服）
《眼药酸》绢画⑨	南宋	副净色	高冠子/大袖长袍/鞋
		副末色	诨裹/圆领小袖长衣，腰束带/鞋

注：①徐苹芳.宋代的杂剧雕砖[J].文物,1960(5):40-42.
②吕品.河南荥阳北宋石棺线画考[J].中原文物,1983(4):91-96.
③廖奔.温县宋墓杂剧砖雕考[J].文物,1984(8):73-79.
④周贻白.北宋墓葬中人物雕砖的研究[J].文物,1961(10):41-46.
⑤罗火全,王再建.河南温县西关宋墓[J].华夏考古,1996(1):17-23.
⑥周到.温县宋杂剧雕砖摭谈[M].//周到.汉画与戏曲文物.郑州:中州古籍出版社,1992:132.
⑦刘念兹.宋杂剧丁都赛砖雕考[J].文物,1980(2):58-62.
⑧沈从文.中国古代服饰研究[M].北京:商务印书馆,2011:504.
⑨沈从文.中国古代服饰研究[M].北京:商务印书馆,2011:502.

在宋代文献中对"诨裹"也有多次提及，如在《梦粱录》卷三"宰执亲王南班百官入内上寿赐宴"条中记载："上公称寿，率以尚书执注碗斝酒进上，其教乐所色长二人，上殿于阑干边立，皆诨裹紫宽袍，金带，黄义襕，谓之'看盏'。……诸杂剧色皆诨裹,各服本色紫、绯、绿宽衫，义襕，镀金带。"❶《宋史·乐志》记载宫廷小儿队伍中的"诨臣万岁乐队"的服饰穿戴为："衣紫绯绿罗宽衫，诨裹簇花幞头。"❷《都城纪胜》"瓦舍众伎"条说："散乐，传学教坊十三部，唯以杂剧为正色。旧教坊有筚篥部、大鼓部、杖鼓部、拍板色、笛色、琵琶色、筝色、方响色、笙色、舞旋色、歌板色、杂剧色、参军色。色有色长，部有部头，上有教坊使、副钤辖、都管、掌仪范者，皆是杂流命官。……杂剧部又戴诨裹，其余只是帽子幞头。"❸由此可见，"诨裹"是杂剧艺人所特有的首服样式。在杭州的市行中既有枕冠市、麻布行、幞头笼、衣绢市等市民日常服饰所需的铺席，同时又有杂剧艺人在演出中所需做诨裹的铺席，❹说明做诨裹的铺席在杭州的市行中也占据一定的地位。

有宋一代，杂剧艺人使用"诨裹"的现象是较为普遍的。在现存的宋代图像中，如著名的杂剧女艺人丁都赛的形象为将巾子偏向右侧裹扎，呈一脚下垂状（图1）；《眼药酸》绢画中的右侧副末色头巾朝天裹缚，用麻绳草草结扎（图2）；河南荥阳市东槐西村北宋石棺杂剧线刻图右起第二人（图3）、河南温县博物馆藏宋杂剧砖雕右起第二人（图4）、河南禹县白沙

图1 丁都赛杂剧砖雕

❶ 吴自牧.梦粱录·卷三[M].//孟元老.东京梦华录 梦粱录 都城纪胜 西湖老人繁盛录 武林旧事.北京:中国商业出版社,1982:15.
❷ 脱脱,等.宋史·卷一百四十二[M].北京:中华书局,2000:2240.
❸ 耐得翁.都城纪胜[M].//孟元老.东京梦华录 梦粱录 都城纪胜 西湖老人繁盛录 武林旧事.北京:中国商业出版社,1982:8-9.
❹ 西湖老人.繁盛录[M].//孟元老.东京梦华录 梦粱录 都城纪胜 西湖老人繁盛录 武林旧事.北京:中国商业出版社,1982:18-19.

图2 《眼药酸》绢画

图3 荥阳石棺杂剧图

图4 河南温县博物馆藏宋杂剧砖雕

图5 河南禹县白沙宋墓杂剧砖雕

宋墓杂剧砖雕右起第一人（图5）均是将巾子缠裹成独脚斜挑式；河南偃师市酒流沟水库宋墓杂剧砖雕左起第三人头巾向后裹，簪花枝，成为脑后开花的样式（图6）；河南温县前东南王村宋墓杂剧砖雕右起第二人巾子草草裹扎偏向头一侧（图7）；河南新安北宋宋四郎墓杂剧壁画中间的人物形象（图8）;《打花鼓》绢画中左侧副净色巾子结扎，两脚垂向两侧， 一脚朝天（图9）等都是"诨裹"的样式，这些图像为我们展示了"诨裹"的不同缠裹方法。这样，我们就更加清楚了："诨裹"是一种统称，它的含义是由于其裹法的不同从而形成的各式各样的滑稽头巾，使杂剧艺人所扮演的人物角色在演出的过程中更加滑稽逗乐。杂剧演出中常用的首服"诨裹"来自于宋代日常

图6 河南偃师酒流沟水库宋墓杂剧砖雕（拓本）

图7 河南温县前东南王村宋墓杂剧砖雕（拓本）

图8　河南新安北宋宋四郎墓杂剧壁画　　　　　　　　　图9　《打花鼓》绢画

生活中的幞头。❶如"故事，用全幅皂而向后襆发，俗人谓之幞头。自周武帝裁为四脚，今通于贵贱矣。"❷幞头形制历代均有变化。有宋一代，首服幞头的样式繁多，沈括《梦溪笔谈》记载："唐制，唯人主得用硬脚，晚唐方镇擅命，始僭用硬脚。本朝幞头有直脚、局脚、交脚、朝天、顺丰，凡五等，唯直脚贵贱通服之。"❸

张炎在《蝶恋花·题末色褚仲良写真》一词中写道："济楚衣裳眉目秀。活脱梨园，子弟家声旧。诨砌随即开笑口。筵前戏谏从来有。戛玉敲金裁锦绣。引得传情，恼得娇娥瘦。离合悲欢成正偶。明珠一颗盘中走。"❹从这首词中我们可以看出作者对宋杂剧艺人的赞美。诨砌包括脚色所戴的首服"诨裹"以及插科打诨所需的道具，"诨砌随即开笑口"正体现出了宋杂剧的表演形式具有滑稽逗乐的特征，杂剧艺人头戴"诨裹"也进一步为演出的效果服务。

宋杂剧首服"诨裹"受到了宋代市民日常生活所戴幞头的影响，虽然两者大致相同，但是在具体的细节以及穿戴方式上仍存在差异。造成这种现象的原因是：杂剧服饰需要具有使得观众可以根据现实生活中所着服饰的惯例对杂剧艺人脚色做出识别和判断的功能，在《东京梦华录》中记载："其士农工商，诸行百户，衣装各有本色。"❺但作为演出服饰，更加注意的是杂剧艺人装扮诙谐、幽默的特征，突出调笑戏弄的特点，以增加杂剧表演时的张力。

二、"诨裹"之"色"

"杂剧"这个词在中唐已经出现，❻杂剧的含义是指具有一定演出体制和脚色体制的滑稽表演

---

❶ 笔者在此处提及的宋代日常生活中的幞头实则由隋、唐以来的首服幞头演变而来。
❷ 魏征. 隋书·卷十二 [M]. 北京：中华书局，2000：186.
❸ 沈括. 梦溪笔谈 [M]. 施适，校点. 上海：上海古籍出版社，2015：3.
❹ 张炎. 山中白云词·卷五 [M]. 吴则虞，校辑. 北京：中华书局，1983：98.
❺ 孟元老. 东京梦华录·卷五 [M]. 王永宽，注译. 郑州：中州古籍出版社，2010：87.
❻ 刘晓明. 杂剧起源新论 [J]. 中国社会科学，2000(3)：146–156+206.

形式。《梦粱录》言："且谓杂剧中末泥为长，每一场四人或五人。先做寻常熟事一段，名曰'艳段'。次做正杂剧、通名两段。末泥色主张，引戏色分付，副净色发乔，副末色打诨。或添一人，名曰'装孤'。……大抵全以故事，务在滑稽唱念。"❶从文献的记载中我们可以窥见，宋杂剧演出时的脚色及人数。由于宋杂剧表演形式以滑稽逗乐为主，所以副末色和副净色在宋杂剧的演出中具有至关重要的地位。王国维先生说："至他种杂剧，虽不知如何，然谓副净、副末二色，为古剧中最重之脚色，无不可也。"❷廖奔先生说："主唱脚色副末，在整个舞台画面中占据了最为突出的地位，其余演员皆如众星捧月一般将其环绕。"❸同时也指出："行当制是中国戏剧独特艺术精神的特征之一，其奠基则起自宋杂剧。"❹从表1中可以看出，"诨裹"使用的固定脚色为宋杂剧中的副末色或副净色，二人通过插科打诨的表演，加强了演出中的幽默诙谐气氛，首服"诨裹"在表演中自然起到了锦上添花的作用。鉴于篇幅有限，笔者在此仅讨论与"诨裹"相关的副净色与副末色。

自隋唐戏剧演出以来，艺人已经穿着戏中应着的服饰。如国家博物馆藏唐代参军戏俑（图10），头戴幞头，身着圆领窄袖绿色长袍，腰系带，足穿靴，双手相交于胸前，作表演状。唐路德延《小儿诗》曰："头依苍鹘裹，袖学柘枝揎。"❺李商隐的《骄儿诗》云："忽复学参军，按声唤苍鹘。"❻从诗中可知在唐代参军戏中有两个脚色，参军与苍鹘，参军戏中的脚色自然是扮演唐代的官员角色。唐赵璘《因话录》载："肃宗宴于宫中，女优有弄假官戏，其绿衣秉简者，谓之参军桩。"❼姚宽《西溪丛语》卷下引《吴史》说："徐知训……登楼狎戏，荷衣木简，自号参军。"❽《旧唐书·舆服志》规定："唐代官员常服，六品、七品服绿。"❾在《新唐书·舆服志》中也有同样的规定。❿所以在唐代参军戏的表演中，艺人着绿衣，已近成定制。从中我们可以看出，参军戏艺人服饰来自于唐代官员日常生活服饰，首服幞头自然也不例外，已经形成了戏剧服饰的程式化特征。⓫正如宋俊华先生所言："唐代参军戏的表演以滑稽见长，其中人物装扮多数写实，即仿照现

图10 唐代参军戏俑

❶ 吴自牧.梦粱录·卷三 [M]// 孟元老.东京梦华录 梦粱录 都城纪胜 西湖老人繁盛录 武林旧事.北京:中国商业出版社,1982:177.
❷ 王国维.宋元戏曲史 [M].北京:外语教学与研究出版社,2017:71.
❸ 廖奔.中国戏剧图史 [M].北京:人民文学出版社,2012:58.
❹ 廖奔.中国戏剧图史 [M].北京:人民文学出版社,2012:53.
❺ 彭定求,等.全唐诗·卷七百十九 [M].北京:中华书局,1960:8255.
❻ 李商隐,冯浩.玉谿生诗集笺注 [M].上海:上海古籍出版社,1979:414.
❼ 赵璘.因话录·卷一 [M].北京:中华书局,1985:1.
❽ 姚宽.西溪丛语 [M].北京:中华书局,1985:45.
❾ 刘昫.旧唐书·卷四十五 [M].北京:中华书局,2000:1328.
❿ 欧阳修,宋祁《新唐书·卷二十四》："六品、七品绿衣。"
⓫ 关于唐代参军戏人物服饰的研究,也可参见张彬.国家博物馆藏唐代参军戏俑人物服饰研究 [J].装饰,2018(10):86–89.

实人物的常服样式进行装扮。"

元陶宗仪《南村辍耕录》中说:"一曰副净,古谓之参军。一曰副末,古谓之苍鹘,鹘能击禽鸟,末可打副净。"❶可见宋杂剧表演中的两个脚色是由唐代参军戏的脚色发展而来,副末色来自苍鹘,副净色来自参军。副末色和副净色的表演形式也和参军、苍鹘相似。如明汤舜民《新建勾栏教坊求赞》散曲记载:"副末色说前朝,论后代,演长篇,歌短句,江河口颊随机变。副净色腆器旁,张怪脸,发乔科,店冷诨,立木形骸与世违。要揆每末东风先报花消息。"❷

笔者认为,副净色与副末色在首服穿戴上,既承袭了唐代参军戏中参军、苍鹘首服幞头的穿戴特点,但其又经过了艺术化处理,"诨裹"成为宋杂剧副净色与副末色特有的首服形制。

三、"诨裹"之"诨"

说到"诨",会让人联想到宋杂剧演出中副末色与副净色的谐谑之语,徐渭《南词叙录》定义其为:"诨,于唱白之际,出一可笑之语以诱坐客,如水之浑浑也。切忌乡音。"❸艺术考古专家周到先生指出:"诨,本为诙谐幽默的语言,作滑稽意,副末、副净色头上的软巾裹得逗人发笑。"❹"诨裹"作为一种滑稽巾子,自然和"诨"有了密切的关系。从文献记载与出土杂剧文物来看,宋杂剧中的副净色大多是头戴"诨裹"或滑稽帽子,与之相配合的副末色也是如此,二人的首服装扮与插科打诨的表演相得益彰。

"诨裹"成为"诨"最直观的外在表现,笔者认为其形成与宋人对宋杂剧的喜爱及其表演形式有关,试分析如下:

有宋一代,社会生活发生了极大的变化,夜禁废弛,坊制破坏,城市繁荣,士大夫有闲阶层和市民阶层迅速壮大,通俗文艺与市井艺术蓬勃发展。上至皇帝,下及平民,人们都表现出对宋杂剧的喜爱。《宋史》记载:"宋太宗、真宗、仁宗皇帝皆洞晓音律,自己能度曲,或撰写杂词。"❺宋周邦彦《汴都赋》曰:"上方欲与百姓同乐,大开苑囿,凡黄屋之所息,銮辂之所驻,皆得穷观而极赏,命有司无得弹劾也。"❻在民间的瓦舍勾栏杂剧演出中,往往万人空巷,"不以风雨寒暑,诸棚看人,日日如是。"❼正所谓"与民同乐",统治者和人民大众对宋杂剧的喜爱,成为其繁荣发展的重要原因。

宋杂剧主要以滑稽逗乐的表演形式为主,服饰作为人身体最直观的外在身份、地位、职业的表现,"诨裹"自然成为这种表演形式中不可缺少的"诨砌"。宋杂剧的表演形式和宋人对杂剧的

❶ 陶宗仪.南村辍耕录[M].济南:齐鲁书社,2007:330.
❷ 汤舜民.新建勾栏教坊求赞[M].//隋树森.全元散曲·下册.北京:中华书局,1964:1496.
❸ 徐渭.南词叙录注释[M].李复波,熊澄宇,注释.北京:中国戏剧出版社,1989:90.
❹ 周到.汉画与戏曲文物[M].郑州:中州古籍出版社,1992:144.
❺ 脱脱,等.宋史·卷一百四十二[M].北京:中华书局,2000:2241,2244.
❻ 周邦彦.清真集笺注·下[M].罗忼烈,笺注.上海:上海古籍出版社,2008:457.
❼ 孟元老.东京梦华录·卷五[M].王永宽,注译.郑州:中州古籍出版社,2010:90.

喜爱是"诨裹"出现与发展的催化剂。

　　许多文献中均有对宋杂剧表演形式的记载，如表2所示。由文献记载可知，宋杂剧的表演形式以滑稽调笑式为主，这些文献材料都强调了杂剧表演对于喜剧性的突出追求。在宋杂剧表演中营造喜剧效果的一个重要手段就是副净、副末色对首服进行夸张性美化或丑化，经常使用的方式是对幞头、冠帽进行加工修饰，使其成为独特的首服形制"诨裹"，目的在于增加人物造型的诙谐气氛，达到滑稽逗乐的艺术效果，引人发笑，增强宋杂剧这种表演艺术的张力。

表 2　关于宋杂剧表演形式的记载

作者	文献名称	关于宋杂剧表演形式的记载
吕本中	《童蒙诗训》	"作杂剧，打猛诨入，却打猛诨出也。"①
王直方	《王直方诗话》	"山谷云：'作诗正如做杂剧，初时布置，临了须打诨，方是出厂。'盖是读秦少章诗，恶其终篇无所归也。"②
吴自牧	《梦粱录》	"大抵全以故事，务在滑稽唱念。"③
孟元老	《东京梦华录》	"内殿杂戏，为有使人预宴，不敢深作谐谑。"④
陈长方	《步里客谈》	"退之传毛颖以文滑稽耳，正如伶人作戏，初出一诨语，满场皆笑，此语盖再出耶。"⑤
耐得翁	《都城纪胜》	"大抵全以故事世务为滑稽，本是鉴戒，或隐为谏净也，故从便跣露，谓之无过虫。"⑥
庄绰	《鸡肋编》	"自旦至暮，唯杂戏一色……每诨一笑，须筵中哄堂众庶皆嚎者，始以青红小旗各插于垫上为记。"⑦
杨万里	《诚斋诗话》	"东坡尝宴客，俳优者作伎万方，终不笑。一优突出，用棒痛打作伎者曰：'内翰不笑，汝犹称良优乎？'对曰：'非不笑也，不笑所以深笑之也。'坡遂大笑。盖优人用东坡《王者不治夷狄论》云：'非不治也，不治乃所以深治之也。'见子由五世孙奉新县尉懃说。"⑧
陈善	《扪虱新话》	"山谷尝言……作杂剧，初如布置，临了须打诨，方是出场。予谓杂剧出场，谁不打诨，只难得切题可笑也。"⑨

注：①吕本中.童蒙诗训[M].// 郭绍虞辑.宋诗话辑佚·卷下.北京：中华书局，1987：590.

　　②王直方.王直方诗话[M].// 郭绍虞辑.宋诗话辑佚·卷上.北京：中华书局，1987：14.

　　③吴自牧.梦粱录·卷三[M].// 孟元老.东京梦华录 梦粱录 都城纪胜 西湖老人繁盛录 武林旧事.北京：中国商业出版社，1982：177.

　　④孟元老.东京梦华录·卷五[M].王永宽，注译.郑州：中州古籍出版社，2010：164.

　　⑤陈长方，许沛藻.步里客谈·卷下[M].// 戴建国.全宋笔记第四编（四）.郑州：大象出版社，2008：11.

　　⑥耐得翁.都城纪胜[M].// 孟元老.东京梦华录 梦粱录 都城纪胜 西湖老人繁盛录 武林旧事.北京：中国商业出版社，1982：9.

　　⑦庄绰，李保民.鸡肋编·卷上[M].// 上海古籍出版社.宋元笔记小说大观（四）.上海：上海古籍出版社，2007：3991.

　　⑧杨万里.诚斋诗话[M].// 丁福保.历代诗话续编.北京：中华书局，1983：150.

　　⑨陈善.扪虱新话[M].上海：上海书店出版社，1990：83.

　　由此来看，以宋杂剧为主的中国传统表演艺术，尤重滑稽调笑，须臾也离不开"诨"，首服"诨裹"就变得至关重要。"诨"作用于听觉，"诨裹"则给观众的视觉带来刺激。无"诨裹"犹如文章没有波澜，绘画没有节奏，音乐没有韵律，将失去宋杂剧"诨"的味道。

四、作为符号的"诨裹"

宋杂剧的本质是角色扮演，"诨裹"的本质是装扮，二者联系紧密。在宋杂剧的表演中，"诨裹"为副末或副净色两个滑稽脚色所特有的装扮形式，虽然在有些图像中，二人穿着与其他脚色相同的服饰，但是只要在宋杂剧的表演中出现头戴"诨裹"的脚色，他们就很容易被观众识别出来。显而易见，"诨裹"在宋杂剧的表演中已经成为"滑稽脚色"的符号。

罗兰·巴特同意并发展了索绪尔创立的符号学科的观点："表示成分（能指）方面组成了表达方面，而被表示方面（所指）则组成了内容方面。"[1]"诨裹"的符号性，同样包含能指与所指两个关系。罗兰·巴特说："衣着是规则和符号的系统化状态，它是处于纯粹状态中的语言。"[2]德国哲学家卡西尔说："语言、神话、艺术和宗教则是这个符号宇宙的各部分，它们是织成符号之网的不同丝线，是人类经验的交织之网。人类在思想和经验之中取得的一切进步都使符号之网更加精巧和巩固。"[3]前者说的是服饰所蕴含的符号性，后者指出人类文化学包括戏剧同样具有符号性，所以服饰与戏剧二者是紧密相连的。具体而言，"诨裹"的形制与穿戴方式等综合因素构成了其能指，而这些综合因素通过滑稽艺人穿着行为所表示出宋杂剧的角色及审美、情节等承载的独特意义，便构成了其所指。

五、结语

"傅粉何郎，比玉树、琼枝谩夸。看生子、东涂西抹，笑语浮华。"[4]中国戏剧服饰中的"诨裹"承载了独特的历史内容。"诨裹"是宋杂剧表演形式、唐宋戏剧脚色转变以及宋人喜闻乐好的产物，具有滑稽逗乐的实用效果。"诨裹"已经不同于幞头，经过了艺术化处理，正如查理德·桑内特所说："如实地再现历史是不可能的，而且会危及戏剧艺术。"[5]

"诨裹"的出现，既使宋代戏剧服饰文化更加丰富多彩，同时也使中国戏剧服饰不断走向成熟。

[1] 罗兰·巴特.符号学原理[M].王东亮,等译.沈阳:辽宁人民出版社,1987:35.
[2] 罗兰·巴特.符号学原理[M].王东亮,等译.沈阳:辽宁人民出版社,1987:21–22.
[3] 恩斯特·卡西尔.人论[M].甘阳,译.上海:上海译文出版社,1985:33.
[4] 张炎.山中白云词·卷五[M].吴则虞,校辑.北京:中华书局,1983:90.
[5] 查理德·桑内特.公共人的衰落[M].上海:上海译文出版社,2008:88.

30 从带扣看丝绸之路沿线民族交流[1]

林 灵[2] 刘 瑜[3]

摘 要 带扣最早出现于古代春秋时期，经过漫长的沿袭和发展，至今仍是人类服装闭合系统的重要组成部分。不同的民族地域在漫长的岁月中都使用发展了带有本民族特色的带扣，并与周边民族互相交流影响。带扣上继承的不仅是民族的审美，还有历史政治、宗教文化的内涵。本文通过对带扣的大量案例收集统计，对比分析了西伯利亚地区民族、中国新疆地区民族、匈奴、鲜卑、中原汉族这些丝绸之路沿线民族的服装带扣，从材质、纹样、形制三个方面来论述带扣在丝绸之路沿线民族间的交流。

关键词 丝绸之路、服装、民族交流、带扣

中国古代的服装闭合方式主要有系带和纽扣两种，纽扣又可分为纽襻、纽扣、带钩、带扣，本文主要对带扣进行深入研究，其他三种暂不做讨论。带扣主要由带孔和扣舌两部分组成，装于系带的端头，用于固结开襟服装。我国的带扣大约最早出现于古代春秋时期，经过漫长的沿袭和发展，至今仍是人类服装的重要组成部分。

一、材质的交流

中国古代带扣有不同材料，铜、铁质较多，珍贵金属有金、银，另外考古还发掘出玉质、骨质、玻璃带扣。这些带扣中有些出土地本身不出产此种物料，有些用本民族对材质的文化审美来表达其他地域流行的形制，还有的材质制作技术发源于其他地域，这些都能展示出不同地域和民族间的交流。

1. 材质的地域分布

上海博物馆藏透雕龙纹玉带扣（图1）用料为上乘的玉石，做工精美，其上原本

---

❶ 本文系国家社会科学基金重大招标项目"丝绸之路中外艺术交流图志"（16ZDA173）阶段性成果。
❷ 林灵，东华大学，硕士研究生。
❸ 刘瑜，东华大学服装与艺术设计学院，教授。

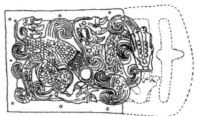

图1　上海博物馆藏透雕龙纹玉带扣

镶嵌有宝石。中国的玉石产区主要在新疆、青海、甘肃等地，汉代张骞出使西域，将中原的丝绸和药材运到西域，同时将那里的玉石带回中原。《史记》和《汉书》记载，汉武帝时期还在新疆甘肃交界地立"玉门关"，寓意玉石贸易至此输入中原。

上海博物馆这件透雕龙纹玉带扣是宫廷御用服装扣饰，其上原本装饰有宝石，现已缺失。同样为玉镶嵌宝石的带扣有陕西省长安县南里王村窦皦墓出土的唐代鎏金嵌珠宝玉带扣（图2），其以玉为缘，内嵌珍珠，红绿蓝宝石，下衬金板，金板下为铜板，三者金铆钉铆合。中国的宝石产地主要是新疆、内蒙古等北方地区，南方中原汉族地区的宝石获取方式主要有朝贡和贸易两种形式，西域诸国所产的宝石通过"丝绸之路"进入中原，沙州（吐鲁番）、沙州（敦煌）、长安、洛阳等都是外来宝石贸易的重要集散地。唐代宝石贸易繁荣，这条鎏金嵌珠宝玉带扣出土于西安地区，融合了西域进口的玉、金、宝石材质，直接证明了"丝绸之路"贸易交流的存在。

图2　陕西省长安县南里王村窦皦墓出土鎏金嵌珠宝玉带扣

2. 材质的制作工艺

相较于金、银、铜，玉石的硬度大而韧性延展性差，故玉器的图案雕刻相比金银铜器的更加抽象，细节更加单一。直至东周时期，受青铜铸造和外来金器工艺的影响，玉器的制作工艺发生了较大改变，表面出现大量浮雕、透雕以及繁密的谷纹、蒲纹，追求与铜器、金器一样立体多变的艺术效果。台北故宫博物院藏汉代玉带扣（图3），玉扣面浅浮雕龙、龟、螭、雀等各类灵兽动物穿插于云纹之间，图案复杂，雕刻精美。上海博物馆藏的龙纹玉带扣是透雕而成，在浮雕的基础上将背景镂空，这种工艺追求繁密生动，又十分讲究东方美学的疏密虚实、节奏韵律，是中西方文化的融合。

广州象岗南越王墓出土的玻璃带扣（图4）在鎏金的铜边框中镶嵌浅蓝色平板玻璃，这是我国目前考古已知最早的透明平板玻璃，这些玻璃厚薄一致，色泽晶莹，透明如镜，其中包含的气泡极

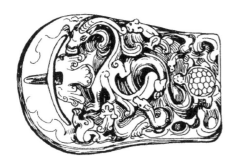

图3 台北故宫博物院藏汉代玉带扣

图4 广州象岗南越王墓出土的玻璃带扣

少,可见其制作工艺精妙。经过化学检测,这些蓝玻璃是国产的铅钡玻璃,这也是从青铜的制造中引用过来的,铅钡玻璃从南方的广东和广西、西南的四川和贵州,西北传至青海和甘肃,东北至辽宁❶。中原汉族地区的人民学习吸取北方少数民族的青铜冶炼技术,发展出不同于西方国家的新的玻璃冶炼工艺。

汉代的金银带扣多采用平版锤揲技术,即将金料锤揲成薄片,再锤或錾图案使其呈现凹凸的立体质感,这种技术应发源于北方少数民族,焉耆的龙纹金带扣(图5)就是一个典型的代表。中原汉族学习到这种技术后,加以改进,在大连的十龙带扣(图6)上可看出在制作过程中不仅使用了锤揲、钻孔、切割、掐丝和镶嵌的工艺,还使用了一种"焊缀金珠"的工艺。这种工艺需先将金丝断为等长的小段,再熔融聚结成粒,然后夹在两块平板间碾研,加工成滚圆的小珠。这里的金珠虽小,却排列得均匀整齐,肉眼几乎观察不到焊茬,工艺极其精湛。据研究,这是以金汞齐泥膏将金珠粘合固定,然后加热使汞蒸发,使金珠牢牢地附着在器物表面上。其原理是效法了我国的火法染金❷技术。朝鲜乐浪石岩里9号墓出土的带扣也是采用了这种形制和技术(图7)。至西晋,湖南安乡黄山头刘弘墓出土的金带扣(图8)所焊金珠的颗粒更小,安排得更密集,排列得更

图5 新疆焉耆博格达沁古城黑圪垯墓出土汉代龙
纹金带扣

图6 大连营城子汉墓出土金带扣

---

❶ 干福熹,承焕生,李青会:中国古代玻璃的起源——中国最早的古代玻璃研究[J].中国科学(E辑:技术学),2007(3):382–391.
❷ 火法染金:将黄金溶于汞中,为成浆糊状的金汞合金,用金汞合金均匀地涂到干净的金属器物表面,加热使汞挥发,黄金与金属表面固结,形成光亮的金黄色镀层。

图7　朝鲜乐浪石岩里9号墓出土汉代龙纹金带扣　　　图8　西晋刘弘墓出土嵌绿松石龙纹金带扣

整齐，工艺更加复杂。刘弘墓的带扣镶嵌物增多，还增加了镂空技术，整体效果恢弘磅礴。这种焊接工艺的联珠纹形式在波斯地区流行。汉族人民不仅学习了北方少数民族的制作工艺，还在其基础上加以改进，并融入本民族的工艺技术，在这一角度上可以看到民族交流促进文明不断发展进步的过程。

3．材质的审美内涵

玉自古以来就是中国汉族审美文化的重要组成部分，象征着高尚人格，也是财富地位的象征。《说文解字》记载：玉是"石之美有五德者"❶，人有仁义礼智信五德，玉也有这五德，中国古代文化认为随身佩带玉器可以随时提醒自己遵从这五德。玉这种材质产自于北方少数民族，却流行于汉族地区，是"丝绸之路"贸易的主要货品之一，其本身就是民族地域交流的重要代表物之一。

相较玉石来说，金银、宝石是更具有西方文明国家特色的材质，是我国北方少数民族草原文明带扣的重要特征。新疆焉耆博格达沁古城黑圪垯墓的汉代龙纹金带扣（图5）、朝鲜乐浪石岩里9号墓出土汉代龙纹金带扣（图7）和西晋刘弘墓出土嵌绿松石龙纹金带扣（图8），分别出土于西域少数民族、东亚朝鲜族、中原汉族，但形制、纹样均与上海博物馆藏的龙纹玉带扣极为相似，且均采用了金制带身上镶嵌水滴形红、绿石珠的形制。据夏鼐考证，"镶嵌之术，先秦已经产生，但镶嵌宝石、珠饰以晋代为盛，并有镶嵌金刚石者，是为希腊、罗马，东向输入我国和东南亚"❷，同时证明了带扣制作工艺的民族交流。

上海博物馆藏的透雕龙纹玉带扣（图1）和窦皦墓出土鎏金嵌珠宝玉带扣（图2）将汉族玉文化和西方金银宝石文化这两种不同属性、不同审美内涵的材质完美结合在同一件带扣上，是中国古代民族非常先进的创新和进步，更能表现丝绸之路沿线民族文化的交融。

二、图案纹样的交流

带扣上的纹样主要可以分为几何纹样、植物纹样、人物纹样、动物纹样，其中动物形象是带

---

❶ 许慎. 说文解字[M]. 北京：中华书局，1963：126.
❷ 夏鼐. 北魏封和突墓出土萨珊银盘考[J]. 文物，1983(8)：5-7.

扣纹样中最常见的一种，主要有马、牛、羊、驼、鹿、虎、豹、狼、鸟等，这些纹样不仅反映了各民族的装饰艺术水平，而且承载着丰富的历史环境和经济文化信息。中国北方草原动物纹样具有自身的风格与造型特征，传承于原始纹样艺术文化，在保持自己风格的同时，与亚欧纹样、中原纹样相互影响渗透。

1. 图案形象

北方匈奴长期在草原上生活，动物是他们生活的一部分，因此他们对动物的观察细致入微，创作出来的动物形象写实生动。其中展现最多的图案为野兽噬咬猎物的情景，将动态定格在瞬间，栩栩如生。吐鲁番市艾丁湖潘坎儿墓葬出土的青铜带扣（图9）描绘了老虎噬羊的画面，是经典的草原文化图腾，属"鄂尔多斯式"青铜器。西汉中期以前，新疆吐鲁番盆地古称车师或姑师，在战国、西汉时期与汉和匈奴都有密切联系。江苏省徐州狮子山楚王陵出土金带扣（图10），图案为二熊噬马，马的颈、胸、腿与臀部分别刻有螺旋状凹叶纹。右、上、下三边共刻有八个鹰状变形体，线条流畅，画面逼真，上刻汉字"一斤一两十八朱"，说明是中原出品，但却具有明显的草原特征。

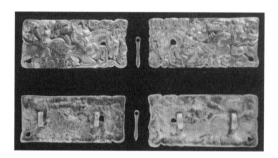

图9　新疆吐鲁番艾丁湖墓地出土虎噬羊青铜带扣　　　　图10　江苏省徐州狮子山楚王陵出土金带扣

宁夏白杨林村出土的神兽噬鹿青铜带扣（图11），该墓属于斯基泰墓葬，时期为战国时期，神兽躯体为虎，背部有勾喙猛禽，尾部有连锁纹装饰。神兽噬咬小鹿的脖颈，小鹿四肢蜷曲挣扎。在神兽下颚有凸起的扣舌，皮带可以由此固定，这种带扣最早出现于黑海北岸斯基泰人的墓葬。宁夏陈阳川村出土神兽噬鹿青铜带扣（图12）与白杨林的带扣极为相似，但是造型更为平面，身上的纹样装饰更为精细，是为对斯基泰艺术的学习和创新。甘肃省马家塬墓地出土的带扣与（图13）两者图案相似，常见的鄂尔多斯式带扣为青铜，金质的极为少见。

图11　宁夏白杨林村出土神兽噬鹿青铜带扣　　　　图12　宁夏陈阳川村出土神兽噬鹿青铜带扣

图13　甘肃省马家塬墓地出土神兽噬鹿金带扣

图14　甘肃礼县大堡子山遗址出土的格里芬噬虎金
　　　带扣（甘肃省博物馆藏）

　　这种将不同动物特征组合在一起的神兽形象来自于斯基泰艺术❶里格里芬的变种，欧亚草原崇拜老鹰和狮子，狭义的格里芬是鹰首狮身，这种形象向西传更多见鹰头格里芬的造型，而向东传向草原民族，特别是匈奴却以虎形、鹿形为主，是因为受到了汉族文化的巨大影响。甘肃礼县大堡子山遗址出土的格里芬噬虎金带扣（图14）的格里芬结合了鹰头格里芬和汉族传统文化中龙的造型，新疆处于斯基泰文化传播的中间地带，此带扣必然是中西结合的产物。

　　宁夏同心倒墩子匈奴墓出土的长方形牌式带扣是汉代的作品（图15），透雕双龙纹，边饰麦穗状花纹，俄国的西伯利亚总督加加林公爵献给沙皇彼得一世一对本地出土的金带扣与之完全相同（图16），说明了匈奴与西伯利亚的交流。宁夏同心倒墩子匈奴墓出土的另一龙纹带扣（图17）和广州象岗南越王墓出土的蟠龙双龟纹金带扣（图18）也十分相似，匈奴带扣中的龙纹在汉代开始出现，是由于此时匈奴统一北方草原地区，汉朝采取和亲和战争的手段来维护北方边境的安定，推进了匈奴和汉朝的交流。但将匈奴的龙纹与汉族的龙纹相比较，匈奴的龙纹进行了简化处理，这与此时匈奴刚开始与汉朝交流的历史相吻合。

图15　宁夏同心倒墩子墓出土龙纹带扣1

图16　西伯利亚出土的双龙纹带扣

---

❶ 斯基泰文化：19世纪以来，考古学家对早期欧亚草原的考古研究显示，各地所发掘的陪葬品几乎都有相似之处，都有武器、马具和带有动物风格造型的艺术品，即所谓的"斯基泰三要素"，尤其出土文物所呈现的动物风格，不禁让人联想到早期欧亚草原文化是一个连续统一体。因此，一些学者将这些欧亚草原各地遗存泛称为"斯基泰文化"。

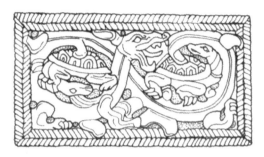

图17　宁夏同心倒墩子墓出土龙纹带扣2　　　　图18　广州象岗南越王墓出土的
蟠龙双龟纹鎏金带扣

　　另一种带扣上常见的神兽是有翼飞马，翼马是希腊古典艺术的流行图案，匈奴在蒙古草原上崛起后，取代西域昔日霸主大月氏人，控制了塔里木盆地，匈奴部落联盟中的鲜卑部落大概在这个时期接触到西域文明。吉林榆树县老河深鲜卑墓出土的一对鎏金铜飞马纹带扣（图19）马吻部有一似犀牛角状弯角上翘，羽翼向上伸展，四蹄腾空。内蒙古呼伦贝尔市满洲里扎赉诺尔墓出土的飞马纹带扣与之相同，宁夏同心倒墩子墓也出土了一枚飞马纹带扣（图20）。林梅村先生认为这种翼马纹是亚历山人把希腊文化推向东方各地，使其演变成一种融合大量东方文化因素的希腊艺术。❶

图19　吉林榆树县老河深鲜卑墓群出土鎏金　　　　图20　宁夏同心倒墩子墓出土飞马纹带扣
铜飞马纹带扣

　　鲜卑族具有代表性的纹样还有鹿纹，内蒙古扎查蒲尔古墓群出土的三鹿纹带扣（图21），三只伫立的鹿并排，大角、尖上耳、回昂头、瘦腰、圆臀，体态矫健，作栖息状。此类似的带扣在二兰虎沟墓地、察右后旗三道湾子墓地、山西石玉县善家堡墓地、辽宁义县保安寺鲜卑墓地均有出土。将鲜卑的带扣纹样与匈奴带扣相比，匈奴带扣的纹样以虎为主题，充满勇猛、激昂的战斗

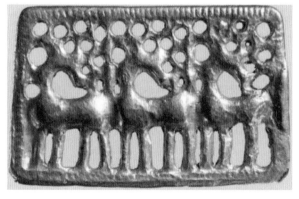

图21　内蒙古扎查蒲尔古墓群出土的三鹿纹带扣

❶ 林梅村.丝绸之路考古十五讲[M].北京:北京大学出版社,2006:125.

气息，风格写实繁复；而在鲜卑的腰饰牌中，鹿纹、马纹、神兽纹均显示着安静祥和的宁静气息，风格简单拙朴，虽然鲜卑带扣兴盛居于匈奴之后，但并未继承匈奴纹样的风格，而是与中原民族有了一定程度的交流，呈现出安静祥和的气息。

2. 图案纹样的文化寓意

中原人民以农耕为主的生活方式决定了他们对天地之神、水神的崇拜，龙最早出现于中国的传统神话中，是控制雨水的神兽，寓意风调雨顺。中原动物纹样代表礼仪和宗法等级制度的内涵更多，具有明显的阶级性，龙纹象征着帝王，慢慢演变成统治者的政治工具。

草原民族狩猎和迁徙流动的生活让斯杀和掠夺成为匈奴的经济基础，这也形成了匈奴人坚毅、勇猛、狂野的性格。他们用凶悍的动物图腾作为守护神来崇拜，图腾崇拜是最原始的宗教形式，萨满教认为"万物皆有灵性"，每一个氏族都选取与自己的物质生产活动最为密切的动物、植物作为图腾信仰。从带扣纹样中可以看出那个时代的生活状态、经济特征、宗教信仰。匈奴的带扣上也出现了龙的造型，匈奴人在草原上生活，雨水对他们至关重要，龙纹仅作为一种图腾崇拜，祈求风调雨顺，由于对南方汉族文化内涵的疏知，并没有继承汉族龙纹中的礼制文化部分。

带扣纹样中还包含了许多宗教文化内容，客省庄出土的人物主题带扣和卢芹斋收藏的西伯利亚人物带扣图案纹样一致（图22），描述了匈奴人的社会生活，这种图案出现时间较晚，流行于西汉中晚期，表现了从神化到人化的转变，这种转变是因为受到了汉族文化的影响，提高了对自然的认识，开始关注人类本身，关注社会现实。其中画面出现了"生命树"的纹样，"生命树"为摩尼教光明的象征，起源于美索不达米亚的亚述。在青海也出现了西方神祇人物的腰带（图23），腰带用银丝编成，呈长条形，上饰七块圆形包金牌饰，牌饰上铸压出西方神祇人物图案，带扣上饰有站立的武士。牌饰边缘以联珠纹为装饰图案，联珠纹具有萨珊波斯特色，体现了宗教文化在丝绸之路的传播。

图22　陕西客省庄出土的人物角斗带扣　　　图23　青海出土包金西方神祇人物连珠饰牌银腰带

三、形制的交流

带扣主要由扣舌和带孔两部分构成，以此为依据，这里按孙机的分类方法❶，将带扣的形制大

---

❶ 孙机. 先秦、汉、晋腰带用金银带扣 [J]. 文物，1994(1)：50–64.

致分为无扣舌型、有固定扣舌型和有活动扣舌型三种类型，这三种带扣出现的时间有明显的差异，大量使用的地域也有较大差别，但这三者彼此间又有相似性，可以猜测他们之间是存在交流和继承的关系的。

1. 无扣舌型

在我国，无扣舌带扣出现于春秋时期。内蒙古乌兰察布盟凉城毛庆沟5号墓出土时墓主腰间有两枚对称的铜牌，该墓属于春秋晚期至战国早期的北狄墓，孙机认为这两枚饰牌虽均无括结装置，却无疑是带扣的前身，属于广义的带扣之范畴。❶此式带扣分布很广，上文提到的宁夏同心倒墩子匈奴墓出土的长方形牌式带扣（图15、图17）和西伯利亚出土的双龙纹带扣（图16）以及广州象岗南越王墓出土的玻璃带扣（图4）都是此式带扣。

2. 有固定扣舌型

既有系结用的穿孔，又有固定的扣舌的带扣主要流行于匈奴、鲜卑等北方草原民族中，内蒙古、宁夏等地区出土较多，但中原地区出土不多。从外轮廓的形状上看，1型带扣有圆形、长方形、不规则形、马蹄形等。最早在战国初期的内蒙古桃红巴拉墓已经出现（图24），圆环形外形，钮上有三角孔，与钮相对的另一边环上有钩外向，环上饰有交错弧形纹，其间夹杂连点文，于墓主腰部发现。这种形制与无扣舌型的形制相差很大，出现的时间却相距很近，所以不应是演变而来，应是借鉴了内地马具的带扣。陕西凤翔马家庄车马坑内出土的金质和铜质带扣（图25），为春秋中晚期，圆环上装有向外伸出的固定扣舌。由其名称也可考据腰带用扣是取自马具，王国维在《古胡服考》中说，"带具之名皆取诸马鞍具❷"。将马用扣具应用到腰带带扣上来是我国古代北方民族学习汉族文化并加以创造的产物。

　　　　　　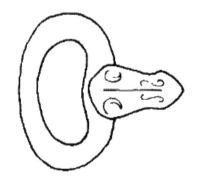

图24　内蒙古伊克昭盟杭锦旗桃红巴拉墓环形青铜带扣　　　图25　凤翔马家庄春秋墓出土的金带扣

3. 有活动扣舌型

有活动扣舌的带扣也曾受到马用扣具的影响。始皇陵兵马俑坑出土的陶鞍马腹带已装有活动扣舌。这类扣具的轮廓多近马蹄形，上文提到的新疆焉耆博格达沁古城黑圪垯墓出土汉代龙纹金

---

❶ 孙机. 先秦、汉、晋腰带用金银带扣 [J]. 文物，1994(1)：50–64.
❷ 王国维. 古胡服考 [M]. 上海：上海书店出版社，1994.

带扣（图5）就是此式带扣。在南北朝时期，后至隋唐，带扣不仅用于腰中束带，还常常用于武士披甲挂铠。洛阳孟津北魏墓出土的武士陶俑穿着裲裆铠（图26），前后两片遮盖胸背，肩上用带相连，以带扣系结。柏孜克里克第20窟高昌回鹘毗沙门天王像（图27）可以清楚地看出带扣的形制。

图26　洛阳孟津北魏墓武士陶俑　　　　图27　柏孜克里克第20窟高昌回鹘毗沙门天王像

由于丝绸之路的范围广大，沿线的民族地域相距较远，因此生活状态、习惯都相距甚远，反映出不同的服饰艺术风格，目前对于中原和北方的带扣起源的问题还不能完全确定，但是可以明显地看出各民族的带扣相互之间有所关联，以此证明各民族在丝绸之路上的交流和影响。正是有了丝绸之路的交流，各民族间得以相互学习交流，不断创新，民族得以进步。在当今时代，应该继续发扬并加强民族国家间的交流，在经济、政治、文化各方面进步发展。

参考文献

[1]张寅. 欧亚草原地带早期金属器上的鹿形纹样研究[J]. 中国美术研究, 2017(3): 4-13.

[2]张瑞莲. 飞越草原的格里芬[J]. 中国艺术, 2017(8): 40-42.

[3]钱梦舒, 张竞琼. 魏晋南北朝时期铠甲的类型及特征[J]. 艺术设计研究, 2016(3): 46-53.

[4]陈小三. 试论镶嵌绿松石牌饰的起源[J]. 考古与文物, 2013(5): 91-100.

[5]张景明. 匈奴金银器在草原丝绸之路文化交流中的作用[J]. 中原文物, 2013(4): 81-86.

[6]张达. 鲜卑鹿纹金饰牌初步研究[D]. 北京: 中央民族大学, 2011.

[7]王晓安, 李加林. 传统龙纹装饰的文化内涵与审美价值[J]. 艺术与设计(理论), 2009,2(6): 264-266.

[8]韦正, 李虎仁, 邹厚本. 江苏徐州市狮子山西汉墓的发掘与收获[J]. 考古, 1998(8): 1-20+97.

[9]杨孝鸿. 欧亚草原动物纹饰对汉代艺术的影响——从徐州狮子山西汉楚王陵出土的金带扣谈起[J]. 艺苑(美术版), 1998(1): 32-38.

[10]张英, 王侠, 何明. 吉林榆树县老河深鲜卑墓群部分墓葬发掘简报[J]. 文物, 1985(2): 68-82+99-101.

[11]萧兵. 犀比·鲜卑·西伯利亚——从《楚辞·二招》描写的带钩谈到古代文化交流[J]. 人文杂志, 1981(1): 15-22+60.

[12]刘金友, 王飞峰. 大连营城子汉墓出土金带扣及其相关研究[J]. 北方文物, 2015(3): 24-27+37.

[13]褚馨. 汉晋时期的金玉带扣[J]. 东南文化, 2011(5): 82-90.

[14]刘汉兴. 匈奴、鲜卑牌饰的初步研究[D]. 郑州: 郑州大学, 2011.

[15]谭嫄嫄. 中国境内匈奴饰牌设计艺术研究[D]. 株洲: 湖南工业大学, 2006.

[16]张景明. 匈奴动物纹的特征及相关问题[J]. 中央民族大学学报, 2003(5): 50-54.

[17]王仁湘. 善自约束: 古代带钩与带扣[M]. 上海: 上海古籍出版社, 2012: 121-130.

[18]包铭新. 中国北方古代少数民族服饰研究(1): 匈奴、鲜卑卷[M]. 上海: 东华大学出版社, 2013: 87-101.